KB106146

융합과 통섭의 지식 콘서트 08

생명과학, 바이오테크로 날개 달다

생명과학, 바이오테크로 날개 달다

김응빈 지음

한국문학사

차례

Chapter 3

미생물과 인류의 끝없이 치열한 경쟁, 감염병 129

Chapter 4

생명과학과 물질과학, 그 융합의 발자취 193

이야기의 힘,
드라마와 생명과학

한국문학사로부터 〈융합과 통섭의 지식 콘서트〉 시리즈 참여 요청을 받고는, 융합 연구와 함께 대중에 다가서고자 했던 그간의 노력이 인정받은 것 같아 적잖이 흐뭇했다. 그동안 내가 해온 과학문화 활동과 전작들을 면밀히 살피고 섭외 요청을 했다니 말이다. 하지만 한편으로는 융합과 통섭이라는 주어진 틀에 맞추어 책을 쓴다는 것이 내심 부담스럽기도 했다. 다행히 지난 10여 년간 한 철학자와 꾸준히 함께해온 공부가 그 부담스러움을 뛰어넘게 했다.

실험실에서 박테리아와 깊은 교제를 해오다가, 우연한 기회에 그 철학자를 만나게 되었다. 처음에는 그냥 대화가 통해서 차 한 잔의 여유 속에 담소를 나누는 정도였지만, 만남이 계속되면서 한번 대화를 시작하면 시간 가는 줄 모르기 일쑤였다. 서로 다른 공부를 해왔다고 생각했었는데, 실은 같은 문제를 다른 각도에서 보고 있었던 것이 신기하기도 했다.

그런 만남이 깊어질수록 서로가 서로에게 각자가 공부하는 내용을 이해시키기 위한 소통의 말솜씨가 늘면서 시나브로 사고의 융합이 일어나기 시작했고, 마침내 함께 강의를 하게 되었다. 2012년부터 연세대학교 학부 교양강의 '활과 리라: 생물학과 철학의 창조적 접점 찾기'를,

2013년부터 대학원 강의 '메타-생물학(Metabiologia)'을 개설하여 학생들과 우리의 문제의식을 공유하기 시작했다. 또한 '한국형 온라인 공개강좌 K-MOOC(www.kmooc.kr)'에도 '활과 리라' 강좌를 개설하여 공유 범위를 한층 더 넓혔다. 그리고 2019년 발간한 공동 저서 『미생물이 플라톤을 만났을 때』를 통해 융합 연구의 성과와 경험을 대중에게 널리 알렸고, 좋은 반응(2019년 세종도서 교양부문 선정)을 얻기도 했다.

흔히들 21세기를 바이오 시대라고 한다. 물론 이렇게 되기까지에는 물리와 화학을 비롯한 물질과학의 발전 역사가 전제되어 있다. 2020년 노벨상 수상 연구 성과인 '크리스퍼 유전자 가위'에서 보듯이, 생명과학의 비약적인 발전이 자연은 물론이거니와 과학의 주체인 인간을 변형시킨다는 점에서, 생명과학은 미래 과학의 주도권을 선점하고 있다. 좁게는 제반 학문에, 넓게는 사회 · 문화 · 문명, 그리고 자연 전체에 엄청난 영향력을 행사할 생명과학은 이제 융합 학문으로서 본격적인 도약을 준비하고 있다. 이에 이 책에서는 융합과 통섭이라는 시리즈 취지에 충실하면서 생명과학의 핵심 내용을 이야기로 풀어내려고 최선을 다했다.

안타깝게도 자연과학 교과목 중에서 유독 생명과학을 암기과목으로 여기는 사람들이 의외로 많다. 몇 해 전 지하철에서 어깨 너머로 들었던 학생들의 대화 내용이 아직도 생생하다. 그들은 모 방송국에서 방영되던 드라마 이야기를 하고 있었다. 어찌나 생생하고 자세하게 묘사를 하던지 그 드라마를 단 한 번도 본 적이 없는 나마저도 줄거리를 어느 정도 이해할 수 있을 정도였다. 조금 시끄럽기는 했지만 입시 경쟁에 찌든 그들만의 스트레스 해소법이라 이해해주기로 하고 읽던 책으로 주의를 돌리려는 순간, 급반전된 그들의 대화에 전율을 느꼈다.

"얘, 그나저나 오늘 생명과학 시험 너무 어렵지 않았니? 진짜 무슨 암기력 테스트하는 것도 아니고, 어떻게 외워도 외워도 헷갈리는지 몰라. 도대체 생명과학처럼 짜증나는 과목을 왜 배워야 하는 거야?"

한 번 본 드라마의 내용은 일목요연하게 강의할(?) 수 있는 학생의 입에서 이런 발언이 나오다니, 내겐 이 학생의 말이 카프카의 소설만큼이나 황당하고 기이하게 느껴졌다.

놀란 마음을 가라앉히며 재차 생각해보니 이는 황당한 일이 아니라 오히려 당연한 일이라는 생각이 들었다. 십중팔구 이 학생은 생명과학 교과내용을 이해하지 않고 무조건 외우려고만 들었을 것이다. 그렇다면 드라마도 대사까지 모두 외우겠다는 자세로 봤을까? 분명 아닐 것이다. 사건 전개를 순차적으로 파악하며, 때로는 등장인물에 감정을 이입하면서 그 속에 빠져들며 봤을 것이다. 그랬기 때문에 드라마에 등장하는 수많은 배우들의 이름과 줄거리를 모두 기억하여 맛깔스럽게 이야기를 할 수 있었다는 결론에 도달하고 나니 문득 이런 생각이 들었다. 생명과학 공부를 이렇게 하면 되지 않을까? 핵심 내용(인물+사건+배경)을 기억하니 조금만 생각하면 세부 상황이나 대사까지도 어렵지 않게 떠오르는 드라마처럼, 생명과학 역시 생물을 둘러싸고 일어나는 리얼리티 드라마라 할 수 있지 않은가. 드라마를 보듯 인물과 사건, 배경을 이해하려 한다면 생명과학은 더 이상 암기과목이 아닐 것이다.

개인의 기억은 보통 장기기억과 단기기억으로 나눈다. 장기기억은 자전거 타기나 헤엄치기처럼 살아가면서 몸으로 습득한 기술과 습관(암묵적 기억), 그리고 다시 의식 속에 떠올릴 수 있는 기억(의식적 기억)으로 세분한다. 보통 기억이라고 하면 후자를 말한다. 또한 의식적 기억은 '이야기 기억'과 '의미 기억'으로 다시 나뉜다. 이야기 기억은 과거 사건을 서

사적 구조로 기억하는 것이고, 외국어 단어를 암기하거나 과학 개념을 숙지하는 것은 의미 기억이다. 예컨대, 드라마 내용을 다시 말하는 것은 이야기 기억에 속하고, 시험 준비를 할 때 외우는 것들이 의미 기억에 속한다.

이 책은 독자들이 생명과학을 이야기로 읽어서, 그 핵심 또는 얼개가 이야기 기억 속으로 들어가도록 구성했다.

인간을 포함한 모든 생물은 흙과 같은 자연 환경에 흔히 존재하는 평범한 30여 가지 남짓한 원소로 되어 있다. 신비로운 것은 이런 물질들이 복잡하게 결합하는 과정에서 어느 순간 전에 없던 새로운 흐름, '생명'이 나타났다는 사실이다. 인류 지성사를 살펴보면, 동서고금의 내로라하는 학자들이 "생명이란 무엇인가?"라는 질문을 두고 수천 년간 씨름해왔다는 것을 알 수 있다. 하지만 아쉽게도 아직 누구도 명확한 설명을 내놓지 못한 상태이다. 사실 현대 생명과학에서도 '생명' 정의의 어려움을 인정하고, 생명 자체보다는 그것을 지닌 물체, 곧 생물을 대상으로 연구를 한다.

생물은 정교한 조직 체계를 갖추고 있는 시스템이다. '생명 시스템(living system)'은 원자, 분자, 세포소기관, 세포, 조직, 기관, 기관계, 개체 등의 순서로 낮은 수준에서 높은 수준에 이르는 계층 구조를 갖는다. 수준이 높아질 때마다 더 낮은 수준의 특징으로는 설명할 수 없는 '창발성(emergent property)'이 생겨나는데, 생명과학에서는 세포를 '생명현상'이라는 창발성이 나타나는 최소 단위로 본다. 모든 세포와 조직, 기관은 정해진 규칙에 따라 서로 치밀하게 연관되어 작용하는바, 이것이 인체를 비롯한 생명체의 신비로움이다. 이 책은 이런 신비를 그려내고자 하는 6부작 생명과학 드라마 대본이라 하겠다.

'제1장 바이오 융합, 세계를 이끌다'에서는, 예기치 못했던 코로나19의 엄습으로 모든 것이 변해 비정상이 정상이 되어가는 감염병 시대를 살아가야 하는 현실을 먼저 짚어본 다음, 생명과학 역사를 간추리면서 최첨단 바이오 기술의 현황을 소개하고 앞으로의 역할을 전망한다.

'제2장 생명과학의 역사를 바꾼 별별 순간들'에서는 위대한 또는 기이한 학자들의 기발한 생각과 남다른 일화를 통해 주요 생명과학 개념을 흥미롭게 들려준다. 용어와 연도 같은 단편 사실을 암기하려 하지 말고 그냥 편하게 옛날이야기라 생각하며 읽기 바란다. 그러면 자연스레 상황과 줄거리가 이야기 기억에 편입되리라 믿는다.

'제3장 미생물과 인류의 끝없이 치열한 경쟁, 감염병'에서는 인류 역사 내내 공포의 대상이었으며, 과학과 의학의 발달 덕분에 그 원인을 알고 예방과 치료가 가능해진 오늘날에도 여전히 우리를 괴롭히고 있는 감염병의 참모습을 생태와 진화의 관점에서 파헤쳐본다. 이 장을 읽을 때에는 역지사지하여 병원체 입장에서 사태를 바라보기 바란다. 감염병 시대를 살아가기 위한 지혜 내지는 적어도 힌트는 얻을 수 있을 것이다.

'제4장 생명과학과 물질과학, 그 융합의 발자취'에서는 분자생물학의 탄생 과정과 이후 눈부신 생명과학의 발전 과정을 소개한다. 제2차 세계대전이 끝나갈 무렵 여러 물리학자들이 생명현상 규명에 도전장을 던졌고, 이들 주도로 그로부터 10여 년 만에 생명 정보의 실체인 DNA의 구조가 밝혀졌다. 이 장에서 현대 생명과학은 태생부터 융합 그 자체였으며, 융합의 범위와 수준을 심화시키면서 발전해왔음을 확연하게 볼 수 있다.

'제5장 생명과학, 예술적 상상력 속에 꽃피우다'와 '제6장 영화 속으로 들어간 생명과학'에서는 과학적 상상력을 동원하여 명화, 음악, 시, 영화

등에 숨어 있는 생명과학 개념을 찾아보고, 설명한다. 이 두 장은 책의 주요 내용을 잘 버무려 숙성시키는 발효기 역할을 한다.

이제 생명과학 드라마 대본을 완성하여 공개하는 순간이다. 부디 이 대본이 생명과학을 느끼고 온전히 기억하게끔 하는 작은 계기가 되기를 간절히 소망한다. 끝으로 글쓴이의 융합 연구를 물심양면으로 지원해주고 있는 연세대학교 교양교육연구소 장수철 소장과 여러 동료 연구원들에게 고맙다는 말을 남긴다. 또한 이 책이 완성되기까지 알토란 같은 조언과 예리한 질문, 때로는 귀찮은 숙제를 요구하며 열정을 넘어 헌신을 보여준 이은영 편집장과 한국문학사 모든 분들께도 고마움을 전한다.

2021년 1월

김응빈

Chapter 1

바이오 융합, 세계를 이끌다

—— "바이오 시대가 도래했다"면서 다양한 이유와 논리를 전개하며 다른 학문과 생명과학과의 융합을 강조하는 사람들이 많아졌다. 그런데 도대체 왜 바이오 시대란 말인가?

다윈의 진화론과 멘델의 유전법칙이 19세기 중반에 세상에 알려진 지 100년이 채 지나지 않은 때인 1953년, 두 명의 과학자가 유전체의 물질적 실체인 DNA 구조를 밝혀냈다. 그로부터 50년 후에 인류는 인간을 비롯한 다양한 생명체의 유전체 정보를 완전히 해독하고, 준(準)인공생명체를 탄생시키는 경지에 이르렀다. 실제로 2015년에 중국의 연구진은 크리스퍼 유전자 가위 기술을 사상 처음으로 인간 배아에 적용하여 유전자 편집을 시도한 연구 결과를 발표했다.

태어나지도 않은 인간의 유전정보를 임의로 편집하는 것이 과연 옳은지에 대한 윤리적 문제는 차치하더라도, 인간 배아를 대상으로 완전히 검증되지도 않은 크리스퍼 가위를 사용하는 것은 과학적으로 온당치 못하다는 우려의 목소리가 높다. 그런데도 영국 정부는 2016년, 세계 최초로 크리스퍼 가위를 이용한 인간 배아의 유전자 교정 연구를 허가했다. '맞춤 아기(designer baby)'의 탄생이라는 영화 속 이야기가 현실로 다가온 것이다.

이처럼 생명과학은 인간의 하드웨어인 몸을 빠른 속도로 변형시키고 있다. 그래서 바이오 시대이고, 또 그래서 생명과학은 전공에 상관없이 21세기를 살아가는 모든 사람들이 반드시 갖춰야만 하는 기본 교양으로 자리잡아 나가고 있는 것이다.

코로나19,
지구의 미래를 바꾸다

감염병 시대

코로나19의 엄습,
충격과 혼란에 빠진 세계

2020년, 코로나19(COVID-19)라는 신종 감염병이 전 인류를 그야말로 공포의 도가니로 몰아넣었다. 신종 감염병(Emerging Infectious Disease, EID)이란, 발생률이 높아지거나 가까운 미래에 높아질 가능성이 있는, 새롭거나 변형된 감염병을 말한다.

'COVID-19'는 코로나 바이러스 감염증(Coronavirus Disease) 약자에 최초 발생 연도를 붙인 것이다. 2019년 중국 우한에서 첫 환자가 나타났기

1-1 코로나19 바이러스 입자의 전자현미경 사진. © wikimedia.org

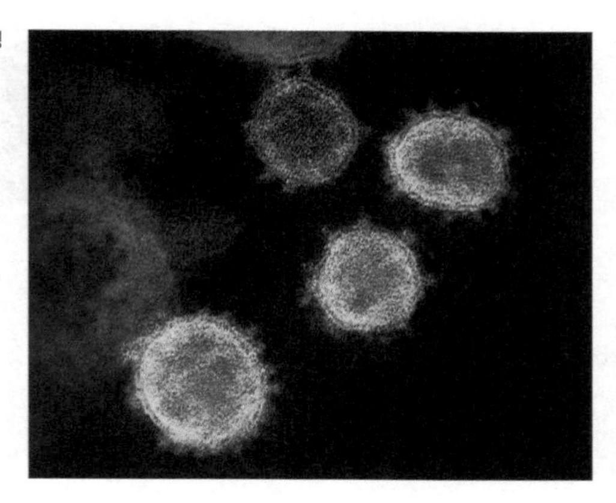

때문에 원인 코로나 바이러스는 코로나19로 명명되었다.[1-1]

2019년 12월에 처음으로 발견된 코로나19는 중국 정부가 76일간 '우한 봉쇄령'을 내릴 정도로(해제 당시 확진자 8만 1,171명, 사망자 3천여 명) 큰 피해를 끼쳤다.

우리나라의 경우 2020년 1월 20일 우한에서 중국인 양성자가 인천공항에 입국한 이후 점차 감염자가 늘어나다가, 2월 말 대구 지역에서 집단감염이 발생했는데, 3월 초 어느 정도 진정되기까지 1차 대유행은 전 국민을 극심한 불안과 공포에 떨게 했다. 다행히 우리나라는 수준 높은 의료진과 국민들의 적극적인 호응과 노력에 힘입어 커다란 확산을 차단함으로써 1차 대유행은 성공적으로 방어했다.

하지만 그 이후 코로나19는 전 세계로 확산되는 추세를 보였다. 급기야 전 세계 코로나19 환자 수가 12만 명을 훌쩍 넘어서면서 세계보건기구(World Health Organization, WHO)에서는 2020년 3월 11일부로 세계적 대유행인 팬데믹(pandemic)을 선언하고 말았다. 당시 중국을 비롯한 119개국에

팬데믹(pandemic)
WHO의 전염병 경보 단계 중 최고 위험 등급인 6단계를 일컫는 말. '감염병 세계 유행'이라고도 한다.

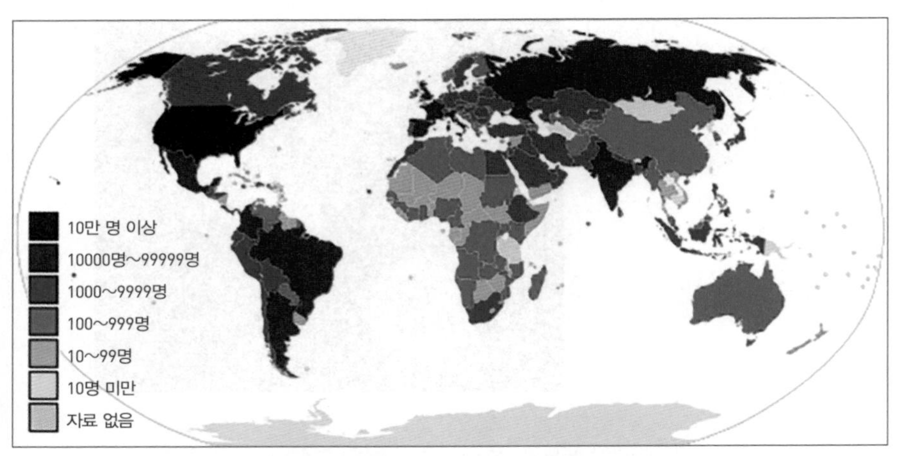

1-2 2020년 11월 22일 기준 전 세계 코로나19 확진자 수 현황도. © Raphaël Dunant, Gajmar

서의 감염자 수는 12만 6,264명이었고, 이 가운데 사망자는 4,627명이었다.

이후에도 전 세계적으로 코로나19 확진자 수는 폭증했다. 2020년 11월 20일 기준으로 전 세계 확진자 수는 5,711만 286명이며, 그중 완치자 수는 3,665만 3,350명으로 실질 확진자 수는 1,909만 2,863명, 사망자 수는 136만 4,073명이었다.[1-2]

그 무엇보다 백신과 치료제가 시급한 상황일 수밖에 없었다. 코로나19 발생과 동시에 세계적인 바이오 기업들이 백신과 치료제 개발에 사활을 걸었다. 수차례의 희망과 실망을 거듭하는 임상시험을 거치면서 마침내 2020년 11월 중순, 다국적 제약회사 화이자와 미국 기업 모더나가 각각 코로나19 감염 예방 효과가 95%에 달하는 백신 개발에 성공했다고 발표했다. 그 뒤 화이자 백신은 2020년 12월 8일 첫 접종이 시작되었고, 모더나 백신은 2020년 12월 21일 첫 접종이 시작되었다.

이 두 백신의 유효 성분은 RNA이다. 인류가 처음으로 사용하게 될

RNA 백신은 기존 백신과는 차원이 다르다. 과거 초창기 바이러스 백신은 사멸 또는 약화된 바이러스를 주입해 면역 반응을 유도한 것이며, 이후에는 바이러스 껍질(스파이크 단백질)만을 분리하여 백신으로 사용했다. 이에 반해 RNA 백신은 인간 세포의 단백질 합성 과정을 활용한다.

모든 세포는 DNA에 담긴 유전정보를 전령RNA(mRNA)에 옮겨 이것을 주형으로 단백질을 만든다. 말하자면, 코로나19 표적 단백질 정보를 지닌 전령RNA를 인체에 주입하여 단백질이 만들어지게 하는 것이다. 우선 실험실에서 표적 RNA를 합성한 다음, 이를 기름막으로 감싸서 주사액으로 만든다. mRNA는 구조가 매우 불안정하기 때문에 파손되기 쉬운 상품을 보호 상자에 담아 배달하는 것과 같은 이치이다. 인체에 들어오면 우리 세포가 바이러스 유전정보를 그대로 읽어 단백질(항원)을 합성하고, 이것이 면역 반응을 유도한다.[1]

전령RNA
메신저 RNA. DNA의 유전정보를 전달해 단백질 합성 과정에서 단백질의 아미노산 서열을 지정하는 역할을 하기에 '전령RNA'라 부른다. 1961년 캘리포니아 공과대학의 시드니 브레너와 매튜 메셀슨이 처음 발견했다. 하지만 mRNA 발견을 특정 연구자의 업적으로 국한하는 것은 무리라는 주장도 있다. 워낙 많은 과학자의 연구 성과가 어우러져 쌓아올린 금자탑이기 때문이다. 이런 이유로 mRNA 발견 업적에 대해 노벨상이 수여되지 않았다고 한다.

2021년 1월 말 현재 세계 곳곳에서는 화이자와 모더나 백신을 접종하고 있고, 뒤이어 개발된 아스트라제네카 백신(바이러스 전달체 백신)도 접종하고 있다. 하지만 코로나19는 변종 양상을 보이면서 쉽게 수그러지지 않아 어려움을 겪고 있다. 이들 백신은 안전성과 효과 면에서 완전히 검증되려면 시간이 더 필요하겠지만 코로나19로부터 인류를 보호해줄 든든한 도우미 역할을 할 것으로 보인다.

감염병 시대의 새로운 에티켓

미생물학은 병원성 미생물과의 전쟁을 통해서 발전해온 학문이다. 개전 초기, 인류는 항생제와 백신을 앞세워 승승장구하면서 완승을 확신했다. 하지만 이는 인간의 오만방자한 착각이었다. 감염병은 흘러간 역사 속에 묻힌 과거사가 아니다. 새로운 환경에 빠르고 효율적으로 적응해나가는 병원성 미생물들이 새로운 감염병을 계속 유발하고 있기 때문이다.

우리는 싫든 좋든 미생물 세계 안에서 살아가야 한다. 인간 세상에 선한 사람만 있는 것이 아니듯이, 미생물 세계에도 '못된 것(병원성 미생물)'들이 일부 존재한다. 이 병원성 미생물이 현대인의 변화된 라이프스타일에 편승해 세를 불려가면서 시도 때도 없이 기습공격을 감행하고 있다. 그것도 싸움의 기술을 능수능란하게 바꾸어가면서 말이다.

신종 감염병의 증가는 병원체가 진화한다는 사실에 기초하지만 세계화 지구촌 시대를 맞이하여 손쉽고 빠른 여행의 폭발적인 증가, 그리고 운송 확대와도 깊은 관련이 있다. 사람들은 교통이 편리해진 만큼 더 많이 여행하고, 더 자주 사람들을 만난다. 그리고 그렇게 사람들의 이동과 교류가 잦아질수록 기존 질병은 새로운 지역 또는 새로운 집단으로 자연스레 확산된다. 또한 환경 파괴와 기후변화 등으로 이전에는 좀처럼 접하지 못하던 전염성 병원체에 새롭게 노출되는 경우가 많아졌다.

바이러스는 살아 있는 생명체, 곧 숙주 안에서만 증식할 수 있는 절대 기생체이다. 하지만 대다수 바이러스는 동물 숙주에서는 별다른 문제를 일으키지 않는다. 코로나 바이러스도 그런 경우이다. 동물 숙주와 코로나 바이러스는 수백만 년에 걸쳐 함께 지내면서 서로에게 큰 피해를 주

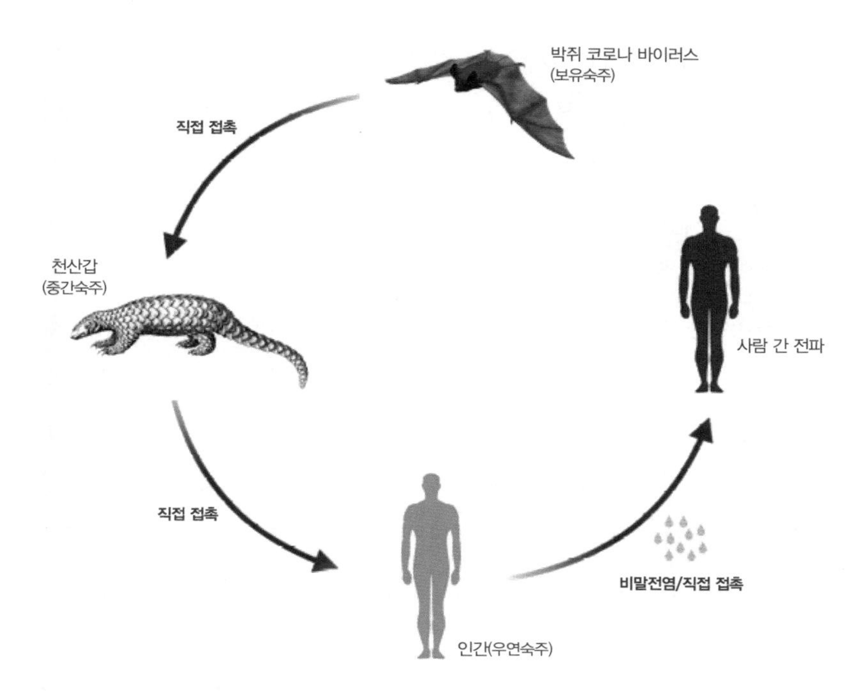

1-3 코로나19 감염 경로. 보유숙주 → 중간숙주 → 인간.

지 않고 공존할 수 있도록 진화해왔다. 이와 같이 병원체를 지니고 있지만 해를 입히지 않고 감염원으로 작용하는 숙주를 '보유숙주'라고 한다.

보유숙주 밖으로 나온 바이러스는 일정한 시간 내에 새로운 숙주를 만나야 한다. 그렇지 않으면 바이러스는 사멸된다. 그런데 숙주 갈아타기 과정에서 인간이라는 낯선 숙주를 만날 기회가 점점 많아지고 있다.(1-3)

일반적으로 동물에서 유래한 바이러스가 인간에게 치명적인 해를 끼치는 근본 이유는 바로 이 '낯섦'에 있다. 이해를 돕기 위해 비유해서 말하면, 우리 집인 줄 알고 들어갔는데 생전 처음 보는 곳이라 당황스러워서 어찌할 바를 모르다가 신속하게 탈출하려고 발버둥을 치다 보니 그만 낯선 숙주에게 치명적인 피해를 입히고 마는 것이다.

유감스럽게도 이제는 감염병이 일상 뉴스가 되어버렸다. 2019년만 해도 1월부터 온 나라가 '홍역'으로 비상이 걸렸었는데, 9월에는 '아프리카돼지열병'이라는 불청객이 우리나라를 처음으로 찾아왔다. 그리고 사태를 수습할 여유도 주지 않고 코로나19가 맹공을 가해왔다. 안타깝게도 '감염병 시대'가 도래한 것이다.

자연계에는 아직 우리가 접하지 못한 미생물이 무수히 존재한다. 인간이 미생물에 대한 새로운 대응전략을 내놓으면 미생물은 그 전략에 맞대응하는 새로운 전술의 일환으로 스스로 변화한다. 이러한 상호과정 속에서 우리 인간은 다시 변화된 미생물의 영향을 받는다. 한마디로 끊임없는 '밀당(밀고 당김)' 속의 애증 관계를 유지하고 있는 것이다. 코로나19를 비롯한 신종 감염병 사태는 이런 관계에 균열이 생기고 있음을 보여주는 신호이다.

흔히 감염병을 미생물의 공격으로 여기지만, 생태학적 관점에서 보면 인간과 미생물의 공생 속에서 생겨나는 어쩔 수 없는 갈등으로 보인다. 우리로서는 병원성 미생물과 마주치지 않는 게 최선의 방책이다. 하지만 코로나19처럼 사람들 사이를 옮아가는 감염병에 대처하기 위해서는 훨씬 더 용의주도한 전략이 필요하다.

중국 우한에서 코로나19 감염이 뒤늦게 알려진 2019년 12월, 우리나라 바이오업계에서는 사태의 심각성을 직감하고 진단시약 연구개발에 일찌감치 착수했다. 과거 사스와 메르스 사태 등을 극복하면서 쌓은 경험과 노하우에서 비롯된 탁월한 예측과 판단 덕분이었다.

그 결과 2020년 1월 말 질병관리본부가 소집한 긴급회의에서 관련자들이 대응책을 마련한 상태로 회의에 참석하여 구체적인 대처 방안을 제안할 수 있었다. 때마침 세계보건기구(WHO)를 통해 코로나19의 유전

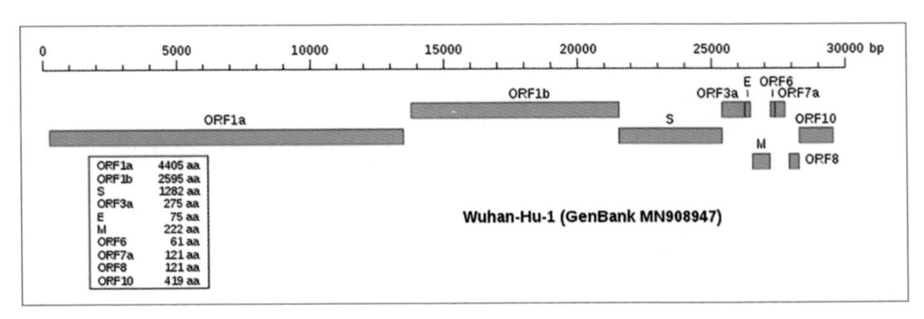

1-4 코로나 바이러스의 게놈 정보.

정보도 공개된 상태였다.(1-4) 정부도 긴급사용 승인과 질병관리본부에서의 임상성능 평가로 화답했다.

2020년 2월에 국내 연구진이 개발해 사용한 코로나19 진단 키트는 검사 6시간 이내에 98% 이상의 정확도로 감염 여부를 알아낸다. 당시 국내 9개 바이오 기업이 미국 식품의약국(FDA) 긴급사용 승인을 받아 전 세계에 코로나19 진단 키트를 공급한 바 있다.

요즘 유행하는 말로 '한 번도 경험하지 못한' 일상 속에서 생활 속 거리두기와 마스크 쓰기 등이 '새로운 에티켓'이 되어가고 있다. 코로나19에 맞서고 있는 현 상황에서의 새로운 에티켓은 '바이오 에티켓'이다. 이 에티켓은 단순히 개인 수준의 규범을 뛰어넘어 글로벌 차원의 공조 전략이자 시스템으로 정착되어야 한다. 우선 치료제 및 백신 개발을 위한 긴밀하고 지속적인 글로벌 공동연구 체계가 필요하다. 여기에 더해 신속 정확한 감염병 감시체계를 구축해야 한다.

바이오 기술,
유전공학으로 날아오르다

BT – IT – NT

포마토,
세포융합 기술로 열매를 맺다

1980년대 초반, 과학잡지의 표지를 장식하곤 했던 '포마토(Pomato)'는 '유전공학(genetic engineering)'이라는 새로운 바이오 기술(Biotechnology, BT)의 잠재력이 얼마나 큰지를 간명하고 강력하게 전해주는 하나의 상징과도 같았다. 감자(potato)와 토마토(tomato)가 합쳐진 이름 그대로 가지에는 토마토가, 뿌리에는 감자가 주렁주렁 달린 모습이 신기를 넘어 신비해 보일 정도였으니 말이다.[1-5]

포마토는 1978년 독일 막스플랑크연구소의 개리 멜처스(G. Melchers)가 감자와 토마토 체세포를 융합하여 만든 새로운 잡종식물체이다.[1-6] 농지를 집약적으로 이용할 수 있고 병충해에 강하며 내한성이 좋다는 장점이 있는 반면, 키우기가 쉽지 않고 토마토와 감자 모두 크기나 질이 떨어져서 상용화되지는 못했지만, 유전공학 역사에 큰 획을 그은 사건이었다.

그런데 엄밀하게 보면 당시 포마토는 유전공학이라기보다는, 서로 다른 두 개 이상의 세포를 합쳐서 하나의 새로운 잡종세포를 만드는 '세포융합' 기술의 산물이었다. 사실 유전공학의 실용화가 최초로 성공한 사례는 이보다 앞선다.

1-5 포마토. © Jonas Ingold

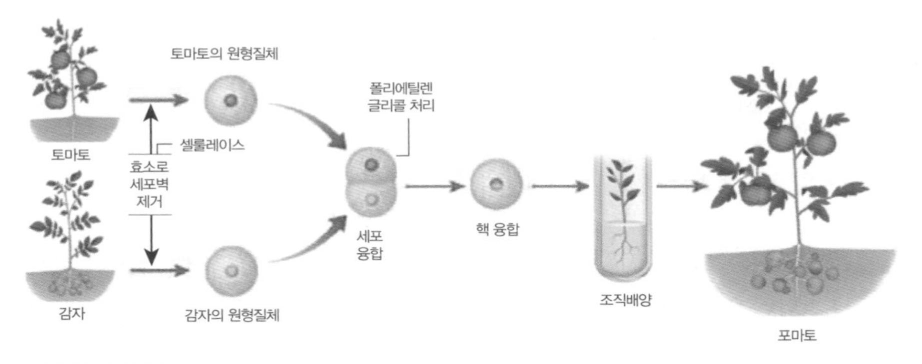

1-6 포마토 육종과정.

박테리오파지(bacteriophage)
세균에 감염하여 숙주를 파괴하고 증식하는 바이러스를 통틀어 이르는 말.

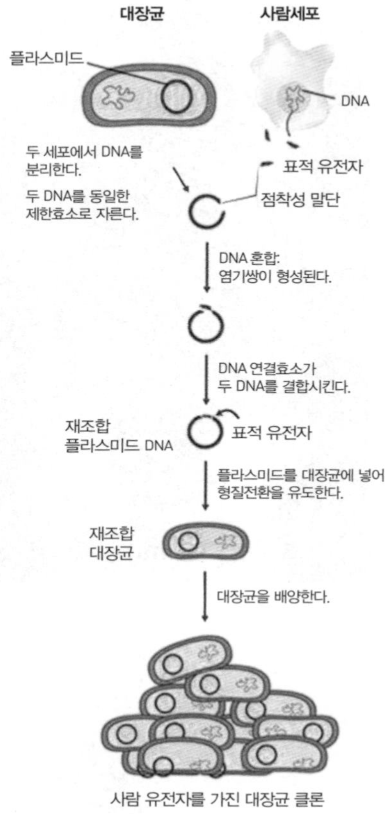

1970년에 세균 세포에 침투한 박테리오파지(bacteriophage) DNA가 그 세균 안에서 토막토막 잘라지는 신기한 현상이 관찰되었다. 파지는 숙주로 삼는 세균 세포벽에 부착한 후, 수축하면서 자기 DNA를 세균 세포 속으로 주입한다. 하지만 세균도 호락호락 넘어가지 않는다. 세균은 흡사 우리의 면역세포처럼 침입한 바이러스 DNA를 파괴하는 효소를 가지고 있다. 이런 효소들은 자기 DNA와 외래 DNA를 구별하는 능력이 있어서 DNA의 특정 염기서열만을 인식하여 절단한다. 그래서 이들을 총칭하여 '제한효소(restriction enzyme)'라고 한다.

그런데 서로 다른 DNA 조각을 이어주는 효소는 1960년대에 이미 발견된 상태였다. 리가아제(ligase)라는 이름을 가진 이 연결효소와 제한효소는 각각 '유전자 풀'과 '유전자 가위'라고 보면 된다. 말하자면, 마치 종이 공작을 하듯이 DNA를 다룰 수 있는 가위와 풀을 손에 넣은 것이다. 이윽고 1978년에 인간 인슐린 유전자를 잘라 대장균에 집어넣어 인슐린을 생산하는 데에 성공했다. 그리고 1982년 미국 식품의약국은 대

1-7 유전공학 기술의 기본 원리.

장균이 인간 유전자로 만들어낸 인슐린을 승인했다.[1-7]

RGW, 바이오 기술의 삼원색

바이오 기술, 곧 BT란 생명현상에 대한 이해를 바탕으로 생명체의 기능을 개선하거나 특정 목적에 맞게 개발하는 생명과학의 한 분야이다. 다시 말해서, 생명체 자체 또는 효소를 비롯한 생물 유래물질을 사용하여 제품을 생산하는 기술이다. 유전공학을 장착한 바이오 기술은 1990년대를 거치며 본격적으로 산업에 적용되었다. 그 결과 생명체의 기능과 정보를 활용하여 실생활에 유용한 물질과 서비스를 제공하는 바이오 산업(bioindustry)이 크게 성장했다. 지금은 바이오 기술을 이용하여 생산된 다양한 효소와 백신, 고부가가치 화합물 등이 우리 생활의 일부가 되었다.

그 예로, 거의 모든 가정에서 찬물에서도 때가 잘 빠지게 하는 세제를 사용한다. 이 세제는 양극해나 시베리아 벌판처럼 추운 곳에서 사는 세균에서 분리한 유전자에 BT를 적용하여, 단백질 분해능력이 뛰어난 효소를 값싸게 대량으로 생산해서 세제에 첨가한 제품이다.

바이오 기술은 크게 세 부류, 레드(Red), 그린(Green), 화이트(White) BT로 나눌 수 있다.[1-8]

먼저 피를 상징하는 수식어가 붙은 레드 BT는 의학적인 목표를 추구한다. 좁게는 바이오 의약품 생산 기술에서부터 넓게는 유전자 및 줄기세포 치료와 바이오 인공장기, 그리고 바이오 의료기기 생산 기술까지 아우르는 것이 레드 BT다. 이 레드 BT는 개인 맞춤형 예방과 치료를 통

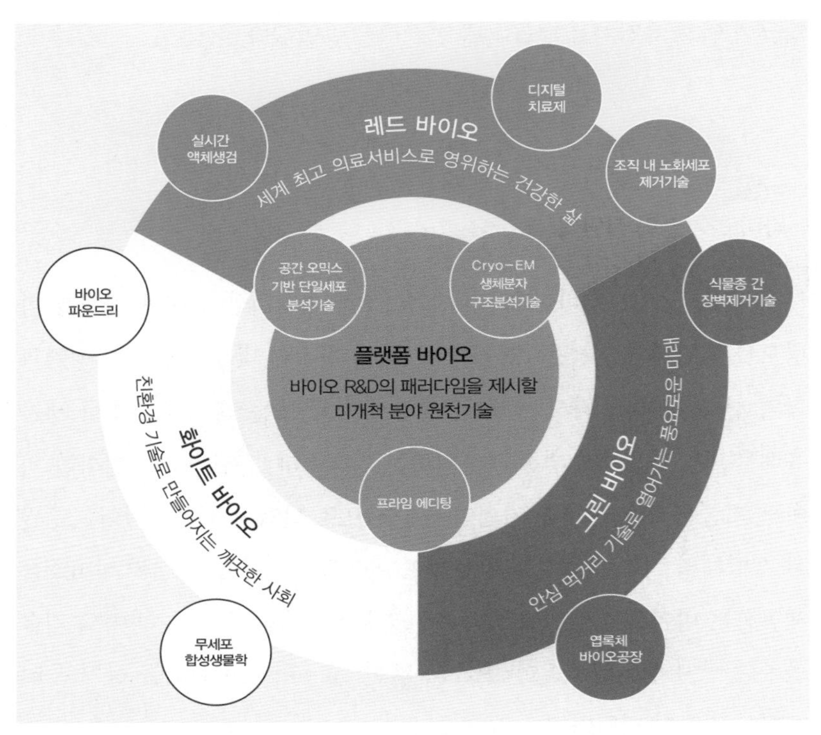

1-8 「2020년 10대 바이오 미래유망기술」, 생명공학정책연구센터, BioINsay No.45, 총서 제283권 참조.

해 건강수명의 연장을 가능케 할 것으로 기대된다.

보통 녹색 하면 풀이나 나무가 떠오른다. 그 느낌대로 그린 BT는 농업과 환경에 관련된 기술인데, 이는 식량과 자원 문제 해결에 주역이 될 것이다. 최근 들어서는 단순한 생산량 증대를 넘어서 병충해에 강한 작물과 영양소가 강화된 작물 등을 개발하여 식량자원의 질적 향상도 도모하고 있다.

그리고 백색은 공장 굴뚝에서 나오는 검은 연기를 줄일 수 있음을 나타낸다. 화이트 BT의 핵심은 미생물 소재 또는 효소 등을 이용한 바이오 공정 개발이다. 현재 우리가 사용하고 있는 각종 화학물질 대부분은 약

100가지 정도의 원료 화합물로 만든다. 그리고 이들 화합물의 대부분은 화석연료에서 화학적 방법으로 생산된다. 화이트 BT를 적용하면 향후 이 가운데 약 절반 정도를 바이오 공정으로 생산할 수 있을 것이다.

특히 화이트 BT는 환경 부담을 현저하게 줄이는 친환경 기술이기 때문에 지속가능발전에도 크게 기여할 수 있다. 실제로 2015년 채택된 파리 협약을 비롯하여 온실가스 배출 저감을 위한 글로벌 노력이 강화되는 추세에 발맞추어, 이른바 선진국에서는 화이트 BT에 대한 연구개발을 국가 차원에서 지원하고 있다.

지속가능발전
1992년 유엔환경개발회의에서 채택된 리우환경선언에서 추구한 이념으로 '지속 가능성에 기초하여 경제성장, 사회안정과 통합, 환경보전이 균형을 이루는 발전'을 의미한다.

파리 협약
2020년 만료 예정인 교토의정서를 대체, 2021년 1월부터 적용될 기후변화 대응을 담은 기후변화 협약으로 2016년 11월 발효됐다.

유전체
세포나 개체에 존재하는 유전물질 전체 또는 유전자의 총합. '게놈(genome)'이라고도 부른다.

BT-IT-NT의 화려한 결합 : 생물정보학

생명과학은 그 어느 학문보다 더 특별하게 뉴밀레니엄을 맞이했다. 인간 유전체 해독이 당초 예상보다 빠르게 진행되어, 2000년 6월 26일 그 초안이 공개되었기 때문이다. 인간 유전체 염기서열의 최종본은 2003년에 우리 손에 들어왔다.

뿐만 아니라 지금까지 수백 종에 달하는 동물의 유전체가 해독되었는데, 그 가운데에는 반려동물과 가축을 비롯해서 우리에게 친숙한 동물도 많이 있다. 2004년 닭을 시작으로 개(2005), 고양이(2007), 소(2009),

말(2009), 돼지(2012), 오리(2013), 양(2014), 토끼(2014), 치타(2015), 늑대(2017), 회색곰(2018), 기린(2019), 과일박쥐(2020) 등의 유전체 정보가 속속 공개되고 있다. 원예 식물도 수백 종의 유전체가 해독되었고, 미생물의 경우에는 수십만 종의 유전체 정보가 이미 알려져 있다.

그리고 전방위 유전자 채굴작업이 가속화되고 있다. 대규모 유전체 해독이 보편화되면서 '생물정보학(bioinformatics)'이 크게 발전하고 있다. 1978년에 데뷔한 이 학문은 생물학(bio)과 정보학(informatics)이 합쳐진 이름대로 통계학과 컴퓨터를 적용하여 생물학 데이터를 해석한다. 예컨대, 대표적 생물정보학 분야인 유전체학은 고도화된 컴퓨터 기술을 이용하여 유전체 염기서열의 분석과 기능 및 진화 과정을 탐구하는 학문이다.

나노기술(Nanotechnology, NT)
나노(nano)는 '작다'는 뜻으로, 10억분의 1 수준의 초정밀도를 요구하는 극미세 가공 기술을 말한다. 1나노미터(㎚)는 10억분의 1미터인데, 이는 사람 머리카락 굵기의 10만분의 1에 해당한다.

생물정보학이라는 새로운 날개를 장착한 BT는 '바이오 융합기술'로 변신하며 새로운 부가가치를 창출해내고 있다. 말하자면, BT가 정보기술(Information Technology, IT) 및 나노기술(Nanotechnology, NT)과 손을 잡고 의료와 식품, 환경 등 바이오 산업 전 분야에 새로운 성장동력을 제공하기 시작한 것이다. 그 결과 유전체 분석에 드는 비용과 시간이 현저하게 줄어들면서, 유전자 정보 서비스 산업이 빠르게 성장하고 있다.

우리나라 사례를 보면, 농촌진흥청과 국립보건연구원이 '농업 유전자원 서비스 시스템 종합 포털'과 '한국인 맞춤형 유전체칩(한국인칩)'을 각각 개발했다. 전자는 식량과 의약품을 비롯한 바이오 산업의 원천 자원으로서 무한한 가치를 가지고 있는 농업 유전자원의 효과적인 보존과 관리, 활용을 목표로 구축되었다. 유전체칩은 해당 생명체의 유전정보

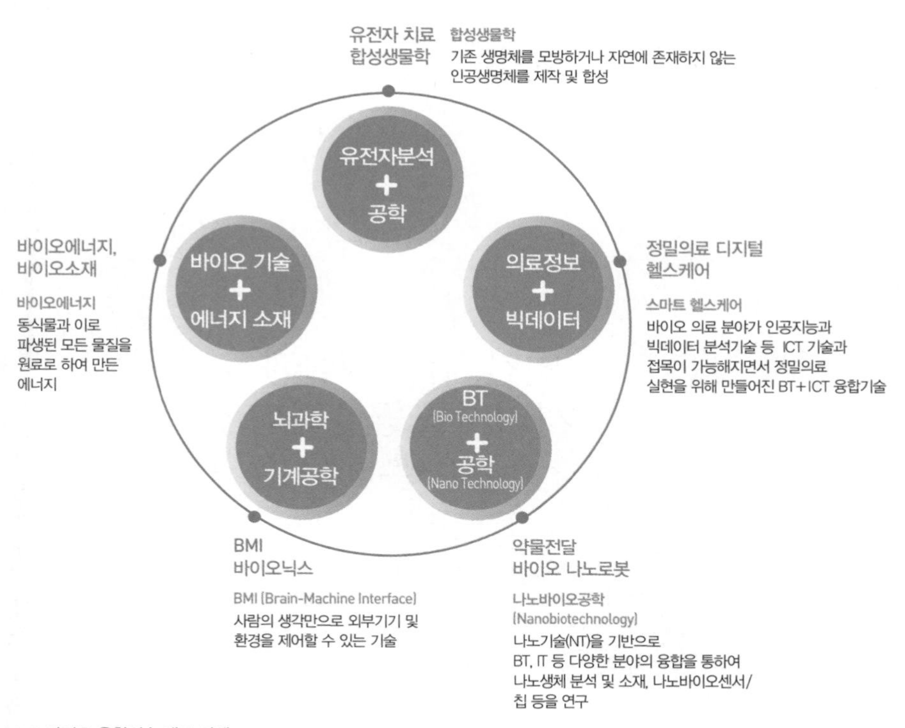

1-9 바이오 융합기술 대표 사례.

를 손톱만 한 크기의 반도체 칩에 담은 것이다. 한국인칩에는 우리나라 사람의 유전체에서 대표성이 높은 유전정보 80만 개 이상이 담겨 있다. 이는 기존의 상용 유전체칩이 서양인 유전체 정보를 바탕으로 설계되어 한국인에게 적용할 경우 효율성이 떨어진다는 단점을 극복하기 위해서 2015년에 개발된 것이다.

이러한 BT-IT 융합은 질병의 조기 진단과 맞춤형 바이오 신약 개발, 진단 및 치료기기 개발 등에 이미 활용되고 있다.(1-9)[2] 이처럼 눈부신 생물학의 발전은 주변 생물에 대해 인류 초기부터 던져온 물음에 대한 답을 구하는 과정, 그 탄탄한 토대 위에서 이루어진 것이다.

인간, 다른 생물과 서식지를 공유하다

생명과학의 출발

유랑생활을 접고 자연에 정착하다

우리의 원시인 조상에게 생물들은 먹거리로 인식되었거나 아니면 생명을 위협하는 무서운 존재로 다가왔을 것이다. 동물의 경우에는 사냥을 하느냐 사냥을 당하느냐의 문제였고, 식물의 경우에는 먹을 수 있는 것과 아닌 것을 구별할 수 있어야 했다. 대상 생물에 대한 아주 단순한 지식 유무로 생과 사가 갈렸기 때문이다. 그러다가 1만 5000년 전쯤부터 변화가 생겼다. 인간이 다른 생물과 서식지를 공유하기 시작한 것이다.

첫 번째 손님은 살가운(?) 늑대였다. 인간 영역에 들어와 서식지와 배고픔을 해결한 이들은 그 보답으로 인간을 보호하고 사냥을 도왔다. 그리고 이 둘 사이의 유대감이 나날이 커져갔다. 인간의 절친 동물, 개의 탄생 과정을 설명하는 유력한 가설이다.

그 이후 천 년이 지나면서 인간은 동물을 키워 일꾼으로 부리고 식량으로 사용하는(가축화) 방법을 알게 되었다. 또한 식물을 작물화하는 데에도 성공했다. 바야흐로 인류는 수렵과 채집에만 의존하던 유랑생활에 종지부를 찍고 정착생활을 시작했다. 신석기 시대로 접어든 것이다.

한 곳에 머무르며 농경과 목축을 기본으로 하는 공동체 생활이 지속되면서 인류는 자연에 대한 경외심을 품게 되었다. 그 결과 신석기 시대에 이미 특정 동물을 자기 부족의 시조나 수호신으로 믿고 숭배하는 토테미즘과 같은 원시신앙이 자리를 잡았다.

절대권력을 소유했던 고대 통치자들은 동물을 이용하여 자신의 힘을 과시하기도 했다. 고대 동물원이라고 할 수 있는 '메나주리(Menagerie)'가 그런 경우이다.

2007년, 이집트의 나일 계곡에 위치했던 고대 도시를 발굴하는 과정에서 다양한 동물 수백 마리의 뼈대가 발견되었다. 흥미로운 사실은 이 유골들은 사람을 매장할 때와 같은 방식으로 묻혀 있었다는 점이다.

이 동물들의 매장 시기인 기원전 3500년 무렵, 이곳은 상이집트의 수

1-10 히에라콘폴리스 발굴 현장(2007).

도 네켄이었다.[1-10] 당시 이 도시는 '히에라콘폴리스(Hierakonpolis)'라고 불리기도 했다. '매의 도시'라는 뜻이 담긴 이 명칭은 매 형상을 한 이 지역의 신 '호루스(Horus)'와의 관련성을 암시한다.[1-11] 하마와 코끼리, 개코원숭이 등 다양한 동물들이 살았던 이곳의 메나주리는 신격화된 왕의 권력을 상징했을 것이다. 그 주인이 누군지는 알 수 없지만, 그가 죽은 날 이 동물들은 제물로 바쳐져 고운 천으로 덮인 채 갈대로 만든 침대 위에 놓였을 것이다.[1-12] 이러한 연유로 히에라콘폴리스의 메나주리는 인류 최초의 동물원으로 간주되고 있다.

1-11 호루스. ©Jeff Dahl

1-12 히에라콘폴리스 공동 묘지에 있는, 고위층의 무덤 근처에 묻혀 있던 개코원숭이 뼈.

아리스토텔레스, 과학적으로 생물 탐구를 시작하다

고대 그리스 철학자 아리스토텔레스(Aristoteles, 기원전 384~322)는 여러 지방을 여행하면서 생물을 관찰했는데, 특히 레스보스 섬의 큰 석호에서 수생동물을 자세하게 관찰했다.[1-13] 앞선 다른 철학자들이 자연에 대해 단지 사유하거나 추측에 그친 것과는 달리, 아리스토텔레스는 자신의 생각에 관찰과 실험을 결합시켰다. 그는 500종 이상의 동물을 관찰해 그 결과를 기록하고 분류했는데, 이로써 『동물지(動物誌)』(9권), 『동물 부분론』(4권), 『동물 발생론』(5권) 등을 저술했다.(1-14, 1-15)

1-13 로마 시대에 제작된 아리스토텔레스 흉상.

하지만 아리스토텔레스의 생물학에는 틀린 부분도 많았다. 예를 들어, 그는 뇌란 몸을 시원하게 하기 위한 방열판 같은 것이고, 생각은 심장에서 일어난다고 주장했으며, '자연발생', 즉 생물이 비생물적 물질에서 저절로 생겨날 수 있다고 믿었다. 그럼에도 불구하고 이 고대 그리스 철학자가 생물 탐구를 과학적으로 시도하고 접근한 최초의 인물이라는 데에는 별 이견이 없다. 아리스토텔레스는 다양한 생물들 가운데에서 어떤 질서를 찾으려고 애썼고, 이런 과정에서 획득한 지식을 하나의 틀로 묶었기 때문이다. 실제로 그는 서양에서 19세기 초반까지 생물 연구의 권위자로 군림했다.

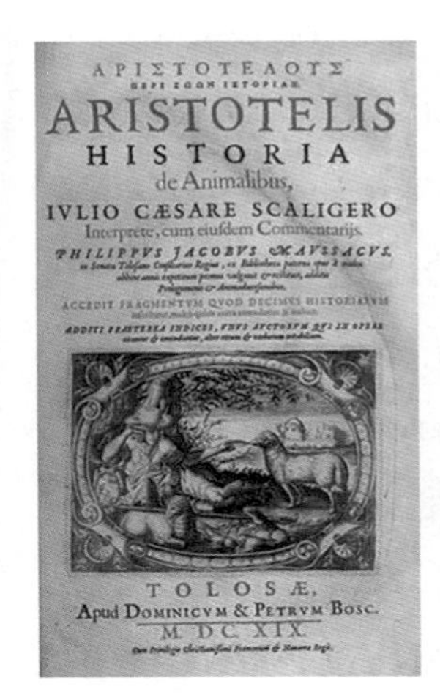

ΑΡΙΣΤΟΤΕΛΟΥΣ
ARISTOTELIS
HISTORIA
de Animalibus,
IVLIO CÆSARE SCALIGERO
Interprete, cum eiusdem Commentariis.
PHILIPPVS JACOBVS MAVSSACVS,
TOLOSÆ,
Apud DOMINICVM & PETRVM BOSC.
M. DC. XIX.

1-14 아리스토텔레스 『동물지』 라틴어 번역본 표지.

1-15 아리스토텔레스는 『동물지』에서 생명계의 기본 질서를 파악하기 위해 '자연의 사다리'라는 모델을 제시했다. 그림은 18세기 자연학자인 찰스 보넷의 〈자연 계단〉.

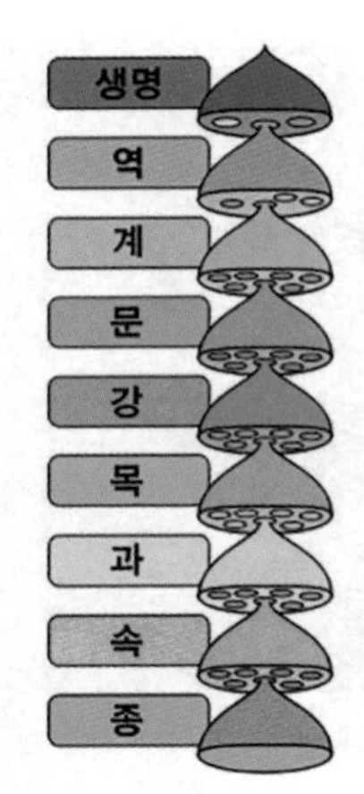

1-16 생물 분류체계.

아리스토텔레스는 생물을 모양과 특성에 따라 분류했다. 우선 붉은 피가 있는 것과 그렇지 않은 것으로 동물을 양분했다. 이런 구분은 척추동물과 무척추동물로 나누는 현재의 분류와 거의 같다. 그러고 나서 특성이 전반적으로 비슷한 동물들을 다시 속(Genus)으로 묶었다. 현대의 '속'은 아리스토텔레스가 사용했던 것보다는 훨씬 작은 생물 그룹을 지칭하지만, 이 분류 단위는 현대생물학에서도 여전히 유효한 분류법이기도 하다.

참고로 현대생물학에서는 보통 생물을 종(Species), 속(Genus), 과(Family), 목(Order), 강(Class), 문(Phylum), 계(Kingdom) 순으로 분류한다. 예컨대 우리 인간의 분류체계는 다음과 같다. 사람종 – 사람속 – 사람과 – 영장목 – 포유강 – 척삭동물문 – 동물계.[1-16]

아리스토텔레스는 적혈동물을 새끼를 낳는 네발동물(포유류), 알을 낳는 네발동물(파충류와 양서류), 새(조류), 물고기(어류), 고래, 이렇게 5개 속으로 세분했다. 비록 고래를 포유류에 포함시키지는 않았지만, 고래가 물고기가 아니라고 파악한 것은 놀라운 통찰력의 소산이다. 비적혈동물 분류도 상당히 정확했다. 거미와 다지류를 잘못 포함시키기는 했지만, 곤충과 갑각류, 연체동물, 극피동물 등으로 나누어 기술할 정도였다.

아울러 해파리와 말미잘 따위를 '식충류(植蟲類)'로 묶었다. 아리스토텔레스는 이들이 식물과 동물의 특징을 공유하고 있다고 추론했다. 아리스토텔레스는 식충류에 관심이 많았다. 생물 분류 상에서 그 위치가 애매해 보였기 때문이다. 그는 자연을, 생명이 없는 물질에 점점 복잡성이 더해져 식물과 동물을 거쳐 인간에서 절정을 이루는 하나의 연속체로 보았다.

또한 아리스토텔레스는 유정란의 부화과정도 면밀하게 관찰했다. 닭 배아가 시간이 지남에 따라 점진적으로 성장하고 분화해 발생한다는 사실을 목격하고, 부모의 각 신체 부위가 배아에게 아주 작은 단위로 전달되어 조립된다고 주장했다.

사실 배아 연구에 관한 가장 오래된 기록은 기원전 4세기로 거슬러 올라간다. 역사상 가장 유명한 의사이자 '의학의 아버지'로 불리는 히포크라테스(Hippocrates, 기원전 460?~377?)는 배아의 발육이 어미에게서 받는 수분과 숨에 달려 있다고 믿었다. 그는 난자 안에 성체의 아주 작은 축소판이 들어 있다는 '전성설(前成說)'을 신봉했는데, 아리스토텔레스의 주장은 이에 반하는 것으로 '후성설(後成說)'이라고 한다. 이 둘 간의 진위 공방은 이후 2천 년 동안 이어졌다.

주로 동물에 집중했던 아리스토텔레스의 제자들 가운데 식물에 주목한 철학자로 테오프라스토스(Theophrastos, 기원전 372?~288?)가 있었다.[1-17] 그는 식물을 나무, 관목, 작은 관목, 초목 등으로 나누었고, 각종 식물의 약효와 기타 용도를 알아냈다. 또한 그는 수분과 온도, 흙의 종류 등 환경 조건에 따른 식물의 성장 양상도 조사했다. 식물마다 최적 성장 조건이 다르다는 사실을 알아낸 그는 이를 바탕으로 효율적인 재배방

1-17 팔레르모 식물원에 있는 테오프라스토스 동상.

법을 고안해냈다. 테오프라스토스는 85세 나이로 생을 마감하면서, 정원에 묻어달라는 유언과 함께 그 정원의 관리 지침을 남겼다고 한다.[1-18]

1-18 테오프라스토스, 『식물의 역사(Historia Plantarum)』(1644년 확장판) 표지.

로마 시대,
백과사전식 생물 연구의 출발

기원전 시대가 끝나가면서 서양문명의 중심이 로마로 옮겨졌다. 이즈음 자연주의를 신봉하던 로마의 철학자 카루스(Lucretius Carus, 기원전 96년경~55)가 혁신적인 생각을 담은 서사시 『만물의 본성에 대하여(De Rerum Natura)』를 선보였다. 여기서 자연주의란, 신적 존재를 인정하지 않고 이 세상 모든 현상과 그 변화의 근본원리가 자연(물질)에 있다고 보는 철학적 신념 체계를 말한다. 총 여섯 권으로 된 이 저서에서 카루스는 우주의 기원과 구조, 운명, 그리고 생명의 진화에 대해 설명하는데, 자연에 대한 초자연적인 설명을 초지일관 거부하고 있다.

보통 대 플리니(Pliny the Elder)로 알려져 있는 가이우스 플리니우스 세쿤두스(Gaius Plinius Secundus, 기원전 23~79)는 로마의 장군이자 학자였다.[1-19] 그는 세 명의 황제, 네로와 베스파시아누스, 티투스를 연이어 섬

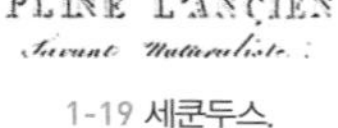

1-19 세쿤두스.

1-20 세쿤두스, 『박물지』.

기느라 정무로 바쁜 와중에도 75권이 넘는 책을 집필했다. 그 가운데 가장 유명한 저서이자 유일하게 남아 있는 책이기도 한 『박물지(Naturalis Historia)』는 세계 최초의 과학 백과사전이다. 총 37권으로 구성된 이 방대한 저작물에서 플리니는 식물과 동물, 인체 생리, 지리 및 우주에 이르기까지 다양한 탐구 주제를 포함시켰다.(1-20)

동물과 식물에 대해서는 7~11권과 12~17권에서 각각 다루고 있다. 예컨대 플리니는 하마에 대해 상세히 설명했는데, 그 가운데에는 하마가 너무 뚱뚱해지면 일부러 날카로운 막대기에 찔려 피를 흘림으로써 건강을 회복한다고 주장하기도 했다. 또한 여기에는 유니콘(Unicorn)을 비롯한 신화 속 동물들에 대한 자세한 묘사도 포함되어 있다. 예를 들어 닭의 머리를 하고 다리가 여섯 개 달린 괴수 바실리스크(Basilisk)는 쳐다보는 것만으로도 사람을 죽일 수 있다고 설명하고 있다. 플리니는 신화를 사실로 여겼다. 그래서 사나우면서도 신비한 마력을 지닌 상상 속의 동물

유니콘(Unicorn)
인도와 유럽의 전설에 나오는 동물. 말과 같은 체구에 이마에는 뿔이 하나 있다고 전해진다.

들은 매우 드물기 때문에 생포하기가 어렵다고 단순하게 생각했다.

1세기 무렵 또 다른 로마의 학자 디오스코리데스(Pedanius Dioskorides, 50년경~?)는 600여 종의 약용식물에 대한 상세한 설명을 담은 책 『약물지(De Materia Medica)』를 편찬했다. 이후 천 년이 넘게 이 고서적은 최고의 약초 지침서 지위를 누렸다. 12세기에 한 걸출한 박물학자가 등장하기 전까지는 식물 연구에 별 진전이 없었기 때문이었다.

알베르투스 마그누스(Albertus Magnus, 1193~1280)는 자신의 저서 『식물론(De Vegetabilis)』에서 다양한 식물과 그 용도에 대해 직접 관찰하고 수집한 내용을 기술했다. 예를 들어, 그는 줄기 구조에 근거하여 외떡잎식물과 쌍떡잎식물을 구별했다. 이제 식물 연구는 입에서 입으로 전해진 전통적인 지식에서 벗어나 식물 자체를 체계적으로 관찰하기 시작했고, 관심 대상이 약초를 넘어 다른 식물로 확대되어갔다.

게스너, 생물에 대한 실증적 접근을 꾀하다

16세기 중반, 스위스의 박물학자 게스너(Conrad Gessner, 1516~1565)는 그때까지 알려진 동물에 대한 정보를 집대성하려고 했다.[1-21] 그리하여 1551~1557년에 출판된 저서 『동물지(Historia Animalium)』(전 5권)는 현대동물학의 길을 연 기념비적인 업적으로 평가받고 있다.

1-21 게스너.

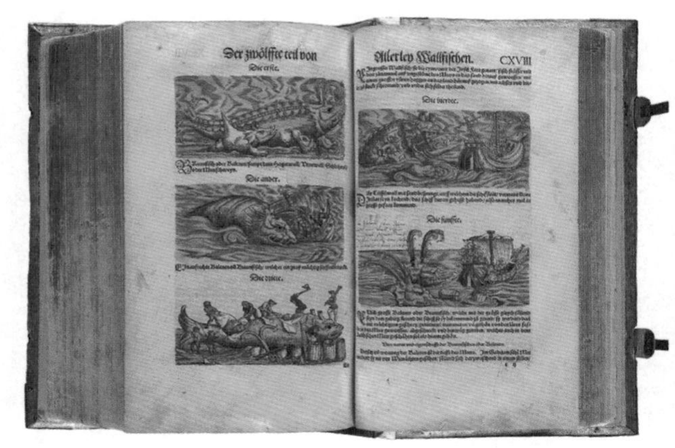

1-22 게스너의 『동물지』(제4권 조류) 중에서.

본업이 의사였던 게스너는 여가 시간을 이용해 야생동물을 관찰하고, 해부학적 구조를 조사했다.(1-22) 그는 아리스토텔레스의 분류 방식에서 영감을 얻어 동물을 4개의 주요 부류, 즉 네발동물, 양서류, 조류, 어류(다른 수생동물 포함)로 나누고, 각각에 대해 동물지 한 권씩을 할애했다. 뱀과 전갈(거미와 곤충 포함)에 대해 설명한 동물지 제5권은 게스너 사후 1587년에 출판되었다.

게스너는 플리니와 아리스토텔레스 같은 앞선 학자들에 비해서 훨씬 더 실증적으로 접근했다. 그는 자신의 관찰과 해부를 바탕으로 가능한 한 정확한 서술을 하는 데 집중했는데, "학자란 모름지기 동물을 직접 관찰하고 해부하고 기술하고 그림으로 묘사해야 한다"고 말하기도 했다. 이것은 게스너가 옛날 지식을 완전히 무시했다는 말이 아니다. 그는 아리스토텔레스를 비롯한

1-23 『동물지』에서 유니콘을 묘사한 그림.

불사조(phoenix)
전설에 나오는 신령스러운 새. 죽음과 부활을 끊임없이 반복함으로써 죽지 않는 새라는 뜻의 '불사조(不死鳥)' 이름을 얻었다.

해룡(sea dragon)
뱀처럼 생긴 거대한 해양 생명체. 유사 이래 많은 신화나 전설에서 등장한다.

고대 학자들뿐만 아니라 구약성서와 중세의 동물 우화집도 널리 인용했으며, 심지어 유니콘과 불사조 · 해룡과 같은 전설의 동물들도 포함시켰다.(1-23) 자신의 연구 성과에 과거 지식을 더함으로써 게스너는 여러 영역에서 고대와 중세 학자들이 과학에 대해 더 근대적인 접근을 할 수 있도록 큰 다리를 놓은 셈이다.[3]

마침내 자연발생설을 논파하다

생명과학 도약의 발판

생명체는 저절로 생겨난다: 자연발생설

영어 이름을 그대로 우리말로 옮기면 '따개비거위'와 '거위따개비'가 되는 조류와 갑각류가 있다.(1-24, 1-25) 중세시대 영국 사람들은 해마다 겨울이면 떼를 지어 나타나는 거위 비슷한 새를 보고 어리둥절해 했다. 주변을 아무리 둘러봐도 이들의 둥지가 없었기 때문이다. 그야말로 불현듯 어느 날 눈앞에 나타난 것이었다.

이 많은 새들이 도대체 어디서 왔을까? 마침 근처 해변에 널려 있는

따개비의 색깔과 이 새의 깃털 색이 아주 비슷했다. 그래서 이 중세인들은 이 새들이 따개비에서 생겨났다고 믿었다. 황당하기 그지없지만, 이러한 발상은 생물의 이름 속에 살아서 전해지고 있다. 흰뺨기러기와 자루따개비(거북손)의 영문명이 각각 'barnacle goose'와 'goose barnacle'이다. 흰뺨기러기는 봄에 북극으로 이동해 둥지를 튼다.

1-24 흰뺨기러기. © wikimedia.org

1-25 자루따개비. © wikimedia.org

살아 있는 생명체가 저절로 생겨난다는 믿음, 즉 '자연발생설'과 관련된 황당한 주장을 하나 더 소개한다. 뜻밖에도 그 주인공은 17세기의 유명한 화학자이자 의사였던 헬몬트(Jan Baptist van Helmont, 1579~1644)이다.[1-26] 그는 공기가 여러 가지 기체로 되어 있음을 최초로 밝혀낸 사람들 가운데 한 명으로, '가스'라는 용어를 처음으로 사용하기도 했다. 또한 그는 자연에 대한 지식은 실험을 통해 가장 잘 습득할 수 있다고 믿었다.

1-26 헬몬트.

예컨대, 그는 약 90Kg의 흙이 담긴 화분에 2Kg짜리 버드나무를 심고, 5년 동안 물만 주었다. 그리고 5년 후 나무의 무게를 재어보니 약 77Kg이었다. 매년 가을 이 나무에서 떨어진 잎까지 고려한다면, 나무는 엄청나게 성장한 것이다. 그런데 화분에 있던 흙은 5년 전에 비해 불과 50g 정도 가벼워졌을 뿐이었다. 약간 줄어든 흙의 무게를 실험적인 오차로 간주한 헬몬트는 '버드나무 실험' 결과를 나무가 흙은 먹지 않고 물만 먹고 자란다는 증거로 해석했다.(1-27)

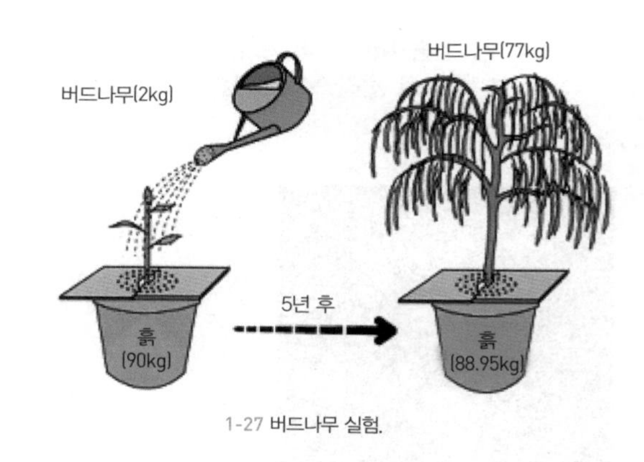

1-27 버드나무 실험.

연금술사이기도 했던 헬몬트는 이산화탄소의 존재를 처음으로 알아내기도 했다. 그는 나무가 타면서 나오는 연기에서 이 가스를 확인했고, '숲의 카오스(혼돈)'라고 불렀다. 그러나 그는 이산화탄소와 생명체 사이에 아무런 연관성도 두지 않았다. 그는 식물이 햇빛 에너지를 이용하여 공기 중에 있는 이산화탄소를 고정한다는 사실은 말할 것도 없고, 토양이 식물 성장에 필요한 미네랄을 제공한다는 사실도 알지 못했다. 하지만 그는 '광합성'이라는 큰 퍼즐의 한 조각을 발견했다(광합성의 모든 조각들이 맞추어지기까지는 이후로 300여 년이 더 걸렸다).

그런데 이런 과학의 선구자적 인물이 어처구니없는 실수를 하고 말았다. 쥐를 만드는 방법을 남겨놓은 것이다. 밀알 한 줌을 항아리에 넣은 다음, 헌 옷을 덮어놓고 21일 정도 기다리면 쥐가 나온다고 선언했다. 뿐만 아니라 그는 다 자란 암수 쥐가 나타나기 때문에 짝짓기를 통해 더 많은 쥐가 생겨난다고 덧붙였다.

공기 중 미생물이 주범이다
: 백조목 플라스크 실험[4]

1-28 프란체스코 레디.

17세기까지도 자연발생설은 일반인은 물론이고 대다수 학자들마저도 진리로 믿었을 만큼 서구 사회에서 영향력을 행사하고 있었다. 심지어 데카르트(René Descartes, 1596~1650)와 뉴턴(Isaac Newton, 1642~1727) 같은 저명한 학자들도 이에 동의했을 정도였다.

그런데 1688년, 이탈리아 출신의 의사이자 박물학자 레디(Francesco Redi, 1626~1697)가 썩은 고기에서 구더기가 저절로 생겨나는 게 아니라는 사실을 실증하면서 공식적으로 자연발생을 처음으로 반박하기에 이른다.(1-28) 그는 단지 두 개에 고기를 담았는데, 하나는 뚜껑을 덮지 않았고, 다른 하나는 밀봉했다. 고기는 모두 부패했지만, 구더기는 뚜껑이 없는 단지에서만 나왔다. 이에 대해 자연발생을 믿는 사람들은 신선한 공기가 없어서 그렇다고 주장했다. 그러자 레디는 공기가 통할 수 있게 가제로 단지를 덮었다. 이번에도 구더기는 보이지 않았다. 지극히 당연한 결과였다. 파리가 접근하지 못해 알을 낳지 못했으니, 파리의 애벌레인 구더기가 나올 리 없지 않은가!

레디의 실험 결과는 자연발생설에 심각한 타격을 주었다. 그러나 당시의 많은 학자들은 여전히 레이우엔훅(Antonie van Leeuwenhoek, 1632~1723)이 발견한 극미동물(미생물)은 자연발생할 만큼 충분히 단순하다고 믿었다(〈5-58〉 참조). 그런 와중에 18세기 중반, 영국인 니덤(John Needham, 1713~1781)은 고깃국을 끓인 다음에 용기에 담아 뚜껑을 닫아도 국물이 곧 미생물로 가득해지는 것을 발견하고, 고깃국에서 저절로 미생물이 나왔다고 주장했다.

이로부터 약 20년 후 이탈리아의 스팔란차니(Lazzaro Spallanzani, 1729~1799)는 니덤이 국물을 끓인 다음에 공기에서 미생물이 들어갔을 것이라고 주장했다. 스팔란차니는 밀봉한 상태로 끓인 고깃국에서는 미생물이 생기지 않음을 증명했다. 이에 대해 니덤은 자연발생에 필요한 생명력이 끓이는 과정에서 파괴되었는데, 공기에 있는 생명력이 밀폐된 용기 안으로 들어갈 수 없었기 때문이라고 반박했다.

때마침 이 무렵에 프랑스의 화학자 라부아지에(Antoine Laurent Lavoisier, 1743~1794)가 공기에 있는 '산소'라는 기체가 생물의 생명 유지에 꼭 필요하다는 사실을 강조하면서부터, 이 보이지 않는 생명력은 더욱 신빙성을 얻게 되었다.

두 세기를 넘기며 계속된 자연발생설을 둘러싼 논쟁은 1861년에 와서야 종결되었다. 파스퇴르(Louis Pasteur, 1822~1895)는 간단하지만 기발한 아이디어로 공기 중에 있는 미생물이 멸균된 용액에 들어와 증식을 하는 것이지, 공기에 있는 생명력에 의해 미생물이 만들어지는 게 아님을 분명하게 밝혀주었다.[1-29] 파스퇴르는 목이 긴 플라스크에 고기 국물을 넣고 목을 S자 모양으로 구부렸다. 그러고 나서 이 플라스크에 있는 내용물을 펄펄 끓였다가 상온에 방치했다. 이후 몇 달이 지나도 플라스크 안에서는 어떤 생명의 징후도 보이지 않았다.[1-30]

1-29 루이 파스퇴르(1878).

1-30 백조목 플라스크. © wikimedia.org

파스퇴르의 독창적인 실험 장치인 '백조목 플라스크(swan-neck flask)'의 핵심은 플라스크의 구부러진 목을 통해 공기는 자유롭게 드나들 수 있지만 공기 중에 있는 미생물은 통과할 수 없다는 점이었다. 다시 말해서 공기는 플라스크 안으로 확산되지만, 미생물은 위쪽으로 구부러진 관을 타고 중력을 거슬러 들어갈 수 없다는 사실을 명확히 보여준 것이다. 이렇게 해서 자연발생설은 폐기되었고, 생명과학은 새로운 도약의 발판을 마련하게 되었다.

미아즈마, 나쁜 공기가 감염병의 원인?

감염병과 역학

미아즈마와 미생물 병원설의 팽팽한 대립

자연발생설이 허구임이 입증됨으로써 부패가 미생물에 의한 것이지 부패 결과로 미생물이 생기는 것이 아님이 명백하게 밝혀졌다. 사실 백조목 플라스크 실험에 앞서 파스퇴르는 과일에서 자연스레 발견되는 효모가 와인을 만드는 데 필수적이라는 사실을 이미 증명한 상태였다. 공기에 있는 어떤 신비한 힘 때문이 아니라 미생물인 효모가 공기(엄밀히 말하면 산소)가 없는 상태에서 당을 알코올로 만든다는 사실을 알아낸 것이다. 이것이 우리가 익히 알고 있는 발효과정이다. 파스퇴르 덕분에 이제 맨눈에 보이지 않아 막연히 신비하게 여겨졌던 현상들을 주변 환경에 존재하는 미생물 영향으로 돌릴 수 있게 되었다.

실제로 파스퇴르의 미생물 연구 성과는 엄청난 파급효과를 불러일으켰다. 곧이어 전염병도 같은 원리와 맥락으로 이해하여, 미생물이 질병을 일으킨다는 '미생물 병원설(germ theory of disease)'이 등장했다. 하지만 2천여 년 동안 질병은 개인이 저지른 죄악과 악행의 대가로 받는 천벌이라고 믿어왔기에 보통 사람들은 미생물 병원설을 쉽게 받아들일 수가 없었다. 요컨대, 그 당시에는 한 마을에 전염병이 돌면 이를 두고 시궁창에서 악취 형태로 나온 악마의 소행이라고 믿었다.

물론 불결하면 병에 더 잘 걸린다는 사실은 아주 오래전부터 알고 있었다. 예컨대, 고대 로마는 모든 도시에 공중목욕탕을 두어 사람들이 몸을 정결하게 씻을 수 있게 했다. 정확히 무엇이 병을 일으키는지는 몰랐지만 말이다.

1-31 새 부리 모양 마스크를 쓰고 페스트 치료에 나서는 17세기 의사. 파울 페르스트, 1656년 작.

과학혁명이 한창 진행되던 17~18세기에도 서양 의사들 대부분은 사체와 배설물이 썩을 때 나오는 '미아즈마(miasma)'를 감염병의 원인으로 지목했다. 미아즈마란 '나쁜 공기'라는 뜻이다. 따라서 전염병에 걸리지 않으려면 이 나쁜 공기를 걸러내는 마스크를 써야 한다고 생각했다. 그래서 사람들은 새의 부리처럼 생긴 이 마스크 안에 약초와 미네랄까지 넣었다.[1-31] 그럼에도 불구하고 마스크를 착용한 의사들조차도 감염병 앞에서는 속수무

1-32 이그나츠 제멜바이스, Jenő Doby의 동판화, 1860.

Die Aetiologie, der Begriff
und
die Prophylaxis
des
Kindbettfiebers.

Von
Ignaz Philipp Semmelweis,

Pest, Wien und Leipzig.
C. A. Hartleben's Verlags-Expedition.
1861.

1-33 『제멜바이스의 발견』. 1847~61년까지 제멜바이스가 산욕열의 원인을 발견한 과정과 산욕열을 예방하기 위한 무균 예방법에 대해 기록한 자료들이다.

책이었다.

19세기로 접어들면서부터 '나쁜 공기설'에 의구심을 갖는 의사들이 점차 늘어나기 시작했다. 1840년대에 헝가리 출신 의사 제멜바이스(Ignaz Philipp Semmelweis, 1818~1865)는 의사들이 손을 제대로 씻지 않고 출산을 돕기 때문에 산모가 감염에 더 취약해진다고 지적했다.(1-32) 그는 의과대학생들이 실습하는 병동에서 산욕열로 인한 사망률이 훨씬 더 높다는 것을 그 근거로 들었다.(1-33, 1-34) 충격적인 사실이지만 그 당시에는 시신을 만지는 실습을 하고 난 뒤에도, 손을 씻지 않고 그대로 진료에 참여하는 일이 비일비재했다고 한다.[5]

하지만 어이없게도 동료 의사들은 제멜바이스가 말하는 불편한 진실을 귀담아듣기는커녕 그에게 조롱과 비난을 쏟아부었다. 결국 그는 근무하던 빈 종합병원에서 쫓겨나 고향으로 돌아갔다. 고향 사람들도 걱정 어린 충고를 했지만, 그에게 돌

산욕열
분만으로 생긴 생식기 상처에 미생물이 침입하여 일어나는 감염병.

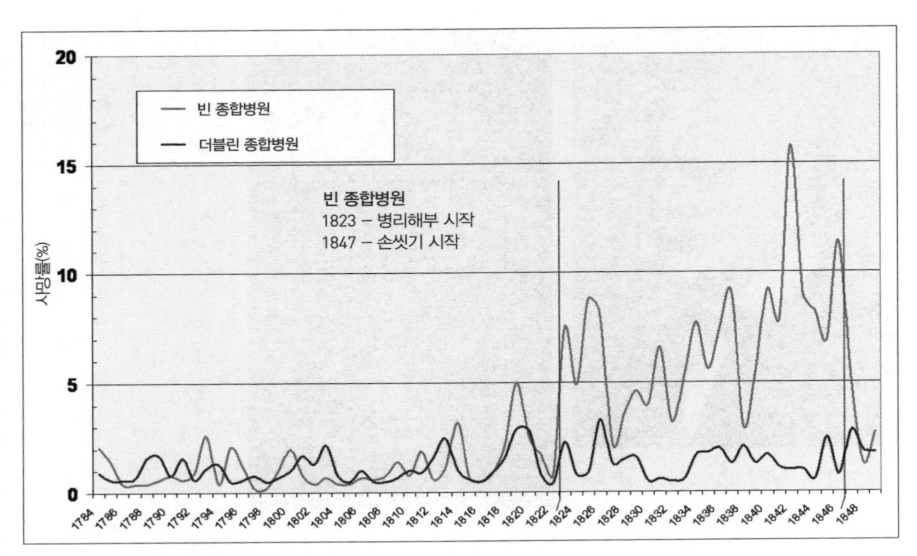

1-34 1784~1849년 두 병원의 산욕열 사망률 비교. © wikimedia.org

아온 건 따돌림뿐이었다.

존 스노,
어떻게 역학의 아버지가 되었나?

1854년 여름, 런던 빈민가 소호를 중심으로 콜레라가 창궐했다. 순식간에 600여 명의 사망자가 발생했다. 이와 함께 나쁜 공기 때문에 콜레라가 전염된다는 터무니없는 소문이 빠르게 퍼져나갔다. 하지만 이때 다행히 사태를 직시한 인물이 있었다. 존 스노(John Snow, 1813~1858)라는 의사가 공기가 아닌 더러운 식수가 감염 경로라고 의심한 것이다. 그는 환자들 집 위치를 지도에 표시해나갔다. 그러자 숨어 있던 진실의 윤곽이 그 지도 위에서 드러나기 시작했다.[6] 브로드 가

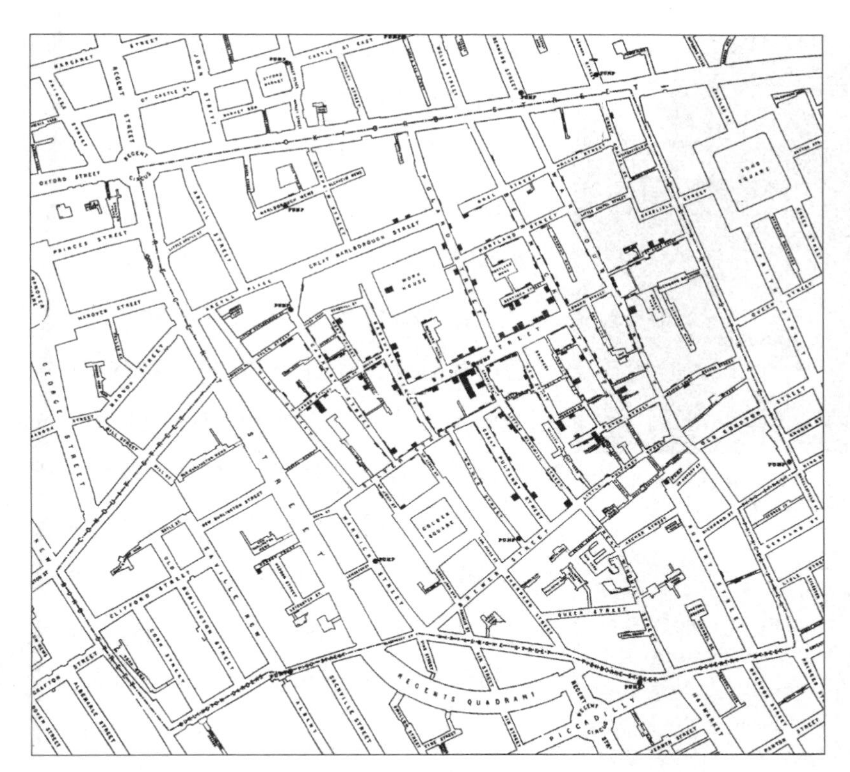

1-35 스노가 런던에서 발생한 콜레라 환자들 집 주소를 표시한 지도.

근처에 피해자 집이 몰려 있었다.(1-35)

가정을 일일이 방문하여 탐문한 끝에, 스노는 사망자들 모두 같은 펌프에서 물을 길어왔다는 사실을 알아냈다. 이어서 문제의 펌프를 조사해 보니, 근처 화장실에서 나오는 오물이 펌프의 수원으로 유입되고 있다는 사실이 드러났다. 이와 같은 과정을 거쳐서 오염된 물이 콜레라를 퍼뜨리고 있다고 확신한 그는 펌프 사용 중단을 강력하게 권고했다. 펌프 손잡이를 빼버리고 펌프 사용을 금지하자마자 콜레라 환자는 더 이상 발생하지 않았다. 지금도 그 거리에는 손잡이가 빠진 그 펌프가 그대로 있

1-36 브로드 가에 그대로 보존되어 있는 펌프. 뒤로 존 스노 이름을 붙인 맥줏집이 보인다.
© wikimedia.org

역학(疫學)
어떤 지역이나 집단 안에서 일어나는 질병의 원인이나 변동 상태를 연구하는 학문. 전염병의 발생 · 유행 · 종식에 미치는 조건을 밝혀 전염병 예방과 치료를 연구하는 것에서 시작하여 현재는 재해나 공해 따위의 문제도 다룬다.

다.[1-36] 그리고 현재 스노는 '역학(疫學)의 아버지'로 인정받고 있다.

얼마 후, 또 다른 영국 의사 리스터(Joseph Lister, 1827~1912)는 제멜바이스의 주장과 함께 파스퇴르의 연구 성과를 근거로 새로운 치료법을 시도했다. 아직 이렇다 할 소독제가 알려져 있지 않던 시절이었지만, 리스터는 페놀(phenol)이 세균을 살균한다는 사실을 알고 있었다. 그래서 그는 수술 상처에 페놀 용액을 사용하기 시작했다. 결과는 기대 이상이었고, 이 방법은 빠르게 퍼져나갔다. 리스터의 발견은 미생물이 수술 상처에서 감염을 유발한다는 또 하나의 명백한 증거였다.

미생물이 감염병을 일으키는 원인임을 확실하게 밝힌 사람은 독일 의사 코흐(Robert Koch, 1843~1910)였다.[1-37] 1876년, 코흐는 탄저병으로 죽은 가축의 피에서 막대 모양 세균(탄저균, *Bacillus anthracis*)을 발견했다. 그리고 이 막대균이 탄저병에 걸린 동물 피에서는 항상 관찰되지만 건강한 동물 혈액에는 존재하지 않는다는 사실을 이내 간파했다. 그러나 특정 세균의 존재는 그 병으로 인한 결과

1-37 로베르트 코흐.

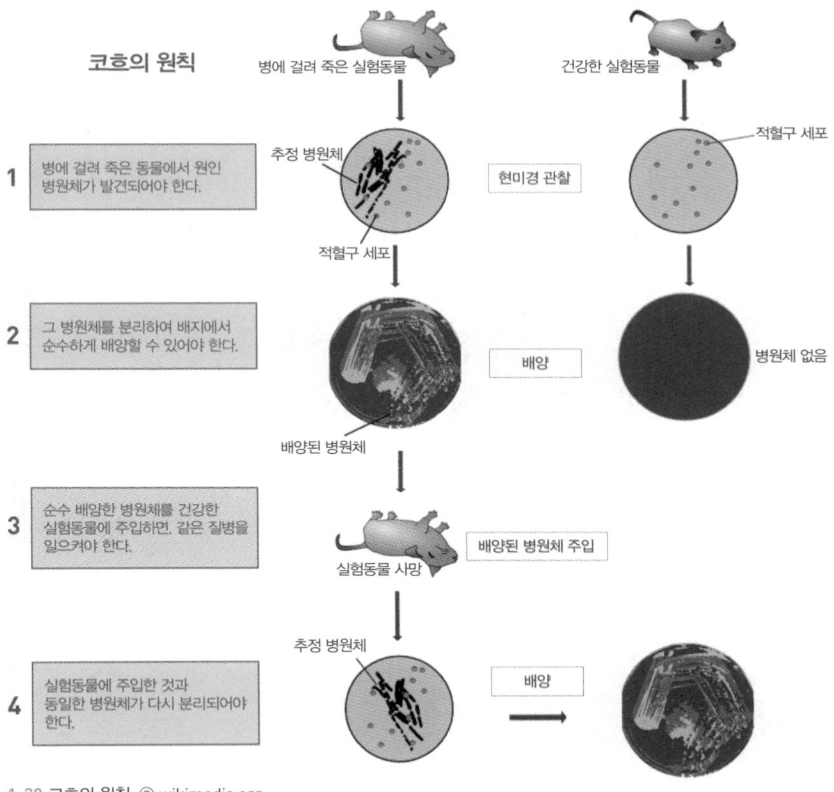

1-38 코흐의 원칙. © wikimedia.org

일 수도 있기 때문에 이러한 사실만으로는 세균이 질병의 원인이라고 단정할 수 없었기에, 코흐는 단계적으로 실험을 수행했다.

코흐는 우선 탄저병에 걸려 죽은 동물의 피를 뽑아서 건강한 동물에 주사했다. 그러자 그 동물은 탄저병으로 죽었고, 코흐는 병들어 죽은 동물의 피에 있는 막대균을 인공 배지에서 키우는 데 성공했다. 그러고 나서 배양한 세균을 건강한 실험동물에 주입했더니, 그 동물 역시 탄저병으로 죽었고, 피에서 주입한 것과 동일한 막대균이 검출되었다. 나쁜 공기의 정체가 밝혀지는 순간이었다!(1-38)[7]

현대 생명과학, 생명의 본질에 성큼 다가서다

바이오 융합

라마르크, '바이오'라는 용어를 도입하다

1-39 장 바티스트 라마르크 초상화, Jules Pizzetta 작, 1893.

아리스토텔레스가 생물학의 시조라면, 근대생물학은 라마르크(Jean Baptiste Lamarck, 1744~1829)에서부터 출발했다고 볼 수 있다.(1-39) 그는 1802년에 독일의 박물학자 트레비라누스(Gottfried Reinhold Treviranus, 1776~1837)와 함께 '바이올로지

(biology)'라는 용어를 도입했을 뿐만 아니라, 생물종이 불변의 피조물이 아니라 환경과의 상호작용으로 변화할 수 있음을 간파하고, 이를 최초로 기록으로 남기기도 했다.(1-40)

1-40 트레비라누스.

현대생물학 관점에서 보면 라마르크의 주장에는 적잖은 오류가 발견된다. 획득형질이 유전된다는 것이 특히 치명적이다. 그러나 당시의 열악한 여건에서 환경과의 상호작용을 통한 생물종의 변화를 인지하고, 이를 체계화시킨 업적이 폄하되어서는 안 될 것이다.

1-41 찰스 다윈 초상화, John Collier 작, 1881.

실제로 다윈도 『종의 기원』 머리말에서 자신의 책보다 50년 앞서 1809년에 출간된 라마르크의 『동물철학(Philosophie Zoologique)』을 인용하면서 라마르크의 업적을 높이 평가하고 있다.(1-41) 다윈은 부모와 자식이 대체로 닮았지만 조금씩 다른 것처럼 자식이 살아가야 할 환경도 부모가 살았

1-42 다윈과 라마르크의 이론 비교. 라마르크는 목을 늘리려는 노력, 다윈은 경쟁과 도태를 진화의 원인으로 보았다.

던 환경과 비슷하면서도 조금씩 다름을 깨닫고, 새로운 환경에서 생존에 도움이 되는 변이를 가진 자식이 더 잘 번성한다는 가설을 세우게 되었다. 그리고 이를 '변형 혈통(descent with modification)'과 '자연선택(natural selection)'이라는 표현으로 함축했다.[1-42]

그 후 19세기에 이루어진 획기적인 생명과학 연구 성과들, 이를테면 멘델의 유전법칙과 파스퇴르의 자연발생설 반박 실험 등을 통해서 생명과학은 비로소 학문적 토대를 굳건히 할 수 있게 되었다.

DNA 연대기, 유전물질의 정체 규명

DNA는 'deoxyribonucleic acid'의 약자이다. 이 용어를 deoxy-ribo-nucleic acid로 나누어보면 그 의미를 이해하기가 쉬워진다. 우선 '핵산(nucleic acid)'은 말 그대로 '핵 안에 들어 있는 산'이라는 뜻이다.

사실 핵산에는 매우 비슷한 물질 두 가지가 섞여 있다. 바로 DNA와 RNA(ribonucleic acid)이다. ribo-는 5탄당(5개의 탄소 원자로 된 당)인 리보오스(ribose)를 지칭한다. 리보오스는 산소 원자를 꼭짓점으로 4개의 탄소 원자가 만드는 오각형 구조인데, 나머지 탄소 하나는 4번째 탄소에 결합하여 오각형 평면 위로 솟아 있고, 여기에 인산기가 붙는다. 이 구조에 염기라는 성분이 더해지면 핵산의 기본 구조가 완성된다. 이것이 핵산의 구성단위인 뉴클레오타이드(nucleotide)이다. 염기에는 아데닌(A), 티민(T), 구아닌(G), 시토신(C), 이렇게 총 4가지가 있다.

끝으로 deoxy-를 살펴보자. de-는 분리 · 제거를 의미하는 접두사이

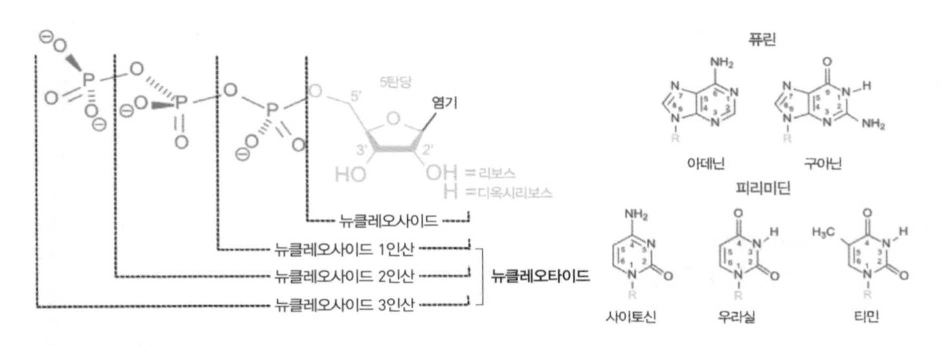

1-43 뉴클레오타이드 구조. 질소 염기에 있는 탄소와 구분하기 위하여 5탄당(리보스)에 있는 탄소 원자에는 ′ 기호를 더해 표시한다. 예컨대 5'은 5프라임이라고 읽는다. © wikimedia.org

고, oxy-는 산소(oxygen)를 뜻한다. 따라서 deoxy-는 산소가 없다는 의미인데, 정확히 말하면 2번 탄소에 산소가 없다는 말이다. 여기에 산소가 그대로 있으면 ribonucleic acid, 즉 RNA가 된다. DNA와 RNA의 차이는 리보오스에 붙는 산소 원자 하나의 결합 유무, 그리고 RNA에는 티민 대신 우라실(U) 염기가 있다는 점이다. 우라실과 티민은 그 구조가 거의 같다.(1-43)

뉴클레오타이드는 일종의 레고 블록이라고 할 수 있다. 인접한 뉴클레오타이드의 인산기와 3번 탄소에 붙어 있는 수산기(-OH)가 결합하여 하나의 긴 사슬을 이룬다. 이렇게 만들어진 DNA 사슬 두 개가 'A-T, G-C'라는 일정한 규칙에 따른 염기 결합으로 이중나선을 이룬다. 바로 이것이 1953년 제임스 왓슨(James Watson)과 프랜시스 크릭(Francis Crick)이 발표한 DNA 구조 모형이다.

이중나선의 폭은 2nm이고, 나선을 한 바퀴 돌면 3.4nm인데, 이 안에 열 쌍의 염기 결합이 들어 있다. 이중나선의 폭이 2nm로 일정하게 유지되는 이유는 규칙에 따른 염기 결합 때문이다. 부모에서 자손으로 전달되면서 생명의 연속성을 나타내는 유전물질의 실체가 드디어 밝혀진 것이다.

생명과학, 다른 학문을 조화롭게 아우르다

한마디로 생명과학은 생명현상을 탐구하는 학문이다. 그런데 아이러니하게도 아직도 생명과학은 가장 기본적인 질문 "생명이란 무엇인가?"에 대해서 명쾌한 답변을 내놓지 못하고 있다. 보통 사람들도 생명이 있는 것(생물)과 그렇지 않은 것(무생물)을 직관적으로 쉽게 구별할 수 있는데 말이다. 하지만 이러한 이분법은 생물 고유의 일부 특징에 근거한 주관적인 판단일 뿐이다. 이런 특징, 즉 생명현상을 나타나게 하는 근본원리는 복잡하고 난해하기 짝이 없다.

아주 간단하고 하찮아 보이는 단세포 생물, 예컨대 박테리아조차도 수천 개의 화학 반응을 동시에 수행한다. 그것도 모두 오케스트라가 교향곡을 연주하듯 아름다운 조화 속에서 말이다. 우리 몸으로 말하자면, 박테리아보다 훨씬 더 복잡한 세포가 조 단위로 모여 긴밀한 공조 하에 생명 활동을 유지하고 있다. 게다가 생물의 종류는 상상을 초월할 정도로 많고 다양하다. 현재까지 확인된 생물만 해도 130만 종이 넘는다. 이들 대부분은 맨눈으로 쉽게 볼 수 있는 것들이다.(1-44)

특히 우리의 관심은 친숙하거나 실용성이 있는 생물에 편중되어 있다. 하지만 이런 생물은 지구에 살고 있는 생물종 가운데 극히 일부에 지나지 않는다. 예컨대 우리 인간을 포함해 포유류가 차지하는 비율은 0.25% 정도밖에 되지 않는다.

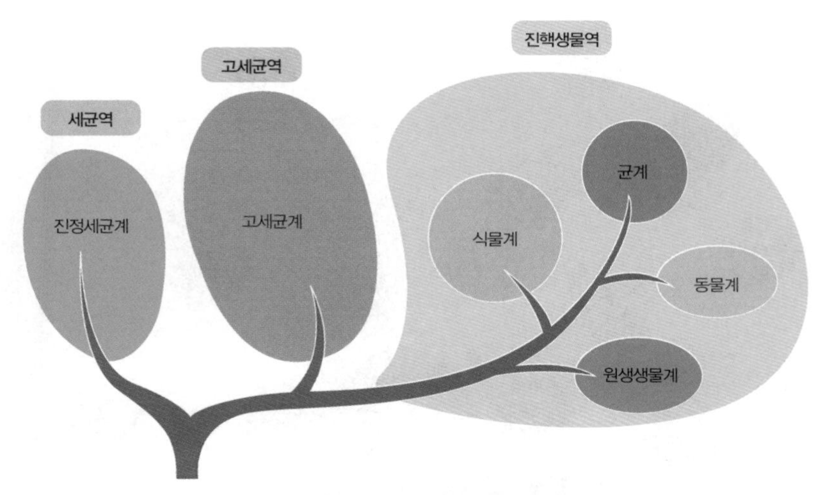

1-44 생물의 3역 6계 분류 체계. 동물계와 식물계 이외에는 모두 미생물이라는 사실에 주목.

조금 풀어서 말하자면, 생명과학은 복잡하면서도 조화로운 세포라는 단위체로 이루어진 수많은 생물들의 삶과 이들 사이에 일어나는 상호작용을 통합적으로 이해하려는 학문이다. 이렇게 복잡한 체계를 탐구하려면 연구대상의 분해는 불가피하고, 그만큼 연구 분야도 다양해질 수밖에 없다. 요컨대, 연구대상 생명체의 종류에 따라 동물학 · 식물학 · 미생물학 등으로 세분할 수도 있고, 생명체의 기능과 특성, 수준에 따라 발생학 · 생화학 · 유전학 · 생태학 등으로 나눌 수도 있다.

현재 생명과학자들은 엄청나게 다양한 분야에서 연구 활동을 진행하고 있다. 우선 연구대상의 스케일이 극과 극이다. 세포 안에서 일어나는 핵산(DNA와 RNA)과 단백질들의 물리화학적 상호작용을 탐구하는 분자생물학자, 지구에 사는 생물의 상호작용과 영양소의 흐름을 통합적으로 연구하는 생태학자, 지구를 벗어나 다른 행성 생명체의 존재 가능성을 탐사하는 우주생물학자, 이들 모두가 생명과학자이다. 그리고 생명과학

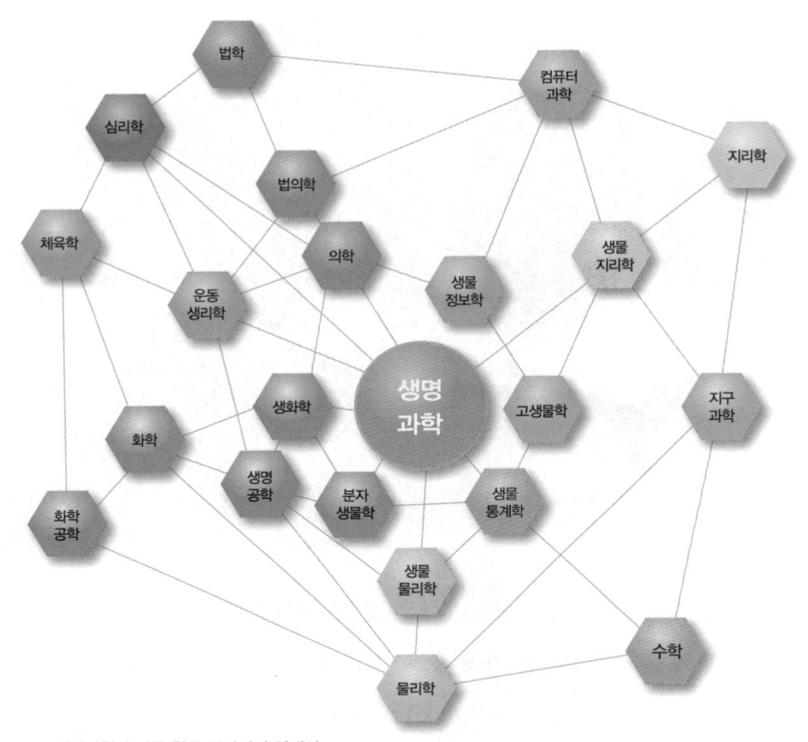

1-45 생명과학과 다른 학문 분야와의 연계성.

이 발전함에 따라 새로운 세부 학문 영역이 계속 새롭게 탄생하고 있다.

그러나 생명체는 단순히 부분들의 집합체가 아니다. 부분들이 모여서 부분 수준에서는 드러나지 않던 새로운 특징을 만들어낸다. 이렇게 불현듯 나타나는 생명현상의 특성을 '창발성'이라 한다고 했다. 이를 제대로 이해하기 위해서는 각 학문 분야의 독자적인 연구뿐만 아니라 세부 학문 간 융합 연구가 필수적이다. 예컨대, 전통적으로 눈에 보이는 모양과 특성을 기준으로 생명체를 구별하던 분류학이 지금은 생명체 배아 발생 과정과 유전자 및 단백질 정보 비교 등을 통해서 얻은 분자생물학적 자료를 활용한다. 한 걸음 더 나아가 생명과학은 IT와 NT를 비롯한 타 학문과의 융합 연구를 확대하고 있다. 여기서 맺어지고 있는 열매가 바이오 융합기술이다.(1-45)

TIP

무세포 합성생물학,
합성생물학과 IT 기술이 만나다

현대인은 인공물질의 홍수 속에 살고 있다. 게다가 대량생산 · 대량소비 · 대량폐기 생활방식은 이미 자연 생태계에게 감당할 수 없는 부담을 안기고 있다. 전 세계 바다를 떠다니는 수많은 플라스틱 조각과 여기서 유래하는 미세플라스틱이 생생한 증거 가운데 하나이다. 사태의 심각성을 인식한 산업계에서도 글로벌 대량생산에서 로컬 맞춤형 생산으로 패러다임 전환을 적극 모색하고 있다.

이를 위해서는 전통 화학산업 기술을 대체할 수 있는 지속가능한 바이오 기술 개발이 필수적인데, 여기서 '무세포 합성생물학(Cell-free synthetic biology)'이 큰 기대를 모으고 있다. 무세포 합성생물학이란, 원하는 기능을 수행하는 데 필요한 부품만을 조립하여 생명체와 유사한 시스템을 제작하는 기술을 일컫는다. 무세포 합성생물학은 생체 외(또는 시험관 내) 단백질 합성 기술을 기본으로 하여 합성생물학과 IT 자동화 기술을 접목한 융합 기술이다.

우선 RNA 중합효소, 리보솜, 뉴클레오타이드, 아미노산 등 전사와 번역 및 단백질 활성에 필요한 최소한의 부품을 모아 표적 DNA에서 단백질이 만들어져 작동할 수 있는 세포 모사 환경을 만든다. 합성생물학 기술은 이 인공 생명시스템 구성 부품을 표준화시키고, 유전자 회로의 설계를 가능하게 한다. 그리고 IT 자동화 기술은 유전체 수준의 DNA 합성과 세포 배양 및 고속탐색 등을 수행하는 스마트 로봇 개발을 목표로 한다.[1-46]

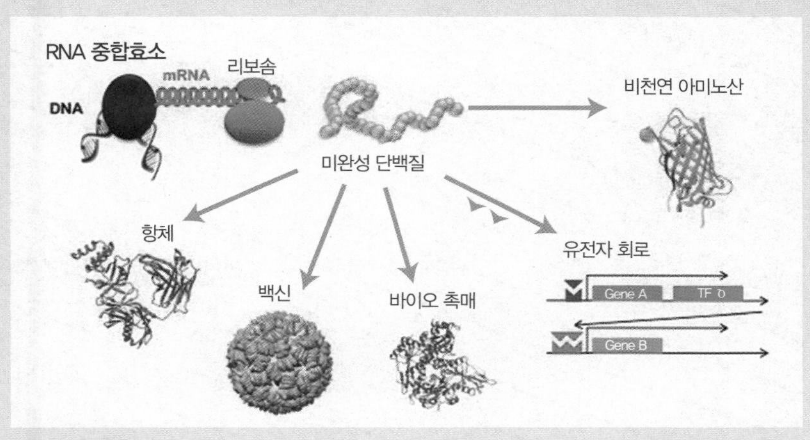

1-46 무세포 합성생물학.

무세포 합성생물학이 실현되면 복잡한 세포 활동 제어의 어려움을 극복하고, 기존 자연 세포에서 구현되지 않는 합성 경로를 통해 신규 친환경 소재와 고부가가치 정밀 화합물 제조가 가능해진다. 한마디로 무세포 합성생물학은 지속가능한 물질 생산 산업화를 이끌 강력한 맞춤형 바이오 기술이다. 생명공학정책연구센터가 발간한 「2020 바이오 미래유망기술 보고서」에서는, 향후 5년 내에 단백질 및 의약품 이동형 현장 생산과 비천연 아미노산 포함 합성 단백질 생산이 가능하며, 완전 제어 가능 인공세포 개발까지는 10년 정도가 걸릴 것으로 예상하고 있다.[8]

Chapter 2

생명과학의 역사를 바꾼 별별 순간들

—— 5세기 말 서로마제국이 멸망하면서 고대 학문의 중심이 동로마제국(지금의 터키 일대)과 그 동쪽의 이슬람제국으로 옮겨갔다. 예컨대, 9세기 무렵 이라크의 바그다드에 설립된 당시 세계 최고 수준의 학문기관 '지혜의 전당'은 훗날 유럽 대학 탄생의 본보기가 되었다. 한편 맹주가 사라진 서유럽에서는 봉건왕국들이 생겨나 로마 교회의 영향 아래 놓이게 되었다.

11세기 말, 기독교 성지인 예루살렘이 이교도들의 위협을 받고 있다는 소식이 전해지자, 서유럽은 십자군 전쟁을 감행한다. 학문적 측면에서 보면, 이 십자군 원정은 발달한 아랍의 학문이 유럽으로 대거 유입되는 통로를 열어주었다. 전수된 학문 중에는 아랍어와 히브리어로 해석되고 주석이 달린 고대 그리스의 과학 저술도 포함되어 있었다. 특히 수학과 천문학, 의학 등은 한층 더 발전한 상태로 유럽에 전해졌다. 새롭게 유입된 과학 지식은 노동 효율성을 높이는 신기술을 낳았다. 네덜란드 하면 떠오르는 풍차가 대표적인 사례이다.

이러한 중세의 기술 발전이 17세기 '과학혁명'의 밑거름이 되었다. 과학혁명은 덴마크의 브라헤(Tycho Brahe)가 '신성(新星, nova)'을 발견한 1572년부터 영국의 뉴턴(Isaac Newton)이 자신의 연구를 『광학』으로 집대성한 1704년 사이에 일어난 변화를 통해 근대 과학이 발흥하게 된 일련의 흐름을 가리킨다.

혁명은 어떤 사건을 경계로 그 사건 이전과 이후에 하나의 커다란 단절이 있어야 한다. 예를 들어 프랑스 혁명은 왕정을 무너뜨리고 공화정을 세웠다. 그렇다면 과학혁명에는 어떤 단절 또는 큰 변화가 있었을까? 한마디로 요약하면, 세상(자연)을 이해하는 방식이 근본적으로 바뀌었다고 할 수 있다. 그 결과 종교적 · 역사적 · 문화적 권위와 전통 대신 관찰과 실험, 합리적이고 논리적인 추론을 중요시하게 되었다.[1]

페스트의 역설, '뇌'로 관심이 몰리다

뇌과학

혁신적인 기술의 비약적인 발전 덕분에 중세 유럽은 14세기 중반까지 엄청난 경제성장을 이루어냈다. 인구가 급증하고, 곳곳에 도시가 발전했으며, 그 도시에 사람들이 몰려들어 상업이 번창했다. 그러나 안타깝게도 인구가 밀집한 도시는 감염병에 취약했다. 14세

2-1 토겐부르크 성서에 그려진 페스트 환자(1411).

기 중반에 유럽을 휩쓴 페스트(흑사병)로 인해 유럽 전체 인구의 3분의 1 이상이 목숨을 잃었다.[2-1]

이런 와중에 아이러니하게도 생명과학은 새로운 도약의 발판을 얻게 되었다. 흑사병의 공포가 급기야 천 년 동안 금지되어왔던 인체 해부까지 허용했기 때문이다. 페스트의 실체에 대해서는 별로 알아내지 못했지만, 이로 인해 뇌를 비롯한 인체 구조를 정확하게 볼 수 있었다.

뇌를 바로 보기 시작하다 : 베살리우스

옛날 사람들은 뇌를 몸의 통제 센터라기보다는 피를 식히는 장소 정도로 여겼다. 인체에서 최고의 권위는 감성과 영혼의 본거지라고 여겨지는 심장의 차지였다. 우리도 은연중에 '가슴에 손을 얹고'라는 표현을 자주 쓰지 않는가!

그러나 세월이 흐르면서 여러 학자들이 뇌 손상이 신체 마비와 성격 변화, 각종 신체장애 등과 관련되어 있음을 밝혀내기 시작했다. 이제는 뇌가 몸을 지배한다는 사실은 우리 모두의 상식이 되었다. 그런데 뜻밖으로 '상식(common sense)'이라는 단어는 10세기 이슬람 학자 아비센나(Avicenna, 980~1037)가 처음으로 사용한 학술용어라고 한다. 그는 뇌가 여러 다른 감각정보를 수집하여 이것을 하나의 공통된 감각으로 통합한다는 사실을 나타내기 위해 이 용어를 만들었다.

아비센나(Avicenna, 980~1037)
이슬람의 의사이자 철학자로, 이슬람 시대 아리스토텔레스 학문의 대가였으며, 중세 유럽의 의학과 철학에 큰 영향을 끼쳤다.

이탈리아 볼로냐 대학의 몬디노(Mondino de Luzzi, 1270년경~1326)는 고대 로마 의사 갈레

갈레노스(Claudios Galenos, 130년경~216년경)
고대 서양 의학을 체계화해 중세 아랍과 유럽의 의학에 큰 영향을 끼쳤다. 특히 160년 무렵 검투사 양성소의 주치의가 되었는데, 이때 쌓은 임상 경험 덕분에 근육·뇌·장기 등 인체에 관한 지식을 풍부히 쌓을 수 있었다고 전해진다.

노스(Claudios Galenos, 130년경~216년경)가 남긴 기록과 아랍 의학서적 내용에 자신이 직접 해부한 시체의 관찰 소견을 더해 1316년 『해부학』을 펴냈다.(2-2, 2-3) 이 책은 1543년에 벨기에 출신의 베살리우스(Andreas Vesalius, 1514~1564)가 『인체의 구조에 대하여(De humani corporis fabrica libri septem)』를 출판하기 전까지 200여 년 동안 유럽에서 표준 교과서 역할을 했다.

근대 해부학의 기초를 세운 베살리우스는 갈레노스 시절부터 오랫동안 잘못 알고 있었던 사실을 여럿 바로잡았다.(2-4) 가장 중요한 발견 가

2-2 세계 최초로 해부실습이 행해진 볼로냐 대학교 해부실습실. 의대생은 물론 일반인들에게도 실습 장면이 공개되곤 했다.

2-3 몬디노의 『해부학(Anatomia)』(1493년 판) 전면 삽화.

운데 하나는 뇌가 괴망(일종의 혈관 다발)에 덮여 있지 않다는 사실이었다. 갈레노스는 심장에서부터 생명의 영혼이 올라오는데, 여기에서 영혼을 추출하는 것이 괴망이라고 주장했다. 보통 괴망은 발굽 달린 동물의 뇌에서 발견된다. 생명이 위협받는 위기 상황에서 신속하게 도망친 후에 머리의 열을 식히기에 최적화된 생체 시스템이다.

2-4 『인체의 구조에 대하여』에 실린 칼카르의 그림. 베살리우스 초상화로 추정된다.

더 나아가 베살리우스는 모든 신경이 심장이 아니라 뇌에서 출발한다는 사실을 알아냈다. 베살리우스가 그린 해부도 덕분에 과학계는 처음으로 뇌를 제대로 볼 수 있게 되었고, 이후로 뇌 연구에서 신비스럽고 영적인 영역은 사라지게 되었다.(2-5)[2]

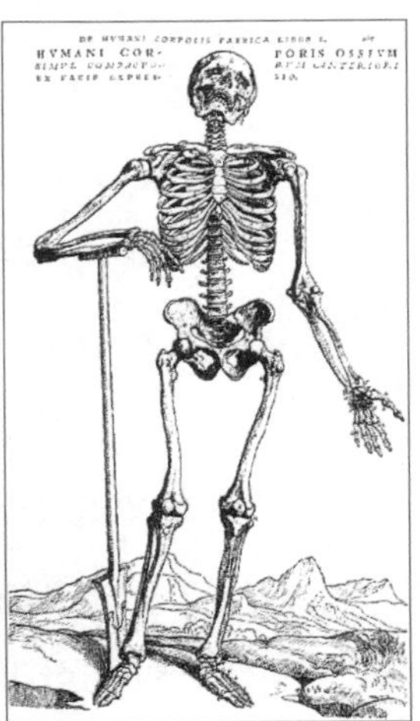

2-5 『인체의 구조에 대하여』 표지와 내부 해부도들.

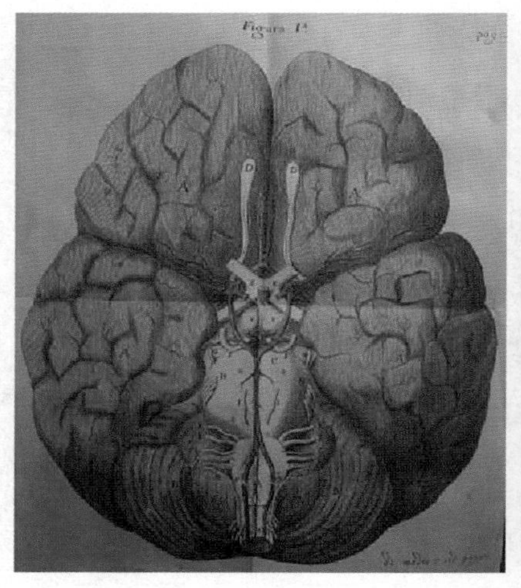
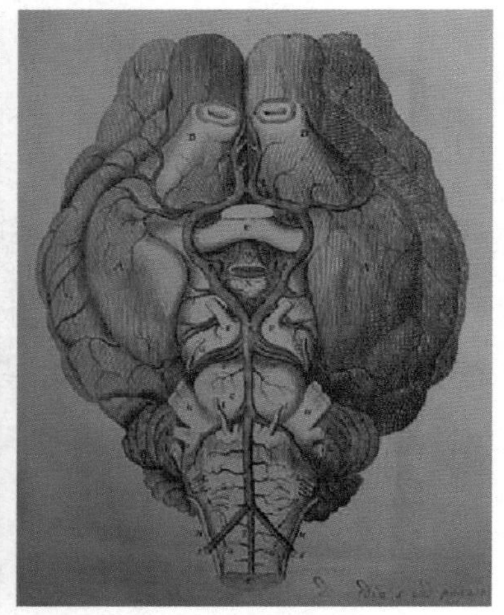

2-6 『대뇌 해부학』에 실려 있는 그림. 인간 뇌의 아랫부분(왼쪽)과 윌리스 서클이 보이는 양의 뇌(오른쪽).

신경과학의 토대를 놓다 : 윌리스

17세기 중엽, 사람의 뇌 구조를 소박하게 그려내는 것을 뛰어넘어 뇌의 여러 부분이 각각 어떠한 기능과 역할을 담당하는지를 밝혀내려는 야심찬 인물이 등장했다. 영국인 의사 윌리스(Thomas Willis, 1621~1675)가 그 주인공으로, 그는 1664년에 사람과 동물의 뇌 비교와 뇌 손상 환자 치료과정에서 관찰한 내용을 바탕으로 저술한 『대뇌 해부학(Cerebri Anatome)』을 출판했다.[2-6] 그는 복합적 사고와 같은 인간만의 고차원적 능력은 뇌의 겉부분에서 이루어진다고 생각했다. 동물과 다르게 인간의 뇌에서는 이 부분이 가장 크게 발달했기 때문에 여기서 지성이 나온다는 것이 윌리스의 추론이었다.

표면이 심하게 주름져 있는 대뇌피질의 앞, 뒤, 옆, 위쪽을 각각 이마엽(전두엽), 뒤통수엽(후두엽), 관자엽(측두엽), 마루엽(두정엽)이라고 부른다.(2-7) 각 엽에는 특정 기능을 수행하는 여러 영역이 존재한다. 기능상으로는 감각령과 연합령, 운동령으로 구분한다. 감각령은 감각신경을 통해 받은 정보를 인접한 연합령으로 보내고, 연합령은 감각정보를 분석 · 처리하여 그 결과를 운동령으로 보내 운동신경을 통해 명령을 내린다. 실제로 윌리스도 명령을 내려보내 신체를 조종하는 뇌가 마치 왕과 같다고 말했다.

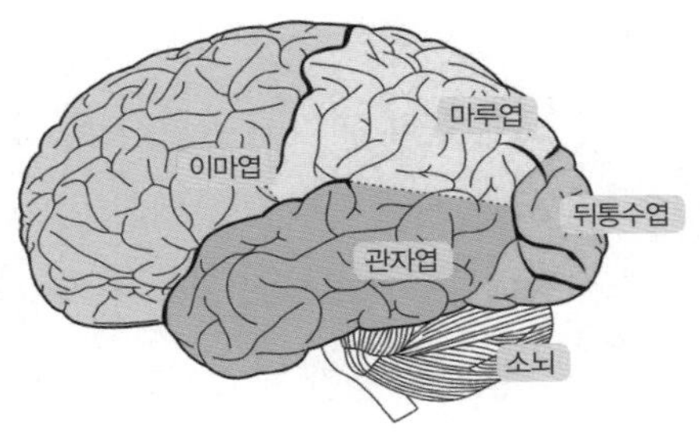

2-7 인간의 뇌. 대뇌피질에는 이마엽, 관자엽, 뒤통수엽, 마루엽이 포함된다. © wikimedia.org

쉽게 말해서 대뇌피질은 우리의 의식적인 활동을 주관하는 곳이다. 사물 인식, 의사소통, 기억과 학습뿐만 아니라 기쁨과 노여움과 슬픔과 즐거움, 즉 희로애락(喜怒哀樂)의 감정에도 관여한다. 또한 상상 · 판단 · 추리 등 인간만이 할 수 있는 창조적인 정신활동을 담당하는 곳이기도 하다.

윌리스의 또 다른 중요한 업적은 '윌리스 서클'의 발견이다.(2-8) 뇌로 가는 동맥을 조사하다가 뇌 아랫부분에서 발견한 이 혈관 고리는 일종

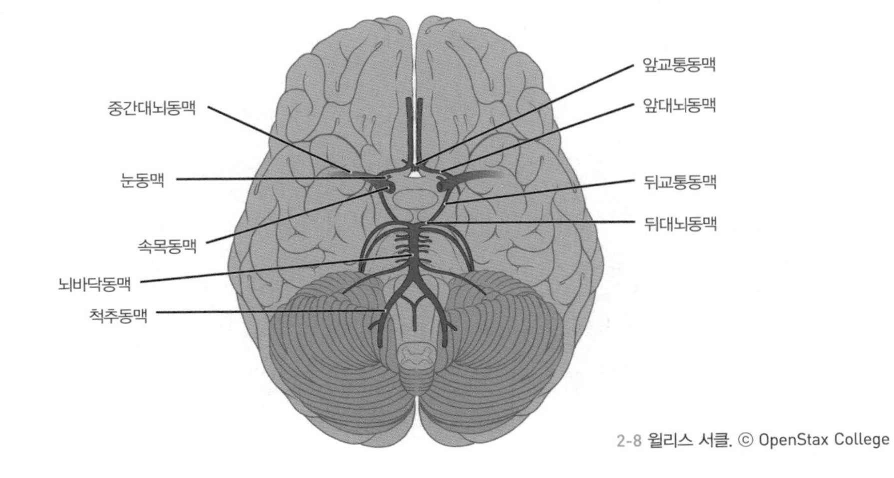

2-8 윌리스 서클. © OpenStax College

의 붙박이형 이중 안전장치이다. 어느 한 혈관에 문제가 생겨도 다른 경로를 통해 피가 순환할 수 있게 해주는 것이다. 말하자면, 윌리스 서클은 뇌 혈액 공급의 허브이다. 실제로 여기에 생기는 장애는 뇌졸중과 뇌경색, 뇌동맥류 등과 같은 심각한 뇌질환으로 이어진다.

물질 성분만 놓고 보면, 뇌는 머리뼈 속에 있는 1.5kg 정도의 단백질과 지방 덩어리에 지나지 않는다. 하지만 뇌는 몸 전체 에너지와 산소의 4분의 1가량을 소비한다. 하루 종일 앉아서 공부만 했는데 운동한 만큼이나 배가 고파지는 경험을 한 적이 있다면, 여기에 바로 그 이유가 있다.

왕성한 뇌 활동으로 많은 에너지를 사용하면 당을 보충해야 한다. 밥을 먹고 나면 피가 영양분을 받기 위해 소화기관(특히 소장) 쪽으로 몰리게 된다. 그만큼 뇌로 가는 혈액의 양이 줄어든다. 피는 산소 공급이라는 중요한 기능도 수행하기 때문에 혈액 공급의 감소는 일시적인 산소 부족으로 이어진다. 그래서 식곤증이 찾아오는 것이다.

좌뇌형 인간과 우뇌형 인간에 대한 오해와 진실

흔히 이성적이고 분석적인 사람을 가리켜 '좌뇌형', 상대적으로 감성적이고 예술적인 사람은 '우뇌형'이라고 부른다. 과학적 진실에 부합되지 않는 이런 이분법적 분류는 1940년대에 간질 치료를 위해 최후의 수단으로 시행했던 극단적인 수술에서 유래한 것으로 보인다. 당시 외과의사들은 한쪽 뇌에서 생긴 발작이 퍼져나가 뇌 전체에 영향을 미치는 것을 막기 위해 '뇌들보'를 잘라 좌우 뇌를 단절시키곤 했다.

뇌들보란, 좌우 대뇌 반구를 연결하는 신경다발을 가리킨다. 대뇌는 좌우 두 개의 반구로 나누어져 각각 몸의 반대쪽을 담당한다. 왼쪽 피질은 몸의 오른쪽에서 오는 정보를 받아들여 오른쪽 움직임을 조절하고, 오른쪽 피질은 그 반대로 작용한다. 좌우 대뇌 반구는 뇌들보를 통해 서로 소통한다.

이른바 '분리 뇌' 환자들의 경우, 초기에는 치료된 것처럼 보였다. 그러나 정밀검사를 해보니, 이 환자들이 여러 면에서 두 개의 뇌를 가지고 살고 있다는 사실이 드러났다. 아울러 좌뇌는 언어 구사와 문제 풀이를 더 잘하는 반면, 우뇌는 감정 처리에 더 많이 관여하는 것으로 나타났다. 결국 뇌들보 절단이, 상호 소통으로 드러나지 않던 좌우 대뇌 반구의 기능 차이에 대한 실증적 증거를 제공한 셈이다.

2018년, 미국 국립과학원회보(PNAS)에 첨단 뇌 영상 장비 중 하나인 기능 MRI(fMRI)를 이용하여 좌우 뇌 기능을 비교한 연구 결과가 실렸다. 1992년에 뇌의 활동을 스캔할 수 있는 새로운 기법으로 개발된 자기공명영상(Magnetic Resonance Imaging, MRI) 기술은 뇌의 활동 영상을 실시간으로 보여준다.[2-9]

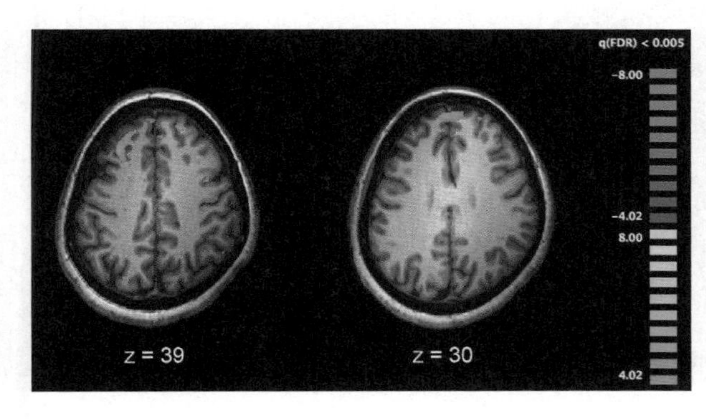

2-9 단기기억 과정에서 정상인(왼쪽)과 조현병 환자(오른쪽)의 뇌에 나타나는 활성 부위를 보여주는 기능 MRI 사진.

MRI 기술은 강한 자기장에서 수소 원자가 자기장 방향으로 정렬되는 원리를 이용한다. 자기장에 노출된 신체 부위에 전파를 쏘면 정렬된 수소 원자들이 정렬된 상태에서 잠시 이탈했다가 제자리로 돌아온다. 이 과정에서 수소 원자는 약한 전파를 방출하는데, 이 전파를 스캐너가 수집한다. 그다음 컴퓨터 프로그램을 이용하여 수집한 데이터를 영상으로 만드는 것이다.

기능 MRI 장비에는 산소가 풍부한 혈액과 산소가 소진된 혈액을 구별할 수 있는 기능이 장착되어 있다. 뇌세포 활동이 왕성할수록 주변 혈관에서는 더 많은 산소를 공급해야 한다. 기능 MRI는 산소가 소비되고 있는 장소를 표시해주기 때문에 그 순간 활성화되는 뇌 부위를 보여줄 수 있다.

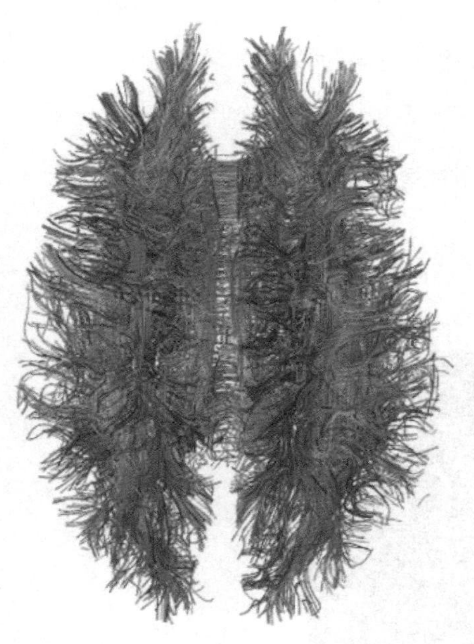

2-10 MRI를 통해 시각화한 사람 대뇌피질 커넥톰. © Xavier Gigandet et. al.

연구진은 이공계와 인문예술계 대학생 위주로 구성된 163명의 피험자들에게 우산과 깡통 같은 생활용품을 주고 제한된 시간 내에 그것의 새로운 용도를 고안해보라고 지시했다. 그러고는 참가자들이 생각에 몰두하는 동안 기능 MRI로 그들의 뇌를 스캔했다. 이때 아이디어의 창의성은 새로운 용도의 독창성과 그 가지 수를 종합하여 평가했다. 실험 결과 높은 창의성 점수를 받은 사람일수록 뇌의 세 가지 기능(상상력, 중요 업무 집중력, 임무 수행 능력) 중추 간 소통이

강력했다. 말하자면, 창의성은 뇌 전체와 관련된 문제라는 것이다.[3]

현재까지 밝혀진 바에 따르면, 인간의 뇌는 우주에서 가장 복잡한 시스템이다. 뇌에는 무려 천억 개에 달하는 신경세포 '뉴런(neuron)'이 있고, 이들 각각은 수백 개의 다른 뉴런과 연결되어 신호를 교환한다. 이러한 신경세포 연결망을 '커넥톰(Connectome)'이라고 부른다. 그리고 드디어 2009년에는 '뇌지도' 작성이라는 야심찬 목표를 가지고 '휴먼 커넥톰 프로젝트(Human Connectome Project)'가 시작되었다.[2-10] [4]

권위에 대한 도전, 피는 사라지지 않고 돈다

순환계

1628년, 한 이탈리아 의사가 생명과학과 의학 발전에 중요한 업적을 발표했다. 바로 피가 온몸을 순환한다는 내용이었다. 혈액이 순환한다는 사실은 현대인에게는 기본 상식에 속한다. 하지만 그 당시에는 고대 로마 의사 갈레노스의 가르침을 불변의 진리라고 믿고 있었다. 갈레노스는 간에서 음식으로 피가 만들어져 몸에서 소비되며, 이것이 끊임없이 보충된다고 주장했다.

이후 거의 1500년 동안 갈레노스의 설명에 이의나 의문을 제기하는 사람은 나타나지 않았다. 그러다가 전통과 권위를 무조건 따르기를 거부했던 영국 의학도가 해부학 시간에 정맥 벽에 있는 판막의 방향을 보고 의문을 품게 되었다. 하비(William Harvey, 1578~1657)는 정량적 계산을 통해 기존 주장이 사실이 아니라는 것을 간파했다.(2-11) 갈레노스의 주장대로라면, 보통 사람은 한 시간에 무려 250kg에 달하는 피를 만들어내야 하기 때문이었다.

2-11 윌리엄 하비 초상화, 1627.

의대생 시절 하비의 스승은 사람 정맥에 한쪽으로만 열리는 판막이 있다는 것을 발견했다. 그리고 제자인 하비가 그 기능과 함께 놀라운 사실을 밝혀냈다. 정맥에 있는 이 판막들은 모두 한쪽 방향으로만 열리는 구조였다. 이를 보고 하비는 정맥혈이 심장 쪽으로만 이동할 수 있고, 그 반대 방향으로는 이동할 수 없다고 생각했다. 확실히 감을 잡은 하비는 동맥과 정맥을 각각 번갈아 묶어보았다. 동맥을 묶으니 심장에 가까운 쪽에 혈액이 차올라 혈관이 팽창했고, 정맥을 묶으니 심장에서 먼 쪽이 불룩해졌다. 이 모든 실험과 계산의 결과가, 같은 피가 심장에서 동맥을 거쳐 정맥으로, 그리고 다시 심장으로 끊임없이 흘러야 한다고 말하고 있었다.(2-12)

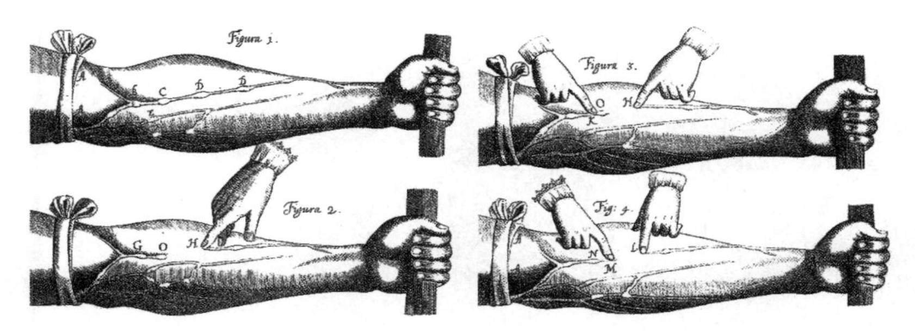

2-12 팔을 묶으면 정맥으로 피가 고이는 것을 보여주는 하비의 실험. Anatomical Disquisition on the Motion of the Heart and Blood in Animals, 1628.

2-13 마르첼로 말피기 초상화, L. C. Miall 작, 1911.

다만, 하비가 알 수 없었던 한 가지는 어떻게 피가 동맥에서 정맥으로 흘러가는지였다. 그래서 그는 이 두 혈관 간의 연결이 너무 가늘어서 보이지 않는 관들로 되어 있을 것이라고 추측했다.

그가 세상을 떠나고 4년 뒤, 말피기(Marcello Malpighi, 1628~1694)는 하비가 옳았음을 증명했다.[2-13] 말피기는 개구리의 폐를 현미경으로 관찰하던 중 폐의 표면에 그물처럼 얽힌 혈관으로 피가 통하는 것을 발견하고, 폐 속 공기가 혈액에 녹아 전신으로 퍼진다는 것을 최초로 이해한 생물학자이다.

그 후 말피기는 갓 발명된 현미경을 이용하여 가느다란 혈관들을 많이 관찰하고 연구했는데, 이를 '모세혈관'이라고 불렀다. 그는 이 모세혈관이 동맥과 정맥을 연결하고 있는 것을 발견했고, 이로 인해 앞선 혈액순환 이론의 결점을 보강하게 되었다. 그리고 이러한 연구 결과를 1661년에 간행된 『폐의 해부학적 관찰』이란 책에 자세하게 기술했다.[2-14]

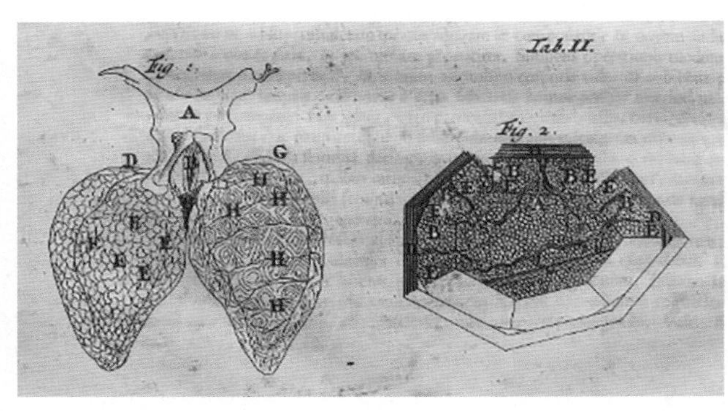

2-14 『폐의 해부학적 관찰』(1661) 속 삽화.

활력의 상징, 심장

온몸으로 혈액을 순환시키는 펌프인 심장은 4개의 공간으로 나누어져 있다. 위쪽 두 개를 좌심방과 우심방, 그리고 아래쪽 두 개를 좌심실과 우심실이라고 부른다. 혈액은 심방으로 들어와 심실을 거쳐 나간다. 심장으로 들어오는 혈관에는 정맥, 심장에서 나가는 혈관에는 동맥이라는 이름을 붙인다.

혈액 순환 경로는 폐순환(소순환)과 체순환(대순환)으로 이루어진다. 폐에서 산소를 받아들이고 이산화탄소를 방출하는 폐순환은 우심실에서 폐동맥을 통해 보내진 혈액이 폐의 모세혈관에 도착하여 기체 교환을

2-15 인체 혈관계.

마친 다음, 폐정맥을 타고 좌심방으로 돌아오는 경로이다. 좌심방으로 들어온 혈액은 좌심실 → 대동맥 → 동맥 → 온몸의 모세혈관 → 정맥 → 대정맥 → 우심방 순서로 온몸을 돌면서 산소와 영양소를 공급한다. 한마디로 심방은 혈액을 접수하고, 심실은 펌프(폐순환에서는 우심실, 체순환에서는 좌심실) 역할을 한다.(2-15)

심장은 전체가 두꺼운 근육층으로 되어 있다. 펌프 역할을 하는 심실 근육이 심방 근육보다 더 두꺼운데, 특히 온몸으로 혈액을 내보내는 좌심실 벽이 가장 두껍다. 이는 생명체에서 구조와 기능의 상관관계를 보여주는 전형적인 사례 가운데 하나이다.

심장에는 이런 구조-기능 상관관계를 보여주는 또 다른 구조가 있다. 혈액 역류를 방지하기 위한 4개의 판막이 그 주인공이다. 좌우 심방과 심실 사이에 있는 이첨판과 삼첨판은 심실의 강력한 수축에 의해 닫히면서 심실에서 심방으로 혈액이 역류하는 것을 막는다.(2-16)

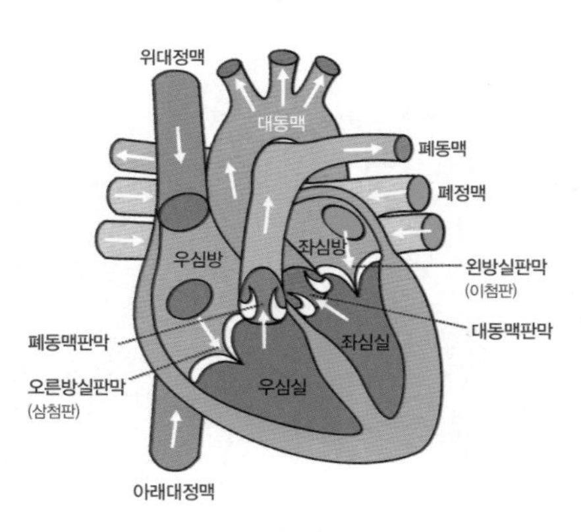

2-16 심장의 구조.

한편, 좌우 심실과 동맥 사이에 위치한 반월판은 심실 수축에 의한 압력으로 열렸다가 심실이 이완될 때, 동맥에 형성된 높은 압력 때문에 혈액이 역류하는 것을 막아준다.

반월판
폐동맥판막과 대동맥판막을 일컬으며, 이들 모양이 반달 모양이어서 반월판이라 한다.

심장 박동은 혈액이 온몸을 순환할 수 있게 해주는 동력원이다. 심장은 안정 상태에서 1분에 70~80회의 수축과 이완을 반복하여 혈액을 내보낸다. 이런 반복적인 펌프 작용을 '박동'이라고 하며, 1분간의 박동수를 '심박수'라고 한다. 박동으로 생기는 동맥 벽의 진동을 목이나 손목에서도 느낄 수 있는데, 이것이 바로 '맥박'이다. 따라서 보통 심박수와 맥박수는 일치한다.

그런데 규칙적인 심장 박동은 어떻게 일어나고 유지될 수 있을까? 심장 박동의 근원지는 대정맥과 우심방이 연결되는 곳에 존재하는 특수 근육 조직인 동방결절[또는 박동원(pacemaker)]이다. 동방결절은 전기신호를 만드는데, 이 신호가 심방 벽을 타고 전달되어 모든 심방 세포가 동시에 수축하게 된다. 이 전기신호는 체액을 타고 피부까지 전달되며, 이것을 측정하는 것이 바로 심전도(electrocardiogram, ECG 또는 EKG) 검사이다.

2018년 기준으로 한국인의 평균 수명(남자 79.7, 여자 85.7)에 심박수를 70회로만 계산해도 우리의 심장은 평생 약 30억 회나 수축과 이완을 반복하는 셈이니 경이로울 뿐이다.[5] 더욱 놀라운 것은 이토록 중요한 생명 펌프의 작동 조절이 우리 의지의 통제 밖에 있는 자율신경계 소관이라니, 문득 인명재천(人命在天)이라는 사자성어가 떠오른다.

배송과 경호 역할, 혈액

건강검진에서 혈액 검사는 반드시 해야 하는 필수 항목이다. 건강을 위해서 어쩔 수 없이 하지만 멀쩡한 팔뚝에 주사 바늘이 들어가는 공포심과 고통을 인내하는 것이 분명 유쾌한 일은 아니다. 그런데 도대체 혈액 검사를 통해서 무엇을 얼마나 알 수 있을까? 혈액의 기능을 잘 생각해보면 이에 대한 해답을 유추할 수 있다.

혈액은 크게 두 부류, 액체 성분인 혈장과 혈구 세포(적혈구, 백혈구, 혈

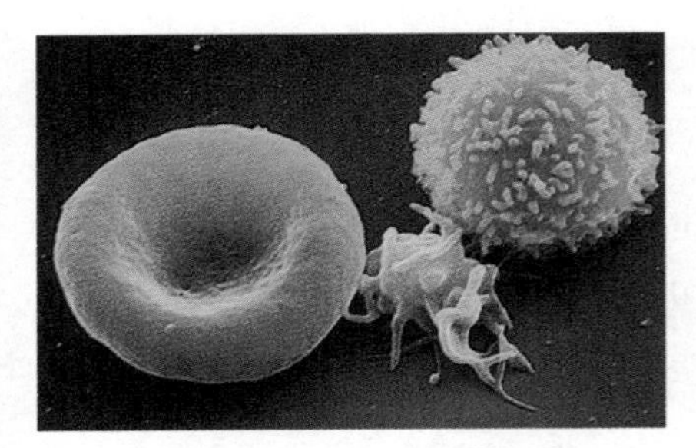

2-17 혈액세포의 전자현미경 사진. 왼쪽부터 적혈구, 혈소판, 백혈구.

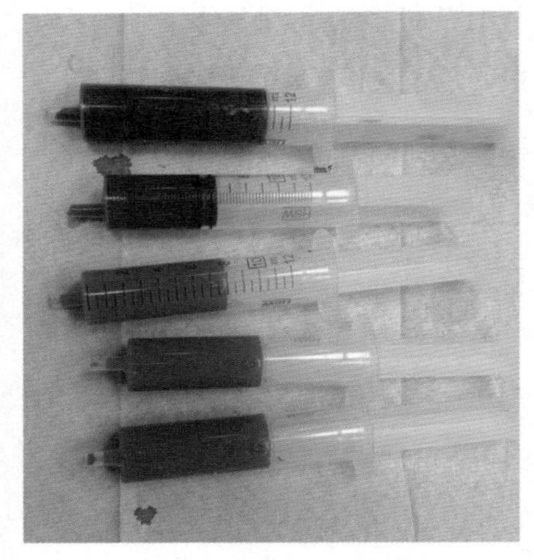

2-18 밝은 쪽이 동맥혈, 어두운 쪽이 정맥혈이다.
© Wesalius

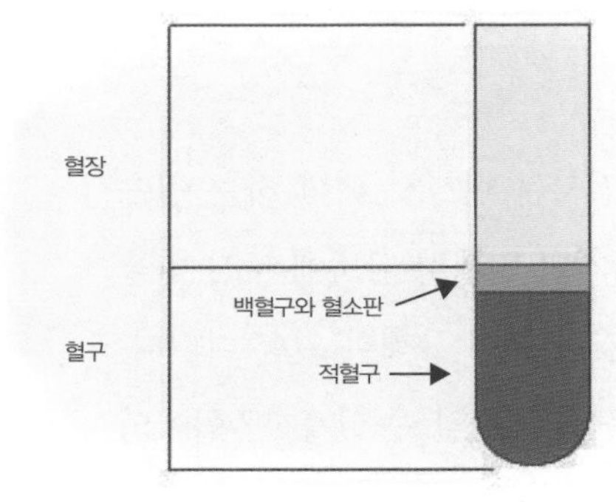

2-19 혈액 성분.

소판)로 나눌 수 있다.[2-17] 사람과 같은 척추동물의 피가 붉은색인 것은 적혈구 안의 철분이 산소와 결합하여 붉은 색을 띠기 때문이다.[2-18]

혈액의 가장 중요한 기능은 물질 운반이다. 생명활동에 필수적인 산소와 영양소를 온몸에 공급하고, 생명활동 결과로 생긴 노폐물(이산화탄소 · 암모니아 등)을 수거하여 이를 처리하는 장기(폐 · 신장)로 운반한다. 이렇게 배송업무 수행을 위해 온몸 구석구석을 누비다 보니 혈액은 몸 상태에 대한 최신 정보를 담게 된다. 영양소와 대사물질 및 노폐물, 호르몬 등은 보통 혈액에 녹은 상태로 운반되기 때문이다. 따라서 혈액의 액체 부분인 혈장 성분 검사만으로도 몸 상태에 대한 정확한 정보를 상당량 얻을 수 있다.[2-19]

경호원 역할을 수행하는 백혈구 개수도 중요한 자료를 제공한다. 간혹 길을 가다가 불량배를 만날 수 있는 것처럼 혈액도 온몸을 다니다 보면 우리 몸에 침입한 병원체들과 마주치게 된다. 이때 일차적으로 백혈구가 나서서 식균작용을 통해 침입자들을 물리친다. 몸에 감염반응이 생기면 백혈구 수가 일시적으로 증가하는데 백혈구 수의 증가는 몸 안 어디선가 침입자와의 전쟁이 진행되고 있다는 신호이다. 흔히 고름이라고 말하는 물질의 상당 부분은 우리 몸을 위해 싸우다 전사한 백혈구의 잔해이다.

능력자 도우미, 림프계

혈액의 물질 교환은 모세혈관 벽을 통해서 이루어진다. 동맥 쪽에 가까운 모세혈관의 혈압은 상대적으로 높기 때문에 모세혈관 벽에 있는 작은 구멍을 통하여 일부 백혈구와 함께 혈장이 조직으로 빠져나간다. 이를 조직액(또는 세포사이액)이라고 하는데, 쉬운 말로 '진물'이다.

조직액은 세포를 적시며 영양소와 호르몬 등을 배달하고 세포 노폐물을 수거한다. 이렇게 출장 서비스를 마치면 아래쪽 모세혈관으로 합류해야 하는데, 전원 복귀는 어렵다. 남겨진(약 15% 정도) 조직액은 림프관으로 들어가 림프(액)가 된다.[2-20]

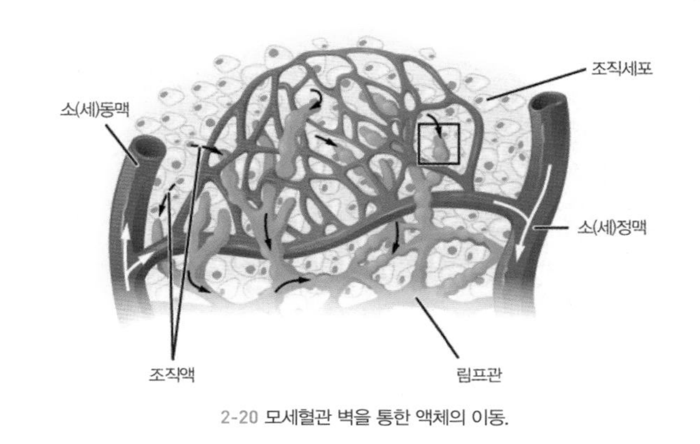

2-20 모세혈관 벽을 통한 액체의 이동.

혈관과 달리 림프관은 한쪽 끝이 막혀 있다. 림프는 모세혈관이 있는 세포들 사이에서 시작해 쇄골 근처 가슴(림프)관에서 대정맥으로 들어가 혈액에 합류한다. 또한 림프의 순환은 심장 박동이 아닌 몸 근육의 움직임에 따른 압력에 영향을 받는다. 따라서 장시간 가만히 앉아 있으면 다리의 림프 순환이 잘 일어나지 않아 붓게 된다. 그래서 스트레칭 · 걷기 등 생활운동이 필요하다.

혈관과 림프관의 또 다른 차이점은 '림프절'이다.(2-21) 임파선이라고도 부르는 림프절은 림프관 곳곳에서 림프를 걸러주는 기능을 한다. 림프가 수거한 폐기물 가운데에는 바이러스와 같은 병원체도 있을 수 있다. 이 고약한 것들을 그냥 가지고 혈액으로 복귀했다가는 큰 사달이 날 것이다. 그래서 통과하는 검문 및 검역소가 바로 림프절이다.

림프절은 백혈구의 일종인 림프구를 주변 혈관에서 공급받지만, 일부

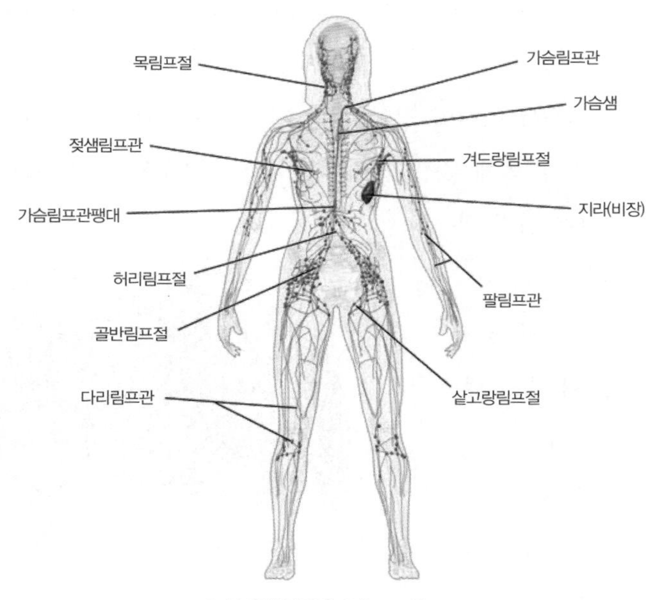

2-21 인체 림프계. © Bruce Blaus

는 직접 만들기도 한다. 림프구는 림프절에서 대기하고 있다가 림프에 섞여 들어온 침입자들을 처리한다. 강한 적을 만나면 싸움이 치열해져 림프절에 열이 나고 붓는다.

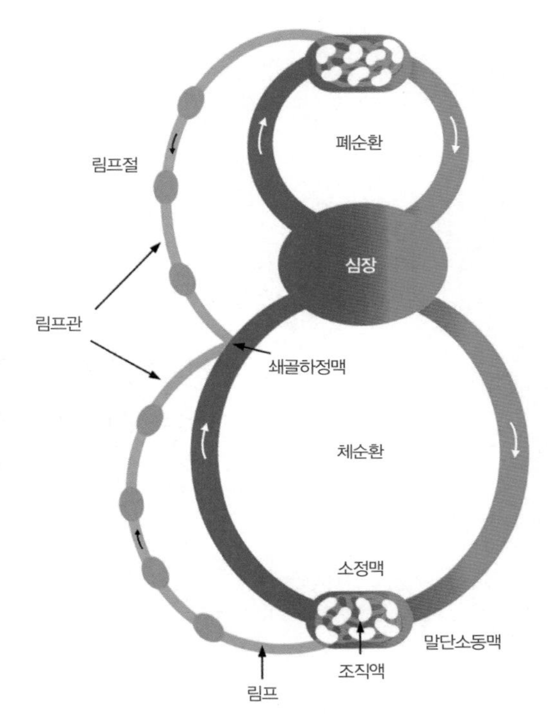

2-22 인체 순환계 개요도. © Sif Nielsen

보통 림프절은 외부에 노출된 곳과 연결부위에 많이 분포한다. 머리와 몸이 연결되는 목, 그리고 팔다리가 몸과 연결된 겨드랑이와 샅에 몰려 있다. 간혹 몸살로 아파 병원에 가면 의사가 목과 겨드랑이를 만져보는데, 바로 림프절 상태를 점검하기 위해서이다.

림프와 림프관, 림프절 등을 통틀어 '림프계'라고 한다. 림프계는 혈관계와 함께 순환계를 이루어 물질 배송과 노폐물 수거, 병원체 방어에 이르기까지 우리의 생명과 건강 유지에 핵심적인 역할을 하고 있다.(2-22)

엉뚱한 생각의 순간, 먹은 건 어디로 가나?

소화계

2-23 산토리오 산토리오, Giacomo Piccini 작, 1609.

1580년대 초반, 이탈리아 베니스에 살던 젊은 의사 산토리오 산토리오(Santorio Santorio, 1561~1636)는 기괴한 실험을 시작했다.[2-23] 그는 의자가 달린 커다란 저울을 설계하고 제작했다. 그러고는 그 의자에 앉아 식사를 하고 몸무게 변화를 지켜봤다. 밥을 먹고 의

자에 그대로 앉아서 저울 눈금을 보고 있노라면 약간 늘었던 체중이 점점 줄어들었다. 이 괴짜 의사는 대소변을 볼 때마다 그것의 무게도 일일이 측정했다. 정말 놀라운 사실은 이런 냄새 나는 일을 무려 30년 동안이나 줄기차게 계속했다는 것이다.[2-24]

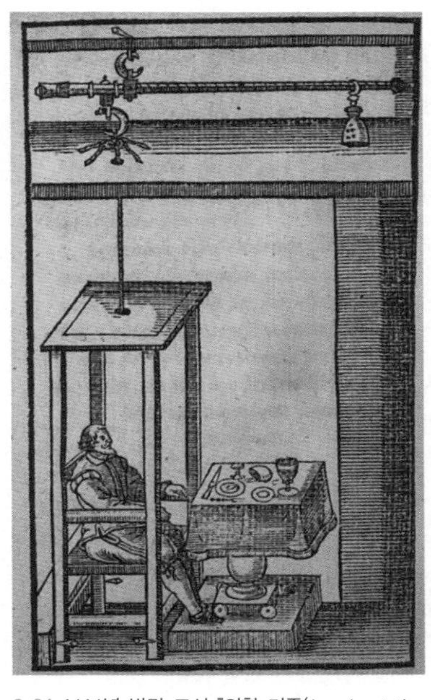

2-24 1614년 발간 도서 『의학 기준(Ars de statica medecina)』에서 자신이 발명한 큰 저울에 앉아 있는 산토리오 산토리오.

끈질긴 연구(?) 끝에 산토리오는 눈에 보이는 배설물의 합이 자기가 먹은 음식의 양보다 적다는 사실을 확실히 증명했다. 1614년, 그는 이런 차이가 '불감증산(不感蒸散, insensible perspiration)' 때문이라고 발표했다.

비록 그 이유는 밝혀내지 못했지만, 산토리오는 부지불식중에 늘 우리 몸에서 무언가가 빠져나가고 있다는 사실만은 처음으로 알아냈다. 현대생물학 용어로 말하면, 곧 설명할 '물질대사'의 확증을 찾아낸 것이다. 모든 생명체가 생명 자체를 유지하려면 반드시 어느 정도의 에너지가 필요한데, 이를 '기초대사량'이라고 부른다. 우리 인간의 경우, 체온 유지와 근육 및 두뇌 활동을 비롯해서 기본적인 생명 활동에 상당한 에너지가 소모된다. 요컨대, 가만히 있어도 보통 우리 몸에서는 하루 평균 1리터 정도의 수분이 호흡과 오줌, 땀 등으로 빠져나간다.

불감증산
(不感蒸散, insensible perspiration)
스스로 느끼지 못하는 사이에 피부나 몸속 점막 등에서 수분이 증발 · 발산하는 현상.

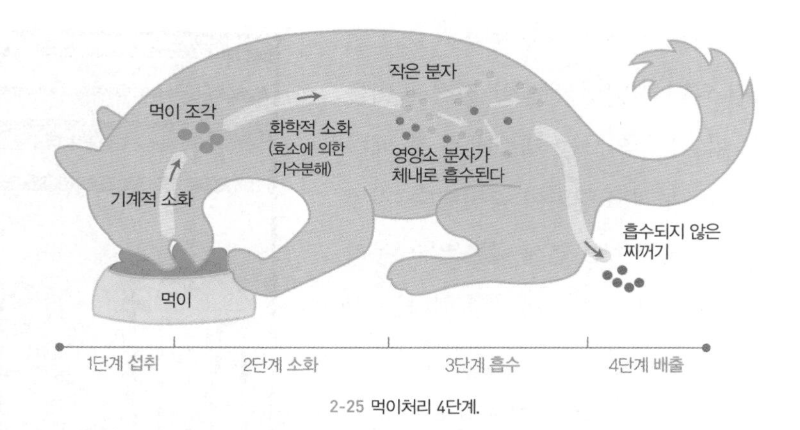

2-25 먹이처리 4단계.

잘 먹고 잘 살기,
소화와 흡수

건강하려면 우선 잘 먹어야 한다. 먹는다는 것은 생물학적으로 영양분을 획득하기 위한 일련의 과정으로, '섭취-소화-흡수-배출' 4단계로 이루어진다.(2-25)

섭취란 보통 말하는 먹기이다. 섭취한(먹은) 음식은 입-식도-위-창자로 이어지는 소화관을 통과하면서 세포가 이용할 수 있는 형태의 물질로 전환된다. 입에 들어간 음식물은 씹혀 잘게 부서지면서 침과 섞이는데, 침에는 녹말을 엿당으로 분해하는 소화효소 '아밀라아제'가 들어 있다. 밥이나 빵이 씹을수록 단맛이 나는 이유는 바로 이 효소의 작용 때문이다.

음식물이 식도의 연동운동으로 위에 내려가면 위액 샤워가 기다리고 있다. 위액에는 염산과 함께 펩시노겐이라는 단백질이 들어 있는데, 염산에 의해 잘라져 단백질 분해효소인 '펩신'으로 전환된다.

본격적인 소화는 소장에서 이루어진다. 약 6미터 길이의 소장은 크게 세 부분, 십이지장과 공장(빈창자), 회장(돌창자)으로 나뉜다. 위에서 음식물이 내려오면 이자(췌장)와 쓸개, 간 등에서 십이지장으로 소화액이 반사적으로 분비된다. 이 때문에 십이지장(十二指腸)을 '샘창자'라고도 부른다. 이자액에는 소화효소 외에도 탄산수소나트륨($NaHCO_3$)이 들어 있어서 위에서 내려온 산성의 음식물을 중화시킨다.

십이지장(十二指腸)
십이지장은 길이가 옆으로 나란히 놓인 손가락 12개의 폭과 같다고 하여 붙여진 이름이다. 영문명인 '듀오데넘(duodenum)'에도 12를 의미하는 라틴어 어원(duodeni)이 들어 있다. 25cm 정도인 사람의 십이지장은 영어 알파벳 'C' 모양을 하고 있다.

간에서 만들어져 쓸개에 저장되었다가 분비되는 쓸개즙에는 소화효소가 없지만, 지방의 소화와 흡수를 돕는다. 지방 분해는 소장에서 시작된다. 소장 자체에 있는 창자샘에서도 여러 가지 소화효소가 함유된 창자액(장액)을 분비하여 탄수화물과 단백질을 각각 단당류와 아미노산으로 분해함으로써 소장에서의 소화를 완결한다.

소장의 소화작용 대부분은 십이지장을 비롯한 앞부분에서 끝나며, 나머지 소장 부위는 주로 영양분 흡수를 담당한다. 그리고 소화되지 않고 흡수되지 않은 음식물 찌꺼기는 대장을 거쳐 몸 밖으로 배출된다. 이것이 곧 대변(똥)이다.

소화관 끝부분을 이루는 대장은 두 갈래로 나뉜다. 우선 순우리말로 '막창자'라고 하는 맹장은 소장에서 대장으로 이어지는 부분에 있는 끝이 막힌 짧은(약 5~6cm) 소화관이다. 다른 포유류에 비해서 사람의 맹장은 훨씬 작다. 맹장은 수렵채집 생활 당시에는 발효 장소로 기능했으나, 인류가 조리와 함께 소화가 잘되는 질 좋은 음식을 섭취하기 시작하면서부터 점차 기능이 퇴화된 것으로 추정된다.

그러나 21세기 들어 본격화된 장내 미생물 연구는 맹장의 숨은 기능을 발견했다. 이 작은 주머니가 장내 미생물의 은신처로 작동하여 항생제 과다 복용 등으로 훼손된 장내 미생물 집단의 복원에 중요한 역할을 하는 것으로 드러나고 있다.

길이 1.5미터 정도인 결장은 대장의 대부분을 차지하며, 직장과 항문으로 이어진다. 대장에서는 소화액이 분비되지 않는다. 대장의 주 기능은 소장을 통과한 음식물에서 수분을 흡수하는 것이다. 연동운동에 의해서 결장을 따라 이동하는 동안(약 12~24시간 정도) 소화되지 않은 찌꺼기는 물이 빠지면서 점점 단단해진다. 보통 감염 등으로 인해서 결장이 제대로 물을 흡수하지 못하면 설사를 하게 되고, 반대로 연동운동이 너무 느려져 물이 과도하게 흡수되면 변비가 된다.

멀티태스킹의 고수, 간

흡수된 영양분은 그 종류에 따라 이동 경로가 달라진다. 수용성 영양소(단당류, 아미노산, 수용성 비타민, 무기 염류 등)는 모세혈관으로 이동하는 반면, 지용성 영양소(지방 소화의 생산물과 지용성 비타민 등)는 소장 안벽의 융모 속에 있는 림프관인 암죽관으로 보내진다. 암죽관으로 흡수된 지용성 영양소들은 림프계로 배출되었다가 가슴관을 거쳐서 혈액으로 운반되어 심장으로 들어간다.

모세혈관에 집결한 수용성 영양소는 간문맥을 따라 간에 도달한 다음, 다시 간정맥을 타고 심장으로 이동해서 온몸으로 배송된다. 흡수한 영양소를 직접 심장으로 보내지 않고 간을 거쳐 보내는 데에는 중요한 이유가 있다. 우선 몸 전체로 영양소 배송이 이루어지기 전에 간이 안전성

검사를 하는 것이다. 육달월변〔月(肉)〕과 방패 간(干)이 합쳐진 '간(肝)'자는 이름 그대로 물질대사 과정에서 생기거나 외부에서 유입된 각종 유해물질을 분해하거나 물에 잘 녹게 만들어 소변을 통해 배설하는 해독 작용을 담당한다.

또한 '몸의 화학공장'이라고도 불리는 간은 들어온 영양소를 가공하는 역할을 한다. 따라서 간문맥을 통해 들어온 것과 다른 영양소 성분을 심장에 보낼 수 있다. 이 덕분에 우리가 먹는 음식에 따라 흡수되는 당의 양은 달라지지만, 간에서 나가는 혈액은 거의 일정한 수준의 혈당량을 유지할 수 있는 것이다.

간은 하루 1리터 정도의 쓸개즙을 만든다. 쓸개즙은 지방 소화와 장 운동을 촉진시키며, 세균 증식도 억제한다. 소장으로 분비된 쓸개즙 대부분은 회장에서 흡수되어 다시 간으로 돌아가 재활용되며, 극히 일부만 대변으로 배출된다. 소화와 해독 관련 기능 이외에도 간은 다양한 생체 기능을 수행한다. 간을 뜻하는 영어 단어 '리버(liver)'가 살다(live)에서 파생된 이유가 여기에 있다.[2-26]

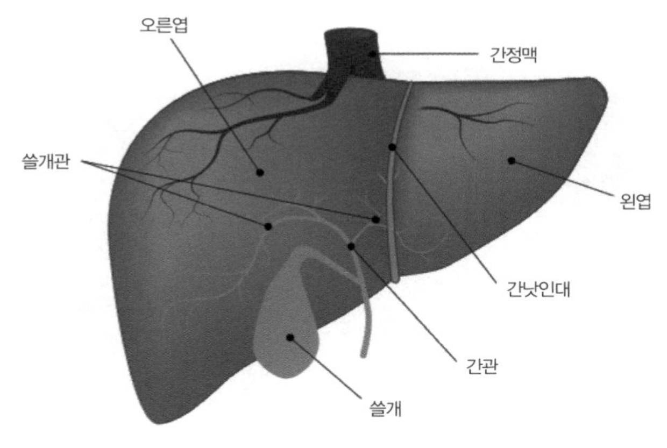

2-26 간의 구조. © wikimedia.org

분해와 합성 따로 또 같이, 이화작용과 동화작용

앞서 소개한 산토리오의 실험 결과는 먹은 음식물의 일부가 사라졌음을 보여준다. 구체적으로 말하면, 그것은 우리 몸이 필요로 하는 에너지를 공급하는 데에 사용된 것이다. 이처럼 생명체가 먹이(사람에게는 음식)를 통해 에너지와 물질을 획득하고 사용하는 과정을 '물질대사(metabolism)'라고 한다. 19세기 후반에 만들어진 이 용어는 '변화'를 뜻하는 그리스어 'metabole'에서 유래했다. 이런 변화는 크게 두 가지, 에너지를 방출하는 이화작용(catabolism)과 에너지를 필요로 하는 동화작용(anabolism)으로 이루어진다.

앞서 살펴본 각종 소화효소 반응이 대표적인 이화작용이다. 생명체에게 필수적인 탄수화물 · 지질 · 핵산 · 단백질 등과 같은 거대 분자는 보

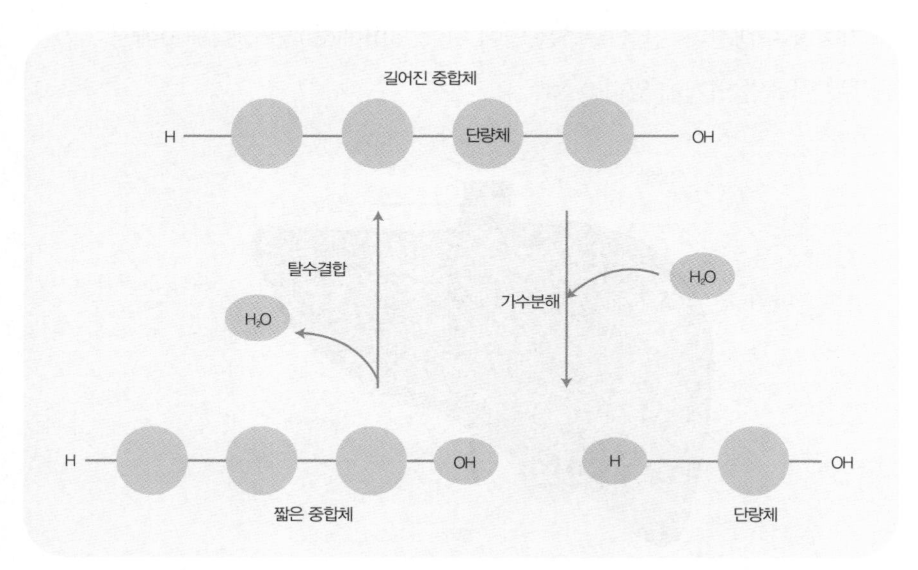

2-27 탈수결합과 가수분해.

통 화학결합으로 서로 연결된 단위체들의 긴 사슬이다.

> **거대 분자(Macromolecule)**
> 화합물 가운데 분자량이 대략 1만 이상인 분자로 보통 단위 분자가 반복적으로 연결되어 이루어진 화합물.

예컨대, 밥과 빵의 주성분인 녹말(전분)은 수많은 포도당이 연결된 다당류이다. 포도당과 과당을 비롯한 단당류는 세포 에너지와 탄소 공급원 역할을 한다. 단당류 두 개가 결합하면 설탕과 같은 이당류가 만들어지며, 이때 물 분자 하나가 방출된다. 반대로 물이 첨가되면 가수분해를 통해 설탕이 포도당과 과당으로 쪼개진다. 따라서 큰 틀에서 이화작용과 동화작용은 각각 가수분해와 탈수결합 반응의 총합이라고 볼 수 있다.[2-27]

이화반응에서는 거대 분자가 분해되면서 거기에 담겨 있던 에너지가 방출된다. 반면, 작은 물질로 더 큰 화합물을 만드는 동화반응은 에너지를 필요로 한다. 말하자면, 이화반응을 통해 먹은 음식물을 분해하여 동화반응에 필요한 원료와 에너지를 공급하는 것이다.

예를 들면, 우리 몸은 밥과 고기의 주성분인 전분(다당류)과 단백질을 분해하는 과정에서 나오는 단당류와 아미노산을 같은 과정에서 방출되는 에너지를 이용하여 근육과 효소 같은 생체물질로 만든다.

그런데 물질은 그대로 사용하면 되지만, 에너지의 경우에는 방출될 때 저장했다가 적재적소에 사용해야 한다. 이것이 어떻게 가능할까? 그 비밀의 주인공

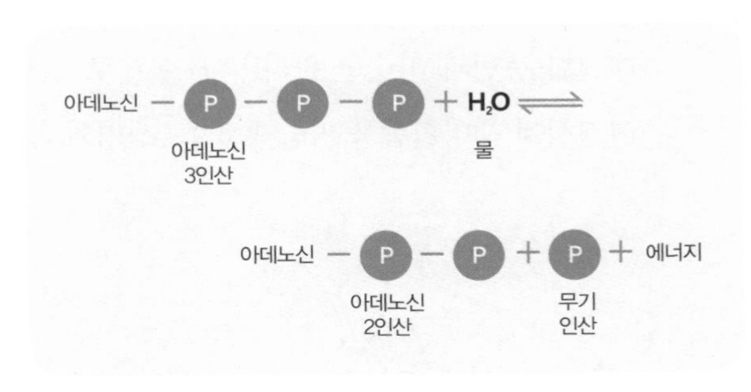

2-28 ATP의 구조와 기능.

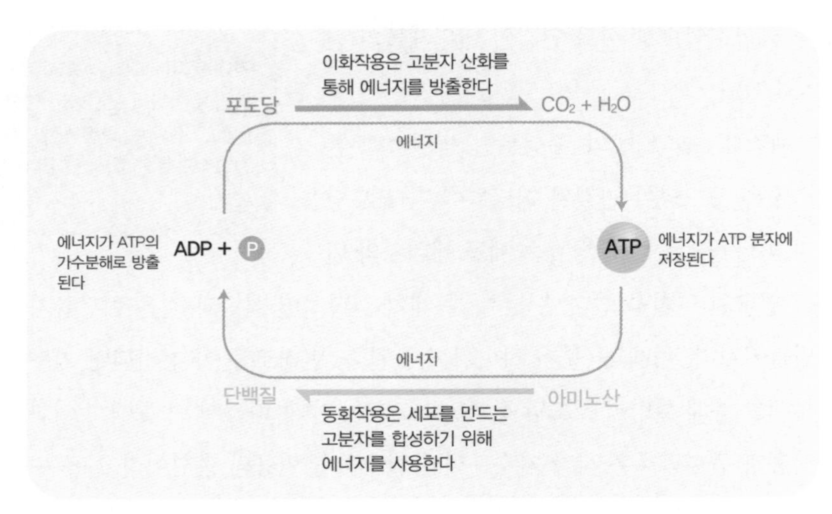

2-29 이화작용과 동화작용을 연결시키는 ATP의 역할.

은 '아데노신 3인산(adenosine triphosphate, ATP)'이라는 화합물이다.[2-28]

ATP는 모든 세포에서 에너지 운반 임무를 수행하는 분자로서, 이화반응에서 방출되는 에너지를 저장하고 이를 필요로 하는 반응에 공급한다. ATP는 아데노신에 3개의 인산기가 붙어 있는 구조이다. 세 번째 인산기 결합에 많은 에너지가 들어 있어서 이것이 끊어질 때 동화반응에서 쓸 수 있는 에너지가 공급된다.

반대로 이화반응에서 방출된 에너지는 다시 이 결합을 형성시킨다. 휴대전화 충전과 비슷한 원리이다. 실제로 ATP는 이화작용과 동화작용을 연결시켜 생명활동을 가능케 하는 '생명의 배터리'이다.[2-29]

숨을 쉬어야 살지, 산소와 호흡

호흡계

숨쉬기의 생물학적 중요성은 영어와 우리말 모두에 그대로 담겨 있다. '숨을 쉬다'의 영어 동사 'respire' 말고도 '-spire'가 들어가는 단어를 찾아보면, 'inspire(영감을 주다)', 'expire(끝나다, 이승을 하직하다)', 'perspire(땀을 흘리다)', 'spirit(영혼, 정신)' 등 생명활동과 관련된 것들이 많다. 우리말은 더 직접적이다. '숨이 붙어 있다', '숨을 거두다'처럼 생명체의 삶과 죽음을 뜻한다.

지극히 당연한 말이지만, 숨을 못 쉬면 우리는 죽는다. 그런데 왜 그럴까? 숨 쉬는 이유에 대해서는 옛날부터 많은 추측이 있었다. 호흡을 통해 몸을 식힌다는 주장이 가장 그럴듯해 보였지만, 이 역시 비과학적인 발상에 지나지 않았다.

그러다가 18세기 말에 와서야 과학이 이 기본 질문에 답하기 시작했다. 그 답의 실마리는 "공기란 무엇인가?"라는 또 다른 근본 물음의 답을 찾는 과정에서 나왔다.

플로지스톤이 없는 공기, 산소

1770년대 초반, 공기가 성질이 다른 기체들의 혼합물임이 밝혀졌다. 영국의 프리스틀리(Joseph Priestley, 1733~1804)는 산소가 많으면 생물이 더 잘 산다는 사실도 밝혀내고, 이를 '탈(脫)플로지스톤 공기(dephlogisticated air)' 또는 '숨쉬기 좋은 공기'라고 불렀다. 프리스틀리는 자신이 수행한 실험 결과들을 정리하여 1774년 『다른 종류의 공기에 대한 실험과 관찰(Experiments and Observations on different Kinds of Air)』이라는 저서를 출간했다.[2-30]

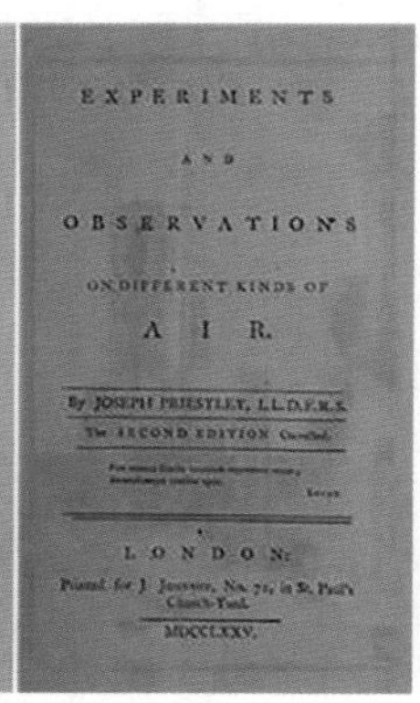

EXPERIMENTS

AND

OBSERVATIONS

ON DIFFERENT KINDS OF

AIR.

By JOSEPH PRIESTLEY, LL.D.F.R.S.

The SECOND EDITION Corrected.

LONDON:

Printed for J. Johnson, No. 72, in St. Paul's Church-Yard.

MDCCLXXV.

2-30 『다른 종류의 공기에 대한 실험과 관찰』에 실린 실험 도구 그림과 속표지.

17세기 독일의 화학자 베허(Johann Becher, 1635~1682)는 물질이 탈 때 '플로지스톤(phlogiston)'이라는 원소가 빠져나온다고 했다.[2-31] 이 플로지스톤설은 완전히 틀린 주장이었지만, 18세기 중반까지 그 영향력을 미쳤다. 심지어 프리스틀리도 이를 신봉했다. 그는 공기 중에 플로지스톤이 많을수록 연소와 호흡에 도움이 되지 않고, 반대로 적을수록 더 좋다고 생각했다. 그래서 새로 발견한 기체(산소)를 탈플로지스톤 공기라고 명명했다. 이 잘못된 믿음으로 인해 프리스틀리는 자신이 발견한 사실의 과학적 의미를 인식하지 못하고, 그 공로를 프랑스 화학자에게 양보해야 했다.

1770년대 후반에 프랑스 화학자 라부아지에가 이 새로운 기체에 '산소'라는 이름을 붙였으며, 연소가 산소와 연소물질 사이에 일어나는 반응이라는 사실을 밝혀냈다.[2-32, 2-33] 또한 그는 연소와 동물이 발생시키는 열과 이때 소비되는 산소의 양을 비교하기도 했다. 그리고 '호흡은 일종의 연소'라는 결론을 내렸다. 실험 결과에 근거한 이런 주장은 화학에는 물론이고 생명과학에도 큰 변화를 일으켰다.

2-31 요한 요아힘 베허, Johann Gottfried Krügner 작, 1667.

2-32 앙투안 라부아지에 초상화. 자크 루이 다비드 작, 1977.

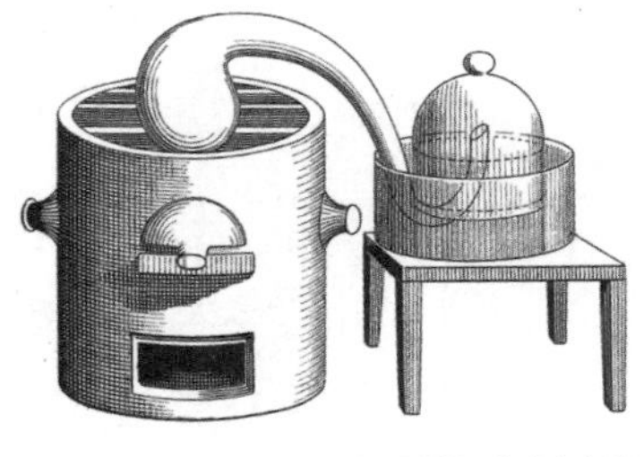

2-33 라부아지에가 플로지스톤설을 반박하기 위해 사용한 실험장치.

우리 몸 어디에선가 천천히 연소가 일어나고 있다면, 도대체 어디서 왜 그러한 기능이 작동되는가? 라부아지에는 허파가 유력한 장기라고 판단했다. 19세기에 들어서자 그림이 명확해졌다. 산소는 허파를 통해 들어와 혈액 색소인 헤모글로빈에 붙어 동맥을 타고 온몸으로 전달된다는 사실이 밝혀진 것이다. 산소를 비운 혈액은 이산화탄소를 싣고 허파로 돌아와 이를 방출한다. 그럼에도 질문은 꼬리에 꼬리를 문다. 혈액은 왜 그리 열심히 산소를 운반해야 하는가?

두 가지 호흡, 기체 교환과 세포호흡

호흡이란 날숨 '호(呼)'와 들숨 '흡(吸)'이 합쳐진 말이다. 순우리말로 하면 '숨쉬기'이다. 생물학적으로는 코와 입으로 산소가 풍부한 바깥 공기를 들이마셔 기도를 거쳐 폐로 보내고, 이산화탄소가 많은 몸속 공기를 몸 바깥으로 이동시키는 과정, 즉 기체 교환을 의미한다.

크게 한번 심호흡을 해보면 가슴이 앞으로 팽창되고 윗배가 앞으로 나오는 느낌이 들 것이다. 흉강이 늘어나서 공기가 들어오기 때문이다. 갈비사이근(늑간근)이 수축하여 갈비뼈가 위로 당겨지고 가슴뼈는 앞으로 나가게 되면, 동시에 횡격막은 아래로 내려가면서 흉강 부피가 늘어나 폐 속 기압이 대기압보다 낮아지게 된다. 이렇게 되면 압력이 높은 곳에서 낮은 곳으로 흐르는 기체의 성질 때문에 공기가 허파(폐)로 들어오게 된다. 숨을 내쉴 때에는 이와 반대 현상이 일어난다.[2-34]

허파꽈리(폐포)에서 기체 교환을 마친 혈액은 심장을 통해 온몸으로 산소를 공급한다. 영어 단어 'breathing'과 'respiration'은 모두 호흡으로 번역되지만, 생명과학에서는 이 둘을 구별하여 사용한다. 각 세포로 산소를 공급하고 이산화탄소를 수거하는 기체 교환이 'breathing'이다.

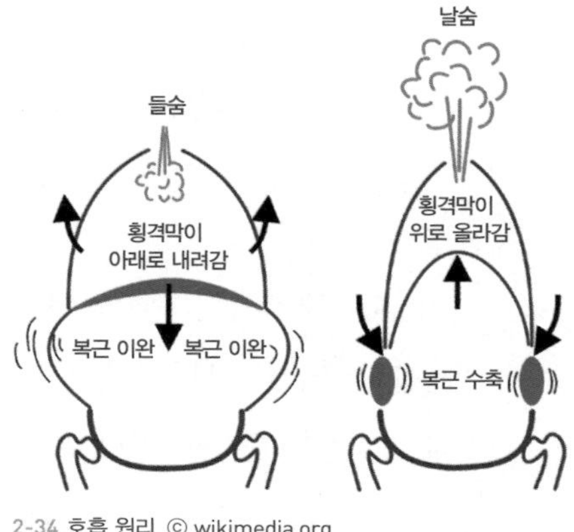

2-34 호흡 원리. © wikimedia.org

그런데 세포에 도달한 산소의 궁극적인 역할은 무엇일까? 이에 대한 답은 '영양소에서 에너지를 얻기 위함'인데, 세포에서 이루어지는 이러한 에너지 획득 방법이 바로 'respiration', 우리말로 세포호흡이다. 세포는 소화계가 음식을 소화하여 사용하기 편한 형태로 전달해준 영양소를 뽑아내는 데에 산소를 이용한다.

생명이란 쉴 곳을 찾는 전자

연소와 세포호흡은 기본적으로 동일한 화학반응이다. 인공호흡과 모닥불에 하는 부채질을 비교해보자. 모두 공기(산소)를 불어넣어 꺼져가는 생명과 불꽃을 살리기 위한 노력이다. 사람도 각 세포에서 음식을 소화해 얻은 영양분을 태우고 있다. 체온이 그 증거이다. 과학적으로 설명하면, 연소와 세포호흡은 똑같은 산화(산소와 결합 또는 수소 원자 및 전자 소실) 반응이고, 그 반응의 최종 산물은 물이다. 추운 겨울날 자동차 배기구에서 나오는 하얀 연기의 정체는 수증기이다. 사람의 입김과 같은 것이다.

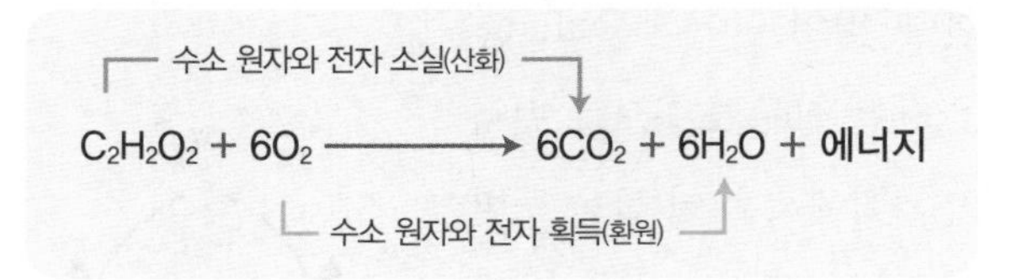

연소과정에서는 한꺼번에 빠르게 에너지가 방출되지만, 호흡에서는 천천히 조금씩 에너지가 방출된다는 속도 차이만 있을 뿐이다. 다시 말해 음식물이 분해되면서 음식물에 저장되어 있던 에너지가 수소 원자(H^+)와 전자(e^-)에 담겨 조금씩 방출되는데, 일부는 ATP 형태로 저장되어 세포가 사용하고 일부는 열(체온)로 방출된다. 그리고 남겨진 빈 용기에 해당하는 수소 원자와 전자는 산소와 결합하여 물(H_2O)이 된다.

지금까지 설명한 내용을 토대로 먹은 밥이 몸 안에서 어떻게 변해가는지를 정리해보자. 녹말(다당류)이 주성분인 밥은 입과 위, 소장 등을 통과하면서 물리적 · 화학적 소화과정을 통해 포도당과 같은 단당류 형태로 분해된 다음, 혈액을 통해 각 세포로 전달된다. 세포에 도달한 포도당($C_6H_{12}O_6$)은 단계적으로 분해되면서 에너지를 방출하고, 최종적으로 이산화탄소(CO_2)로 전환된다. 결국 광합성을 통해서 만들어진 당이 호흡과정에서 분해되면서 에너지가 방출되는 것이니, 햇빛 → 포도당 → 세

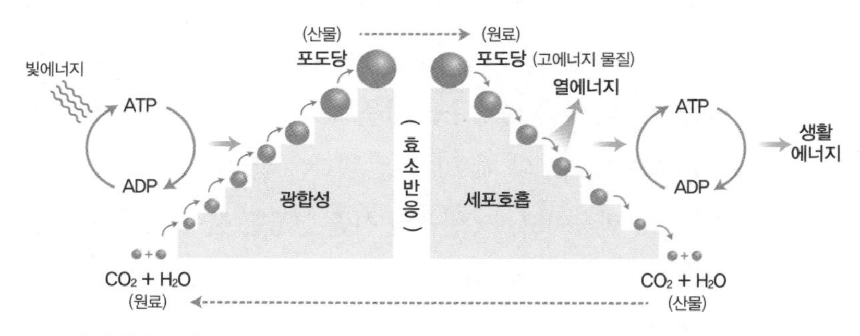

2-35 호흡과 광합성. 호흡과 광합성은 서로 역반응 관계임을 기억하자.

포 에너지(ATP) → 열(체온) 순서로 에너지가 흐르는 것이다.[2-35]

한마디로, 생명체 내에서의 에너지 흐름은 결국 전자의 흐름이라고 할 수 있다. 마치 야구 경기에서 타자가 방망이를 휘두른 힘이 야구공에 실려 이동하는 것처럼 수소 원자와 전자를 매개체로 이루어진다. 결국 산소가 수소 원자와 전자를 품어 물이 된다. 이러한 사실을 1937년에 노벨 생리의학상을 수상한 센트죄르지(Albert Szent-Gyorg, 1893~1986)는 '생명이란 쉴 곳을 찾는 전자'라는 말로 멋지게 함축해 표현했다.

호흡 조절의 매체와 주체, 이산화탄소와 호흡 중추

이산화탄소가 물에 녹으면 탄산(H_2CO_3)이 되는데, 이 현상을 처음으로 발견한 사람도 프리스틀리이다. 1770년에 그는 맥주 발효 과정에서 나오는 기체를 물에 녹이면 기분이 상쾌해지는 음료가 된다는 사실을 알게 되었다. 세계 최초로 인공 탄산수 제조법을 발견한 것이다.

물에 녹은 탄산은 다시 중탄산이온(HCO_3^-)과 수소이온(H^+)으로 분해된다.

인공 탄산수
독일의 보석상 요한 슈웹스(Johann Schweppes)는 탄산수의 상업적 가능성을 내다본 사람으로 1783년 제네바에 첫 탄산수 공장을 세웠는데, 그의 성(Schweppes)은 탄산수의 대명사가 되었다.

산의 세기
용액의 산(성)도는 pH로 나타낸다. pH는 용액 1리터당 수소 이온의 농도값을 0부터 14의 수로 바꾸어 나타낸 것으로, 수소 이온 양과 pH값은 반비례 관계이다. pH값 7(중성)을 기준으로 그 값이 이보다 작으면 산성, 크면 염기성이라고 한다.

$$CO_2 + H_2O \rightleftarrows H_2CO_3 \rightleftarrows HCO_3^- + H^+$$

이 화학식을 주의 깊게 보면 중요한 사실을 알 수 있는데, 이들 반응은

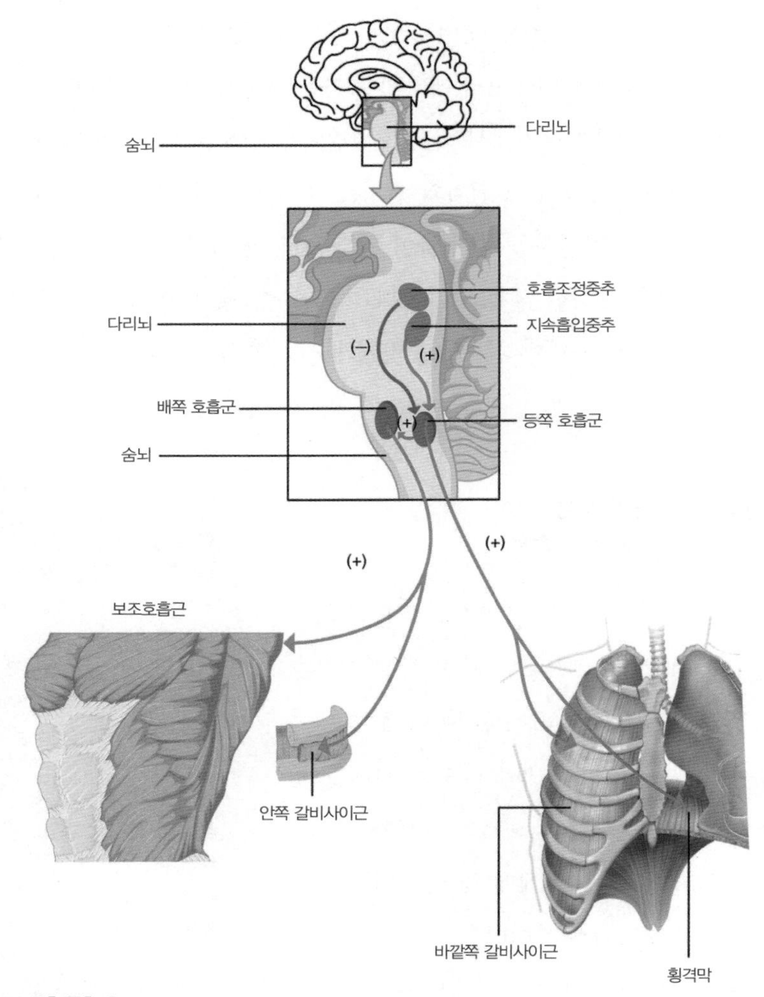

2-36 호흡 중추. © wikimedia.org

각 화합물의 농도에 따라 반응 방향이 결정되어 평형 상태를 이루는 가역반응이라는 점이다.

세포호흡이 증가하면 혈액 내 이산화탄소 농도가 올라가고, 결국 수소 이온 농도도 높아진다. 수소 이온의 증가는 산의 세기가 커짐을 의미한다. 호흡 중추는 혈액의 산도가 올라가면 호흡량(속도와 깊이)을 높여 이산화탄소 배출을 증가시킨다. 이렇게 하려면 순환계, 특히 심장의 협조가 필요하다. 힘껏 달리면 가빠지는 숨소리만큼 심장 박동도 빨라짐을 쉽게 알 수 있다. 이것이 호흡 속도와 혈류 속도가 함께 조절됨을 보여주는 좋은 증거이다.

우리는 보통 숨쉬기를 자각하지 않는다. 갈비사이근 수축을 의식적으로 조절할 수 있기 때문에 어느 정도 숨을 참을 수 있고, 일부러 빠르게 숨쉬기를 할 수도 있다. 하지만 호흡량은 기본적으로 우리 의지대로 되는 것이 아니라, 혈액에 녹아 있는 이산화탄소 농도 변화를 감지하여 숨뇌(연수)와 다리뇌에 위치한 호흡 중추가 자율적으로 조절하는 것이다.[2-36]

동물 해부 논란, 신경학으로 나아가다

해부학과 신경생물학

히포크라테스를 열렬히 추종했던 갈레노스는 아리스토텔레스의 실증주의에도 심취해 있었다. 그런데 자신이 직접 관찰한

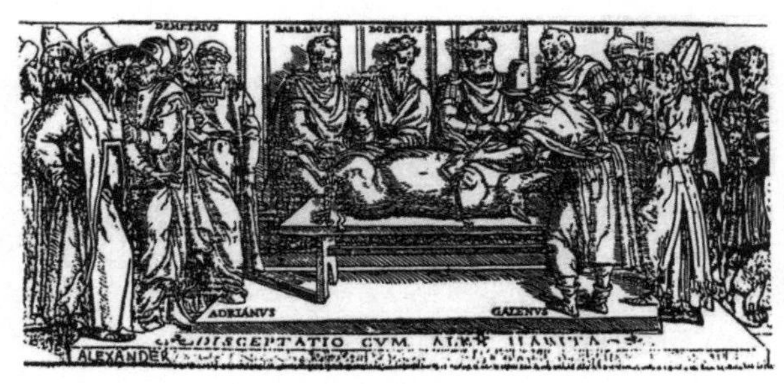

2-37 군중 앞에서 돼지를 해부하는 갈레노스. 그의 저서 『오페라』 표지 사진 일부. 베니스, 1547.

것을 토대로 의학적인 개념을 정립해가다 보니 아리스토텔레스의 주장과 어긋나는 게 적지 않았다. 그는 동물 해부를 통해 원숭이가 다른 동물보다 훨씬 더 인체를 닮았다는 사실을 발견했다.[2-37] 그 당시 인체 해부는 엄격히 금지되어 있었지만, 갈레노스는 부상당한 검투사를 치료하면서 살아 있는 사람의 몸속을 세세하게 관찰할 수 있었다.[2-38]

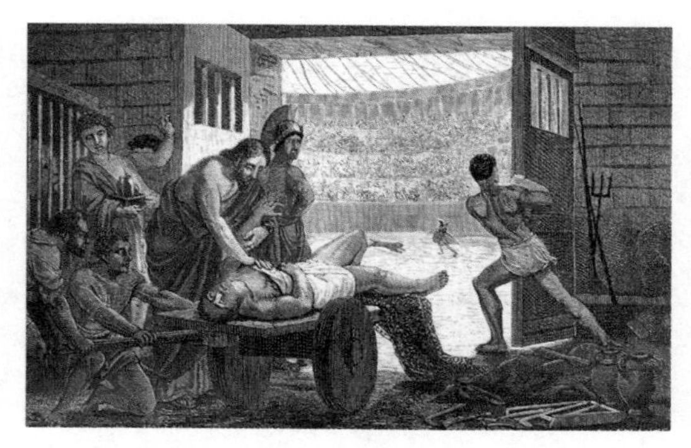

2-38 검투사를 치료하는 갈레노스. Ralph H. Major, A History of Medicine, Springfield, 1954.

177년, 갈레노스는 뇌에 관한 강연을 하면서 뇌가 일종의 열 조절장치라는 아리스토텔레스의 견해를 강하게 비판했다. 만약 뇌가 열 조절장치라면 심장 근처에 있어야 하고, 감각이 뇌와 연결되지 않아야 한다는 것이 갈레노스의 확신이었다. 갈레노스가 이룬 가장 큰 업적은 뇌와 몸 사이에 일련의 신경들이 연결되어 있음을 보여준 것이다. 그는 어떤 신경은 감각기관에 들어가고, 어떤 신경은 근육으로 연결된다는 사실을 명확하게 밝혀놓은 셈이다.

논란 속의 19세기 생체 해부, 벨-마장디 법칙

동물 실험은 갈레노스 시대부터 본격적으로 시작되었다. 하지만 실험 대상이 되는 동물의 고통을 생각하면 불편한 마음을 감출 수 없다. 비록 인간 생명을 구하기 위한 불가피한 선택이라고 하더

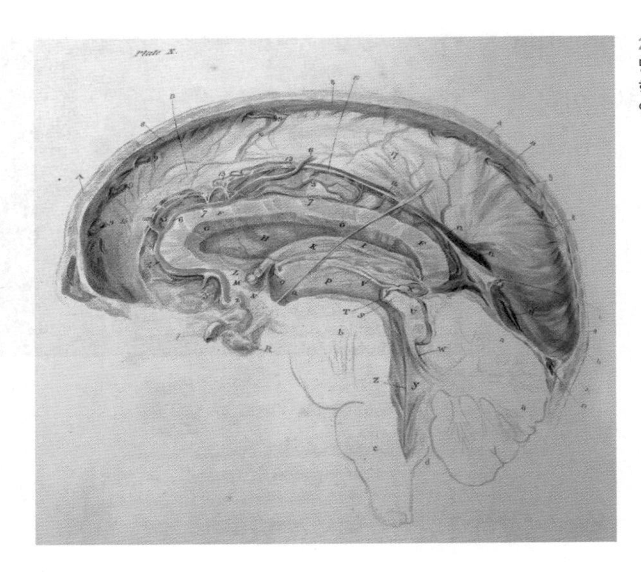

2-39 일련의 판화에서 설명된 뇌 해부도. 시카고 대학 도서관의 특수 컬렉션 연구 센터.

라도 말이다.

19세기의 생체 실험에는 해부학적 구조 면에서 인체와 가장 비슷하다고 여겨지는 고등 포유동물이 주로 사용되었기 때문에, 전 유럽에 걸쳐 이에 대한 반대 여론이 거셌다. 그럼에도 두 명의 과학자가 각각 개를 대상으로 척수가 어떻게 감각신호를 받아들여 근육으로 전달하는지를 알아내기 위한 실험을 진행하고 있었다. 당시에는 척수에 연결된 모든 신경이 수신과 발신 두 기능을 모두 수행한다고 믿었다.

영국의 외과의사 벨(Charles Bell, 1774~1842)은 주로 죽은 개를 해부하며 연구했다. 1811년에 그는 척수 안쪽에서 나오는 신경이 근육에 연결되어 있는 것을 발견했다.[2-39] 벨은 생체 해부를 하기도 했지만, 개에게 고통을 주지 않기 위해 의식이 없는 상태에서만 해부를 진행했다. 해부 결과, 그는 감각신경에 대해서는 거의 알아내지 못했다. 벨이 실험을 하는 동안 감각신경은 거의 비활성 상태였기 때문이다.

1820년대, 프랑스의 생리학자 마장디(Francois Magendie, 1783~1855)는 멀쩡한 상태의 개를 대상으로 생체 해부를 시도했다. 이를 통해 벨의 연구를 확인함과 동시에 감각신경이 척수 뒤쪽과 연결되어 있다는 사실을 발견했다.[2-40] 근육과 연결되는 운동신경은 복부 쪽에, 감각신경은 등 쪽에 있었던 것이다. 전문용어로 표현하면 척수신경 전근은 운동을, 후근은 감각을 담당하는데, 이를 '벨-마장디 법칙'이라고 한다.

마장디(Francois Magendie, 1783~1855)
프랑스 생리학자. 척수신경의 기능을 연구하여 벨-마장디 법칙을 확립했으며, 생기론을 배제하고 근대 실험생리학의 길을 열었다.

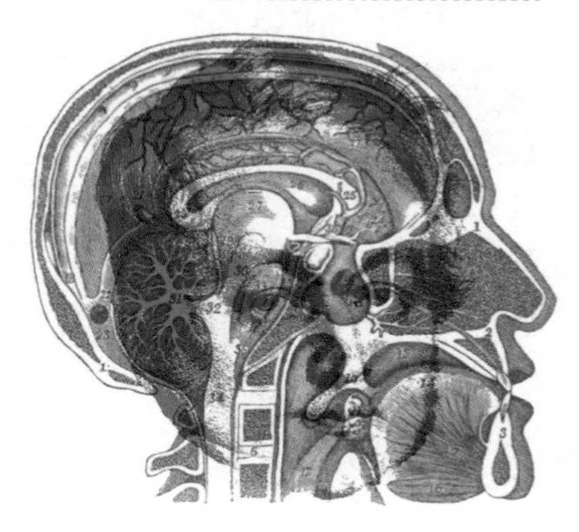

2-40 마장디의 신경계.

척수는 뇌와 신체 대부분을 연결하는 기관이다. 우리 몸에는 벨-마장디 법칙을 따르는 척수신경이 31개 있으며, 각각은 운동신경과 감각신경을 갖고 있다. 척수를 다치면 신체 마비가 오고, 손상된 척수 밑으로는 감각을 느낄 수 없다.

마음대로 되지 않아, 자율신경계

몸은 우리 마음과 뜻과 상관없이 아주 중요한 일을 많이 한다. 호흡과 심장 박동 조절을 비롯해서 소화와 배뇨, 땀 배출 등은 의지와 무관하게 저절로 일어나는 현상이다.

다시 한 번 갈레노스를 소환해보자. 그는 뱃속 장기에서 나오는 신경을 보았는데, 이 신경들은 척수를 따라 다발을 이루고 있었다. 갈레노스는 이 신경들이 장기에 대한 정보를 가지고 있으면서 뇌와 '교감(sympathetic)' 한다고 추측했다.

> **미주신경**
> 숨뇌에서 나오는 제10뇌신경으로 내장 대부분에 분포되어 있으며, 부교감신경 중 가장 크다.

신경학의 아버지라 불리는 윌리스는 1660년대에 미주신경을 절단하면 심장이 심하게 떨린다는 사실을 발견했다. 그 이후 내장신경이 동공 크기와 눈물길(누관)을 조절하여 얼굴을 비롯한 다른 신체 부위에도 영향을 미친다는 사실이 밝혀졌다. 교감신경은 뇌에 신체정보를 보고한다기보다는 신체 부위를 조절하는 것처럼 생각되었다. 1845년, 독일의 해부학자 베버(Eduard Weber, 1806~1871)는 물리학을 전공한 형과 함께 미주신경에 전기 자극을 주면 심장 박동이 느려진다는 사실을 알아냈다. 심지어는 심장이 멈추기도 했다. 하지만 다른 교감신경에 똑같은 자극을 주면 심장 박동이 빨라졌다.

1898년, 영국의 생리학자 랭글리(John Langley, 1852~1925)는 이런 신경을 '자율신경계'라고 총칭했다. 자율신경계는 서로 길항(拮抗, 서로 버티어 대항한다는 의미)적으로 작용하는 교감신경과 부교감신경으로 구성되어 있다. 갈레노스가 묘사했던 신경다발, 즉 신경절에서 나오는 교감신경은 '싸움-도망(fight or flight)' 반응을 유발한다.

교감신경은 심장 박동과 집중력을 높여서 몸이 갑작스럽고 격렬한 활동을 할 수 있도록 준비시킨다. 반면 주로 뇌와 직접 연결된 부교감신경은 그 반대 역할을 한다. 부교감신경은 호흡과 심박수를 늦추어 몸 상태가 안정화되는 방향으로 신체 반응을 유도한다. 예컨대 손에 땀을 쥐고 흥분과 긴장의 도가니로 빠져들며 영화를 즐길 수 있는 것, 또는 편안한

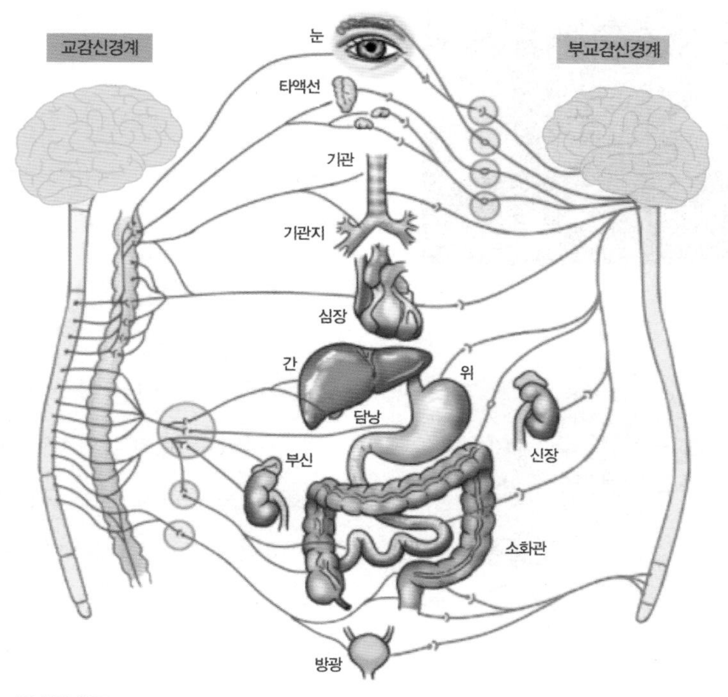

2-41 자율신경계 구조.

명상 상태에 들 수 있는 이유도 바로 자율신경계의 능동적인 활동 덕분이다.(2-41)

자율신경의 총괄본부, 시상하부

소화 관련 연구를 하던 미국의 생리학자 캐넌(Walter Cannon, 1871~1945)은 실험동물이 겁을 먹거나 공격 태세를 취하면 소화 기능이 떨어진다는 점에 주목했다.(2-42) 후속 연구를 통해 이러한 현상

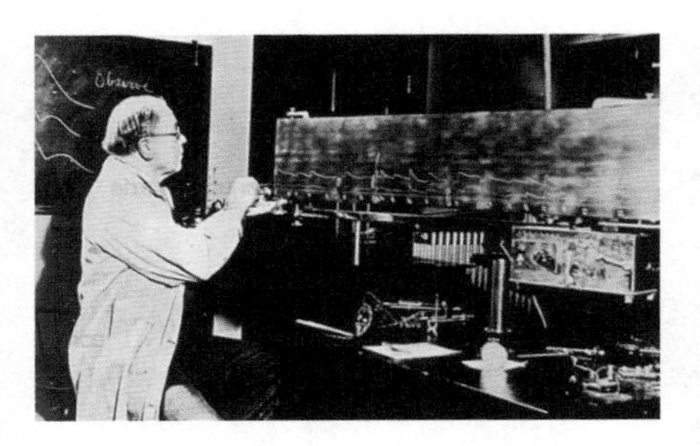
2-42 실험실에서 연구하는 캐넌.

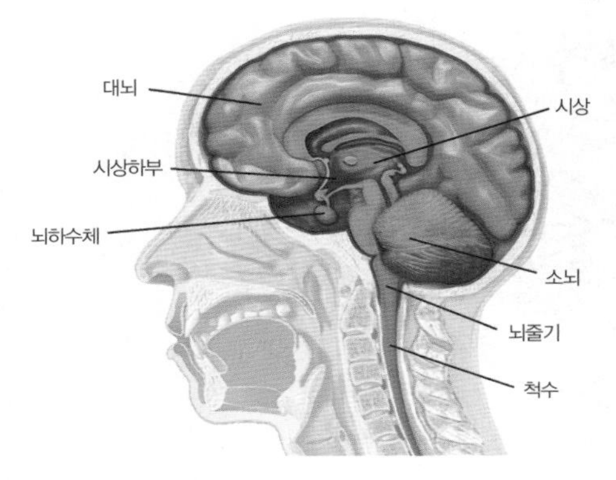

2-43 뇌의 구조와 시상하부 위치.

이 혈류로 방출된 아드레날린 때문이라는 사실을 알아냈다. 몸이 위험에 처했을 때 싸우거나 도망칠 수 있는 선택의 기회를 제공하려는 것이다. 그는 자율신경을 조절하는 중추에 관심을 집중했다.

놀랍게도 대뇌피질을 전부 제거한 고양이에서도 이런 현상이 동일하게 나타났는데, 대뇌피질이 제거된 고양이는 주기적으로 가짜 분노를 드러냈다. 고양이가 털을 곤두세우고 으르렁거리며 공격을 했지만, 진짜로 화가 났을 때처럼 집중된 공격이나 효과적인 도피를 하지는 못했다.

시상
감각이 대뇌피질로 전달될 때에 중계 역할을 하는 달걀 모양의 회백질 덩어리로, 간뇌의 대부분을 차지한다.

그런데 시상하부를 제거하니 이런 가짜 분노가 사라졌다. 반면 정상 뇌의 시상하부 뒤쪽에 전기 자극을 주면 진짜 분노가 표출되었다. 시상하부가 싸움-도망 행동을 관장하는 곳임을 보여주는 실험 결과였다.[2-43]

이름 그대로 시상하부는 시상 아래에 위치하는데, 시상의 10분의 1 크기이다. 또한 각종 호르몬 분비를 담당하는 뇌하수체가 시상하부 아래쪽에 달려 있다. 이들이 모여 간뇌를 이룬다. 시상하부는 교감신경과 부교감신경의 균형과 뇌하수체 호르몬 분비를 조절한다. 호르몬을 촉진하거나 억제함으로써 내분비계를 통제하는 것이다. 또한 몸 떨기와 땀 배출을 통한 체온 조절과 혈당량 조절, 삼투압 조절의 중추이자 인간의 세 가지 본능적 욕구(식욕 · 성욕 · 수면욕)의 중추이기도 하다. 한마디로 시상하부는 자율중추의 관제탑이자 자율신경의 총괄본부인 셈이다.

신경계를 전체적으로 정리해보면 다음과 같다. 사람의 신경계는 크게 두 가지, '중추신경계'와 '말초신경계'로 나눌 수 있다. 감각기관에서 전달받은 다양한 정보를 종합 분석하여 명령과 조절 기능을 하는 중추신경계의 대부분은 뇌가 차지한다. 일반적으로 사람의 뇌를 대뇌 · 소뇌 · 중뇌(중간뇌) · 간뇌(사이뇌) · 연수(숨뇌) 등으로 구분한다. 그리고 중뇌와 간뇌, 연수를 합쳐 '뇌줄기(뇌간)'라고 부른다.

연수에 이어져 척추 속으로 뻗어 있는 척수는 뇌와 말초신경계를 연결시킨다. 말하자면 몸에서 뇌로, 그리고 뇌에서 몸으로 오가는 정보의 중계 역할을 하는 것이다. 이 덕분에 척추동물이 척수가 없는 무척추동물에

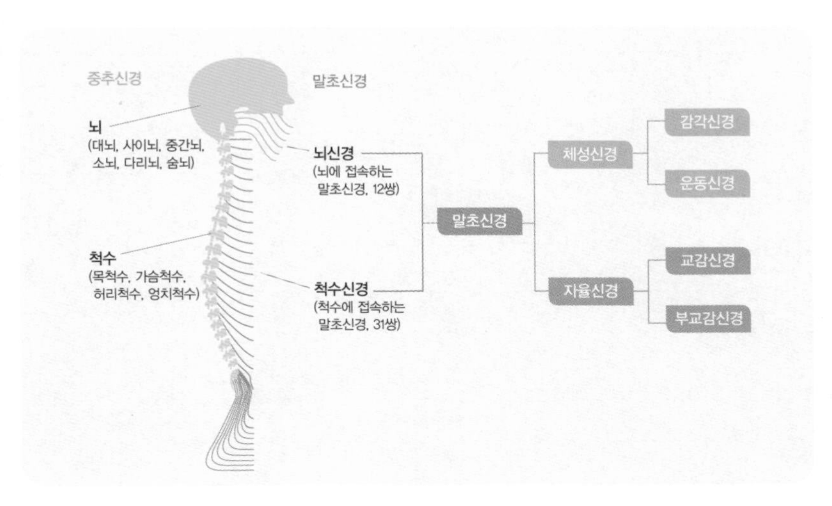

2-44 사람 신경계의 구성.

비해서 중추신경계가 크게 발달할 수 있었다. 척수에서 나오는 총 31개의 신경은 목에서부터 엉덩이까지 세로로 길게 척추를 따라 분포한다.

말초신경계는 중추신경계에서 뻗어나와 갈라져서 온몸에 퍼져 있는 감각신경과 운동신경들을 말한다. 그 기능에 따라 체성신경계(또는 몸신경계)와 자율신경계로 나눈다. 체성신경계는 자극 정보를 중추신경계로 전달하고, 이에 대한 명령을 해당 반응기에 보낸다. 자율신경계는 대뇌의 직접적인 영향을 받지 않는 신경계로, 운동신경으로만 구성되어 있다.(2-44)

꼬리 많은 세포의 발견, 거대 그물망 뉴런의 정체

신경계

1665년 영국의 과학자 훅(Robert Hooke, 1635~1703)이 세포를 처음 관찰하면서부터 일반 체세포 개념은 시작되었다. 그러나 신경계에서 세포의 역할은 오랜 세월 동안 미지의 영역이었다.

이후 1839년, 체코의 생물학자 푸르키네(Jan Evangelista Purkynë, 1787~1869)가 소뇌에서 아주 독특한 세포를 관찰했다. 언뜻 보면 꼬리가 여러 갈래로 갈라져 있는 올챙이 형상인데, 이 '푸르키네 세포(purkinje cell)'가 최초로 발견된 신경세포, '뉴런(neuron)'이다.[2-45]

푸르키네는 지문 형태를 분류하고 혈액의 액체 성분인 '혈장'이라는 용어를 처음으로 사용하는 등 생물학 분야에서 다양한 업적을 남겼다. 그 덕분에 그의 이름은 신경세포 말고도 몇 군데 더 붙어 있다. '푸르키네 섬유'는 심장 근육의 수축과 관련되어 있으며, 시각과 관련하여 '푸르키네 현상'이라는 용어도 있다.

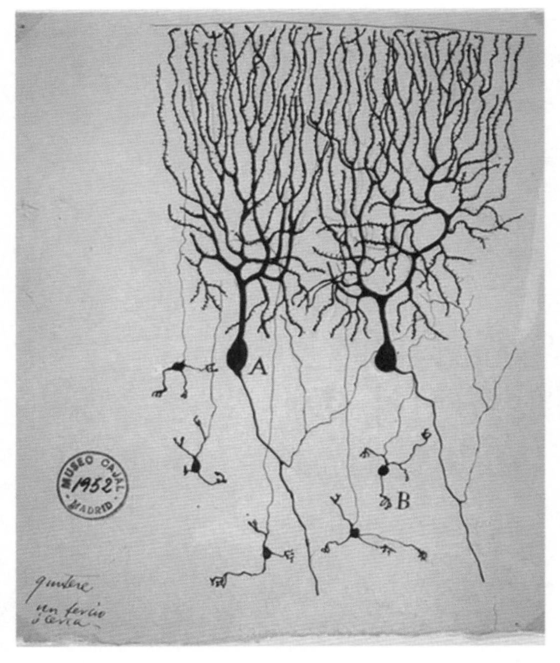

2-45 푸르키네 세포.

푸르키네 현상
밝은 장소에서는 붉은색이, 어두운 곳에서는 푸른색이 더 선명하게 보이는 현상. 사람의 눈은 어두울수록 푸른색에 민감해지기 때문에 일어나는 현상으로 비상구 표시등을 녹색으로 만드는 이유이기도 하다.

세포설
생물은 생김새와 상관없이 모두 세포로 이루어져 있고, 세포가 생물의 구조와 기능상의 근본 단위이자 생명의 본체라는 학설로, 식물학자 슐라이덴과 동물학자 슈반이 각각 1838년과 1839년에 식물세포설과 동물세포설을 주장했다.

검은 반응이 빛을 비추다: 골지염색법

푸르키네 세포가 발견될 무렵 정립된 '세포설'을 적용하면, 뉴런이 연결되어 거대한 그물망을 이루고 있을 것 같았다. 과학자들은 이를 확인하고자 뉴런 사이의 연결고리를 찾으려고 했으나, 당시 현미경 기술의 한계로 큰 어려움을 겪고 있었다. 뉴런의 길고 복잡한 가지들은 그나마 선명하게 볼 수 있었지만, 어디까지가 하나의 뉴런이고 어디서부터 새로운 뉴런이 시작되는 것인지 구분하기는 상당히 어려웠기 때문이다.

1870년대 초반, 레지던트로 일하고 있던 골지(Camillo Golgi, 1843~1926)는 시간이 날 때마다 병원 주방으로 달려갔다. 간식을 먹기 위해서가 아니라 새로운 염색 기술을 개발하기 위해서였다. 1873년에 그는 마침내 '검은 반응'이라는 새로운 염색법(지금은 그의 이름을 따서 골지염색법이라고 함)을 세상에 소개했다.[2-46~48]

이 방법의 핵심은 시료의 일부만을 검게 염색하는 것인데, 나머지는 노란색 바탕에 보이지 않은 채 남아 있었다. 골지염색법은 세포의 소기관도 관찰할 수 있게 해주었다. 그 가운데 하나는 골지의 이름을 따서 '골지체'라고 불린다. 골지는 자신의 염색법이 뉴런의 연결 방식을 밝혀주기를 바랐는데, 약 25년 후 그의 기대는 현실이 되었다. 오랜 논쟁의 터널을 지나야 했지만 말이다.

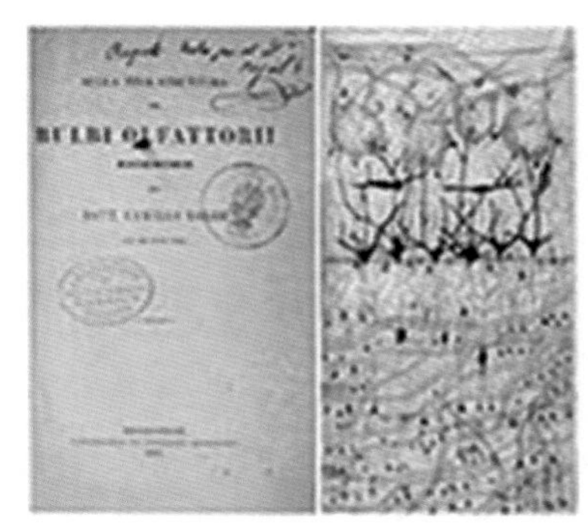

2-46 골지가 그린 신경계 그림.

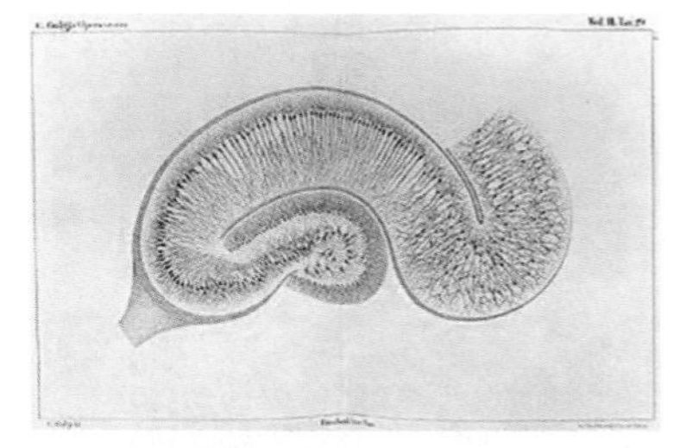

2-47 골지염색법으로 염색한 해마.

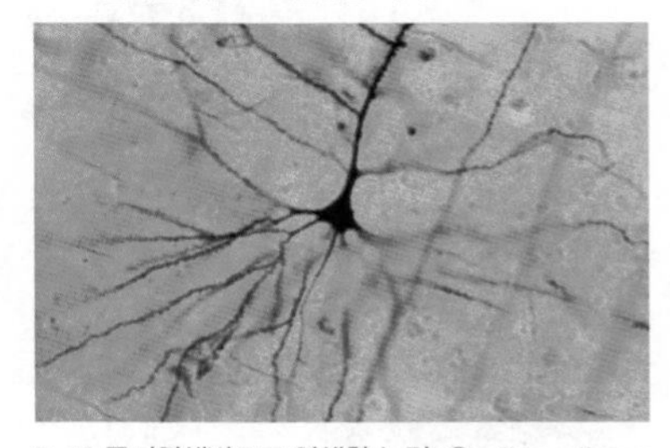

2-48 골지염색법으로 염색한 뉴런. © wikimedia.org

골지체
대부분의 진핵 세포에서 발견된다. 주로 분비 단백질을 수송하는데, 이 과정에서 단백질을 가공하는 역할을 한다.

모양에 답이 있다: 뉴런의 구조와 기능

뉴런은 신경계의 구성단위이다. 뉴런은 다른 체세

포와는 전혀 다른 모습을 하고 있는데, 바로 이 독특한 구조가 '자극과 반응'이라는 정보전달 기능을 가능하게 해 준다.

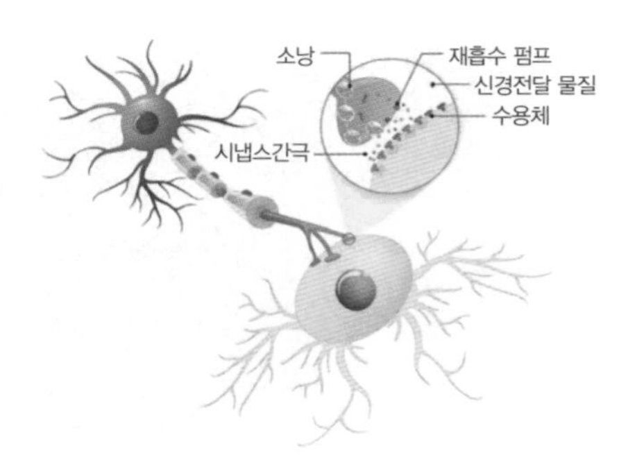

2-49 뉴런의 연결.

뉴런은 핵과 세포질로 이루어진 신경세포체와 여기서 나온 축삭과 가지돌기로 이루어져 있다. 이름 그대로 나뭇가지를 닮은 가지돌기는 인접한 뉴런에서 전기신호(정보)를 받아들이고, 밧줄을 연상시키는 축삭은 이 신호를 인접한 다른 뉴런에 전달한다.(2-49)

뉴런의 연결 원리를 알아내는 데에는 골지와 함께 스페인 의사 카할(Santiago Ramón y Cajal, 1852~1934)이 결정적인 역할을 했다. 카할은 10년 동안 골지염색법으로 처리한 새의 소뇌 세포 관찰에 몰두했다. 이 새의 신경세포는 유난히 컸다. 오랜 관찰 끝에 카할은 신경신호가 항상 같은 방향으로 뉴런을 통해 이동한다고 확신하게 되었다. 감각신경의 축삭은 언제나 뇌를 향하고, 운동신경 경우에는 그 반대라는 사실이 주된 근거였다. 감각신경은 뇌로, 운동신경은 몸으로 각각 정보를 전달하기 때문이다.(2-50)

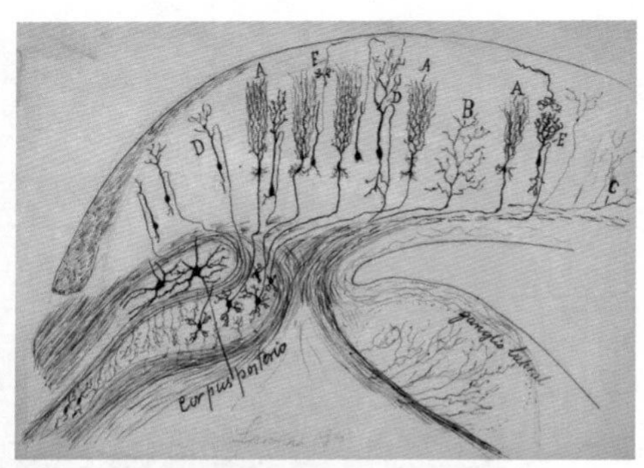
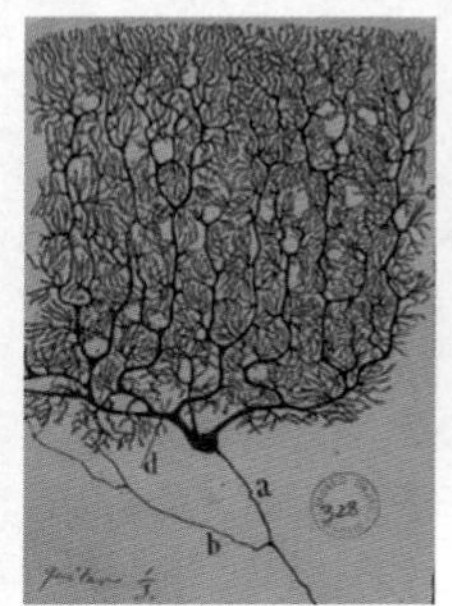
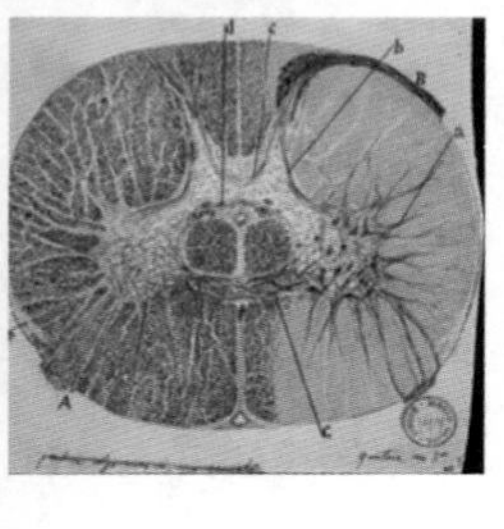
2-50 산티아고 라몬 이 카할과 스페인 신경조직학 학파가 남긴 섬세한 신경세포 그림과 연구 기록. 2017년 유네스코 세계기록유산에 등재되었다.

카할은 신경신호가 축삭을 통해 다른 뉴런의 수상돌기로 전달된다는 결론에 도달했다. 이런 일방통행 시스템은, 모두 이어져 있는 신경망을 통해 신경신호가 이리저리 흐를 것이라는 가능성에 제동을 걸었다. 공교롭게 골지는 뉴런의 돌기들이 서로 연결되어 그물과 같은 구조를 이룬다고 주장하고 있었다.

카할이 뉴런을 일종의 '자치 지역'이라고 표현하면서, 카할과 골지 두 사람 간의 논쟁에는 정치색이 입혀졌다. 골지는 여러 나라들이 연대하여 더 큰 연방이 되어야 한다고 믿었고, 뉴런들도 마찬가지라고 생각했다. 반면, 카할은 문화는 서로 독립적으로 정체성을 유지해야만 하고, 그렇게 하면서도 여전히 협력할 수 있다고 믿었다. 이 같은 논쟁과 함께 골지와 카할은 1906년에 노벨상을 공동 수상했다.

뉴런 사이의 신호 전달과정은 또 한 명의 노벨상 수상자를 예약했다. 영국의 의사 셰링턴(Charles Sherrington, 1857~1952)은 뉴런이 서로 직접 접촉하지 않는다면 미세한 틈을 가로질러 화학적으로 소통해야 할 것이라고 추정했고, 이를 '시냅스(synapse)'라고 명명했다. 1930년대에 들어서 고성능 현미경이 발명되고 나서 그가 옳았음이 입증되었고, 셰링턴은 1932년에 노벨 생리의학상을 받았다.

내분비샘
호르몬을 생성하여 분비하는 특정 조직이나 기관을 일컫는 말.

꿈속 실험이 밝혀낸 사실, 신경전달 물질

1890년대에는 부신(콩팥 위에 있는 내분비 기관) 추출액이 심장을 자극하여 박동을 증가시키는 현상이 발견되었다. 이 내분비샘에서 나오는 아드레날린 때문일까? 그렇다면 신경은 화학신호를

2-51 오토 뢰비(1936).

사용한다는 말인가? 여기에 대한 답은 일단 유보되었다. 심장 신경에 전류를 흘려도 심장이 자극되기 때문이었다.

그런데 1921년에 독일의 한 과학자가 이 질문을 풀 수 있는 방법을 꿈속에서 보았다고 한다. 뢰비(Otto Loewi, 1873~1961)는 개구리 심장을 떼어내 식염수에 담가두면 한동안 계속 뛴다는 사실을 이미 알고 있었다.(2-51) 전하는 바에 따르면, 그는 이틀 연속 같은 꿈을 꾸었다. 첫날 것은 기억하지 못했는데, 다시 같은 꿈을 꾸다 깨어나자 그 즉시 실험실로 갔다고 한다.

뢰비는 개구리 심장 하나를 식염수에 넣고 심장 박동을 느리게 하는 신경을 자극했다. 그러고 나서 그 심장이 담겨 있는 용액 일부를 신경을 제거한 심장 위에 뿌렸다. 그러자 놀랍게도 신경이 없는 심장의 박동이

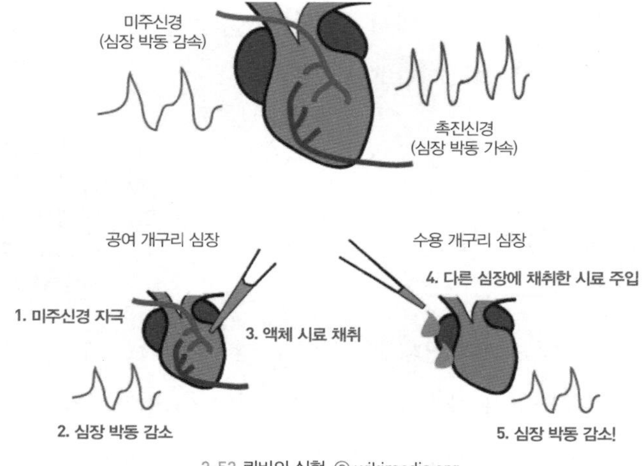

2-52 뢰비의 실험. © wikimedia.org

즉시 떨어졌다. 이 실험 결과는, 첫 번째 심장이 신경에서 받았던 물질이 식염수에 남아 있다가 두 번째 심장에 작용했음을 보여주는 것이었다. 이로 인해 시냅스를 둘러싼 미스터리가 풀렸다. 신호가 축삭의 끝에 도달하면 '신경전달 물질(neurotransmitter)'이 분비되어 이 미세한 간극을 가로질러 신호를 전달하는 것이다.[2-52]

전기와 뉴런, 활동전위

18세기 말, 루이지 갈바니(Luigi Aloisio Galvani, 1737~1798)가 동물 전기가 근육과 신경을 작동시킨다는 사실을 알아내었다.[2-53] 이후 전기는 신경 연구에서 널리 활용되었다. 그러나 뉴런이

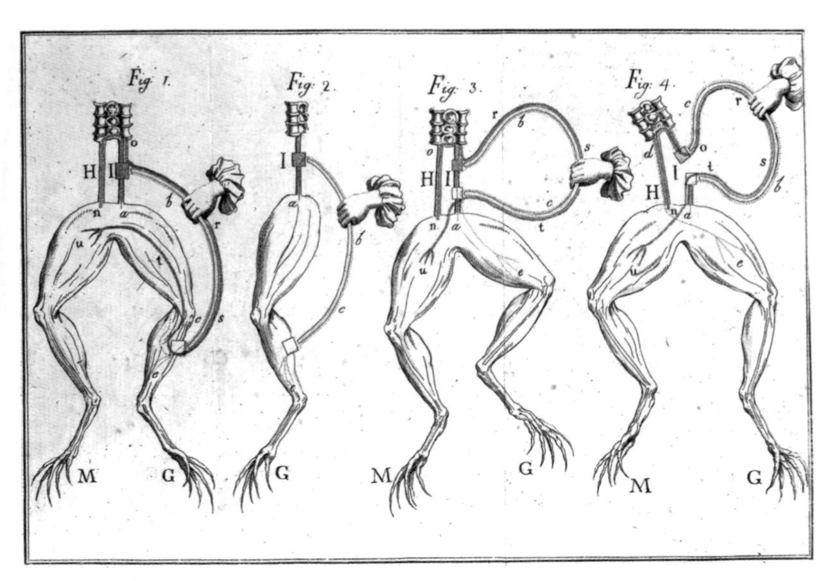

2-53 갈바니의 개구리 실험을 묘사한 1793년 그림.

2-54 1963년 노벨상 프로그램 표지. 당시 최신 오실로스코프를 조정하고 있는 호지킨을 헉슬리가 바라보고 있다.

정확히 어떻게 전기를 만드는지는 여전히 미스터리로 남아 있었다. 그러다 두 명의 영국 과학자가 오징어의 신경 연구를 시작하면서 이 미스터리를 밝힐 돌파구가 열렸다.

호지킨(Alan Lloyd Hodgkin, 1914~1998)과 헉슬리(Andrew Huxley, 1917~2012)가 오징어를 택한 이유는 오징어 뉴런의 축삭이 유난히 크기 때문이었다. 두 사람은 축삭의 전압을 변화시키면서 신경 안팎으로 이동하는 화학물질, 특히 '이온(전하를 띠는 원자 또는 원자단)'의 변화를 측정했다.(2-54) 1935년에 시작한 연구는 제2차 세계대전 발발로 중단되었다가, 종전 후 재개되어 1952년에 와서야 다음과 같은 사실을 밝혀냈다.

우리 몸의 모든 세포는 세포막을 사이에 두고 전위차를 형성하고 있는데, 이를 '막전위'라고 부른다. 자극 또는 신호를 받으면 뉴런의 막전위가 변하게 되고, 이 변화가 정보전달 매체로 이용된다.

뉴런 세포막 안쪽에는 음이온을 띠는 화합물이 상대적으로 많기 때문에 신호전달을 하지 않고 있는 뉴런 안쪽은 음성(-)을, 바깥쪽은 양성(+)을 띤다. 이러한 상태를 '분극'이라고 한다. 또 이때의 막전위를 휴지전위라고 하는데, 여기에는 소듐 이온(Na^+)과 포타슘 이온(K^+)이 중요한 역할을 한다.(2-55)

뉴런이 자극을 받으면 세포막의 투과성이 갑자기 변하여 바깥쪽에 있던 소듐 이온이 빠른 속도로 세포 내부로 들어오게 된다. 이로 인해서 순간적으로 세포막 안팎의 전위가 뒤바뀌는 탈분극이 일어나게 되는데,

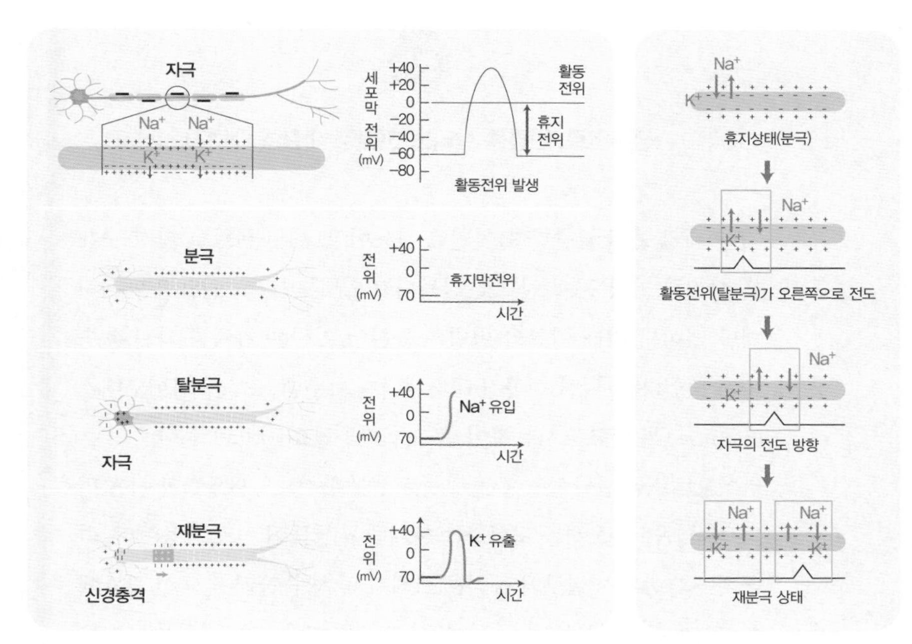

2-55 신경신호 전달 원리.

이때의 전위 변화를 '활동전위'라고 한다. 뉴런 내부로 들어온 소듐 이온은 옆으로 확산되면서 연속적으로 탈분극을 일으킴에 따라 활동전위가 전도됨으로써 정보가 전달된다.

요약하면, 신경전달 물질이 양쪽 뉴런 사이에 약 20나노미터(nm) 틈을 두고 형성된 시냅스로 확산되어 인접한 뉴런의 탈분극을 유발함으로써 연속적으로 정보를 전달하는 것이다.

TIP

생물연료, 인류를 살리는 친환경 배설물 에너지

지난 세기 동안 급증한 화석연료 사용이 21세기 글로벌 환경 문제를 야기한 가장 큰 원인으로 지목되고 있다. 따라서 친환경 에너지 개발 없이는 미래 인류의 번영은 물론이고 생존 자체를 낙관할 수 없게 되었다. 유망한 친환경 대체에너지 가운데 하나가 '바이오매스(biomass)'를 원료로 사용하여 만드는 '생물연료(biofuel)'이다.

바이오매스란 광합성을 통해 생성된 생물체(식물 및 미생물)와 이를 먹고 살아가는 동물체를 포함하는 유기체를 통틀어 이르는 용어다. 최근에는 톱밥과 볏짚부터 음식물 쓰레기 및 하수 슬러지, 축산 분뇨에 이르기까지, 그리고 인간 활동에서 발생하는 유기성 폐기물(인분)도 바이오매스로 간주한다. 바이오매스는 직접 태워 연료로 쓸 수도 있지만, 각종 미생물을 이용하여 에탄올과 메탄 같은 연료를 만들 수도 있다. 실제로 생물연료 선두 주자인 에탄올은 이미 가솔린 보조제로 널리 쓰이고 있다.

최신 바이오 기술은 고정관념을 깨는 생물연료를 개발하고 있다. 미생물, 특히 세균은 우리가 보기에 역겨운 것을 아주 잘 먹는다. 예컨대 어떤 세균은 우리 오줌을 먹고 힘을 얻는다. 이를 본 과학자들이 세균을 이용하여 오줌으로 전기를 만든다는 기발한 발상을 하기도 했다. 2015년에 영국 브리스톨 웨스트잉글랜드 대학교(UWE Bristol) 연구진이 소변기에 '미생물 연료전지(microbial fuel cells, MFC)'를 달아 화장실 한 칸을 밝히기에 충분한 전기를 생산해낸 것이다. MFC란 미생물 무리를 촉매로 사용하여 바이오매스

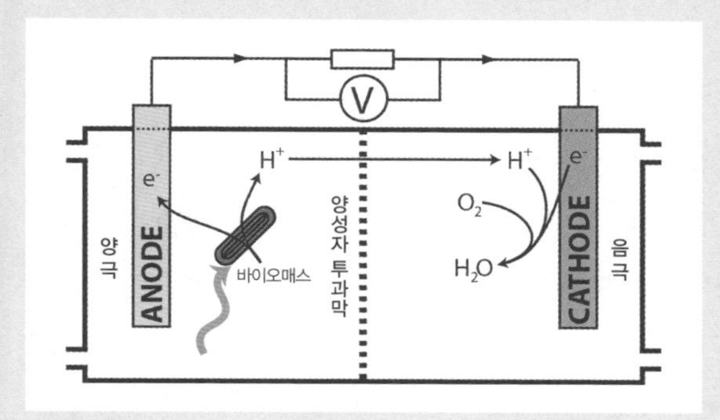

4-56 미생물 연료 전지 작동 원리. © wikipedia.org

(이 경우에는 오줌)를 분해하고, 이때 발생하는 화학에너지를 전기에너지로 직접 전환하는 장치이다. 기본 원리만 놓고 보면 화력발전소와 다를 바 없다.[2-56][6]

에너지를 뽑아낸 분뇨는 조류 배양에 이용할 수 있다. 여기에는 여전히 질소와 인, 칼륨 등 미네랄 성분이 풍부하기 때문에 비료로 안성맞춤이다. 또한 조류는 아주 매력적인 생물연료 추출원이다. 무엇보다도 조류 재배에는 넓고 비옥한 땅이 필요 없다. 자연수에 그저 풍부한 햇빛만 있으면 된다. 시험 운행 중인 일부 조류 생산시설에서는 심지어 근처 발전소에서 대기로 방출되는 이산화탄소를 공급하여 광합성을 촉진함으로써 조류를 더 빠르게 자라게 한다. 생물연료 생산과 함께 주요 온실가스인 이산화탄소 배출을 줄이는 일석이조 효과를 톡톡히 보는 셈이다.

같은 면적에서 조류는 옥수수보다 약 40배 더 많은 에너지를 생산해낸다. 보통 조류는 무게의 20% 이상을 기름으로 내놓을 정도로 기름 함량이 높기 때문이다. 게다가 조류는 거의 매일 수확할 수 있다. 짜낸 기름은 바이오 디젤로 가공된다. 남은 찌꺼기도 탄수화물과 단백질이 풍부해서 에탄올 생산에 다시 이용할 수 있고, 동물 사료로 쓸 수도 있다.

수소도 이상적인 화석연료 대체 후보다. 특히 물을 분해하여 수소를 생산해낼 수 있다면 더욱 그렇다. 현재 수소 생산 연구는 물리적 · 화학적 방법에 집중되고 있지만, 다양한 폐기물의 발효 작용이나 광합성 작용의 변화를 통해 세균이나 조류에서 수소를 생산하는 방법도 잠재적으로 가능하다. 물론 미생물을 이용한 수소 생산과 MFC 같은 기술들이 완전히 실용화되려면 시간이 더 필요하다. 하지만 미생물이 대체에너지 개발과 환경문제 해결에 매우 중요한 역할을 하리라는 것만은 확실하다.

Chapter 3

미생물과 인류의 끝없이 치열한 경쟁, 감염병

—— 감염병과 전염병을 혼동하여 사용하는 경우가 적지 않다. 하지만 전염과 감염의 의미를 비교해보면 이 둘은 분명히 구별된다. 일상용어이기도 한 전염은 '병이 남에게 옮음'이고, 상대적으로 전문용어인 감염은 '병원체가 생명체 안에 들어가 증식하는 상태'이다. 인간으로 국한해서 보면, 전염병이란 사람과 사람 사이에 병원체가 이동하여 생기고, 감염병은 사람과 사람 사이의 전파뿐만 아니라 공기나 흙, 곤충 등 사람 이외의 전파원에서 병원체가 옮아와 발병한다.

우리나라에서는 2010년 12월 30일부터 '전염병예방법'과 '기생충질환예방법'이 '감염병 예방 및 관리에 관한 법률'로 통합 개정되었다. 전염병이라는 용어를 감염병으로 변경함으로써 전염성 질환과 함께 사람들 사이에 전파되지 않는 비전염성 감염병까지 감시 및 관리대상으로 확대하기 위함이다.

기생충을 제외하면 병원체는 모두 미생물이다. 맨눈에 보이지는 않지만, 미생물은 우리를 늘 에워싸고 있다. 예컨대, 우리가 숨을 쉴 때마다 줄잡아 1만 마리 정도의 미생물(주로 세균)이 허파로 들어온다. 그럼에도 우리에게 별 문제가 없는 까닭은 면역계의 방어능력 덕분이다. 하지만 면역기능이 약화되면 병원성이 없는 미생물도 감염을 일으킬 수 있다. 이를 '기회감염'이라고 부른다.

감염병은 인류의 탄생부터 필연적으로 인류와 함께 존재해온 가장 보편적인 질병이다. 이번 장에서는 인류 역사에 걸쳐 인간에게 지대한 영향을 미친 대표적인 감염병을 개괄한다.[1]

역사상 가장 오래된 감염병은?

말라리아

모기가 있는 곳에 말라리아가 있다[2]

인류 역사상 가장 오래된 감염병인 말라리아는 '나쁜'을 뜻하는 'mal'과 '공기'를 의미하는 'aria'의 복합어이다. 이는 17세기 서양 의사들이 유독성 공기, 곧 '미아즈마'를 감염병의 원인으로 지목했던 것과 같은 맥락의 용어이다.

오늘날에도 전 세계적으로 약 33억 명이 말라리아 발생 위험지역에서 살고 있다. 이 유서 깊은 감염병은 매년 3~5억 명을 감염시키며, 200만

명 이상의 인명 피해를 발생시키고 있다.

우리나라의 경우, 1979년 이후 말라리아 발생 소식이 없다가 1993년 비무장지대에서 근무하던 군인들에게서 말라리아 감염 사례가 나왔다. 4,000명 이상의 감염자가 발생한 2000년을 정점으로 발병 건수가 줄고 있기는 하지만, 여전히 매년 500명 선에서 증감을 보이고 있다. 질병관리본부는 '세계 말라리아의 날(4월 25일)'에 주의를 당부하는 보도자료를 내고 있다.

말라리아는 원생동물(〈5-61〉 참조) 가운데 플라스모디움(*Plasmodium*)속에 속하는 열원충이 일으키는 감염병으로, 모기가 옮기는 이 미생물은 사람 적혈구에 기생하면서 적혈구를 파괴한다.[3-1~3]

3-1 말라리아를 전염시키는 아노펠레스(*Anopheles*) 모기. © wikipedia.org

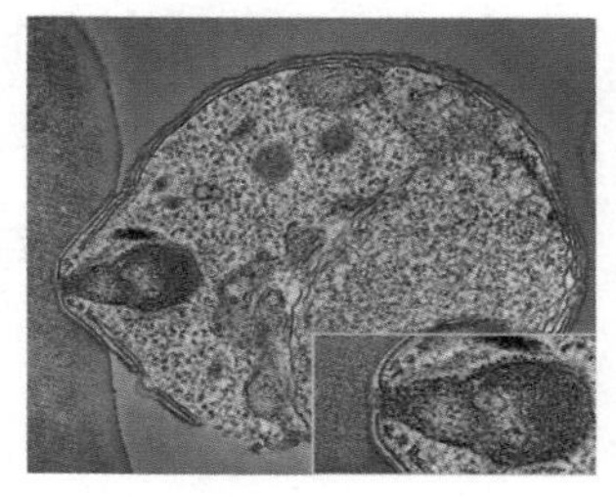

3-2 말라리아에 감염된 적혈구. © wikipedia.org

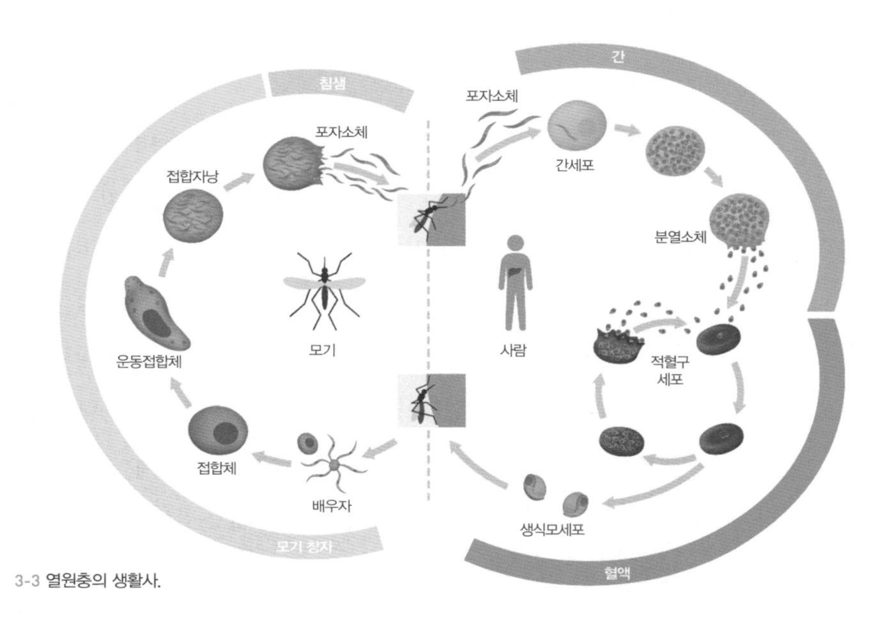

3-3 열원충의 생활사.

그 결과 주기적으로(보통 2~3일 간격) 고열과 오한이 생긴다.

사람을 감염시키는 열원충에는 크게 네 종류가 있는데, 특히 두 가지, '열대열원충(*Plasmodium falciparum*)'과 '삼일열원충(*Plasmodium vivax*)'이 골칫거리다. 주로 열대 및 아열대 지역에 분포하는 열대열원충은 감염되면 거의 90%가 사망할 정도로 치명적이다. 이에 비해서 삼일열원충은 병원성이 훨씬 약하지만 전 세계적으로 폭넓게 분포하는데, 우리나라를 포함해서 온대 지역까지 그 세력을 떨친다. 환자의 간에 몇 달, 심지어 몇 년 동안 잠복상태로 지낼 수 있어서 모기가 살 수 없는 추운 겨울도 거뜬히 나기 때문이다.

현생인류의 원조인 호모 사피엔스(*Homo sapiens*)는 20만 년 전쯤 아프리카에서 처음 출현했다는 것이 현대생물학의 일반적인 견해이다. 10만 년 정도가 지나자 이들 가운데 일부가 아프리카를 벗어나 밖으로 발걸음을 옮겼다. 열원충은 고인류가 아프리카에 살던 시절에 유인원류에서 넘어온 것으로 추정된다. 그렇다면 열원충의 탈아프리카도 숙주인 인간과 함께했을 것이다.

인류의 유랑 시절에는 상대적으로 잠복기가 길고 치사율이 낮은 열원충이 생존에 유리했을 것이다. 숙주를 급사시켜버리는 고병원성 병원체는 미처 다른 숙주를 감염시키기 전에 기존 숙주와 함께 사라져버리기 때문이다.

신석기 시대로 접어들면서 인류는 정착하여 농경과 목축을 시작했다. 그 결과 전 시대에 비해 식량 수급이 안정되었고, 모여 사는 사람 수도 늘어났다. 열원충 입장에서 보면 감염 대상 숙주가 엄청나게 증가한 것이다. 이에 따라 이제 유랑민과 잘 맞지 않는 특성(짧은 잠복기와 높은 치사율)을 지닌 병원체도 기를 펼 수 있게 되었다. 말하자면, 정주 생활이라는 인간의 새로운 삶의 형태가 공격적인 말라리아 병원체에게 춤판을 깔아준 셈이다. 말라리아는 자연스레 인간과 모기가 있는 곳이라면 어디에나 자리를 잡았다.

우리말에 '학을 떼다'라는 관용 표현이 있다. 괴롭거나 어려운 상황을 벗어나느라고 진땀을 빼거나, 그것에 질려버린 경우에 쓰는 말이다. 여기에서 '학(질)'은 말라리아의 순우리말이다. 이미 고려시대 역사 기록에 학질이 등장했던 것을 보면, 우리나라에서도 말라리아가 오래전부터 흔했던 질병이었음이 분명하다.[3]

대항해 시대에 탐욕과 함께 말라리아도 번졌다

저 옛날 한 무리의 유랑자들이 북쪽으로 올라가 베링 해협을 건넜다. 무척 험난한 여정이었지만, 고생한 보람이 있었다. 풍요로운 땅 아메리카 대륙에 다다랐을 뿐만 아니라 말라리아도 떨쳐버릴 수 있었다. 혹한 지역에는 말라리아를 전염시키는 모기가 없었기 때문이다.

조선 건국 100년 후, 임진왜란 발발 100년 전인 1492년, 콜럼버스가 이끄는 유럽 탐험대가 현재 쿠바 지역에 닻을 내렸다. 사실 콜럼버스의 가장 큰 업적은 신대륙 발견이 아니라 그 항해를 통해 이룩한 서인도 항로의 발견이었다. 곧바로 아메리카 대륙은 유럽 열강의 침략과 약탈의 각축장이 되었고, 대항해 시대는 전성기를 맞았다.(3-4)

대항해 시대
15~16세기에 걸쳐 유럽인들이 새로운 땅과 교역로를 찾아 바다로 세계를 탐험하던 시기.

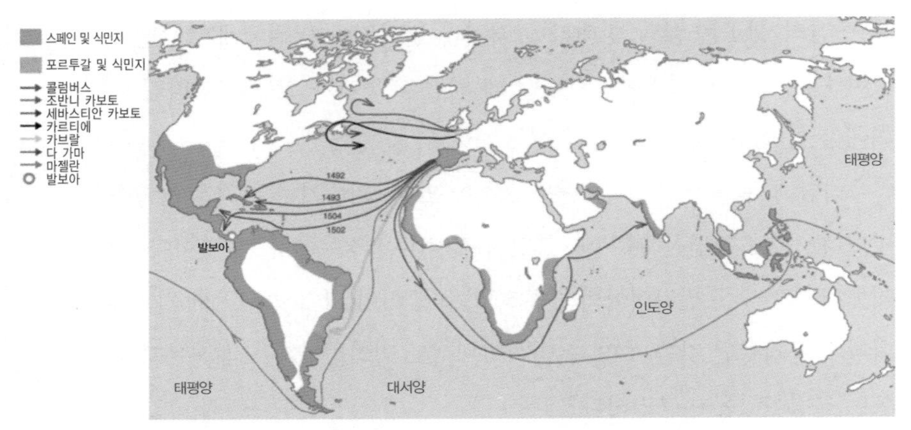

3-4 대항해 시대의 탐험 경로. © wikimedia.org

이들은 세계 각지에서 금은보화와 향신료, 천연 자원과 특산물을 닥치는 대로 약탈해 유럽으로 실어날랐다. 그 덕분에 유럽은 식민지 확장과 함께 경제적 풍요를 구가했다. 정반대로 침략당한 원주민은 착취와 속박, 빈곤의 나락으로 떨어졌다. 하지만 유럽이 빼앗아가기만 한 것은 아니었다. 은밀하게 전해준 것도 있었다. 그것은 바로 토착민에게는 완전히 생소하고 위험천만한 병원체였다.

아메리카 원주민은 혹한 지역을 넘어온 조상의 후손이다. 강추위를 뚫고 이동하는 동안 많은 감염병을 떨쳐버렸다. 이들은 정착 후에도 가축을 많이 기르지 않았기 때문에 감염성 질병이 드물었다. 대부분의 감염병은 동물에서 유래하기 때문이다.

상대적으로 감염병 청정 지역에 살고 있던 원주민들에게 유럽 불청객들과 함께 딸려온 병원체는 공포의 저승사자와 같았다. 수많은 원주민들이 감염병에 걸려 맥없이 쓰러져갔다. 그 결과 유럽 열강은 영토 확장에는 성공했지만, 식민지를 경제적으로 이용하는 데에 필요한 노동력 부족 현상에 직면하게 되었다. 그러자 이들은 미생물학적으로도 최악의 만행을 저지른다. 말라리아의 본고장인 아프리카에 살고 있던 무고한 사람들을 납치해 아메리카 대륙으로 끌고 온 것이다. 이것이 바로 인간의 탐욕이 빚어낸 잔악한 노예무역의 시작이었다. 당연히 말라리아 병원체도 아프리카 노예들과 함께 건너왔다.

지주들이 노예를 가혹하게 부리는 동안 아메리카 대륙의 모기들은 신이 났다. 노예들로 붐비는 수용시설은 모기에게는 그야말로 거대한 만찬장에 다름 아니었다. 모기들은 지쳐 쓰러져 잠든 노예들의 피를 닥치는 대로 빨았다. 그러고 나서 주변의 여러 사람들에게 열원충을 옮겨주었다. 유럽인의 탐욕이 말라리아 청정 지역을 오염시키는 물꼬를 터준 것이다.

말라리아와 '붉은 여왕 가설'

'낫형(겸상) 적혈구증(sickle cell anemia)'이라는 유전병이 있다. 이름 그대로 환자의 적혈구를 낫처럼 구부러뜨리는 병이다.[3-5] 원반 모양인 정상 적혈구에 비해 기능이 현저히 떨어지기 때문에 환자는 악성 빈혈로 고통받는다. 대부분의 유전병과 마찬가지로 낫형 적혈구증도 열성 유전자

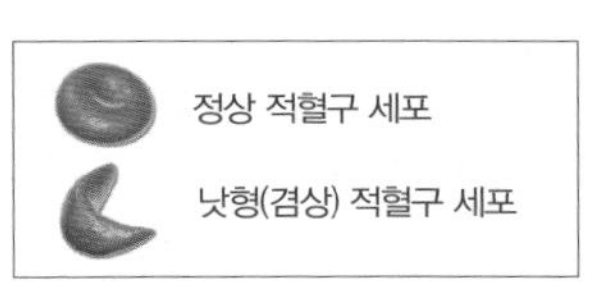

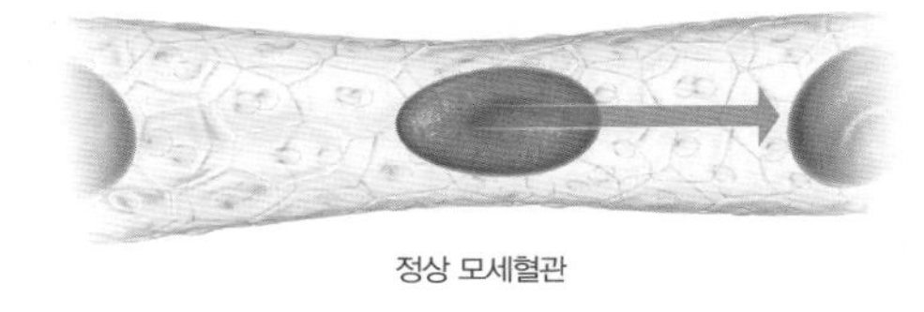

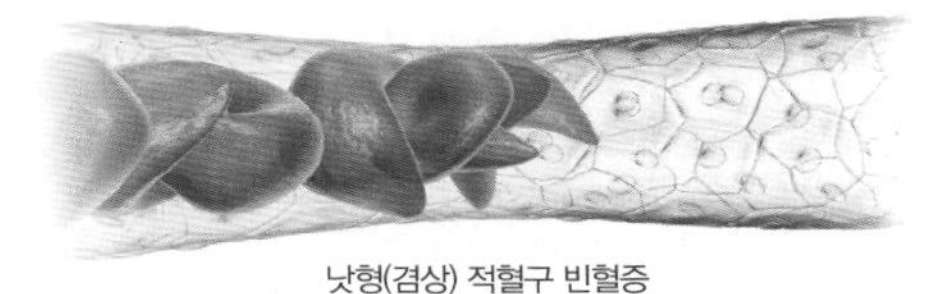

3-5 낫형(겸상) 적혈구 빈혈증. © wikimedia.org

가 쌍을 이루면 나타난다. 다시 말해 부모에게서 이 열성 유전자를 각각 하나씩 받으면 발병한다.

전 세계적으로 낫형 적혈구증은 인구 10만 명당 8명꼴로 발생하는데, 아프리카에서는 약 100명당 1명꼴로 이 유전병이 나타난다. 달리 말하면, 아프리카 사람에게는 이 열성 유전자가 압도적으로 많은 것이다. 그 이유는 무엇일까? 말라리아가 그 답을 쥐고 있다.

낫형 적혈구증 환자는 보통 2세를 볼 수 있는 나이가 되기 전에 생을 마감한다. 그리고 문제의 열성 유전자도 그 주인(숙주)과 함께 소멸된다. 그런데 낫형 적혈구 유전자를 하나만 가진 사람은 경우에 따라 오히려 큰 이득을 볼 수도 있다. 이런 유전자 조합이 약간의 빈혈 증세를 일으키지만, 말라리아에 대한 내성을 제공하기 때문이다.

세계보건기구(WHO)가 발표한 〈2019년 세계 말라리아 보고서〉에 따르면, 2018년 전 세계 말라리아 환자는 2억 2,800만 명인데 그중 93%가 아프리카에 집중되어 있다. 아프리카는 예로부터 말라리아가 만연하는 곳이었다. 그래서 아프리카에서는 정상 적혈구 유전자만을 가진 사람보다 정상과 열성 낫형 유전자를 하나씩 가진 사람이 생존에 훨씬 더 유리했을 것이다. 말라리아 걱정 없이 자식을 낳고 살 수 있으니 말이다. 그리하여 세월의 흐름 속에 낫형 적혈구 유전자를 지닌 아프리카인이 자연스레 증가했다.

열원충처럼 병원성 미생물은 고인류의 생존과 번식에 피해를 주면서 자기의 생존과 번식을 이어간다. 그렇기 때문에 병원체와 숙주는 동일한 삶의 목표를 놓고 양보 없는 싸움을 해야 한다. 사실 이와 같은 끝없는 '생물학적 군비경쟁'이 생물 진화의 중요한 원동력이다.

1973년에 미국의 진화생물학자 베일른(Leigh Van Valen, 1935~2010)은

'붉은 여왕 가설(Red Queen hypothesis)'로 이런 상호 경쟁을 설명했다.[4] 『거울 나라의 앨리스』에서 영감을 얻은 이 가설의 내용은 다음과 같다.[3-6]

토끼굴로 빠져들어 이상한 나라를 경험한 앨리스가 이번에는 방에 있는 거울 속으로 들어가 또 다른 세상을 경험한다. 거울나라에서는 모든 것이 우리가 사는 세상과 반대이다. 거울에 비친 모습이 좌우가 바뀌듯이 말이다. 주변 환경마저도 고정되어 있지 않고 우리가 향하는 쪽으로 움직이기 때문에 가만히 서 있으면 뒤처질 수밖에 없다. 제자리에 머물기 위해서라도 계속 앞으로 나아가야 하기 때문에 앨리스는 항상 숨이 가쁘다. 이때, 거울나라를 지배하는 붉은 여왕이 소리친다.

3-6 루이스 캐럴의 『거울 나라의 앨리스』에서 앨리스에게 당부하는 붉은 여왕의 모습. 존 테니엘의 삽화, 1871.

"지금처럼 해서는 늘 그 자리야. 어디론가 가고 싶다면 더 빨리 뛰어야 한다고!"

경쟁 상대의 끊임없는 변화(진화)에 맞서 계속해서 변하지 못하는 생명체는 결국 도태된다는 것이 '붉은 여왕 가설'의 요지이다. 병원체와 인간은 붉은 여왕의 말대로 서로가 서로의 변화를 이끌면서 오늘날까지 함께 공존해왔다. 결론적으로 오늘날 지역과 민족에 따른 인류의 유전적 차이, 즉 생물학적 계보는, 인류가 전 지구로 퍼져나가는 과정에서 이루어진 유전자 교류와 수많은 병원체와의 경쟁과정을 통해서 만들어졌다고 할 수 있다.

개똥쑥에서 말라리아 치료제를 얻다

3-7 개똥쑥.

잎을 손으로 비비면 개똥 비슷한 냄새가 난다 하여 '개똥쑥'이라고 불리는 한해살이풀이 있다.(3-7) 다소 비호감으로 들리는 이름의 주인공이지만, 뜻밖에도 1600여 년 전에 쓰여진 중국 고서에는 약초로 등장한다. 고대 중국 동진(東晋)의 갈홍(葛洪, 284~363)은 4세기 즈음에 펴낸 『주후비급방』에서 '청호(개똥쑥)'가 열을 내려 학질에 효과가 있다고 기록했다.

갈홍은 개똥쑥을 찬물에 넣고 갈아서 마시라고 했는데, 이는 탁월한 복용법 처방이었다. 치료 효과를 내는 활성 성분인 '아르테미시닌(artemisinin)'은 열에 약해 달여서 탕약으로 만들면 파괴되기 때문이다.

1972년, 중국의 투유유 교수는 고대 의학자의 책에서 아이디어를 얻어 낮은 온도에서 아르테미시닌을 온전하게 추출할 수 있는 방법을 개발했다. 이 공로로 투유유는 미국의 윌리엄 캠벨, 일본의 오무라 사토시 교수와 함께 2015년 노벨 생리의학상을 받았다.

하지만 개똥쑥의 아르테미시닌 함량이 너무 적어서(1kg당 1g) 치료제 생산에 큰 걸림돌이 되었다. 그러던 것이 21세기로 접어들면서 합성생물학이 해결사로 등장했다. 아르테미시닌 합성 과정에 관여하는 유전자들을 파악한 다음, 이들을 조합하여 아르테미시닌

전구체
어떤 반응이 일어나기 전의 원료 물질. 예를 들어, 화학반응에서 물질 A가 물질 B로, 다시 물질 C로 변환될 때 C 기준에서 본 A나 B를 말한다.

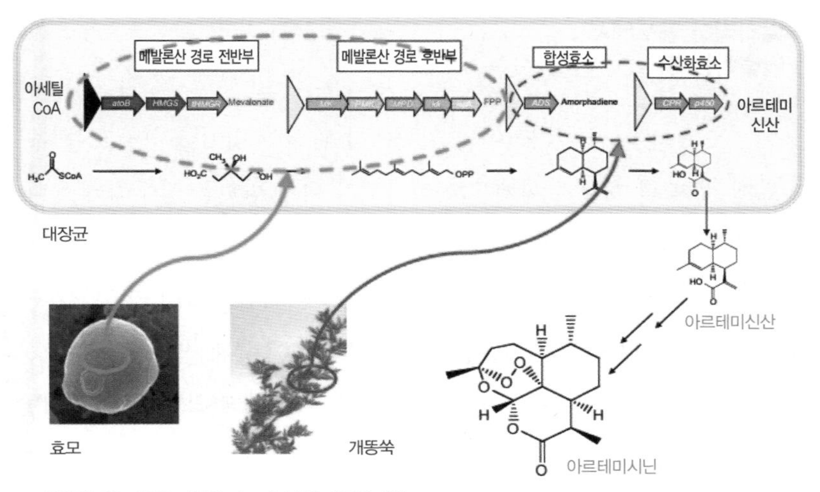

3-8 합성생물학 기술을 이용한 아르테미신산 대장균 개발.

전구체인 아르테미신산을 생산하는 대장균을 만들어낸 것이다. 그 결과 원료를 값싸고 빠르게 공급할 수 있게 됨으로써 아르테미시닌 대량생산이 가능해졌다.(3-8)[5]

대량생산이 이루어진 최초의 항말라리아제는 '클로로퀸(chloroquine)'이다. 1930년대에 개발된 이 약물은 지금까지도 말라리아 예방 또는 치료제로 널리 쓰이고 있다. 특히 2020년 코로나19 치료제로서의 가능성이 제기되면서 유명세를 타기도 했지만, WHO는 코로나19 치료 효과가 없다는 결론을 내렸다.

클로로퀸의 화학 구조식

말라리아 공포에서 탈출하는 법

말라리아의 위협에서 완전히 벗어나려면 효과적인 치료제 및 백신 개발과 함께 말라리아모기 퇴치 방안을 강구해야 한다. 치료제는 그나마 어느 정도 구비된 상태이지만, 백신은 아직 개발되지 않았다. 열원충이 인간의 면역반응을 미꾸라지처럼 요리조리 교묘하게 회피할 뿐 아니라 인간의 복잡한 생활사에 적응해 쉽게 변할 수 있는 7천 개 이상의 유전자를 가지고 있기 때문이다. 이것이 말라리아 백신 개발에 큰 걸림돌이다. 실제로 말라리아에 걸렸다 회복한 사람도 제한된 면역만 얻을 뿐이다. 현재 2025년까지 80% 이상의 효율과 4년 이상의 효과 지속을 목표로 백신을 개발 중이다.

지금으로서는 모기 물림 방지와 살충제 및 방충망이 말라리아 퇴치를 위해 가장 믿을 만한 수단이다. 말라리아 만연 지역의 모기 가운데 1~5%가 열원충에 감염되어 있음을 고려하면, 이런 개인 차원의 예방 노력이 말라리아 통제에 매우 중요하다. 여기서 합성생물학이 다시 한번 큰 힘을 보탠다. '크리스퍼 유전자 기술'을 '유전자 드라이브'(〈4-53〉 참조) 기술에 적용하여 학질 암컷 모기를 불임으로 만드는 유전자를 모기 집단에 퍼뜨릴 수 있는 방법을 개발한 것이다.

안타깝게도 현재 우리나라는 경제협력개발기구(OECD) 국가 가운데 말라리아 발생률 1위에 올라 있다.[3-9] 2018년 기준으로 우리나라 말라리아 발생률은 10만 명당 1명이다. 멕시코(0.6명)를 제외한 나머지 35개 회원국에는 말라리아 발병 사례가 없다. 이 오명을 벗어던지기 위해 2019년 정부는 '말라리아 재퇴치 5개년 실행계획'을 발표했다. 2021년까지 국내 말라리아 발생 환자를 0명으로 만들어 2024년에 세계보건기구(WHO)로부

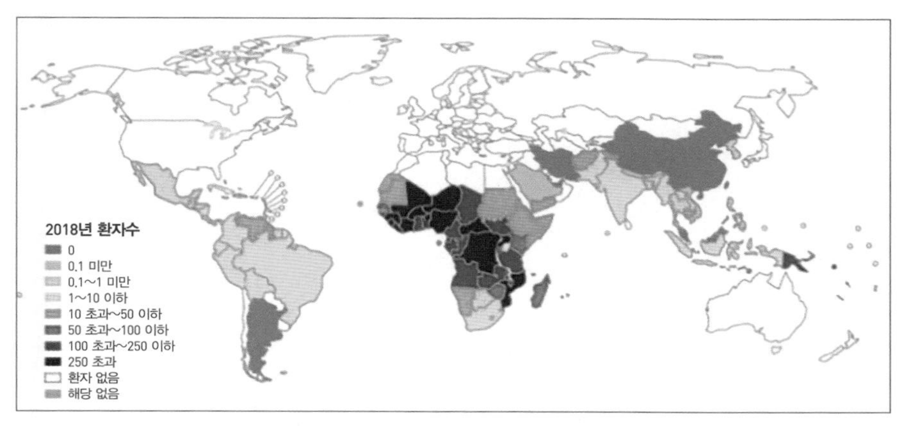

3-9 2018년 세계 국가별 말라리아 환자 발병률. 「2019 세계 말라리아 보고서」.

터 말라리아 퇴치 인증을 받겠다는 계획이다. 환자 무발생(유입 제외) 3년 이상 유지가 WHO 인증 기준이다.

이 목표를 달성하려면 기존 환자 치료와 함께 확실한 감염 예방 대책을 마련해서 실행해야 한다. 감염된 혈액의 수혈로 전염되는 극히 드문 예외를 제외하면, 말라리아는 전적으로 말라리아 원충에 감염된 모기에 물렸을 때 걸린다. 다행히 일상 접촉이나 공기를 통한 전파는 없는 것으로 알려져 있다. 따라서 모기 퇴치와 물림 방지가 실생활에서 할 수 있는 최선의 예방책이다. 높아진 국가 위상에 먹칠을 하는 말라리아 퇴치를 위해 우리 모두가 힘을 합쳐야 한다.

유럽 인구 3분의 1을 앗아간 감염병이 있다니!

페스트

인류의 역사는 곧 전쟁의 역사라는 말이 있다. 유사 이래 수많은 전쟁이 있었으며, 지금도 크고 작은 국지전과 테러가 끊이지 않고 있다. 그런데 코로나19 사태를 겪다 보니 인류의 역사는 '감염병의 역사'라는 생각이 든다.

기원전 5세기의 아테네는 괴질에 시달리느라 국력을 소모하여 스파르타의 침공을 견디지 못하고 그리스의 맹주에서 밀려났다. 말라리아 창궐은 군사력과 생산력에 커다란 타격을 주어 로마 제국을 쇠망의 길로 밀어넣었다. 결국 476년, 서로마 제국은 멸망하여 지도에서 사라졌다.

하지만 395년에 분할된 동로마(비잔틴) 제국은 1453년까지 거의 천 년을 더 버티었다.

유스티니아누스 역병, 페스트

서로마 제국의 멸망 후, 홀로 남은 동로마 제국은 유스티니아누스 황제 재위 시절(527~565)에 옛 영토의 상당 부분을 탈환하며 재기를 꾀했다. 하지만 이 순간 난데없이 이름 모를 역병이 수도 콘스탄티노플을 덮쳤다. 이른바 '유스티니아누스 역병(Justinian's Plague)'이다.[3-10] 원래 역병의 영어명 'plague'는 특정 병이 아니라 심각한 유행병을 지칭하는 말이었다. 그런데 콘스탄티노플을 뒤덮은 이 역병은 예전과는 차원이 달랐다. 도시 인구의 40% 이상이 사망했으며, 점차 유럽 전역으로 퍼져 유럽 인구의 50%가 줄게 되었다. 이 역병은 페스트균의 한 종류인 것으로 추정된다.

3-10 유스티니아누스 페스트로 인한 장례 행렬. Josse Leferinxe, 1497~1499.

한 유명한 과학 저술가는 당시 상황을 이렇게 서술했다.[6]

"매장을 하기엔 시신이 너무 많았다. 그래서 도시의 요새화된 탑의 지붕을 벗기고 시체를 통나무처럼 차곡차곡 채워넣었다. 곧 이 탑들은 가득 찼고 악취는 참을 수 없을 지경이었다. 사람들은 계속 죽어나가 사망자가 하루 1만 명에 달하였고 시체를 보관할 장소도 없었다. 그래서 통나무배에 시체를 싣고 바다로 저어나가 떠내려 보내기도 했다. 이 역병이 종식되었을 때, 이 도시 인구의 40%가 사망하였다."

이렇듯 6세기 중엽부터 동로마 제국을 중심으로 한 대규모 1차 유행 이후에도 이 끔찍한 역병은 소규모로 8세기 중반까지 반복적으로 유행하면서 유럽 전역을 괴롭혔다. 그리고 14세기에 와서 유럽을 포함해 전 세계적으로 창궐하면서 다시 한 번 치명적인 대유행을 일으켰다. 환자들은 심한 기침에 시달리다(심하면 피를 토하기도 하며), 낯빛과 손발이 검게 변하며 죽어갔다. 이것이 바로 중세의 '페스트'이며, 2차 대유행에 해당한다. 이 대유행으로 유럽 인구는 지역에 따라 3분의 1 내지 2분의 1 규모로 감소했으며, 유럽에서의 희생자는 총 7,500만 명에서 2억여 명에 달한 것으로 추정된다.

그 후 페스트의 3차 대유행은 19세기 후반 아시아에서 중국과 인도를 기점으로 약 반세기 동안 대대적으로 확산되었다. 인도에서만 1,200만

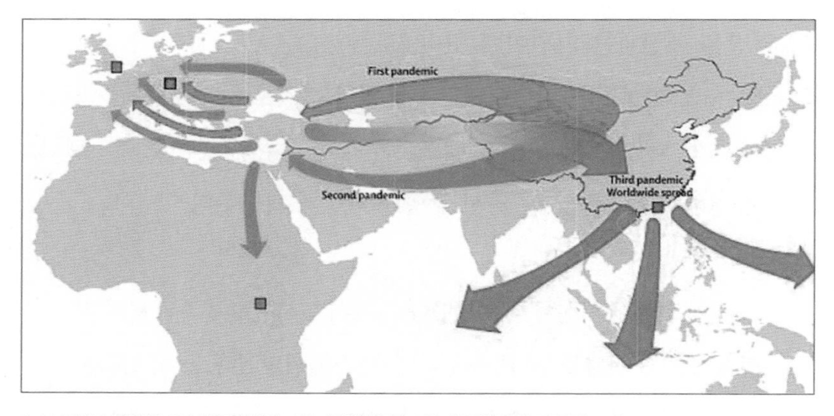

3-11 페스트 대유행. 1차 대유행(빨강), 2차 대유행(초록), 3차 대유행(파랑) 전파 경로. © wikimedia.org

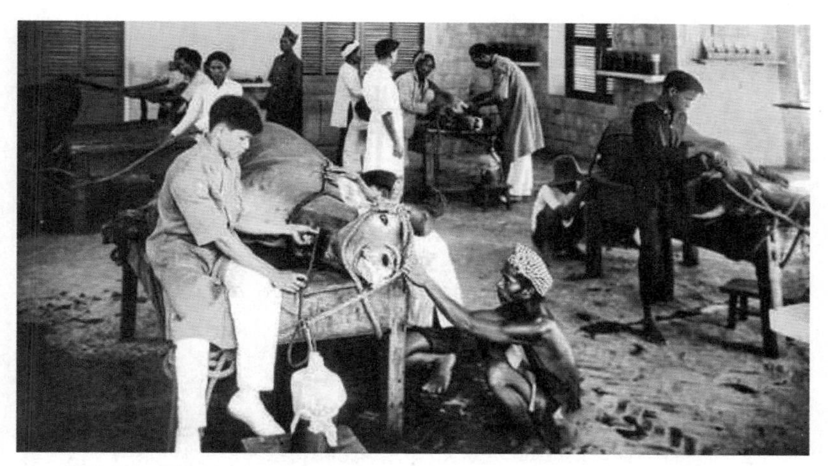

3-12 예르생의 의료 활동 사진. © 나트랑 파스퇴르 연구소.

명이 목숨을 잃었는데, 당시 인도를 식민지로 점유하고 있던 영국이 자국민들의 왕래로 심각한 페스트 피해를 입기도 했다.[3-11]

이렇듯 페스트는 인류 역사 내내 엄청난 고통과 피해를 안겨주었지만, 그 원인균의 정체는 1894년에 와서야 겨우 밝혀졌다. 프랑스의 세균학자 예르생(Alexandre Yersin, 1863~1943)이 당시 홍콩에서 유행한 페스트에서 페스트균을 분리하는 데에 성공했다. 이후 예르생의 업적을 기리기 위해 '예르시니아 페스티스(*Yersinia pestis*)'라는 학명이 부여되었다.[3-12] 분류학적으로 페스트균은 대장균과 살모넬라 등과 같은 족속에 속하는 '장내세균'이다.

21세기 들어 '고유전체학(paleogenomics)'이라는 새로운 학문이 등장하여 고대와 중세 역사에 기록된 유사한 증상의 역병이 '페스트'였다는 사실을 확실하게 증명해주었다. 고유전체학이란, 화석과 그 주변에서 얻은 DNA 분석을 통해 아득한 옛날에 살았던 생명체의 유전적 특성을 알아내는 일종의 '유전자 고고학'이다.

쥐 → 벼룩 → 인간으로 숙주를 갈아타는 페스트균

페스트는 벼룩이 쥐를 비롯해서 다양한 야생 설치류로 전파시키는 '매개 감염병'이다. '인수공통 감염병'이 통상 그렇듯이, 페스트균도 보유숙주에게는 상대적으로 치명적이지 않고, 한곳에 모여 사는 보유숙주의 과잉 증식을 막는 제어 작용을 한다. 문제는 페스트균이 숙주를 갈아타는 과정에서 우연히 사람이라는 낯선 숙주와 마주쳤을 때 발생한다. 낯섦이 횡포로 돌변하는 것이다.

고유전체학 기술을 통해 선사시대 유골에서 추출한 페스트균 DNA를 분석한 결과, 신석기 시대에 이미 페스트가 유라시아에 퍼져 있었던 것으로 드러났다. 페스트균의 원조는 대략 5천여 년 전에 분화되어 4천 년 전쯤에 두 번째 변신 과정을 거친 것으로 추정된다. 숙주 갈아타기는 인도와 중국 사이에 있는 히말라야에 살던 설치류에서 시작되어 중국과 중동, 아프리카 등에 살던 설치류로 진행된 것으로 판단된다. 이때까지는 인간에게 미치는 영향이 미미했다. 아직 이들과 만날 일이 별로 없었기 때문이다.

하지만 2천 년 전쯤 상황이 달라졌다. 정주 인구가 크게 늘어난 상황에서 모종의 환경 변화로 인해 설치류도 크게 번성했다. 사람들이 모여 사는 마을에는 쥐들도 모여들었다. 여기저기 숨을 곳도 많고 먹잇감을 구하기도 쉬우니 당연한 일이었다. 쥐가 옮기는 페스트균 앞에 인간이라는 새로운 먹잇감(숙주)이 대대적으로 등장하게 된 것이다.[3-13]

페스트균 입장에서 보면 인간은 낯설기는 하지만 아주 매력적인 존재였을 것이다. 집단을 이루어 모여사는 데다가 집을 떠나 먼 곳까지 수시로 왕래하는 인간은 페스트균을 다른 지역으로 더 멀리 더 빠르게 날라

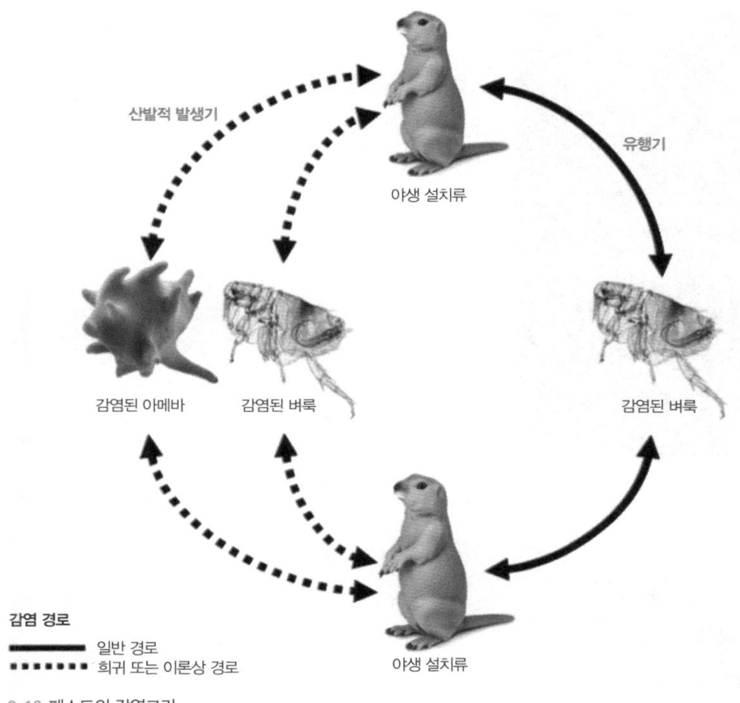

3-13 페스트의 감염고리.

주었다.

게다가 빈번한 전쟁은 페스트균의 창궐을 부추기는 데 큰 몫을 했다. 8차까지 이어진 '십자군 원정'(1096~1272)은 전쟁 장소를 계속 확장함에 따라 페스트 확산에 결정적인 역할을 했다. 여기저기서 전투가 끊임없이 벌어졌기 때문에 전사자의 시신을 수습할 여력이 없었다. 주검이 널린 전장은 쥐와 까마귀 같은 야생동물의 만찬장이 되어버렸다. 그리하여 대지를 누비고 창공을 가로지르며 돌아다니는 매개체 수가 급격히 늘어났다. 상황이 이렇다 보니, 실제로도 창검보다 감염병 공격으로 쓰러지는 사람 수가 더 많았을 것이다. 살아서 돌아온 병사들 가운데에도 감염

자가 많아서, 안타깝게도 고향에 페스트를 퍼뜨리는 비극의 주인공이 되었다.(3-14)

3-14 귀스타브 도레, 〈나일강의 십자군〉. 페스트에 감염돼 참화를 겪는 십자군을 표현한 판화.

교활한 페스트균

한 숙주에서 다른 숙주로 페스트균을 옮겨주는 매개체는 벼룩이다. 벼룩은 거의 10cm를 뛰어오를 수 있다. 감염된 피와 함께 벼룩의 소화관으로 들어온 페스트균은 그 안에서 증식하면서 생물막(biofilm)을 형성한다. 생물막이 끼면 벼룩의 소화관은 그만큼 좁아지게 된다. 그 결과 숙주에서 빨아들인 피가 제대로 유입되지 않고 역류하는 경우가 많아진다. 이런 벼룩은 피를 먹고 또 먹어도 늘 허기가 져 좀비처럼 끊임없이 숙주의 피를 빨러 다녀야 한다. 페스트균에게는 더 많은 숙주를 감염시킬 기회의 문이 활짝 열린 것이다.(3-15)

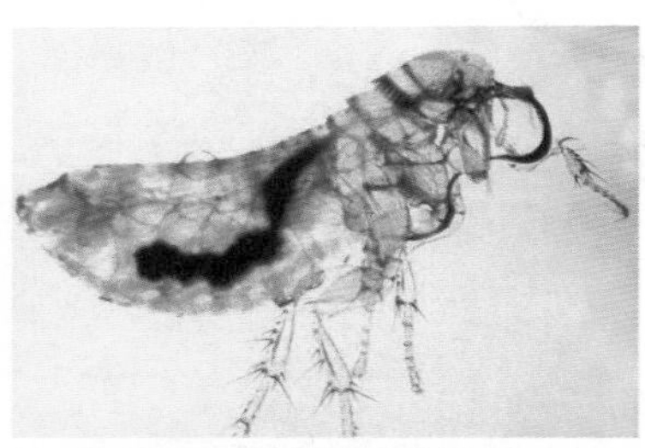

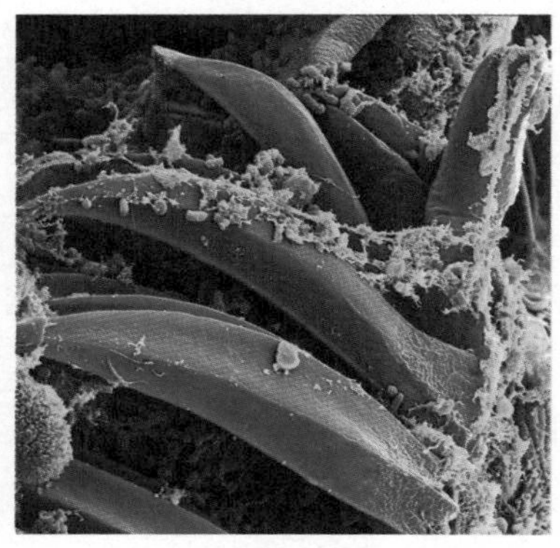

3-15 페스트균에 감염된 쥐벼룩(위쪽)과 그 소화관에 형성된 페스트균 생물막(아래쪽). © wikimedia.org

굶주린 벼룩이 사람을 물 때마다 페스트균은 인간의 혈류 속으로 속속 잠입한다. 하지만 페스트균 침입에 대해 우리 면역계도 당하고 있지만은 않는다. 마치 경찰이 출동하듯 대식세포가 나서서 페스트균을 잡아먹는다. 이것이 '식균작용'이다.

하지만 페스트균은 대식세포 안에서도 파괴되지 않고 굳건하게 생명력을 유지하면서 계속 증식한다. 세균 수가 증가할수록 감염은 심해지고, 신체 방어 작용 결과의 하나로 열이 난다. 이후 증상에 따라 3가지 형태로 구분된다.

대식세포
백혈구에서 유래한 큰 세포로 외래 미생물을 인식하고 제거함으로써 면역 체계에서 중요한 역할을 한다. 또한 림프구 활성화와 증식을 조절하며, 항원과 세포에 의한 T 및 B 림프구 활성화 과정에 필수적인 역할을 한다.

먼저 몸살 같은 증세가 나타나고 하루 24시간 안에 페스트균이 침투한 부위 근처 림프절이 통증과 함께 부어오른다. 벼룩은 주로 숙주의 다리를 물기 때문에 허벅지에 부종, 곧 '가래톳'이 생긴다. 이 때문에 '가래톳 페스트'란 이름이 붙여졌다. 적절한 치료를 하면 증상이 빠르게 호전되지만, 치료 적기를 놓치면 병이 치명적인 상태로 급속히 진행된다. 오늘날 발생하는 페스트의 80~95% 정도가 가래톳 페스트이다.

다음으로는, 페스트균이 혈액에 들어가 증식하여 패혈성 쇼크를 일으키면 '패혈증형 페스트'라는 더 위험한 병이 생긴다. 그리고 만약 페스트균이 혈류를 타고 폐에 도달하면 가장 위험한 '폐렴형 페스트'가 발병하게 된다. 호흡 곤란과 기침, 가래 등 호흡기 증상이 나타나고, 각혈이 뒤따른다. 조기 진단에 실패하면 폐렴형 페스트는 지금도 사망률이 거의 100%이다. 다행히 항생제 치료가 효과적이고 백신도 개발되어 있다. 그리고 페스트에서 회복되면 확실한 면역력이 생긴다.

감염병의 대명사처럼 쓰이는 페스트만큼 인류 역사에 지대한 영향을 미친 질병도 없을 것이다. 몽골제국이 망한 이유도 결국은 페스트 때문이었고, 중세 유럽의 질서가 해체되고 새로운 사회 및 경제 구조를 갖춘 근대 유럽이 탄생한 원인도 결국은 페스트 창궐의 여파 때문이었다. 그래서 대항해 시대도 페스트로 인한 실크로드 봉쇄를 극복하기 위한 노력에서 시작되었다고 주장하는 역사가들도 있을 정도이다.

"낮말은 새가 듣고 밤말은 쥐가 듣는다"는 속담도 있듯이 쥐는 인간이 사는 곳에 항상 함께 존재한다. 페스트 감염원은 어디에나 도사리고 있다는 말이다. 이를 잘 곱씹어보면 인류 역사에서 감염병이 출몰하는 근본 원인의 실루엣이 보일 것이다.

친척 세균이라서
다른 듯하면서도 닮았다

결핵과 한센병

결핵은 주로 폐병 증상을 보이고, 한센병에 걸리면 피부 괴사로 외모가 흉측해진다. 겉으로는 서로 전혀 다른 감염병처럼 보이지만, 이 두 병원균은 아주 가까운 친척지간이다. 둘 다 '마이코박테리움(*Mycobacterium*)' 가문(분류학 용어로 '속') 소속이다. 고체 배지에서 키우면 종종 곰팡이처럼 가는 실 모양으로 자라기 때문에 곰팡이를 뜻하는 접두사 'myco'가 속명에 붙었다.[3-16, 3-17]

마이코박테리움 세균은 물리적으로 튼튼하고 화학적으로 복잡한 세포벽 덕분에 다양한 환경 스트레스를 잘 견뎌내기에 자연 환경에 널리

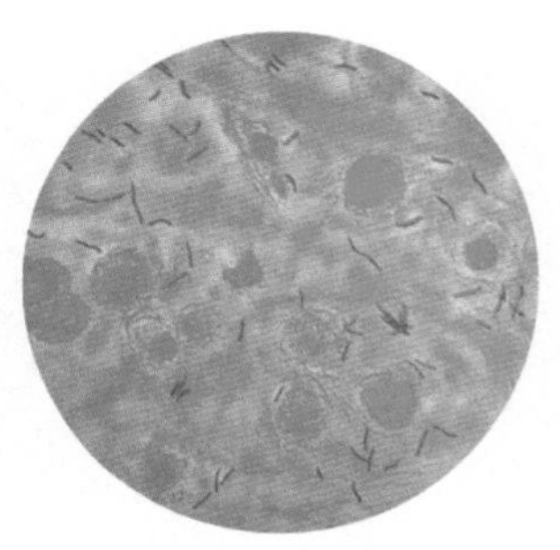
3-16 가래 속에 붉게 염색된 결핵균.

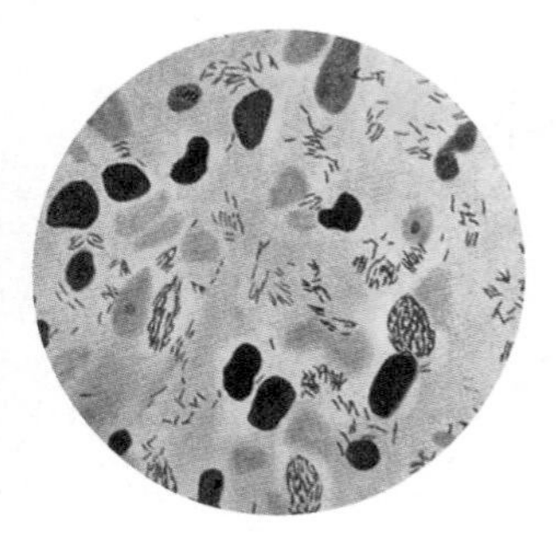
3-17 한센병균.

분포한다. 이 세균은 거의 대부분이 비병원성이고, 영양분이 세포벽을 느리게 투과하기 때문에 그만큼 성장속도도 더디다. 이들은 동물이 지구에 출현하기 수억 년 전부터 그렇게 살아왔다. 그런데 어류와 조류, 포유류 등 동물이 번성하자 이 세균들이 동물을 새로운 서식지로 택한 후 능동적으로 적응해 공존하기 시작했다.

결핵균과 한센병균의 인체 입주는 1만여 년 전쯤에 일어난 것으로 추정된다. 그 정확한 출처는 알 수 없지만, 가축화된 동물이나 사냥감에서 유래했을 가능성이 높아 보인다. 그 기원이 어떻든 간에 결핵과 한센병은 각각 적어도 7천 년과 4천 년 전에 이미 고대 인류 사회에 널리 퍼져나갔다. 고인류의 유골에 남은 흔적이 이를 입증하고 있다.

인류 최다 감염병은 결핵이다

세계 인구의 거의 3분의 1이 결핵균을 보유하고 있다고 한다. 달리 말하면 감염되었다는 말이다. 불행 중 다행으로 결핵균 감염이 발병으로 이어지는 경우는 10% 정도이다. 호흡을 통해 허파에 도착한 결핵균은 보통 허파꽈리(폐포) 안에 있는 대식세포의 식균작용 공격을 받는다. 건강한 사람의 대식세포는 침입자가 감지되면 활성화되어 이들을 거의 다 파괴한다.

그런데 대식세포가 침입자 제압에 실패하면 전세가 역전된다. 결핵균이 대식세포 안에서 증식하며, 오히려 자신의 존재를 과시하기 시작한다. 그러면 이를 감지한 대식세포들이 감염 부위로 몰려든다. 하지만 안타깝게도 모여든 대식세포 대부분은 결핵균을 파괴하지 못하고, 사이토카인 방출만 증가시켜 염증을 유발한다. 이렇게 시간이 지나면 이 병명의 유래가 된 작은 혹, 곧 '결절'이 생기고, 병원체는 그 안에 고립된다.

그리고 대식세포가 죽어가면서 결절이 치즈 구멍 같은 '건락화(乾酪化) 병터'로 변한다. 결핵균은 산소가 있어야만 살 수 있는 호기성(好氣性) 세균이므로 산소 공급이 불충분한 건락화 병터에서는 제대로 증식하지 못한다. 이것이 일종의 휴면 상태, 곧 잠복기이다. 여기서 더 이상 진전되지 않으면 병터는 석회화된다. 그러나 결핵균이 버티는 동안 인체의 저

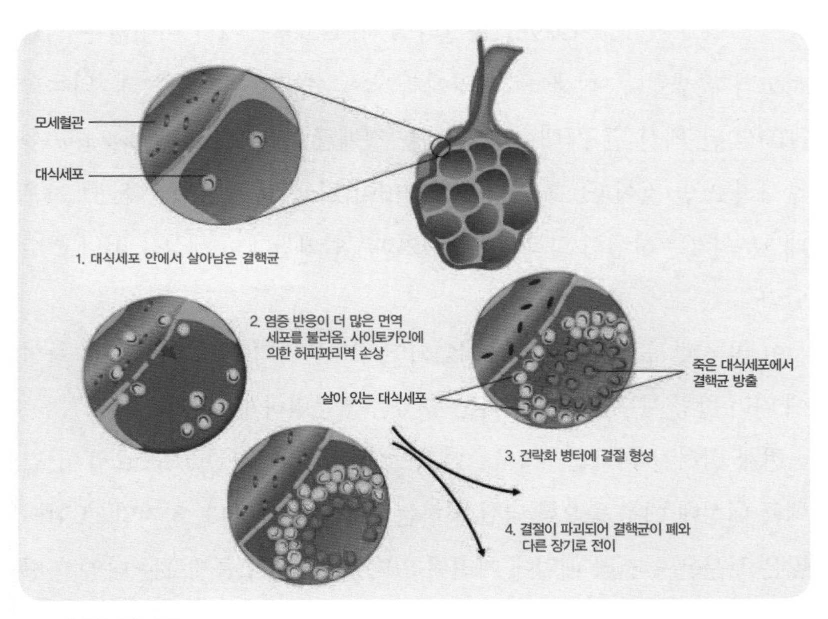

3-18 폐결핵 진행 과정.

항력이 떨어지면 결핵균은 증식을 재개한다.

크기가 큰 결절에는 가끔씩 결핵균이 급증하면서 공간이 팽창하여 '결핵성 공동'이 생긴다. 병이 이 단계에서 멈추면 병변은 느리게 치유되면서 석회화가 일어나는데, 석회화는 X선 검사에서 명확하게 드러난다. 만일 계속 병이 진전되면, 결국에는 결절이 파괴되어 결핵균이 폐의 기도와 심혈관계 및 림프계로 방출된다. 폐 감염의 확실한 증상인 기침은 비말로 결핵 감염을 전파한다. 병세가 악화되면 조직이 손상되어 가래에 피가 섞여 나올 수 있는데, 이것이 각혈이다.(3-18)

비극적 사고에서 치료의 단서를 얻다

1929년 독일의 뤼베크(Lübeck)에서 어이없는 의료사고가 발생했다. 신생아 251명에게 결핵 예방접종을 했는데, 약독화(弱毒化)된 백신 균주 대신에 온전한 결핵균(*Mycobacterium tuberculosis*)을 주사하고 만 것이다. 그 결과 총 228명이 결핵 징후를 보였다. 이 가운데 3분의 2는 다행히 회복했지만, 72명은 안타깝게도 세상을 떠나고 말았다.

이 비극적 사건은 결핵균에 감염되더라도 환자의 면역 또는 유전 특성에 따라 발병 여부와 병세가 다를 수 있음을 분명하게 보여주었다.

현재 밝혀진 바로는, 'CD4^{+} T도움세포'와 '인터루킨(interleukin)'이 결핵균 내성에 매우 중요한 역할을 하는 것으로 알려졌다. 하지만 그 밖의 많은 부분은 여전히 베일에 가려져 있다. CD4^{+} T도움세포는 다양한 병원체에 대한 적응성(후천성) 면역반응을 조절하는 핵심 역할을 수행한다.

이 도움세포의 중요성은 이에 감염하는 HIV 바이러스를 통해서도 분명하게 알 수 있다.

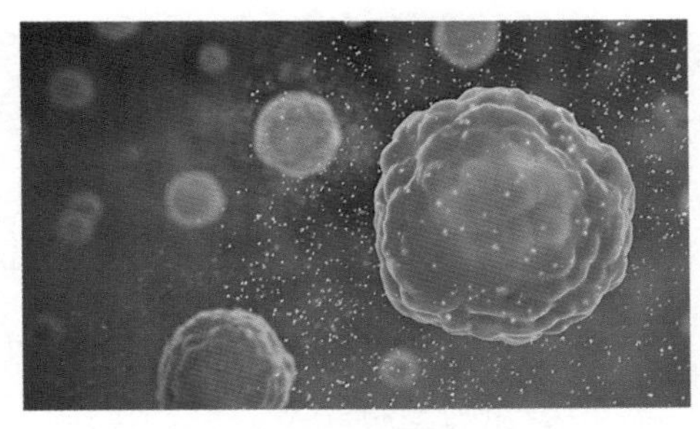

3-19 세포 신호 전달에 중요한 사이토카인의 3D 의료 애니메이션 사진. © www.scientificanimations.com

세포를 뜻하는 접두사 'cyto-'와 움직임을 뜻하는 그리스어 'kinesis'가 합쳐져 만들어진 이름이 나타내듯이, 사이토카인(cytokine)은 거의 모든 면역세포가 해당 자극에 반응하여 만들어내는 수용성 단백질이다. 면역반응은 여러 다른 세포들 사이에서 일어나는 복잡한 상호작용인데, 이를 매개하는 것이 바로 사이토카인이다.(3-19) 현재 200가지가 넘는 많은 사이토카인이 알려져 있으며, 인터루킨은 혈구 사이에 매개 역할을 하는 사이토카인이다.

이와 같이 침입자로부터 우리 몸을 지키는 능력을 '면역', 그리고 이를 담당하는 세포와 기관을 일컬어 '면역계'라고 한다. 면역은 크게 선천성 면역과 후천성 면역으로 나뉜다. 태어날 때부터 지니고 태어나는 선천성 면역 체계는 성벽 안쪽에 해자(垓字)가 있고 거기에 사나운 악어가 살고 있는 성에 비유할 수 있다. 성벽은 우리 피부에 해당한다. 온전한 피부는 거의 난공불락이다. 균열(상처)이나 취약 부위(모낭 등)를 통해 성벽 안으로 들어온 침입자에게는 물(혈액 등) 속에서 악어(백혈구 등)가 기다리고 있다.

해자(垓字)
적의 침입을 막기 위해 성 밖을 둘러 파서 못으로 만든 곳.

앞서 설명한 대로, 우리 신체 조직 안에서 혈관과 림프관은 긴밀하게 얽혀 있다. 백혈구는 혈관 밖으로 나와 조직액과 림프관을 넘나들면서 외부 침입자를 감시한다. 이것이 선천성 면역의 기본 작동원리이다.

살아가면서 강화되어가는 후천성 면역은 선천성 면역 방어선을 뚫고 들어온 침입자에 대하여 특이적으로 반응하는 맞춤형 방어이다. 후천성 면역은 침입자를 격퇴하는 단백질(항체)과 그것의 주요 특징(항원)을 기록하는 기억세포로 이루어진다. 기억세포 덕분에 백신을 만들 수 있다. 쉽게 말해서 백신이란 병원성이 없는 병원체의 일부, 곧 '항원'이고, 이를 미량 투입하여 기억세포를 만들어 대비하는 것이 '예방접종'의 원리이다.

한센병에 대한 편견과 오해

예로부터 동서양을 막론하고 나병 환자는 흉측한 외모 탓에 하늘이 내리는 큰 벌, 천형을 받은 죄인으로 간주되어 혹독한 차별과 핍박을 받았다. 우리나라에서도 과거에는 '문둥병'이라는 비하 표현을 흔히 사용했다. 사실 '나병'이라는 용어 자체에도 부정적인 의미가 들어 있다. '나(癩)'라는 한자는 두꺼비를 뜻하는 '나흘마(癩疙痲)'에서 유래했다고 하는데, 이것은 살이 문드러져 울퉁불퉁해진 피부가 마치 두꺼비의 피부를 연상시켜서일 것이다.[3-20]

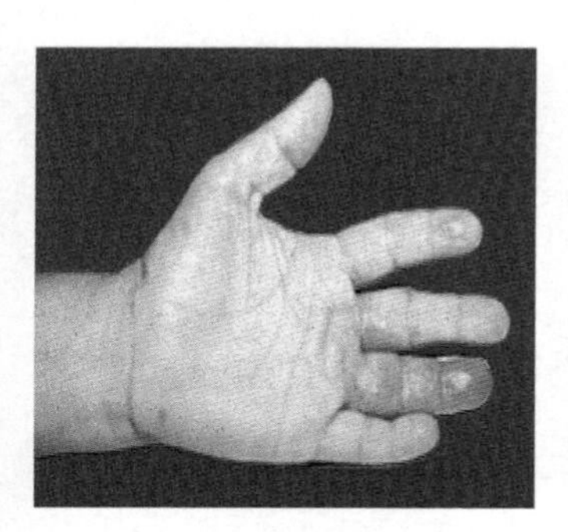
3-20 한센병 환자의 손. © wikimedia.org

1873년, 바로 이 피부 결절에서 노르웨이 의사 한센(Gerhard Hansen, 1841~1912)이 나병균(*Mycobacterium leprae*)을 처음으로 분리해내었다. 나병의 원인이 미생물이라는 확신을 가지고 수년 동안 애쓴 노력의 결실이었다. 1876년에 독일의 코흐가 입증한 '미생물 병원설'의 또 다른 증거를 미리 제공한 셈이다. 한센의 공로를 기리고 병에 대한 두려운 느낌을 피하기 위해 지금은 '한센병(Hansen's disease)'이라는 공식 명칭을 사용한다.

한센병은 환자의 외모를 흉측하게 만들지만, 이로 인해 사망하는 경우는 거의 없다. 한센병에 대한 막연한 공포 때문에 이 병에 걸린 사람들은 예로부터 지역 사회에서 격리되었을 뿐만 아니라 지나친 차별과 멸시를 당했다. 중세 유럽에서는 일반 사람들이 피할 수 있도록 한센병 환자에게 방울을 달고 다니게까지 했다. 사실 이런 비인간적 조치가 유럽에서 한센병을 퇴치하는 데 한몫을 하기는 했지만, 20세기까지도 환자들은 한센병 병균보다 주위 사람들의 차가운 시선 때문에 더 큰 상처를 받았다.

이렇듯 한센병은 무시무시한 불치병으로 오해를 받고 있지만, 한센병균 자체는 약한 세균이다. 인체 밖에서는 살지 못하고 햇빛만 직접 쐬어도 곧 죽기 때문이다. 그래서 아직까지도 인공 배지에서 배양하지 못하고 있다. 치료제의 효능 평가와 연구를 위해서 보통 이 세균을 누드마우스 발바닥에 접종하여 배양한다.

누드마우스(nude mouse)
1961년에 발견된 돌연변이체 생쥐로 털이 전혀 없는 엷은 분홍색 피부를 갖고 있다. 중요한 면역기관인 흉선이 없어서 면역이 약하고 면역 거부반응을 잘 나타내지 않는다. 따라서 일반 실험동물에게는 불가능한 인간의 암세포 등을 이식하는 것이 가능하다.

한센병균은 30°C에서 가장 잘 자란다. 그래서 바깥 환경에 접한 피부에 흔히 감염을 일으키는 것이다. 침투한 세균은 대식세포에 먹혀도 살아남아 결국 말초신경까지 이르러 신경을 망가뜨린다. 말초신경이 마비되면 손발 감각이 무뎌져 통증과 뜨거움을 제대로 느끼지 못한다. 그 결과 자기도 모르게 상처를 많이 입게 된다.

보통 한센병은 장기간에 걸친 긴밀한 접촉을 통해 감염되는 것으로 알

3-21 소록도 한센병 박물관 전경. 국립소록도병원이 2016년 개원 100주년을 맞아 한센병 박물관을 개관했다.

3-22 한센병 박물관 내부. 소록도 한센병 환자들의 삶과 역사, 그리고 고통에 대한 기록이 전시되어 있다.

려져 있다. 또한 감염 후 짧게는 2년, 길게는 40년 이상, 평균 5~7년의 잠복기가 있다. 하지만 효과적인 치료제가 개발되어 있어 이제는 나병 환자를 격리시킬 필요가 없다. 약물을 투여하면 며칠 내에 비전염성으로 전환될 수 있기 때문이다.

우리나라에서는 국립소록도병원에서 한센병 환자의 진료 · 보호 · 수용 · 관리와 한센병 연구 조사를 주관하고 있다. 1916년 '소록도 자혜의원'이라는 이름으로 설립될 당시에는 한센병 환자의 강제 격리와 수용을 목적으로 하였으나, 현재는 진료와 치료뿐만 아니라 치료 후 사회 복귀를 위한 교육 및 후생 사업에도 힘을 쏟고 있다. 국립소록도병원 입원자의 진료 및 일상생활 지원을 위해 소요되는 일체의 경비는 국가에서 부담한다.[3-21, 3-22]

우리나라는 '인구 1만 명당 1명 이하'라는 세계보건기구(WHO)의 한센병 퇴치 목표를 1982년에 달성해 현재까지 그 수준을 유지하고 있다. 2009년부터 2018년까지 최근 10년간 총 51명의 한센병 환자가 발생했으며, 2019년에는 4명의 신규 환자가 보고되었는데, 모두 취업 목적으로 입국한 외국인이었다.

질병관리본부는 한센병 조기 발견 및 치료를 위해 한센병 고부담국가 외국인 밀집 지역을 중심으로 의료기관 종사자와 근로자에게 한센병 증상에 대한 지속적인 교육과 홍보가 필요하다고 강조하고 있다.

한센병 예방 백신은 아직 개발되지 않았지만, 결핵을 예방하는 BCG 백신이 한센병에도 꽤 효과가 있음이 입증되었다. 결핵균과 한센병균이 가까운 친척임을 고려하면, '교차 면역' 효과는 충분히 수긍이 가는 일이다. 정확한 작동 원리는 밝혀지지 않았지만 말이다. 사실 이러한 교차 면역이 중세 유럽에서 한센병의 기세를 꺾는 중요한 생물학적 요인으로 작용한 것으로 추정된다.

결핵균은 한센병균에 비해서 전염력이 훨씬 더 강해서 그만큼 빠르게 퍼져나간다. 인구가 증가할수록 그 파급효과도 커지기에, 중세 후기로 가면서 도시가 발달함에 따라 더 많은 사람들이 결핵균에 노출되었다. 대부분 가벼운 증상이나 심지어 무증상으로 결핵이 지나가면서 한센균에 대한 면역도 획득했을 것이다. 인간이라는 숙주를 놓고 벌인 병원균의 집안싸움 덕을 본 셈이다.

인류가 딱 한 번 유일하게 정복한 감염병이 있으니

천연두

천연두는 오랫동안 인류를 괴롭혀왔지만, 이제는 우리가 완전히 물리친 감염병이다. 박멸되기 전까지 천연두 바이러스는 어림잡아 3억 명 이상의 목숨을 앗아간 것으로 추정된다. 중세 유럽인 중 열에 여덟은 이 병에 걸렸고, 그 가운데 셋에 하나 꼴로 죽어나갔다. 겨우 목숨을 건져도 얼굴에 보기 흉한 마맛자국이 남았다.(3-23, 3-24)

'마마'는 우리나라에서 과거에 천연두를 일컫던 속칭이다. 원래 마마(媽媽)는 임금을 비롯해서 왕족에게 붙이던 존칭이었다. 극한 공포의 대상을 지극 존엄으로 높여 부르면, 무자비한 병마가 혹시라도 자비를 베

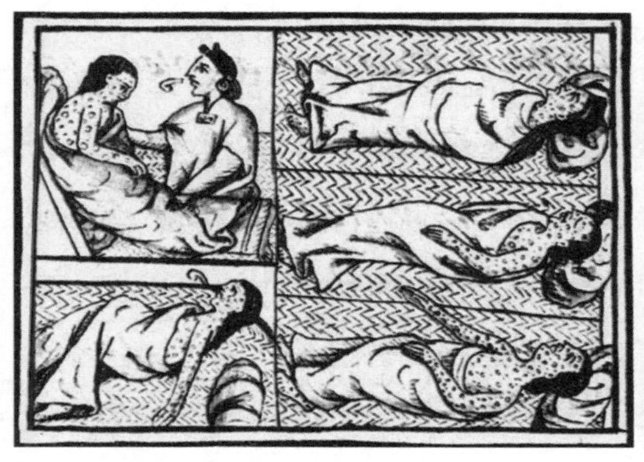

3-23 『피렌체 사본』(1540~1585)에 실린 천연두 그림.

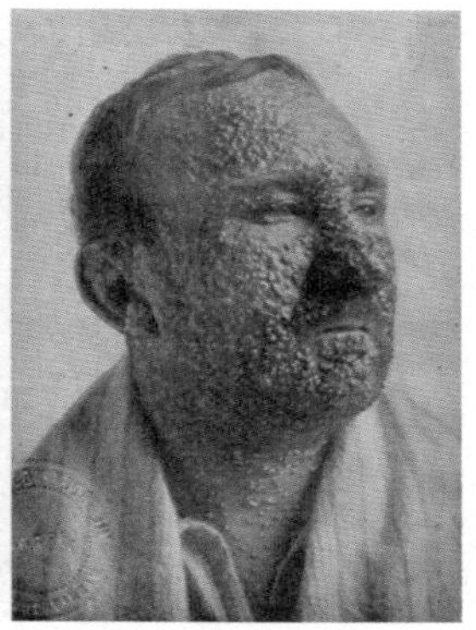

3-24 천연두 환자.

풀지 않을까 하는 간절한 마음에서 천연두를 '마마'라고 부르기 시작했다고 한다.(3-25)

3-25 호구별성. 집집마다 찾아다니며 천연두를 앓게 한다는 여신.

경험에서 실험으로, 백신 개발

천연두 바이러스에 감염되면, 2주 정도의 잠복기가 지난 후 증상이 나타난다. 고열과 두통을 동반한 몸살로 며칠 고생하다 보면 발진(물집)이 돋기 시작한다. 천연두의 영문명 'smallpox'의 'pox'는 물집을 뜻하는 중세 영어 'pokkes'에서 유래했다. 사실 15세기까지는 이 역병을 그냥 'pox'라고 불렀다. 그런데 왜 앞에 작다는 수식어가 붙게 되었을까?

15세기 후반, 프랑스 군대가 이탈리아 나폴리를 침공했다 퇴각한 이후로 10여 년 동안 유럽 전역으로 매독이 퍼져나갔다. 매독 환자에게는 물집에 이은 피부 궤양과 탈모 등이 나타났다. 매독은 천연두에 비해 병의 증상뿐만 아니라 물집의 크기도 더 컸다. 그래서 천연두를 'smallpox', 매독을 'greatpox'(현대 영어에서 매독은 'syphilis'이다)라고 부르게 된 것이다.

우리말로 '수두'로 번역된 'chickenpox' 역시 물집이 생기는 바이러스 감염병이다. 주로 어린아이에게 많이 발병하는데, 환자 피부에 붉고 둥근 발진이 났다가 얼마 뒤에 작은 물집으로 변한다. 수두는 보통 병이 진행되면서 증상이 자연적으로 좋아지기 때문에 대부분의 경우 특별한 치료가 필요 없다. 이런 이유로 이름에 'chicken'이 붙게 되었다. 이 단어는 명사 앞에 오면 '겁쟁이' 또는 '약함'을 뜻한다.

3-26 메리 워틀리 몬터규(1716년 이후).

오랫동안 여러 질병에 시달리는 과정에서 인류는 고통스럽고 괴로운 경험을 통해 귀한 지식을 쌓아갔다. 천연두를 비롯해서 어떤 질병은 한 번 걸렸다 회복되고 나면 다시는 그 병에 걸리지 않는다는 사실을 깨닫게 된 것이다. 현대생물학 용어로 말하면 '면역 획득'이다. 10세기 무렵 중국 의사들은 천연두 물집의 마른 딱지를 갈아서 아이들에게 그 가루를 들이마시게 했다고 한다.

영국의 시인 몬터규(Mary Montagu, 1689~1762)는 외교관인 남편을 따라 터키에 머물렀는데, 1717년에 천연두에 걸렸다.[3-26] 거기서 그녀는 천연두에 걸린 사람의 고름을 바늘 끝에 살짝 발라 건강한 사람에게 주입하는 것을 목격했다. 놀랍게도 이 시술을 받은 사람은 대략 1주일 동안 경미하게 앓고 나서는 천연두에 걸리지 않았다. 그녀는 자신의 첫딸도 그 시술을 받게 했고, 그 효과를 영국에 소개했다. 그 결과 영국에서도 이 시술이 흔히 이루어지게 되었지만, 백 명에 한 명 정도는 진짜로 천연두에 걸려 목숨을 잃었다. 그러나 18세기 영국의 천연두 사망률이 50% 이상이었음을 고려하면 대단한 성과였다.

1796년 영국 출신의 의사 제너(Edward Jenner, 1749~1823)는 조금 다른 시도를 했다. 그 당시에는 우유를 짜는 사람들은 소에서 나타나는 훨씬 약한 천연두, 곧 우두에 걸리기 때문에 천연두에는 걸리지 않는다는 속설이 있었다. 제너는 이런 생활 속 경험을 임상시험에 적용했다. 우두에 걸린 여인의 물집에서 나온 액체를 묻힌 바늘로 여덟 살짜리 남자아이의 팔을 살짝 긁은 것이다. 그 부위는 부풀어올랐고, 며칠 뒤 아이는 경미한 우두 증세를 보였지만, 다행히 곧 회복되었다.(3-27)

3-27 제너가 8세 소년 제임스 핍스에게 첫 예방접종을 하는 그림. 1796. 5. 14.

그리고 더 중요한 사실은 그 소년이 다시는 천연두에 걸리지 않았다는 점이다. 이러한 과정을 통해 제너는 감염병에 맞설 수 있는 신무기 '백신' 개발의 길을 활짝 열어놓은 것이다.

우리나라에서는 다산 정약용(1762~1836)이 1798년에 펴낸 의학서 『마과회통(麻科會通)』에서 제너의 종두법을 소개했다. 또한 실학자 이규경(1788~1856)의 저서 『오주연문장전산고(五洲衍文長箋散稿)』에는 헌종 1년(1835)에 정약용이 종두법을 실시했다는 기록도 있다. 그러나 종두법은 서학(西學)의 탄압과 함께 그 시행이 중단되었다가, 1880년에 의학자 지석영(1855~1935)이 한양에 종두장을 설치하면서 본격적으로 보급되기 시작했다.[7]

천연두 퇴치 전략은 성공했다

1878년 파스퇴르는 여름휴가를 마치고 돌아와 닭콜레라 연구를 재개했다. 휴가를 떠나기 전에 키웠던 병원균 배양액 일부를 뽑아 닭에게 주입했다. 그런데 놀랍게도 닭들이 콜레라에 걸리지 않았다. 그리고 그 배양액에서 추출한 병원균을 새로 키워서 닭에게 투여했는데, 결과는 마찬가지였다. 파스퇴르는 휴가기간 방치되는 동안 배양액 속 세균들이 약화되어 병을 일으키지 못했다고 추정했다. 그는 한발 더 나아가 약화된 병원균을 이용하면 정상균에 대한 보호 효과를 얻을 수 있을 것이라고 믿었다.

파스퇴르는 여러 방법으로 균을 약화시키는 실험을 진행했으며, 마침내 자신의 판단이 옳았다는 것을 입증했다. 파스퇴르는 약화된 병원균을 '백신'이라고 명명했는데, 여기에는 제너의 업적을 기리는 뜻이 담겨 있다. 영어 'vaccine'은 라틴어로 소를 뜻하는 'vacca'에서 유래한 것이다. 작동원리는 몰랐지만 최초의 '약독화 생균백신'을 개발함으로써, 파스퇴르는 향후 백신 개발 연구 발전에는 물론이고 면역학이 학문으로 정립되는 데도 중요한 기반을 다졌다. 이른바 면역학의 황금기는 1870년부터 1910년에 도래했는데, 이 기간에 면역학에서의 대부분의 기본 요소들이 밝혀지고 몇몇 중요한 백신이 개발되었다.

1958년에 세계보건기구(WHO)는 전 세계의 천연두 퇴치 전략을 수립하기 시작했고, 1964년 전문위원회 검토를 거쳐 1967년에 드디어 박멸 프로그램을 실행에 옮겼다. 당시 전문가들은 10년 안에 목표 달성을 점쳤다고 하는데, 그 예상은 정확하게 맞아떨어졌다.[3-28]

1977년 소말리아에서 마지막 환자를 치료한 이후 더 이상의 천연두 발생은 없었고, WHO는 1980년에 마침내 천연두 박멸을 공식 선언했다.[3-29] 병원성 미생물과의 첫 번째 전면전에서 완승을 거두자 인류는 승리감에 한껏 도취되었다. 그런데 천연두가 이렇게 박멸될 수 있었던 데는 이유가 있다.

천연두를 일으키는 '바리올라(Variola)' 바이러스는 감염된 환자와 직접 접촉해야만 전염이 된다.[3-30] 바리올라는 인체를 떠나서 살 수 없고, 자연 환경에는 이 바이러스를 옮기는 동물도 없다. 게다가 물집이 얼굴에 집중되어 나타나기 때문에 환자도 금방 알아볼 수 있다. 따라서 환자가 발견되면 즉시 격리하여 전염을 차단하고 환자를 치료할 수 있다. 이와 함께 백신 예방접종을 꾸준히 실행하면, 이론적으로 박멸이 가능하다. 물론 실제로도 그랬다.

3-28 1970년대에 제작된 백신 예방접종 홍보 포스터. © wikimedia.org

3-29 세계 천연두 박멸작전을 지휘했던 세 사람이 천연두가 전 세계적으로 근절되었다는 뉴스를 읽고 있다. 1980.

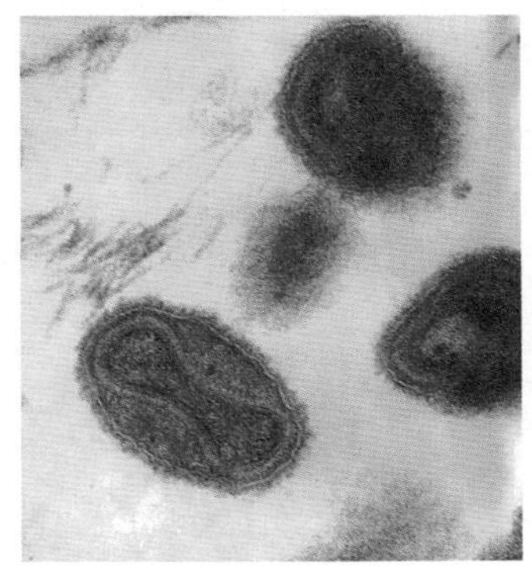

3-30 천연두 바이러스.

예방접종의 원리, 후천성 면역

후천성 면역은 특정 침입자에 대한 맞춤형 반응이다. 특정 침입자를 기억하기 때문이다. 흔히 두고 보자는 사람은 무섭지 않다고 하지만, 면역계는 다르다. 진짜 '두고 본다'. 기억하고 있기 때문에 같은 균이 다시 침입해 들어오면 전보다 훨씬 더 빠르고 강하게 응징을 한다.

후천성 면역은 T세포에 의한 '세포성 면역'과 B세포에 의한 '체액성 면역'으로 나눌 수 있다. 세포성 면역은 자극받은 T세포가 세포독성 T세포로 활성화되어 증식되고 분화됨으로써 나타난다. 세포독성 T세포는 감염된 세포와 암세포를 직접 공격하여 파괴한다.[3-31]

반면 체액성 면역은 B세포가 생산한 항체에 의한 방어작용이다. B세

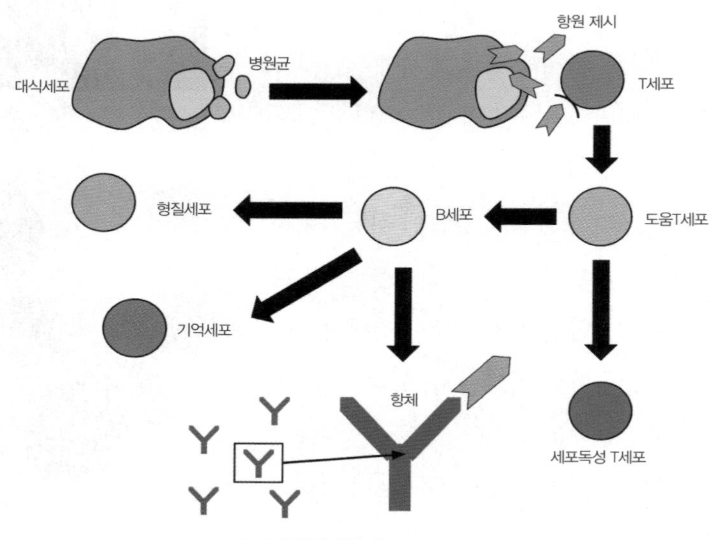

3-31 후천성 면역. © wikimedia.org

포는 항원과 결합하거나 도움T세포의 자극을 받으면 활성화되어 형질세포와 기억세포로 분화된다. 형질세포는 항체를 생산하여 항원-항체 반응으로 체액 속의 항원을 제거한다. 기억세포는 항원에 대한 특성을 기억했다가 동일한 항원이 재침입하면 제2차 면역반응을 효율적으로 유도한다.

항체란 항원이 자극을 받아 몸 안에서 만들어져 그 항원과 특이적으로 결합하는 단백질을 말하는데, 흔히 '면역글로불린(immunoglobulin, Ig)'이라고 부른다. 전체적으로 Y자 모양인 항체는 각각 동일한 2개의 긴 단백질 사슬(중쇄)과 짧은 단백질 사슬(경쇄)로 이루어진다. Y자에서 두 팔의 연결 부위는 마치 경첩 구조와 같아서 두 팔이 움직인다. 여기서 경쇄와 중쇄로 되어 있는 팔 모양의 2개 말단이 항원결정기와 결합하며, Y자형에서 꼬리 부분에 해당하는 불변영역이 항체의 종류를 결정한다.

사람에게는 다섯 가지 항체가 있다.[3-32]

지금까지 설명한 내용을 정리해보자. 조직 안에 들어온 침입자를 먼저 선천성 면역세포가 나서 대항한다. 요컨대 대식세포는 침입자를 파괴할

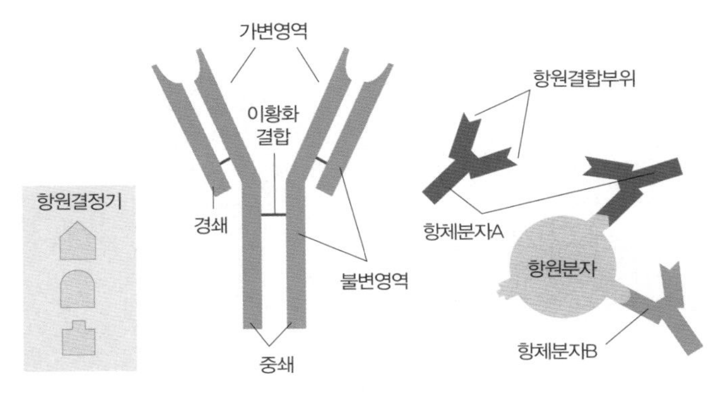

3-32 항체의 구조와 항원-항체 반응.

뿐만 아니라, 이 과정에서 이들의 정체를 알리는 항원을 드러내 제시한다. 이렇게 되면 사이토카인과 도움T세포가 신속하게 연락을 취한다. 그러면 거기에 맞춰서 세포독성 T세포가 활성화되기도 하고, B세포가 항체를 만들어서 내보내기도 한다. 그리고 일부는 기억세포가 되어 다음을 대비한다.

현대판 페스트로 불리는 후천성면역결핍증의 정체는?

에이즈

1981년, 미국 로스앤젤레스를 중심으로 '주폐포자충 폐렴' 환자가 속출했다. 이른바 선진국 대도시라는 상징성 때문에 감염병의 집단발병 자체가 사람들 이목을 끄는 뉴스거리로 등장했다. 이에 대해 의학계는 다른 이유로 놀라움 속에서 이 사태를 예의주시했다. 왜냐하면 이것이 주로 면역 억제 환자에게만 생기는 매우 희귀한 감염병이기 때문이었다. 환자 대다수는 젊은 동성애 남성이었

주폐포자충
(폐포자충, *Pneumocystis jirovecii*)
주폐포자충은 발견 당시에는 원생동물로 분류되었으나, 계통학적 분석과 생화학적 특성에 기초하여 지금은 자낭균문에 속하는 진균(곰팡이)으로 분류되고 있다.

는데, 결국 이들의 면역기능이 결핍되어 발병한 것으로 드러났다.

1983년, 이 면역결핍을 일으킨 병원체는 도움T세포를 선택적으로 감염시키는 바이러스로 확인되었다. 현재 이 바이러스는 '인간면역결핍바이러스(Human Immunodeficiency Virus)' 또는 줄여서 HIV로 불린다.

HIV는 유인원류의 SIV에서 왔다

HIV는 중앙아프리카에서 유인원류를 감염시키던 유인원면역결핍 바이러스(Simian Immunodeficiency Virus, SIV)에 돌연변이가 일어나 생겨난 것으로 추정된다. 유전자 분석 결과, 현재 HIV는 크게 두 종류, 전 세계적으로 사람에게 감염하는 HIV-1과 서부 아프리카에서만 주로 발견되는 전염성이 약한 HIV-2로 나뉜다. HIV-1은 '에이즈(AIDS, HIV 감염의 최종 단계)'라는 질병으로 알려지기 오래전부터 서부 및 중앙아프리카 사람들에게 퍼졌던 것으로 보인다. 원숭이 같은 유인원류를 사냥하고 그 고기를 먹는 과정에서 SIV가 사람에게 전파된 것으로 추측되는데, 대략 1900년대 초반부터 유행했다.(3-33)

HIV가 아프리카의 작은 마을에 국한되었더라면 지금처럼 확산되지

3-33 SIV를 가지고 있는 아프리카 녹색 원숭이(왼쪽), 수티망가베이(가운데), 침팬지(오른쪽). © wikipedia.org

않고 사라졌을지도 모른다. 그런데 유럽 열강의 식민지 지배가 종결되면서 사하라 사막 이남 지역의 사회구조가 급변했다. 도시화와 함께 인구가 급증하면서 매춘이 증가하고 성적으로 문란해졌다. 게다가 교통수단의 발달로 사람들 왕래도 늘어났다.

최초로 보고된 에이즈 환자는 콩고에 살던 남성이었는데, 1959년에 사망했다. 서양에서 확인된 첫 에이즈 사례는 1976년에 사망한 노르웨이 선원이었다. 그는 1960년대 초반 서부 아프리카에서 성적 접촉으로 감염되었다.

전 세계로 퍼져나가는 과정에서 돌연변이도 거듭되어 여러 HIV 변이체가 생겨났다. 현재 HIV-1에는 M(main), O(outlier), N(non-M 또는 non-O) 세 그룹이 있다. M과 N은 침팬지에서, O는 고릴라에서 유래한 것으로 추정된다. 전 세계 HIV 감염의 95% 이상을 차지하는 M그룹 내에서는 적어도 13가지 아형이 존재한다. 영어 알파벳으로 구분하는 아형 가운데 가장 널리 퍼진 것은 C형이고, 상대적으로 동남아시아에서는 E, 북남미와 유럽에서는 B가 가장 흔하다.

HIV 감염이 곧 에이즈 발병은 아니다

보통 사람들은 HIV 감염이 곧 에이즈 발병이라고 생각하지만, 이것은 명백한 오해이다. 에이즈는 HIV 감염의 최종 단계를 뜻한다. 코로나19처럼 HIV도 RNA 바이러스이다. 두 가닥으로 된 RNA를 감싸고 있는 지질막에 단백질 돌기들이 있다. 그런데 공교롭게도 도움T세포 가운데 HIV의 돌기와 잘 맞는 수용체(CD4^{+} 수용체)를 가진 부류

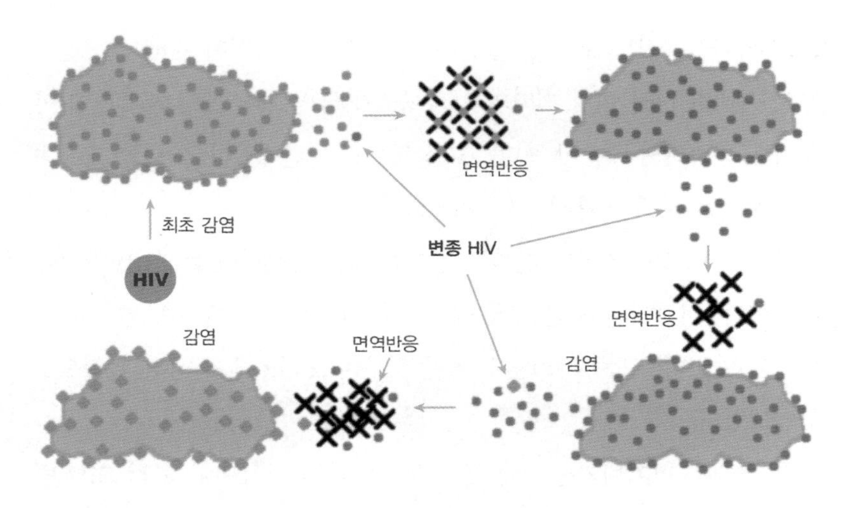

3-34 HIV 바이러스의 변이 과정. HIV는 계속 변하면서 인체의 면역반응을 피한다.

가 있는데, 바로 이런 도움T세포가 HIV의 공격 대상이 된다.

표적 세포 안으로 들어간 HIV는 제일 먼저 자기 RNA를 DNA로 변환시킨다(역전사). 만들어진 바이러스 DNA가 숙주 세포의 DNA에 통합되고, 감염에 필요한 단백질이 만들어지기 시작하면 숙주 세포는 HIV 바이러스 생산공장이 된다.(3-34)

통합된 DNA가 새로운 바이러스를 만들지 않고 잠복상태로 존재할 수도 있다. 실제로 HIV 감염세포 가운데 일부는 장기간 생존하는 기억 T세포로 변환되기도 한다. 이렇게 되면, HIV 입장에서는 면역계로부터 안전한 피난처를 얻게 되는 셈이다.

HIV가 면역계를 피하는 또 다른 방법은 '세포 간 융합'이다. 이를 통해 바이러스가 감염된 세포에서 감염되지 않은 인접 세포로 이동한다. 여기에 더해 잦은 돌연변이가 HIV의 면역회피 능력을 한층 더 키워준다. HIV 유전체의 모든 위치에서 하루에도 여러 차례 돌연변이가 생겨 감염이 진행되면서 수많은 변이체를 쏟아낸다. 이런 변신능력이 HIV에게는 면역회피뿐만 아니라 약물 내성이라는 이점도 제공해준다. 이 때문에 우리는 적절한 대응방법을 찾지 못해 곤경에 빠지게 된다.

HIV 감염 진행은 임상적으로 세 단계로 나누어볼 수 있다. 감염 첫 주에 혈액 1밀리리터당 바이러스가 천만 개 이상으로 급증하면서 1단계가 시작된다. 그리고 2주 안에 수십억 개의 표적 세포가 감염되지만, 면역세포의 반격으로 이후 2~3주에 걸쳐 바이러스 수가 급감한다. 이 시기의 감염은 무증상이거나 림프절이 부어오르기도 한다.

2단계에는 표적 면역세포 수가 지속적으로 감소한다. 대부분의 감염 세포에서는 HIV가 잠복상태로 존재하고, 극히 일부에서만 HIV를 방출한다. 심각한 증상은 별로 없으나, 면역기능이 뚜렷이 저하된다. 그 결과, 입과 인후, 여성의 경우에는 질 등에 고질적인 감염이 나타난다. 이 밖에 대상포진과 같이 면역 저하를 보여주는 기타 증상과 함께 발열과 잦은 설사가 찾아온다.

3단계로 접어들면, 표적 면역세포 수가 마이크로리터당 350개 아래로 내려간다. 미국 질병통제예방센터에서는 HIV 공격 대상인 도움T세포 수를 기준으로 감염 진행을 분류하는데, 우선적으로 어떤 약물을 언제 투여해야 하는지를 비롯한 치료 지침을 제공하기 위해서이다. 건강한 사람의 혈액에는 1마이크로리터당 800~1,000개의 표적 면역세포가 들어 있다. 만약 이 수치가 350개 이하이면 미국에서는 HIV에 대한 약물치료를 시작하고, 200개 이하로 떨어지면 에이즈로 진단한다.

에이즈 발병을 나타내는 주요 증상으로는, 기관지와 기도, 눈 감염, 결핵, 주폐포자충 폐렴, 카포시 육종(Kaposi's sarcoma) 등이 있다.

HIV 감염이 에이즈로 진행되기까지는 성인 기준으로 보통 10년 정도

카포시 육종(Kaposi's sarcoma)
1872년 헝가리의 피부과 의사인 카포시가 처음으로 정의한 악성 종양의 한 종류이다. 혈관의 내피 세포에서 발생하며, 면역체계가 약화된 사람에게 주로 발생한다.

걸린다. 이 기간 동안 치열한 세포전쟁이 벌어진다. 매일 최소한 천억 개의 도움T세포가 HIV에 감염되지만, 인체 면역계는 이들 대부분을 제거한다. 그러나 시간이 지남에 따라, 결국 도움T세포는 점점 사라져간다. 이것이 HIV 감염이 진행되고 있음을 보여주는 주요 지표이다.

최신 연구 결과, 바이러스가 직접 세포를 파괴하기 때문만이 아니라, 감염된 세포의 생존기간이 짧아지고(정상 세포는 약 5일, 감염세포는 약 2일) 대신할 도움T세포가 보충 생산되지 못하는 것도 도움T세포가 줄어드는 큰 이유로 밝혀졌다.

HIV 감염에서 벗어나는 길

2019년 현재 전 세계적으로 약 3,800만 명이 HIV에 감염되어 있다. 이들 가운데 3분의 2 정도가 사하라 사막 이남에 거주하며, 이 지역 성인(15~49세)의 유병률은 인구의 5% 정도이다. 인구 수에서 세계 1위와 2위인 중국과 인도에 감염이 확산되면서 이 두 나라에서만 한 해에 백만 명 이상의 신규 HIV 감염 사례가 나오고 있다. 동유럽과 러시아, 중앙아시아 등도 HIV 감염이 가파르게 증가하는 지역이다. 한편 상대적으로 항바이러스 치료가 효과적으로 이루어지고 있는 서유럽과 미국에서는 에이즈로 인한 사망률이 감소하고 있다.[3-35]

HIV 전염은 주로 감염자와의 밀접한 신체 접촉, 그리고 감염된 체액 공

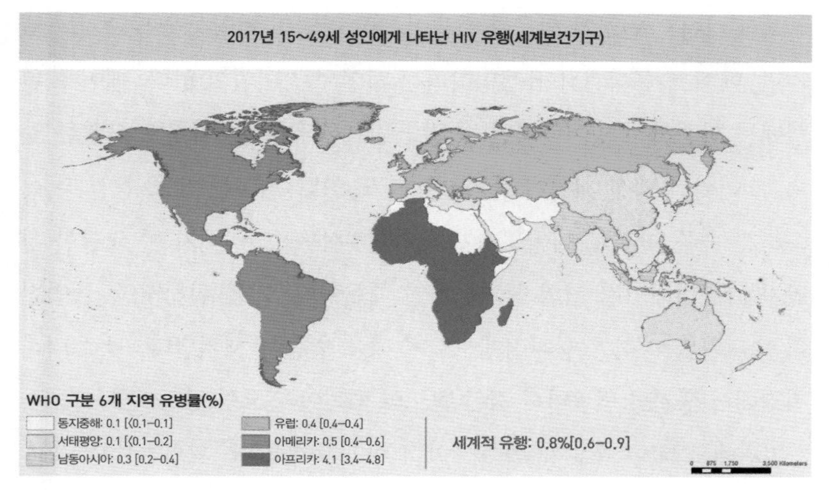

3-35 2017년 전 세계 HIV 감염자의 지역적 분포(세계보건기구).

급을 통해 일어난다. 대표적으로 성관계와 수혈, 감염자의 임신 및 모유 수유 등이 전염 경로로 알려져 있다. 현실적으로 HIV 감염을 통제할 수 있는 거의 유일한 방법은 알려진 경로를 최대한 차단하는 것이다. 이를 위해 올바른 성교육을 비롯하여 지속적인 대중 교육 및 홍보가 중요하다.

빈곤국가의 병원에서는 주사바늘 재사용이 비일비재하다. 경제적인 이유로 불가피하다면 철저한 멸균소독을 해야 하는데, 이를 담보할 수가 없어 여전히 위험요소로 남아 있다. 그래서 반드시 멸균된 주삿바늘을 사용하도록 교육하는 프로그램이 필요하다.

이와는 대조적으로 이른바 선진국에서는 HIV 감염 진행을 억제하는 의약품이 보급되면서 HIV 감염이 치명적인 질병에서 만성질병으로 인식되는 추세이다. 하지만 문제는 그 어떤 약물도 치료제가 아니라는 사실이 종종 간과되고 있다는 점이다. 게다가 HIV 감염 관리가 가능해지자 감염 예방 노력을 소홀히 하는 몰지각한 사람들이 생겨나고 있다.

최신 바이오 연구가 선물한 약물이 HIV 감염의 치명성을 낮추기는 했지만, 에이즈가 세계적 유행병이라는 사실에는 변함이 없다. 에이즈 위험에서 확실하게 벗어나려면 백신이 필요한데, 이는 아직도 요원한 일이다. 어쩌면 백신 개발이 불가능할 수도 있다. HIV는 세포 침입 후 신속하게 숙주 DNA로 끼어들어가 버리기 때문에 면역계가 이 교활한 침입자를 잡아내기란 거의 불가능하기 때문이다. 거듭 말하지만, 돌연변이 속도가 빨라서 감염과정에서도 수많은 변종이 생겨난다. 서로 다른 지역에서 생겨난 변종마다 각각 별도의 백신이 필요할 정도이다.

이밖에도 HIV 백신 개발에는 여러 장애물이 있다. 실험동물도 없고, 약독화 바이러스 사용은 너무나 위험하다. 우리 몸이 HIV를 인식하는 기본 원리에 대한 더 깊은 이해가 절실한 실정이다.

감염자 몸에서 HIV에 대항할 수 있는 항체는 감염 후 두 달 정도가 지나서 만들어진다. 항체가 본격적으로 생산될 즈음에는, 이 항체의 타격 지점인 HIV의 돌기 단백질은 돌연변이로 이미 모양이 바뀐 다음이다. 안타깝게도 면역계는 뒷북을 치는 꼴이 되고 만다. 그래서 천연두 백신처럼 감염 예방은 못하더라도, 감염 후에 바이러스 증식을 억제할 수 있는 백신 또는 약물의 개발 연구도 진행되고 있다.

그래도 암울한 현실에 한 줄기 희미한 희망의 빛이 보이기도 한다. HIV 감염자 가운데 아주 일부에서는 별도 치료 없이도 바이러스 증식이 억제되어, HIV 수가 임상적으로 거의 잡히지 않는 수준으로 내려간다. 이렇게 예외적인 사람을 '엘리트 컨트롤러(elite controller)'라고 부른다. 아직 그 정확한 작동원리는 모르지만, 이들이 특별한 면역세포를 가지고 있는 것은 분명해 보인다. 심도 있는 기초과학 연구의 필요성이 커지는 대목이다.

사실 에이즈는 기초과학 연구의 가치와 중요성을 확실하게 일깨워준 측면이 있다. 분자생물학의 발전이 없었다면 우리는 이 병의 원인을 찾지 못했을 것이다. 바이러스 수명주기에 따라 선택적으로 작용할 약물 개발은 꿈도 꾸지 못했을 것이고, 감염 진행을 추적하지도 못했을 것이다. 심지어 헌혈된 혈액의 감염 여부 검사도 굉장히 어려웠을 것이다. 이제 엘리트 컨트롤러의 비밀을 풀어내기만 하면 기초과학 연구는 의학사에 새로운 역사를 쓰게 될 것이다.

매년 12월 1일은 '세계 에이즈의 날'이다. HIV와 에이즈에 대한 오해와 편견을 바로잡아 올바른 정보와 에이즈 예방 및 관리의 중요성을 알릴 목적으로 1988년 1월 영국 런던에서 열린 세계 보건장관회의에서 제정한 것이다.[3-36]

에이즈는 일상 활동을 통해서는 전염되지 않는다. 함께 식사하기는 물론이고, 포옹 같은 신체접촉이나 기침, 모기 물림 따위로도 전염되지 않는다. 다만, 상식적으로 면도기나 칫솔 같은 개인 위생용품을 함께 사용하는 일은 없어야 한다.

3-36 '세계 에이즈의 날'을 상징하는 빨간 리본.

에이즈 예방과 퇴치를 위해서는 무엇보다도 건전한 성문화를 조성해야 한다. 그리고 만약 감염이 의심된다면 즉시 에이즈 검사(익명 검사)를 받아야 한다. 감염 확인이 빠를수록 치료 관리도 수월해지고, 전염을 예방할 수 있다. HIV 감염은 충분히 예방이 가능하다. 경각심을 갖고 철저하게 대처하자.

코로나19 충격으로 인간 면역계를 다시 보다

코로나19와 면역계

코로나19 사태 속에 '면역력'이 큰 화두로 떠올랐다. 솔직히 면역력이라는 용어는 다소 낯설다. 교과서에서는 사용하지 않거니와, 곁말처럼 들리기도 하기 때문이다. 추측컨대 면역의 중요성을 강조하기 위해 누군가 사용한 말이 사람들의 호응을 얻어 대중화된 것으로 보인다. 용어의 적절성을 따지려는 게 아니라 면역의 공격적인 측면을 부각시켜 자칫 면역에 대한 편견을 부추기지 않을까 우려되는 마음에 하는 말이다. 특히 바로 뒤에 '강화'라는 단어가 따라 붙으면 더욱 그렇다. 이에 코로나19의 정체 파악과 함께 미생물의 관점에서 인체 면역계를 살펴보자.

코로나19의 정체를 파헤치다

코로나 바이러스의 존재는 1930년대 초반부터 널리 알려져 있었다. 닭에서 처음으로 발견된 이후 동물, 특히 가축에게 호흡기와 소화기 관련 감염병을 유발하는 것으로 인식되었다. 그리고 1960년대부터 사람에게 보통 수준의 기침 감기를 일으키는 코로나 바이러스가 보고되기 시작했다. 그런데 21세기에 들어서 전에 없이 강력한 병원성을 지닌 신종이 연이어 나타났다. 사스와 메르스 사태 모두 이들이 일으킨 난동이다.

2002년 11월에 중국 광둥성에서 시작된 사스(SARS), 곧 중증급성호흡기증후군(Severe Acute Respiratory Syndrome)은 불과 몇 달 만에 전 세계로 퍼져나갔다. 2002년 11월부터 2003년 7월까지 8,000명이 넘는 사람을 감염시켜 800여 명의 사망자를 냈다. 더욱이 60세 이상의 고령 환자는 절반 이상이 목숨을 잃었다. 다행히 우리나라에서는 사망자 없이 3명의 감염자만 발생해 국제사회로부터 사스 예방 모범국이라는 평가를 받기도 했다.

그리고 2012년 9월, 사우디아라비아에서 새로운 코로나 바이러스에 의한 감염병이 보고되었다. 메르스(MERS), 곧 중동호흡기증후군(Middle East Respiratory Syndrome)은 첫 발병 후 몇 해에 걸쳐 총 26개국에서 기승을 부렸다. 유감스럽게도 아라비아 반도 밖에서 사태가 가장 심각했던 곳이 우리나라였다. 2015년 5월 중동에서 입국한 68세 남성의 발병을 시작으로 총 186명이 감염되어 무려 38명이 사망했다.

바이러스는 세포 형태도 갖추지 못한 나노 크기의 입자이다. 아주 작은 입자로서 전자현미경으로만 볼 수 있다. 평균 직경 100㎛(0.1mm) 정도인 인간 세포를 야구장에 비유하면, 보통 세균은 투수 마운드 정도이고, 바이러스는 야구공만 하다. 구조 또한 매우 단순해서, 단백질 껍데기 속에 유전물질로 DNA와 RNA 가운데 한 가지에만 들어 있다. 대개 동물 바이러스 입자는 추가적으로 지질막에 둘러싸여 있다. 쉽게 말해서 외투를 걸친 격인데, 이 외막은 보통 감염시켰던 숙주의 세포막에서 유래한다.

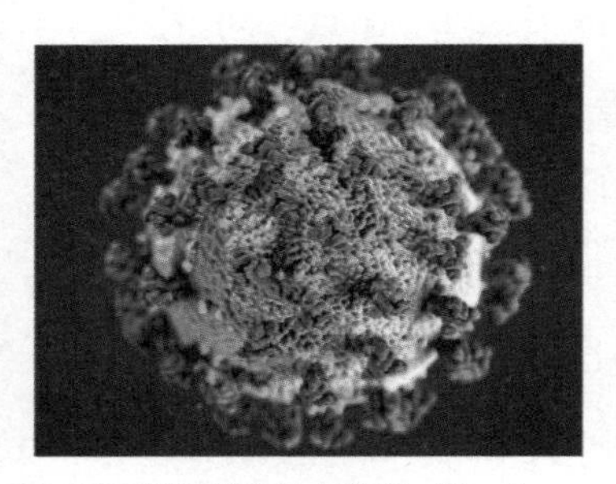

3-37 코로나19 바이러스 모형. © wikimedia.org

코로나 바이러스는 외막을 가지고 있고, 여기에 단백질 돌기가 여러 개 박혀 있다. 동글한 표면 위로 튀어나온 돌기들이 왕관을 연상시킨다고 해서 라틴어로 왕관을 뜻하는 '코로나(corona)'가 이 바이러스 이름에 붙게 되었다.[3-37]

코로나19의 유전정보는 박쥐 코로나 바이러스와 가장 비슷한(89% 동일) 것으로 드러났다. 이것은 코로나19가 박쥐에 살던 바이러스에서 유래했음을 강하게 시사하는 증거다. 사스와 메르스 바이러스 역시 박쥐를 최초 전염원으로 의심하고 있으며, 코로나19도 마찬가지이다. 이들 바이러스 모두 박쥐 코로나 바이러스가 사향고양이, 낙타, 천산갑을 거쳐 인간에게 넘어왔을 가능성이 매우 유력하다.[3-38]

따라서 코로나19와 사스 사태의 중심에 야생동물을 팔고 사는 시장이 개입되어 있다는 사실은 우연이 아닐 것이다. 여기서는 박쥐와 뱀, 사향고양이 등 다양한 야생동물이 식용으로 거래되고 있었다.

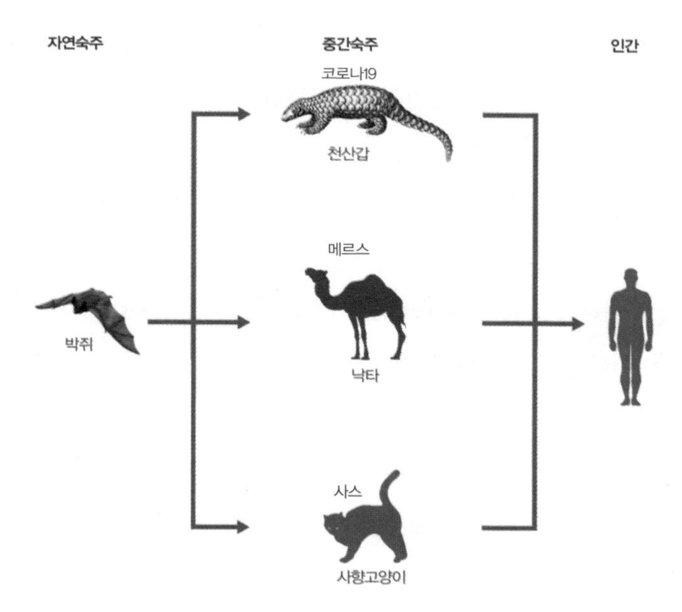

3-38 2017년부터 천산갑 기생 바이러스 연구를 수행한 중국과 홍콩의 연구진은 코로나19의 자연숙주는 박쥐이며, 중간숙주가 천산갑일 것이라는 과학적 증거를 제시했다.

바이러스는 세균에서 인간에 이르기까지 지구상에 존재하는 모든 생명체를 감염시키지만, 그 숙주 범위가 매우 좁다. 그런데 신종 코로나 바이러스들은 일반적인 숙주 장벽을 뛰어넘는다.

설상가상으로 코로나19에는 사스와 메르스 바이러스에서는 드러나지 않았던 특징도 보인다. 우선 사스와 메르스에 비해서 치사율은 낮지만, 전염 속도가 압도적으로 빠르다. 게다가 기존 코로나 바이러스와는 달리 잠복기에도 전염되는 '무증상 감염'을 일으키는 것으로 보인다. 도대체 무슨 일이 일어난 것일까? 답의 실마리는 돌연변이가 쥐고 있다.

돌연변이란, 말 그대로 "돌연히(우연히) 유전자에 생기는 변이"이다. 모든 세포는 분열에 앞서 다음 세대에 물려줄 모든 유전자, 즉 유전체를 복제한다. 이 과정에서 자연스럽게 돌연변이가 발생한다. 제아무리 뛰어난 타자수라 하더라도 전혀 오타가 없을 수 없듯이, 유전체를 복제하는 효소도 아주 드물게 실수를 범하기 때문이다. 예컨대, 보통 세균에서는 1억 번에 한 번 꼴로 오류가 생긴다.

하지만 숙주 세포에 침입하여 그 체계를 강탈하여 증식하는 바이러스는 세균보다 훨씬 더 자주 실수를 범한다. 그 중에서도 유전물질로 RNA 한 가닥을 가지고 있는 바이러스가 가장 서툰 타자수이다. 공교롭게도 코로나 바이러스가 여기에 속한다.

그 결과 최소한 10만 번에 한 번 정도 돌연변이가 생기는 것으로 추정된다. 그들의 놀라운 번식력을 고려하면, 하나의 바이러스가 감염될 때마다 한두 개의 돌연변이는 늘 발생한다는 말이다.

바이러스가 침입하려면 먼저 숙주 세포에 있는 특정 단백질(수용체)과 결합을 해야 한다. 이 과정에서 숙주 단백질이 침입자의 가이드 역할을 맡는다. 코로나 바이러스 경우에는, 바이러스 외막에 있는 돌기가 숙주

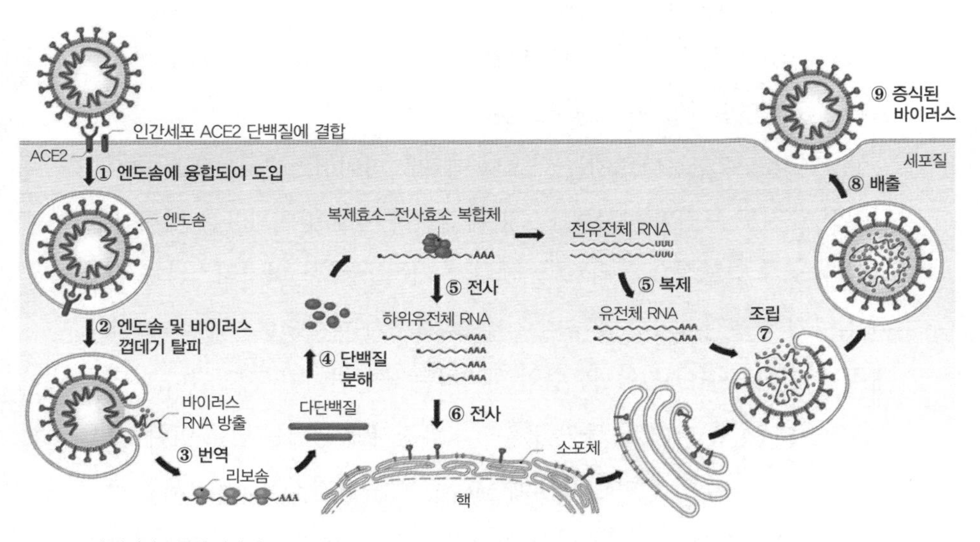

3-39 코로나 바이러스 증식 과정. © wikipedia.org

세포와 결합하는 기능을 수행한다. 그런데 높은 돌연변이율 덕분에 동물이 아닌 인간 세포의 수용체에 딱 들어맞는 돌기가 생겨서 숙주를 갈아탈 수 있게 된 것이다.(3-39)

바이러스 입장에서 보면, 병원성을 약화시키는 돌연변이도 나쁜 선택지는 아니다. 숙주를 감염시켰는데 그 숙주가 곧바로 몸져눕거나 죽어버리면 바이러스가 전파될 기회가 현저하게 줄어든다. 반면에 증상이 경미한 경우라면 감염된 숙주가 일상활동을 그대로 하기 때문에 훨씬 더 많은 숙주로 퍼져나갈 수 있다. 게다가 잠복기에도 다른 숙주로 옮겨가 그 숙주를 감염시킬 수 있다면, 절대기생체인 바이러스에게는 그야말로 금상첨화이다. 반대로 우리 인간은 최악의 곤경과 위기에 빠지게 된다.

제1방어선 강화가 최선의 전략이다

외부 침입자를 방어하려면 일단 '자기(self)'와 '비자기(non-self)'를 구분할 수 있어야 한다. 이런 점에서 면역계는 자기와 비자기를 식별하는 인지 시스템이자, 비자기로부터 자기를 보호하는 자기 보호 시스템이라 할 수도 있다. 그런데 놀랍게도 이런 시스템에 상당수의 미생물이 포진하고 있다.

미생물 입장에서 보면 우리 몸은 따듯하고 먹거리가 풍부한 좋은 서식지, 곧 지상낙원이다. 따라서 이들이 기를 쓰고 들어와 살려고 하는 건 당연한 일이다. 문제는 미생물이 몸 안에서 자라는 것이 우리에게는 치명적인 감염일 수 있다는 사실이다. 최선의 방어는 침입 자체를 봉쇄하는 것이다. 온전한 상태에서 피부와 점막은 가히 난공불락이다. 하지만 상처나 스트레스 따위가 이 철옹성에 균열을 내곤 한다.

구조 면에서 우리 몸과 건물은 닮은꼴이다. 겉에서는 보이지 않는 내부 배관이 건물의 제 기능을 가능케 하듯이, 인체의 신진대사도 일차적으로 위장관과 호흡기관 등을 통해 일어난다.

여기서 짚고 넘어가야 할 사실이 하나 있다. 신체 배관의 내부공간은 엄연히 몸 밖이라는 점이다. 이러한 사실에 고개가 갸우뚱해진다면 크게 심호흡을 한번 해보면 된다. 가슴 속에서 시원함이 느껴지는 그곳이 지금 외부 공기와 접하고 있는 기관지의 내벽이다. 외부와 직접 맞닿아 있는 신체기관의 내벽은 모두 부드럽고 끈끈한 조직으로 덮여 있는데, 바로 점막이다.

점막을 이루는 세포는 끈끈한 액체(점액)를 분비하여 표면이 마르지 않게 할 뿐만 아니라 미생물을 가두어 감염을 예방한다. 게다가 점막은 단순한 물리적 방어막이 아니라, 세균의 세포벽을 파괴하는 효소(라이소자임)에서부터 항균과 항바이러스, 항암기능까지 갖춘 다기능 단백질(락토페린)에 이르기까지 다양한 항미생물 물질을 분비하는 복합 방어기지이다. 그러므로 촉촉해야 할 점막이 마르면 그만큼 바이러스 같은 병원체 침투에 취약해진다. 실내환경의 적정 습도 유지와 자주 물 마시기를 호흡기 감염예방 수칙 일순위로 추천하는 이유가 여기에 있다.

인간 미생물체는 제1방어선의 선두를 지키는 동맹군

만약 우리의 시력이 현미경 수준이라면 서로 바라

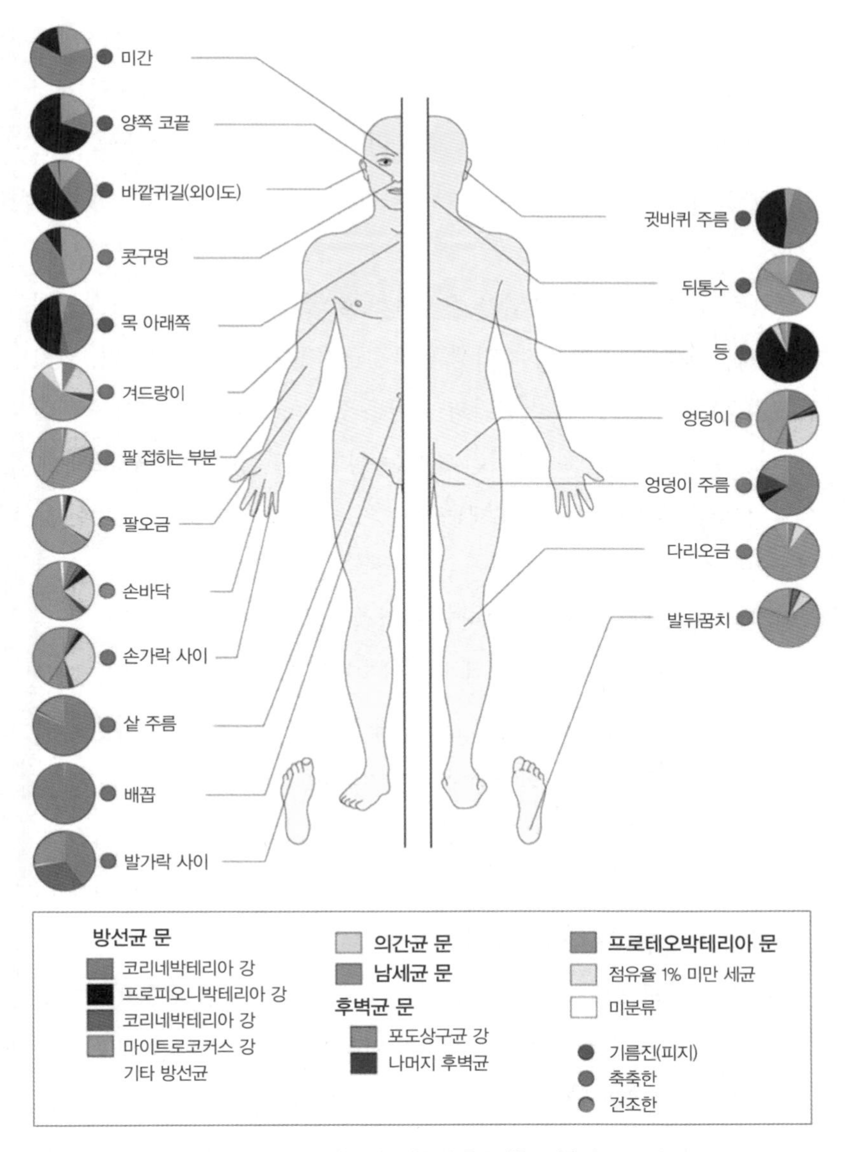

3-40 다양한 종류의 박테리아가 퍼져 있는 인간 피부 미생물군을 묘사한 그래픽. © wikipedia.org

보는 것 자체가 불편할 것이다. 얼굴 표면에서 꼬물거리는 수많은 미생물이 한눈에 들어올 테니 말이다. 피부와 점막을 비롯해서 인체의 표면은 온통 미생물로 덮여 있다. 이렇게 우리 몸에 살고 있는 미생물을 통틀어 '휴먼 마이크로바이옴(Human Microbiome)' 또는 '인간 미생물체'라고 한다.[3-40][8]

인간 미생물체에게 우리 몸은 집이자 식량 공급원이다. 이들은 본능적으로 자기 삶의 터전에 외래 미생물이 접근하지 못하도록 막는다. 일단 홈그라운드의 이점을 살려 공간과 먹이를 선점하고, 침입자에게 유해한 물질을 만들어내기도 한다. 이런 텃세는 선천성 면역에 큰 힘을 보탠다. 실질적으로 인간 미생물체는 제1방어선의 최전선에 서 있는 든든한 동맹군이다.

인간 미생물체는 역동적이면서도 안정적이다. 식단 변화와 질병, 스트레스 등 살면서 겪는 일시적 신체 변화에 따라 그 조성이 변하지만, 대부분 원래의 평형상태를 회복한다. 보통 세 살까지 형성된 인간 미생물체, 특히 장내 미생물은 이후 안정적으로 유지된다.

현대생물학은 우리가 인간 세포와 갖가지 미생물 세포로 이루어진 기능 공동체라는 사실을 밝혀냈다. 이 두 부류 세포는 서로 차원이 다른 유전자를 가지고 있다. 그만큼 생물학적 특성도 다르다.

그런데 이상하게도 자기(self)와 비자기(nonself)를 구별하여 비자기로부터 자기를 보호하는 우리의 면역계가 인간 미생물체를 인간 세포인 양 그대로 둔다. 분명히 '유전적 비자기'인데 말이다. 아마도 인체 면역계는 자기를 '나'가 아니라 '우리'라는 개념으로 판단하기 때문인 듯하다.

인체 면역계는 대략 20만 년으로 추정되는 호모 사피엔스의 생물학적 역사 기간 동안 다양한 미생물과의 수많은 만남 속에서 다듬어진 오랜 진화의 산물이다. 인간 사회에서 각양의 사람들을 만나다 보면 친구로 발전하는 좋은 인연도 있지만, 때로는 피해를 보는 악연도 마주하게 된다. 이런 인생 경험은 타인에 대한 올바른 판단을 내리는 데에 적잖이 도움을 준다. 마찬가지로 우리 면역계도 자연에 존재하는 온갖 미생물들이 자극을 주면, 거기에 반응하면서 가까이 해야 할지 멀리 해야 할지를 판단하는 능력을 키워왔는데, 이것이 바로 비자기와의 공존능력이다. 이런 수용력이 없다면 우리는 한평생을 끊임없이 미생물과 싸우기만 하다 생을 마감하고 말 것이다.

인간 면역계와 미생물의 공존, 그 아슬아슬한 관계

면역은 배타와 수용이라는 양가성을 띠고 있다. 균형추가 어디로 얼마나 기울지는 유해 정도로 결정된다. 이 말은 면역 반응의 방향과 강도는 이질성보다는 위험성에 따른다는 뜻이다. 그래서 인간 미생물체가 우리와 동거할 수 있는 것이다. 이처럼 유전적 비자기가 면역적 자기로 동화되는 현상을 '면역관용'이라고 한다.

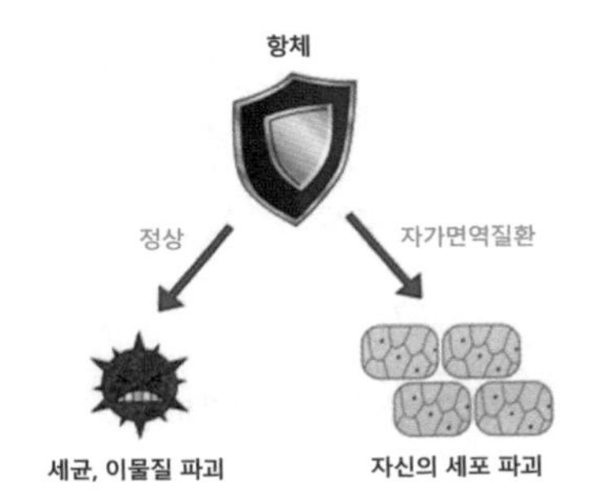

3-41 자가면역질환 기제.

이와는 반대로, 유전적 자기가 면역적 비자기로 인식되기도 한다. 대표적으로 면역계가 자신을 공격하는 '자가면역' 질환이 그런 경우이다.(3-41) 이것이 '자기-비자기'라는 이분법적 잣대의 한계를 여실히 보여주는 증거이다. 사실 면역을 제대로 이해하기 위해서는 고정관념의 틀에서 벗어난 새로운 시각이 필요하다. 이를 절감하고 있던 차에 예상치 못한 곳에서 참신한 아이디어를 얻게 되었다.

역사학자이자 독립운동가인 단재 신채호(1880~1936)의 저서 『조선상고사(朝鮮上古史)』에 이런 대목이 있다.

> "무엇을 '아(我)'라 하며 무엇을 '비아(非我)'라 하는가? 깊이 팔 것 없이 얕이 말하자면, 무릇 주관적 위치에 서 있는 자를 아라 하고 그 밖의 것은 비아라 한다. … 아에 대한 비아의 접촉이 잦을수록 비아에 대한 아의 분투가 더욱 맹렬하여 인류 사회의 활동이 쉴 사이가 없으며, 역사의 전도가 완결될 날이 없다. 그러므로 역사는 아와 비아의 투쟁의 기록인 것이다. … 무릇 선천적 실질부터 말하면 아가 생긴 뒤에 비아가 생기는 것이지마는, 후천적 형식부터 말하면 비아가 있은 뒤에 아가 있다."

단재의 통찰력을 적용하면, 면역은 주관적 위치에 있는 인간 세포와 이를 둘러싼 미생물과의 투쟁이 낳은 산물이다. 인간이 있은 다음에야 거기에 미생물이 자리를 잡지만, 면역은 이들의 존재 때문에 진화했다. 그 과정에서 일부는 인간 미생물체로 자리 잡아 우리가 되었다. 그리고 현재 이들은 면역계 일원으로 함께 싸우고 있다. 우리 인간의 면역계는 매우 복잡한 네트워크로 짜여 있는데, 여기에 수백조 마리, 무게로는 족히 2kg이 넘는 인체 미생물체가 가세한 것이다. 이들은 대부분(95% 이상) 창자에 살고 있다.

장내 미생물과 면역계의 긴밀하고도 활발한 상호작용은 주로 점막에서 이루어진다. 장점막 조직에는 면역세포의 3분의 2가 포진해 있고, 일부 면역 단백질은 점막으로 분비되어 미생물들과 교류한다. 일례로, 장내 미생물이 면역세포를 자극하여 사이토카인을 분비하게 한다.

결론적으로, 인체에서 자기라는 것은 애당초부터 비자기들이 자기화된 것이며, 비자기라는 것도 자기와 무관하지 않다고 할 수 있겠다. 말하자면 면역은 타고난 인간 유전자와 다양한 미생물의 합작품이다. 비유컨대, 이것은 초대형 오케스트라 연주이다. 준비된 정기 공연은 물론이고 수시로 즉흥 연주도 해야 한다. 이때 아름다운 화음은 건강의 초석이지만, 불협화음은 질병을 부르는 손짓이 된다. 이 오케스트라의 지휘자는 당연히 우리가 되어야 한다.

TIP

페스트의 악몽을 그림으로 재현하다

감염병은 인류 역사 내내 우리를 괴롭혀왔다. 과학과 의학 발달 덕분에 그 원인을 알고 예방과 치료가 가능해진 오늘날에도 여전히 감염병은 두려운 존재이다. 하물며 영문도 모르는 채 속수무책으로 당하기만 해야 했던 옛사람들의 공포와 고통이 어땠을까? 중세와 근대 페스트 대유행 기간 동안 사람들이 겪은 고초와 분투를 화폭에 담은 작품 3점을 통해 시간을 거슬러 그들의 생로병사 감정을 느껴보자.

15세기 화가 볼게무트(Michael Wolgemut, 1434~1519)는 일찍이 감염병의 생물학적 핵심을 판화로 표현했다. 〈죽음의 춤(The Dance of Death)〉(1493년 작)에서 페스트가 몰고 온 가공할 공포와 함께 이 앞에서는 신분과 나이 따위는 아무런 의미가 없음을 일깨워주고 있다. 춤추는 해골들의 표정에서 죽음이 언제 어떻게 닥칠지 모르니 의미 있는 삶을 위해 노력하라는 메시지가 보이는 듯하다.[3-42]

3-42 볼게무트, 〈죽음의 춤〉, 1493.

브뤼헐(Pieter Bruegel the Elder, 1525~1569)의 〈죽음의 승리(The Triumph of Death)〉(1528년 작)는 페스트로 인한 참상과 인간의 무기력함을 더 생생하게 묘사하고 있다. 화폭 가운데에 죽음(감염병)을 상징하는 해골 무리가 붉은 말을 앞세워 사람들을 거대한 관 속으로 몰아넣고 있다. 어떤 이들은 죽음과 처절한 전투를 치르는 반면, 다른 이들은 이미 포기하고 운명에 순응하려 한다. 그림의 양쪽 하단에는

3-43 브뤼헐, 〈죽음의 승리〉, 1528.

악기를 연주하며 노래를 부르는 한 쌍의 연인과 해골에 붙잡힌 왕이 보인다. 감염병은 예고 없이 찾아오고 누구도 그 손아귀에서 빠져나갈 수 없음을 보여준다.[3-43]

1665년에 영국을 덮친 페스트는 런던에서만 시민 9만여 명의 목숨을 앗아갔다. 이 재앙을 모티프로 영국 출신 화가 톱햄(Frank William Warwick Topham, 1838~1924)은 1898년에 〈전염병에서 구하다(Rescued From The Plague)〉라는 작품을 완성했다.[3-44]

이 그림은 이전 두 작품과는 그 느낌이 사뭇 다르다. 조심스럽게 한 아이를 구하는 장면에 인간애로 병마를 이겨내야 한다는 교훈이 담긴 것 같다. 추측컨대, 미생물 병원설이 정립되고 페스트균의 정체가 밝혀진 것도 화가에게 영향을 미쳤을 것이다.

3-44 톱햄, 〈전염병에서 구하다〉, 1898.

—— 생명체는 다양한 화학 원소들의 결합체이고, 생명현상은 일련의 화학반응이다. 그리고 이 모든 현상들은 물리학 법칙을 따른다. 따라서 물리학·화학·생명과학은 필연적으로 융합될 수밖에 없다. '생화학(biochemistry)'과 '생물물리학(biophysics)'이라는 명칭의 새로운 학문은 각각 1857년과 1892년에 등장했지만, 관련 연구는 이미 그 이전에 시작되었다. 앞서 2장에서 소개한 갈바니와 라부아지에의 연구가 고전적 융합의 사례들이다. 1947년 한 젊은 물리학자가 생물학 연구에 본격적으로 뛰어들며 밝힌 포부에서는 융합 연구의 필연성이 분명하게 드러난다.

"특히 제 관심을 자극하는 분야는 단백질, 바이러스, 박테리아, 염색체 등을 통해서 정의되는 생명과 비생명의 구분에 관한 것입니다. 제 목표는 —비록 종착지는 아직 요원하지만— 그 구조, 즉 그것들을 구성하는 원자의 공간적 배열을 통해서 그것들의 활동을 능력껏 기술해내는 것입니다. 이것을 우리는 생물학의 화학적 물리학이라고 부를 수 있겠습니다."[1]

Chapter 4

생명과학과 물질과학, 그 융합의 발자취

이런 청운의 뜻을 품고 연구에 매진한 그는 5년 후 DNA 구조를 밝혀내는 주역이 된다. 바로 크릭(Francis Crick, 1916~2004)이다. 그리고 그가 제안했던 새로운 연구 분야는 '분자생물학'이라는 이름으로 자리를 잡고 첨단 바이오 연구의 초석이 되었다.

분자생물학은 생명체 구성 물질의 최소 단위인 분자의 구조와 기능에서 생명현상을 이해하려는 현대 생명과학의 핵심 영역으로서, 크게 두 가지 분야로 나눌 수 있다. 분자구조에 중점을 두는 연구자들은 단백질을 비롯해서 정제된 생체분자의 입체구조를 X선 회절 같은 물리화학적 연구방법을 이용하여 분자 간의 결합 양식을 해석해냄으로써 생명현상을 이해하려고 한다. 그리고 분자유전학에서는 유전자(DNA) 구조를 기초로 하여 생명현상을 설명한다. 유전자 클로닝 기법 도입으로 분자유전학은 급속히 발전하여 생명과학 전반에 녹아들어가 생명공학 탄생의 주역이 되었다. 한마디로, 20세기 중반부터 눈부신 발전을 거듭하고 있는 현대 생명과학은 '물 · 화 · 생' 융합의 결정체이다.

생명체 이해의 키워드, 'DNA'를 찾다

분자생물학

4-1 프리드리히 미셔.

4-2 1879년 프리드리히 미셔의 실험실.

1869년에 스위스 출신 의사 미셔(Johannes Friedrich Miescher, 1844~1895)는 환부 치료에 사용했던 붕대에서 고름을 긁어모았다.(4-1, 4-2) 그런 다음 죽은 백혈구 세포에서 핵을 추출하여 분석했다. 그 안에 무언가 중요한 물질이 있을 거라 믿고서 말이다. 하지만 인산 성분이 다량 검출되었을 뿐 특별한 건 없었다. 그는 이 물질을 '뉴클레인(nuclein)'이라고 명명했다. 당시 미셔는 몰랐겠지만, 이는 RNA 발견에 이르는 첫걸음을 내딛은 것이었다. 뉴클레인은 나중에 '핵산(nucleic acid)'으로 불리게 된다.

4-3 알브레히트 코셀.

몇 년 후, 독일의 생화학자 코셀(Albrecht Kossel, 1853~1927)은 뉴클레인이 5개의 구성단위, 즉 아데닌 · 시토신 · 구아닌 · 티민 · 우라실 염기로 구성되어 있음을 밝혀냈다.[4-3] 그는 핵산의 정체를 밝힌 공로로 1910년에 노벨 생리의학상을 받았다.

핵산에는 DNA와 RNA, 이렇게 두 종류가 있다는 것이 밝혀지기까지는 몇 년의 시간이 더 걸렸다.[4-4] 1933년 벨기에의 생화학자 브라쉐(Jean

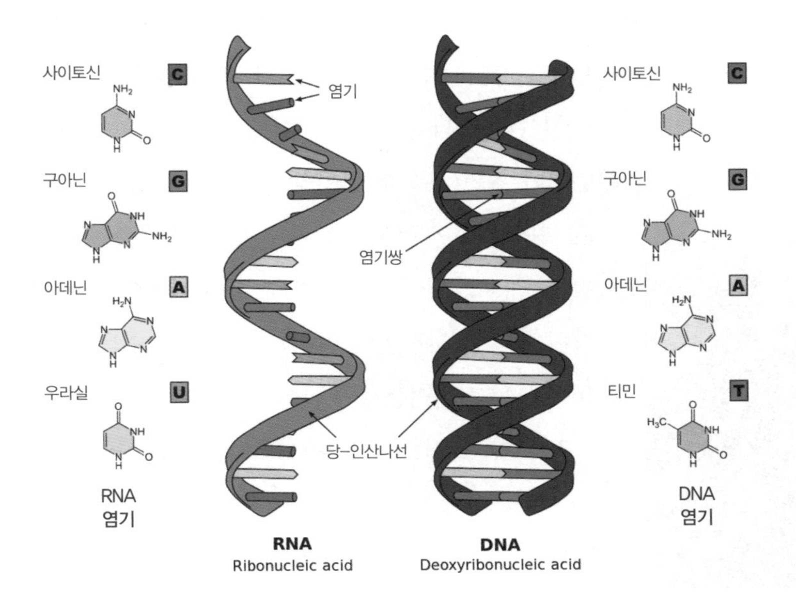

4-4 핵산의 두 종류, RNA(왼쪽)와 DNA(오른쪽).

Brachet, 1909~1988)는 DNA가 염색체에 국한되어 있는 반면, RNA는 주로 세포질에 존재한다는 사실을 알아냈다. 또한 브라쉐는 RNA가 풍부한 세포에서는 단백질 합성이 활발하게 일어나는 경향이 있음을 간파했고, RNA가 이 과정에서 어떤 역할을 하고 있음을 제시했다. DNA에서 RNA를 통해 단백질로 이어지는 정보의 흐름, 곧 '중심원리'라는 개념이 잉태되는 순간이다.

폐렴균과 세균 바이러스가 전해준 사실, 유전물질은 DNA

20세기 초반, 대부분의 학자들은 단백질을 유전물질의 실체라고 생각했다. 단백질을 구성하는 아미노산에는 20가지가 있다. 따라서 단백질의 종류는 엄청나다. 예를 들어 100개의 아미노산으로 단백질을 만든다고 가정하면, 이론적으로 20^{100}가지의 단백질이 생길 수 있다. 이에 반해 핵산은 4가지의 뉴클레오타이드로 이루어지기 때문에 단백질에 비해 다양성이 훨씬 부족할 것이라 판단했다. 그래서 복잡하고 다양한 유전 현상에 대한 정보가 담긴 물질로 단백질을 꼽는 건 당연해 보였다. 그러나 실험 결과는 그와 같이 판단한 사람들의 머리를 긁적이게 만들었다. 의문을 푸는 실마리는 병원균이 제공했다.

4-5 프레데릭 그리피스(1936).

스트렙토코커스 뉴모니애(*Streptococcus pneumoniae*)라는 폐렴균이 있는데, 이 세균을 연구하던 영국의 미생물학자 그리피스(Frederick Griffith, 1879~1941)는 1928년에 아주 흥미로운 사실을 발견했다.(4-5) 이 세균에는 비병원성 R 균주와 병원성인 S 균주가 있다. R과 S라는 명명은 이들이 고체 배지에서 자랄 때 콜로니(colony) 표면이 각각 거칠고(rough), 매끈해(smooth) 보이기 때문에 각 영어 단어의 첫 글자를 따서 붙인 것이다. S 균주의 콜로니가 매끈해 보이는 이유는 캡슐(capsule) 때문이다.

콜로니(colony)
고체 배지에서 맨눈으로 볼 수 있는 미생물 무리로 하나의 세포 또는 같은 미생물 집단에서 유래.

캡슐(capsule)
일부 세균을 둘러싸고 있는 점액성 층으로 주로 다당류로 이루어진다.

그리피스는 S 균주를 끓여서 사멸시킨 다음 실험용 쥐에게 주입했다. 세균의 성장과 번식에 필수적인 유전물질이 단백질일 것으로 생각하고 수행한 실험이었다. 그의 예상대로 해당 쥐는 멀쩡했다. 그런데 놀랍게도 살아 있는 비병원성 R 균주와 열처리한 S 균주를 섞어 함께 주입한 쥐는 모두 죽었다. 더욱 놀라운 것은 죽은 쥐의 혈액에 살아 있는 S 균주가 득실거린다는 사실이었다. 도대체 무슨 일이 일어난 것일까?

죽은 S 균주에서 열처리로 파괴되지 않은 무언가가 R 균주로 들어가지 않았다면 설명할 수 없는 결과였다. 다시 말해, 단백질이 아닌 다른 물질(그 당시에는 DNA로 추정)이 S 균주에서 R 균주로 들어가 R 균주를 변신시켰다고 볼 수 있었다. 어쨌든 그리피스는 이런 변화를 '형질전환(transformation)'이라 정의했다.[4-6]

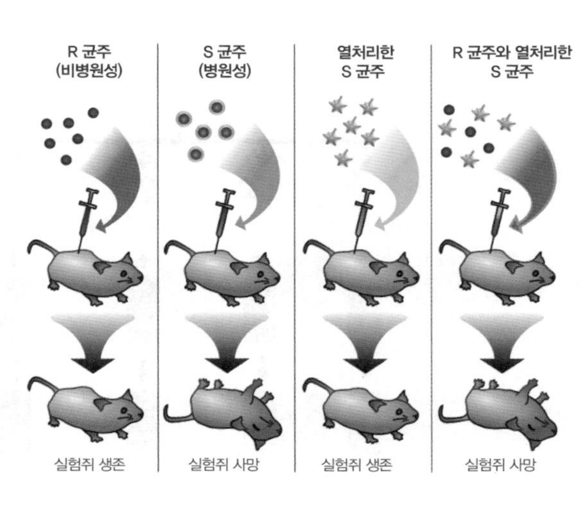

4-6 형질전환 현상을 발견한 그리피스 실험. © wikimedia.org

4-7 오즈월드 에이버리(1937).

1940년대 초반 에이버리(Oswald Avery, 1877~1955)가 이끄는 연구진이 형질전환의 원인 물질을 밝히기 위한 실험을 고안했다.[4-7] 열처리한 S 균주를 대상으로 다시 단백질 · 지질 · RNA · DNA 등을 각각 분해할 수 있는 효소를 따로따로 처리한 다음 실험쥐에 투여했는데, 그 결과는 매우 명확했다.[4-8] DNA를 분해한 경우에만 형질전환 능력이 사라졌던 것이다. 이렇게 해서 DNA가 유력한 유전물질 후보로 등장했다.

1952년, 허시(Alfred Hershey, 1908~1997)와 체이스(Martha Chase, 1927~2003)는 세균 바이러스, 박테리오파지(줄여서 파지라고도 한다)를 이

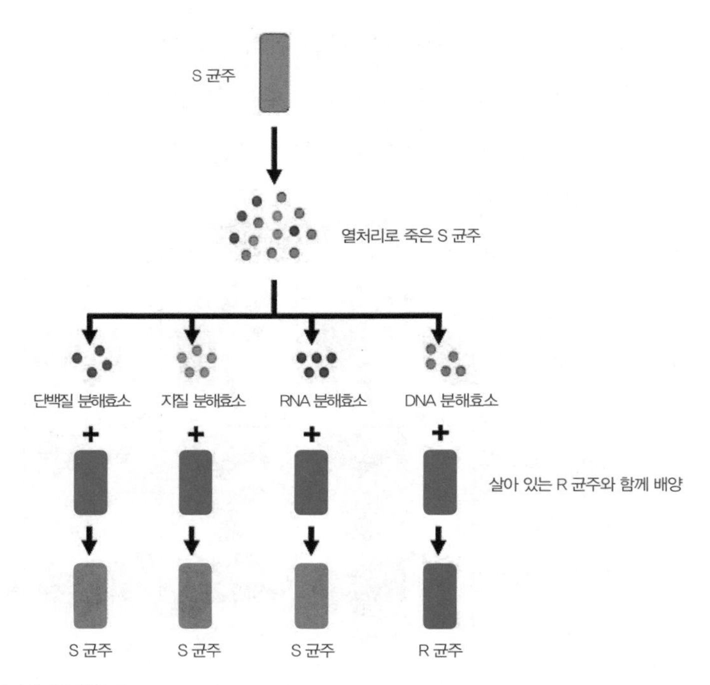

4-8 에이버리의 실험. © wikimedia.org

용하여 DNA가 유전물질임을 명확하게 증명했다.(4-9) T2 파지는 대장균에 자신의 유전물질을 주입하여 감염시킨 다음, 숙주 안에서 증식한다. 이들은 T2 파지가 단백질 껍데기와 그 안에 있는 DNA로 구성되어 있다는 점에 착안했다. T2 파지가 감염할 때, 둘 중 어느 것이 대장균 속으로 들어가는지를 밝히고자 한 것이다. 이를 위해서 먼저 파지의 단백질과 DNA를 각각 방사성 동위원소 황(S^{35})과 인(P^{32})으로 표지했다. 일반적으로 황은 단백질에는 존재하지만 DNA에는 존재하지 않는다. 인의 경우에는 이와 정반대이다.(4-10)

4-9 체이스와 허시(1953). © Karl Maramorosch

각각의 동위원소가 함유된 배지에서 자라고 있는 대장균에 T2 파지를 넣으면 감염과 증식의 결과로 새로 만들어진 파지의 단백질과 DNA에 각각 S^{35}와 P^{32}가 들어간다. 연구진은 여기서 모은 T2 파지를 동위원소가 빠진 새로운 배지에서 자라고 있는 대장균에 각각 감염시킨 뒤, 각 대

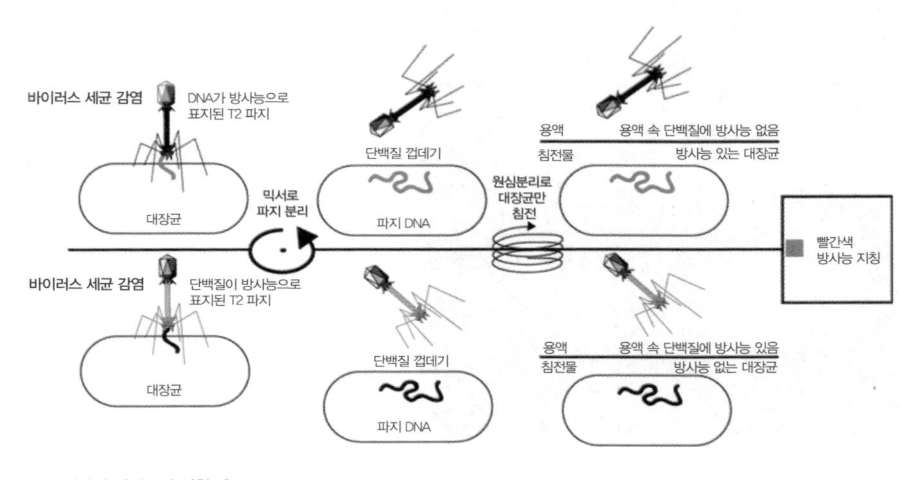

4-10 허시와 체이스의 실험. © wikimedia.org

장균을 원심분리로 모았다. 그런 다음 세균에 붙어 있던 T2 파지 입자를 믹서로 흔들어 떨어뜨렸다. 대장균 세포 안으로 들어간 방사성 물질만을 남기기 위함이었다.

최종 측정 결과, P^{32}가 대장균에서 검출되었다. 즉, T2 파지가 주입한 것은 바로 DNA였다. 새로운 바이러스 입자를 만드는 유전물질은 DNA였던 것이다.

DNA 구조에 대한 단서, 샤가프 법칙과 '사진 51'

DNA가 유전물질의 실체임이 밝혀지자, 그다음 도전 과제는 DNA의 구조 규명이었다. DNA의 기본적인 화학 성분은 이미 알려져 있는 상태였다. 구체적으로 DNA는 뉴클레오타이드가 규칙적으로 연결되어 사슬을 이루고, 각 뉴클레오타이드는 질소염기와 5탄당, 인산으로 되어 있다는 사실을 알고 있었다(〈1-43〉 참조).

4-11 DNA 모델을 설명하고 있는 제임스 왓슨(왼쪽)과 프랜시스 크릭(오른쪽), 1953. © A. Barrington Brown

문제는 이 뉴클레오타이드 사슬이 어떤 식으로 배열되어 유전자로 작용하는가였다. 이를 두고 여러 과학자들이 치열한 연구 경쟁을 펼쳤는데, 왓슨(James Watson, 1928~)과 크릭이 최종 승자가 되었다.(4-11, 4-12) 하지만 이 영광이 이들만의 노

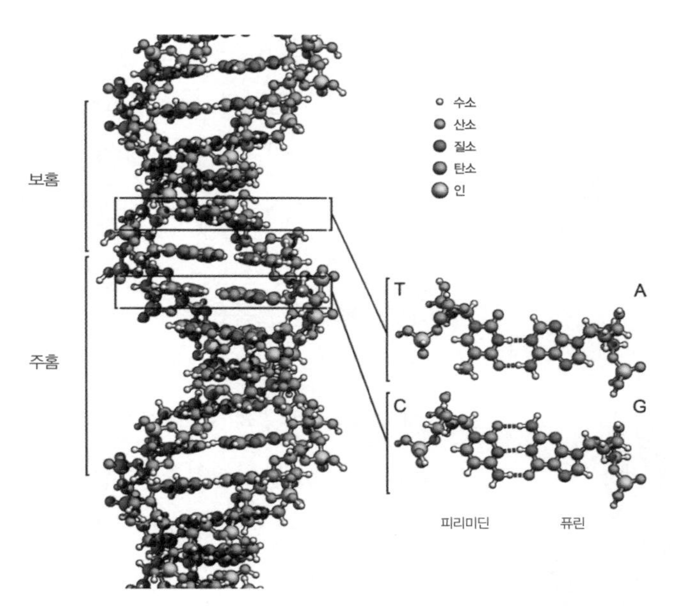

4-12 DNA 이중나선. 오른쪽 아래는 염기 결합 방식을 보여준다. © wikipedia.org

력으로 이루어진 것은 아니었다. 적어도 두 명의 과학자를 함께 기억할 필요가 있다.

오스트리아 출신 생화학자 샤가프(Erwin Chargaff, 1905~2002)는 제2차 세계대전 중 나치의 박해를 피해 미국으로 망명한 유럽 과학자 가운데 한 사람이었다.(4-13) 새 보금자리에서 에이버리의 DNA 연구 성과를 접한 샤가프도 곧바로 DNA 연구에 뛰어들었다. 그는 DNA를 구성하는 4가지 염기의 양을 정확하게 측정할 수 있는 방법을 개발함으로써 미생물에서 사람에 이르기까지 다양한 생물의 염기 조성을 계산해냈다.

4-13 어윈 샤가프(1947).

결과는 매우 흥미로웠다. 조사한 모든 생물에서 아데닌(A)은 티민(T),

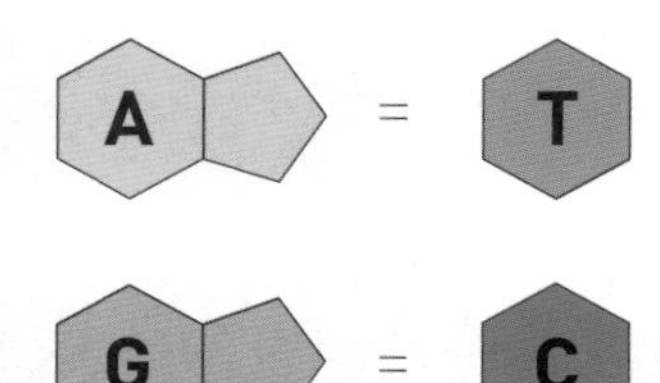

4-14 샤가프 법칙.

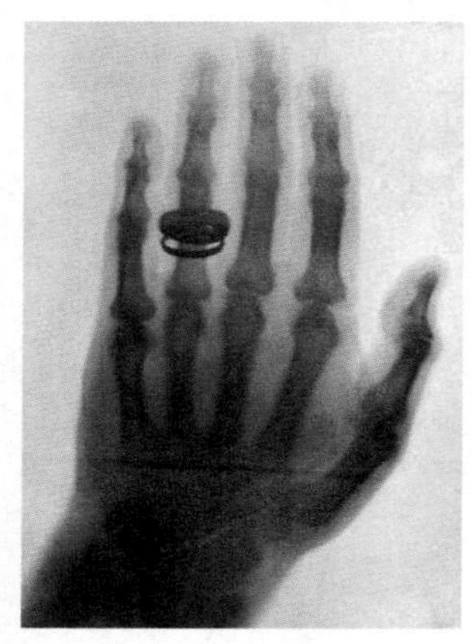

4-15 X선으로 촬영한 뢴트겐 부인의 손. 4번째 손가락에 반지가 보인다.

구아닌(G)은 시토신(C)과 각각 양이 같았는데, 그 비율은 생물마다 달랐다. 이처럼 A와 T, 그리고 G와 C의 농도 비율이 같다는 사실(샤가프 법칙이라고 함)을 왓슨과 크릭은 A는 T와, G는 C와 결합하는 것으로 해석했다.[4-14]

1901년 스웨덴 스톡홀름(평화상은 노르웨이의 오슬로에서 시상한다)에서 제1회 노벨상 수상식이 열려, 5개 분야(문학, 물리, 화학, 생리 · 의학, 평화)에서 각 1명씩 첫 영광의 인물이 나왔다. 그중 노벨 물리학상은 음극선관 실험을 하다 우연히 X선을 발견한 독일의 뢴트겐(Wilhelm Röntgen, 1845～1923)에게 돌아갔다.

1895년 어느 날 저녁, 뢴트겐은 가림막 종이 떼는 것을 깜박 잊고 실험 기기 전원을 켰다. 그런데 놀랍게도 실험대 위에 있던 감광판 위로 어떤 빛이 퍼져나오는 광경을 목격했다. 그는 이것이 일부 고체를 통과한다는 사실을 발견하고, 아내의 손에 X선을 비추어 나타난 뼈를 사진으로 찍었다. 뢴트겐은 이를 보고 감격했지만, 아내는 "나의 죽음을 보고 말았다"고 침울하게 말했다고 한다. 그는 이 빛의 정체를 정확히 알 수 없었기에 미지의 'X'자를 붙여 X선이라고 이름 붙였다.[4-15]

회절
파동이 장애물에 부딪혔을 때 그 뒤편까지 파동이 전달되는 현상. 예를 들어 벽을 통해서 모습을 볼 수는 없지만 소리는 들을 수 있는 것은 빛은 잘 회절하지 않지만 소리는 잘 회절하기 때문이다.

X선은 발견된 지 1년 후부터 의료 분야에 활용되기 시작했다. 1912년 독일의 물리학자

라우에(Max von Laue, 1879~1960)는 X선이 결정을 통과할 때 회절한다는 것을 보여주었다. 이런 현상은 결정에서 원자 사이 공간을 측정하는 수단이 될 수 있고, X선이 나오는 각도를 이용하여 분자 구조를 예측할 수 있게 해주었다. 1950년대에 이르기까지 X-선 회절은 비타민과 콜레스테롤 등을 비롯해 세포에서 발견되는 복잡한 화학물질의 구조를 조사하는 데 사용되었다.

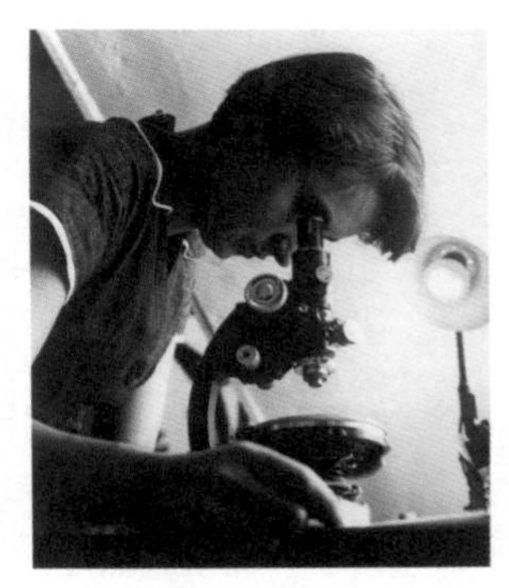

4-16 로잘린드 프랭클린(1955). © MRC Laboratory of Molecular Biology

그리고 1952년에 여성 과학자 프랭클린(Rosalind Franklin, 1920~1958)이 기념비적인 DNA의 X선 이미지, '사진 51'을 촬영하는 데에 성공했다.[4-16, 4-17] 그녀는 DNA를 뽑아 결정을 만든 다음, 60시간 이상 X선을 쪼였다. X선은 DNA를 통과하면서 산란되어 필름에 이미지를 남겼는데, 여기에 DNA 분자 구조에 대한 단서가 담겨 있었다.

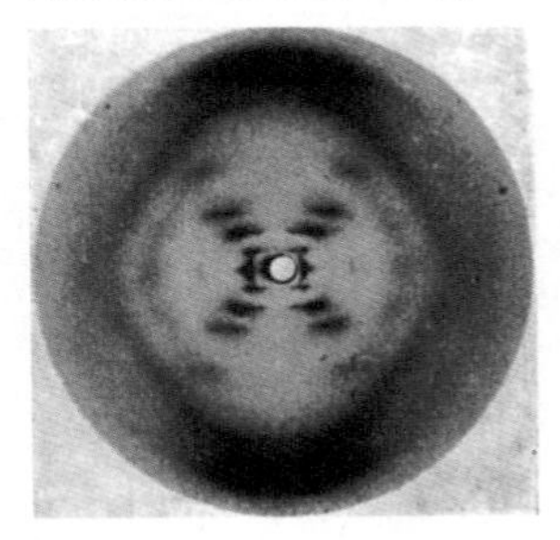

4-17 '사진 51'. 사진 51은 1953년 DNA의 구조를 밝히는 데 핵심 역할을 했다. © Raymond Gosling/King's College London

그런데 같은 대학교(킹스칼리지)에서 그녀와 경쟁 관계에 있던 윌킨스(Maurice Wilkins, 1916~2004)가 그녀의 허락 없이 이 사진을 케임브리지 대학교에서 역시 DNA 구조 규명에 몰두하고 있던 왓슨과 크릭에게 보여주었다. 이들에게 이 사진은 마지막 퍼즐 조각과 같았다.

왓슨과 크릭은 DNA가 이중나선(double helix) 구조를 이룬다고 추론했다. 무엇보다도 이중나선 구조가 '사진 51'과 샤가프 법칙에 부합되기 때문이었다. 다시 말해서, 한 개의 고리가 있는 염기(T와 C)가 두 개의 고리를 가진 염기(A와 G)와 결합할 경우 이중나선의 폭이 2nm로 일정하게

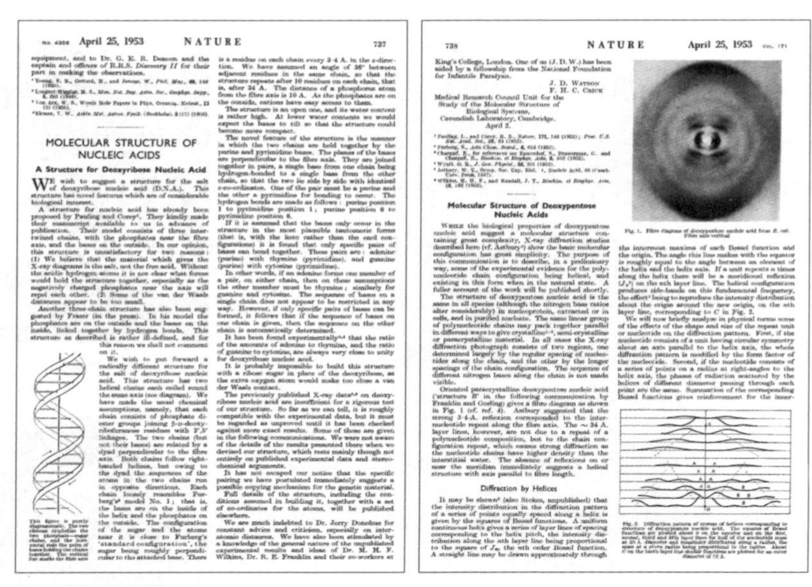

No. 4356 April 25, 1953 NATURE 737

MOLECULAR STRUCTURE OF NUCLEIC ACIDS

A Structure for Deoxyribose Nucleic Acid

738 NATURE April 25, 1953 Vol. 171

J. D. Watson
F. H. C. Crick

Molecular Structure of Deoxypentose Nucleic Acids

Diffraction by Helices

4-18 1953년 『네이처』에 실린 논문. DNA 구조와 '사진 51'이 소개되어 있다.

유지된다. 이렇게 구조가 이루어진다면 이중나선은 자연스럽게 나선을 이루게 되고, 나선 한 바퀴의 높이는 3.4nm가 된다. 왓슨과 크릭은 자신들의 연구 결과를 정리하여 1953년에 학술지 『네이처』에 발표했다.(4-18)

1962년 왓슨과 크릭, 윌킨스는 DNA 분자 구조를 밝힌 공로로 노벨상을 받았다. 노벨상 수상자 명단에 들지 못한 샤가프는 실망과 분노를 격하게 표출했다고 한다. 하지만 '사진 51'을 창출해낸 프랭클린은 아무 말이 없었다. 1958년 38세가 되던 해 난소암으로 이미 세상을 떠난 후였기 때문이다. 실험을 하면서 X선에 자주 노출된 것이 암을 일으킨 원인이라고 추측된다. 그녀는

4-19 엑소마스 프로젝트에 투입되는 로버 '로잘린드 프랭클린'. © ESA

세 번의 수술과 항암치료를 받는 힘든 투병 중에도 끝까지 연구에 전념했다. 스웨덴 한림원은 고인에게는 노벨상을 수여하지 않는다는 원칙을 지키고 있는데, 이 점이 안타까울 따름이다.

2019년 유럽우주국(ESA)은 화성 탐사선을 '로잘린드 프랭클린'이라고 명명했다. DNA 구조 규명에 큰 발자취를 남긴 과학자 로잘린드 프랭클린은 2021년 화성에서 상징적인 또 다른 발자국을 남기게 될 것이다.[4-19]

그들이 'RNA 타이 클럽'에 모인 까닭은?

유전정보 공개

전쟁 자체는 안타까운 일이지만, 제2차 세계대전을 겪으며 생물학은 혁신 기술의 유입을 보게 된다. 방사성 동위원소를 이용한 실험이 널리 가능해진 것이다. 아울러 전쟁은 다양한 이유로 여러 과학자들을 생물학 문제 연구로 향하게 했다. 특히 20세기 중반부터 물리학자들이 생명 현상 탐구에 본격적으로 뛰어들었다. 앞서 소개한 크릭과 왓슨, 프랭클린 모두 물리학에서 과학을 시작했던 인물들이다. 이들은 모두 DNA 구조 규명과, 그 이후 10여 년에 걸쳐 분자생물학의 기초를 다지는 데에 주도적 역할을 했다.

빅뱅 이론으로 유명한 천재 물리학자 가모프(George Gamow, 1904~1968)도 생명 연구에 가세했다.[4-20] 1953년 발표된 DNA 구조 규명 논문을 읽고 영감을 받은 그는 1954년, 자신과 크릭, 왓슨을 포함하여 생물학 · 물리학 · 화학 분야의 저명한 과학자 스무 명을 모아 'RNA 타이 클럽(RNA Tie Club)'을 결성해 각 회원에게 아미노산 이름 별명을 붙였다. 회원들은 RNA 무늬가 들어간 넥타이에 각자의 별명을 새긴 타이핀을 하고 모임에 참석해 친목을 다지며 담소를 나누었다.[4-21] 한마디로 자유롭고 화기애애하게 진행되는 융합 연구의 장이었다.[2]

4-20 조지 가모프.

4-21 'RNA 타이 클럽' 회원들. 왼쪽부터 프랜시스 크릭, 알렉산더 리치, 레슬리 오겔, 제임스 왓슨.

단백질 정보는 유전자에 있다

'붉은 기저귀 증후군'은 빨간 색소를 만드는 세균 감염으로 나타나는 증세인데, 그 균의 정체는 바로 '세라티아 마르세센스'(〈5-12〉 참조)이다. 그런데 또 다른 기저귀 증후군이 유전학 발전의 맨 아래 주춧돌을 놓았다. 알캅톤뇨증 환자가 검은 소변을 본다는 데서 일컬어진 '검은 기저귀 증후군'이 그것이다. 이 증상은 근친결혼으로 태어난 자녀들에게서 훨씬 더 빈번하게 출현해서 오래전부터 이 질환은 유전된

4-22 조지 웰스 비들(왼쪽), 에드워드 로리 테이텀(오른쪽).

다고 여겨졌다.

알캅톤뇨증(alkaptonuria)은 이름 그대로 소변(urine)에 담겨 있는 '알캅톤(alkapton)'이라는 화합물이 공기 중 산소를 만나 산화되면서 나타나는 징후인데, 알캅톤 분해효소 결핍이 원인이다. 이는 유전자와 단백질 사이에 모종의 관계가 있음을 암시하는 증거이기도 하다. 이후 비슷한 현상들이 많이 발견되었는데, 이에 대한 연구를 체계적으로 수행한 사람들이 미국의 유전학자 비들(George Beadle, 1903~1989)과 생화학자 테이텀(Edward Tatum, 1909~1975)이다.[4-22]

이들은 빵곰팡이에 X선을 쪼여 유전자 기능이 상실된 여러 돌연변이체를 만들었다. 그러고는 그 가운데 필수 영양소를 합성하지 못하는 돌연변이체들을 집중적으로 관찰했다. 돌연변이체를 최소 배지에서 키우면서 영양소를 하나씩 공급하며 특정 돌연변이체들이 정상적으로 자라는지를 알아보았다. 결과는 매우 흥미로웠다. 여러 돌연변이체들이 한 가지 영양소만 주면 정상적으로 자랐다. 더욱이 필요한 영양소는 돌연변이체마다 달랐다. 비들과 테이텀은 이런 결과를 특정 유전자의 기능이 손실되면 해당 영양소를 만드는 효소가 합성되지 않는 것으로 해석했다. 다시 말해 유전자가 특정 단백질의 존재를 결정짓는다는 강력한 증거를 제시한 것이다. 이 연구 결과를 근거로 1941년에 이들은 '1유전자-1효소설'을 제안했다. 이후 이 이론은 '1유전자-1단백질설', 더 나아가 '1유전자-1폴리펩티드설'로 발전한다.

보통 단백질은 20종의 아미노산 조합으로 이루어진다. 몸에서 합성되지 않는 아미노산은 동물성 또는 식물성 단백질이 포함된 음식물을 통해 섭취해야 하는데, 이들을 필수 아미노산이라고 한다. 결국 우리가 먹은 음식에 들어 있는 아미노산 중 상당수가 곧 우리 몸의 구성 물질이 된다는 말이다.

아미노산은 하나의 탄소 원자에 아미노기, 카르복실기, 수소 원자, 그리고 곁사슬(R로 표시)이 붙어 있는 구조이다. 모든 아미노산은 곁사슬만 다를 뿐 나머지 구조는 동일한데, 한 아미노산의 카르복실기가 인접한 아미노산의 아미노기를 만나면 물(H_2O)이 빠지며 연결되어 '펩티드 결합'을 이룬다. 이 결합이 2~12개 정도이면 올리고펩티드, 이보다 더 많으면 '폴리펩티드'라고 한다.(4-23)

단백질은 폼에 살고 폼에 죽는 폼생폼사 물질이다. 왜냐하면 단백질의 다양한 기능 수행 여부는 단백질의 모양, 즉 입체 구조에 따라서 결정되기 때문이다. 다시 말해서 열 또는 화학물질 등으로 구조에 변화가

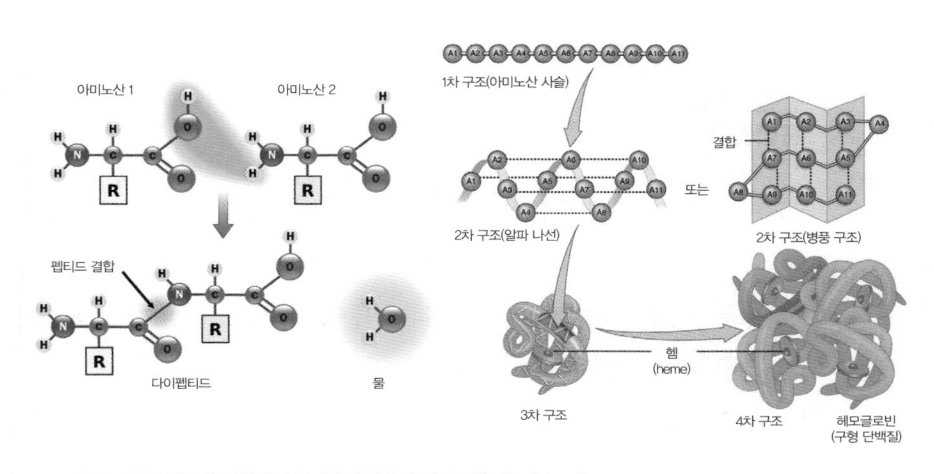

4-23 펩티드 결합 형성 반응(왼쪽)과 단계별 단백질 구조(오른쪽). © wikimedia.org

생긴 단백질은 그 기능을 제대로 수행할 수 없다. 단백질 구조에는 4가지 단계가 있다: 펩티드 결합으로 연결된 아미노산 사슬인 1차 구조, 폴리펩티드 사슬의 일부가 꼬이거나 접힌 구조를 가지는 2차 구조, 아미노산 곁사슬 간의 상호작용에 의해 단백질 전체 모습이 형성되는 3차 구조, 그리고 2개 이상의 폴리펩티드 사슬이 모여서 하나의 단백질을 이루는 4차 구조.

단백질 구조는 여러 가지 화학 결합(수소결합, 이온결합, 이황화결합 등)으로 유지되는데, 이 결합이 깨어져 단백질 구조가 풀려지면 그 모양이 바뀌어(변성) 단백질은 제 기능을 수행할 수 없게 된다. 고열이 우리 몸에 치명적인 이유를 단백질 변성에 의한 기능 이상 또는 상실이라는 관점에서 생각해볼 수 있다. 이러한 형태의 단백질이 물에 녹은 상태로 남아 있다면 주변 환경이 정상화되었을 때 원래 모습으로 돌아올 수도 있다(복원). 그러나 삶은 달걀처럼 단백질이 불용성으로 응고되면 복원될 수 없다.

유전정보를 읽다, 중심원리

유전정보의 전문용어에 해당하는 '유전자형(genotype)'은 해당 개체의 유전적 구성, 즉 개체의 모든 특성을 담고 있는 정보를 말한다. 유전자형은 잠재적인 특성을 나타낼 뿐이며, 그것 자체가 특성 자체를 말하는 것은 아니다. 생명체에서 실제로 발현되는 특성 또는 겉으로 드러나는 유전자형을 '표현형(phenotype)'이라고 한다. 분자 수준에서 말한다면, 한 생명체의 유전자형은 유전자들의 모음, 그 개체의 전체 DNA라 할 수 있다.

그렇다면 개체의 표현형은 분자 수준에서 어떻게 설명할 수 있을까? 어떻게 생각해보면 개체의 표현형은 단백질들의 모음이라 할 수 있다. 단백질은 근육의 주성분에서부터 효소와 항체에 이르기까지 생명체의 거의 모든 기능에 관여하고, 그 종류도 매우 다양하다.

우리의 모든 생물학적 정보는 DNA에 담겨 있다. 하지만 DNA에 있는 정보 자체만으로는 아무 능력도 발휘할 수가 없다. 제아무리 훌륭한 책이라 하더라도 그 책을 읽지 않으면 종이 더미에 불과하듯이, 유전정보도 읽혀질 때 비로소 생명현상을 일구어낸다. 다시 말해, 그 정보가 단백질로 만들어져야 제 기능을 하게 된다. 단백질이 대부분의 생명현상을 수행하기 때문이다.

모든 단백질은 아미노산의 개수와 조성 비율이 다를 뿐 모두 20가지 아미노산의 중합체이다. 문제는 DNA의 4가지 염기로 어떻게 서로 다른 20개 아미노산 정보를 감당할 수 있느냐이다. 염기 하나가 아미노산을 하나씩 지정한다면 16개의 아미노산에 대해서는 유전자 정보를 지정할 수 없다. 해결책은 3개의 인접한 뉴클레오타이드 염기, 곧 '코돈(codon)'이 하나의 아미노산을 담당하는 것이다. 이 경우 총 64개(4×4×4)의 서로 다른 조합이 만들어진다.

흥미롭게도 이러한 논리적 추론을 제안한 사람이 가모프였다. 그는 RNA 타이 클럽 모임에서 코돈에 대한 아이디어를 냈고, 이를 바탕으로 여러 과학자들이 유전부호 해독 방법에 대해 자유롭게 토론했다. 하지만 해독에 성공하지는 못했다. 이후 유전부호 해독은 생화학적 실험을 통해 이루어졌다.

이 실험의 기본 원리는 시험관에 단백질 합성이 가능한 조건을 만들고,

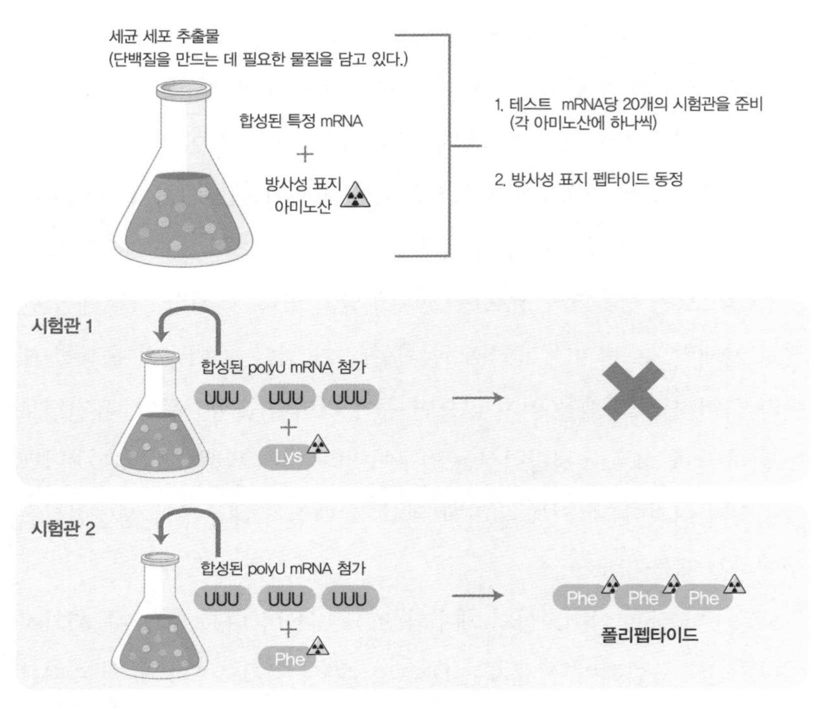

4-24 니렌버그 실험.

여기에 염기서열을 알고 있는 RNA를 합성해서 집어넣어 반응을 진행한 다음, 만들어진 산물을 확인하는 것이다. 가장 먼저 개가를 올린 사람은 니렌버그(Marshall Nirenberg, 1927~2010)였다. 당시 미국 국립보건원(NIH)에서 연구를 수행하던 그는 우라실(U)만으로 이루어진 mRNA를 이용하여 UUU가 페닐알라닌을 지정하는 유전부호임을 알아냈다.(4-24)

이후 여러 연구자들이 가세하여 염기가 정확하게 조합된 RNA를 합성하는 기술이 개발되었으며, 마침내 64개 코돈이 각각 담당하는 아미노산 종류가 밝혀졌다. 64개 중 61개는 특정 아미노산을 지정하는 부호로 기능하고, 나머지 3개에는 대응하는 아미노산이 없어서 이 부호가 오게 되면 단백질 합성이 끝난다. 유전부호인 코돈은 박테리아에서 사람에 이르기까지 모든 생명체에서 동일하게 사용된다.[4-25]

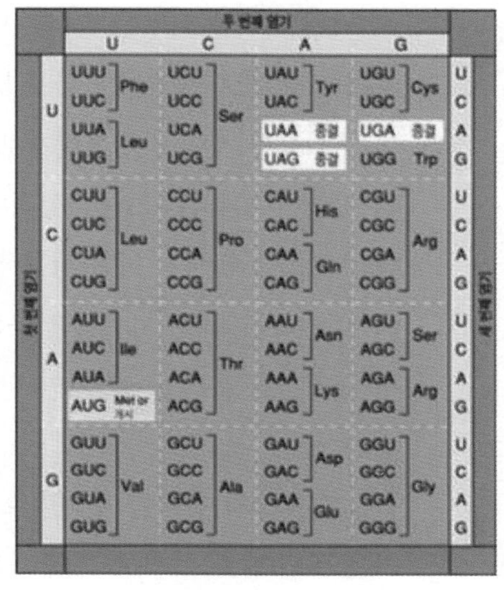

첫 번째 염기	두 번째 염기: U	C	A	G	세 번째 염기
U	UUU, UUC Phe; UUA, UUG Leu	UCU, UCC, UCA, UCG Ser	UAU, UAC Tyr; UAA 종결; UAG 종결	UGU, UGC Cys; UGA 종결; UGG Trp	U C A G
C	CUU, CUC, CUA, CUG Leu	CCU, CCC, CCA, CCG Pro	CAU, CAC His; CAA, CAG Gln	CGU, CGC, CGA, CGG Arg	U C A G
A	AUU, AUC, AUA Ile; AUG Met or 개시	ACU, ACC, ACA, ACG Thr	AAU, AAC Asn; AAA, AAG Lys	AGU, AGC Ser; AGA, AGG Arg	U C A G
G	GUU, GUC, GUA, GUG Val	GCU, GCC, GCA, GCG Ala	GAU, GAC Asp; GAA, GAG Glu	GGU, GGC, GGA, GGG Gly	U C A G

4-25 코돈, 유전부호 표.

세포에서 일어나는 생명현상은 기본적으로 유전자 발현, 즉 DNA 염기서열에 담겨 있는(부호화된) 정보를 읽어내는 과정이다. 이러한 정보의 전달은 두 단계를 거쳐 일어난다. 우선 DNA에 있는 정보가 전령 RNA(mRNA)로 전해진 다음, 이 정보에 따라 세포질에서 단백질을 합성한다. 첫 단계(DNA → mRNA)를 '전사', 두 번째 단계(mRNA → 단백질)를 '번역'이라고 부르며, 전체 과정을 '중심원리(Central Dogma)'라고 한다.[4-26]

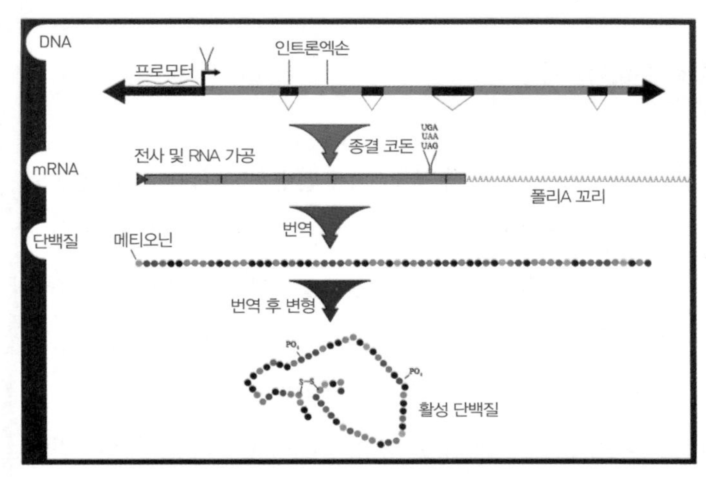

4-26 진핵세포의 중심원리.
© wikimedia.org

중심원리라는 작명은 크릭의 작품이다. 그런데 DNA에 저장된 유전정보가 단백질로 변하는 과정을 가리키는 이름에 '도그마(dogma)'라는 단어를 사용한 것이 흥미롭다기보다는 의아하다. 그는 도대체 왜 독단적인 신념이나 학설 또는 이성적이고 논리적인 비판과 증명이 허용되지 않는 교리를 뜻하는 이 단어를 선택했을까? 그 이유는 유전정보의 흐름이 일방통행이라는 사실을 강조하기 위해서였다. 이 생명정보는 DNA에서 단백질로 흘러들어가기만 할 뿐 절대로 흐름을 거슬러 나오지는 않는다.

전사(轉寫)의 한자를 우리말로 풀면, 글이나 그림 따위를 옮기어 베낀다는 뜻이다. DNA와 RNA의 기본 화학성분과 구조가 거의 같다는 사실에 비추어보면 DNA의 유전정보가 RNA에 옮겨지는 과정을 '전사'라고 명명한 이유를 알 수 있다. 이에 반해 RNA로 복사된 유전정보가 단백질로 전환되는 과정은 4개의 염기로 된 DNA 언어가 20개의 아미노산으로 이루어지는 '단백질 언어'로 바뀌는 것이기 때문에 '번역'이라고 부른다.

유전자 정보를 받아쓰다, 전사와 번역

DNA 구조 규명에 이어 전령 RNA(mRNA)가 발견되면서, 이것이 만들어지는 전사 과정에 대한 연구가 활발히 진행되었다. 전사는 개시와 신장, 종결, 이렇게 세 과정으로 나누어 살펴볼 수 있다. 개시는 해당 유전자 앞쪽에 있는 특정 부위인 '프로모터'에 RNA 중합효소를 포함한 여러 단백질이 결합하면서 일어난다.

신장은 RNA 중합효소가 5'에서 3' 방향으로 이동하면서 정보를 받아

쓰는 과정이다. 이 작업이 진행될 때 해당 부위의 DNA 이중나선만 풀어지고, 중합효소가 지나가고 나면 풀어졌던 이중나선이 다시 결합한다. 이렇게 진행하던 효소가 특정 염기서열(종결 부위)을 만나면 DNA에서 떨어진다. 이것이 종결이다.

인간을 비롯한 진핵생물의 유전자 대부분은 가지고 있는 단백질 정보가 통으로 이어지지 않고 여러 토막으로 되어 있다. 각 토막을 '엑손(exon)', 엑손들 사이에 끼어 있는 부위를 '인트론(intron)'이라고 부른다. 인트론에는 단백질에 대한 정보가 없다. 따라서 처음 만들어진 mRNA에는 엑손과 인트론이 모두 들어 있다. 비유컨대 책 중간 중간에 백지가 끼어들어 있는 것처럼 말이다.

단백질 합성에 필요 없는 인트론들은 전사가 끝나고 제거되는데, 이를 'RNA 스플라이싱(splicing)'이라고 한다. RNA 스플라이싱이 일어날 때 제거되는 인트론의 종류와 개수에 따라 다양한 mRNA가 생길 수 있다. 이를 '대체 RNA 스플라이싱(alternative RNA splicing)'이라 한다.

따라서 하나의 유전자에서 상이한 mRNA를 만들 수 있다. 다시 말해, 동일한 유전자로부터 여러 단백질이 생길 수 있는 것이다. 이 덕분에 인간의 유전자는 2만여 개이지만, 10만여 개가 넘는 단백질이 합성될 수 있다. 이뿐만이 아니다. mRNA 전구체는 합성 직후 화학적 변화를 겪는다. 5' 말단과 3' 말단에 각각 'GTP 캡'과 '폴리A 꼬리'가 붙는다.

이런 게 왜 필요할까? 우선 꽤 먼 길을 가야 하는 mRNA를 보호하고 돕기 위해서이다. 진핵세포에서는 핵막이 전사와 번역을 분리시킨다. 다시 말해, 핵 안에서 만들어진 mRNA가 세포질로 나가야 단백질 합성이 가능해지는데, mRNA의 크기를 고려하면 이는 머나먼 여정이다. 외출할 때 모자와 신발을 챙기는 것과 비슷하다고 볼 수 있다. 반면 핵이 없는 원핵세포에서는 이런 mRNA 가공이 일어나지 않는다. 심지어 전사가 진행 중인 mRNA에 리보솜이 결합해 번역을 하기도 한다.

DNA 구조가 밝혀진 후, DNA 기능 연구를 수행하던 중에 또다른 흥미로운 사실 하나가 발견되었다. 아미노산은 단백질 성분으로 유입되기 전에 항상 작은(76~90 뉴클레오타이드) RNA 분자에 결합해 있었다. 운반 RNA(tRNA)가 발견된 것이다. 이어서 mRNA가 발견되고, 리보솜의 기능이 알려지면서 번역 과정에 대한 본격적인 연구가 시작되었다.(4-27)

번역은 mRNA가 전하는 정보에 따라 단백질을 합성하는 작업이다. 말하자면, mRNA의 각 코돈이 지정하는 아미노산을 순서대로 가져다 연결시키는 일이다. 아미노산 운반은 tRNA의 몫이다. 즉 특정 아미노산을 운반하는 tRNA가 mRNA의 코돈에 상보적인 안티코돈(anticodon)의 도움으로 정렬하여 인접한 아미노산 간의 결합이 일어나게 된다.

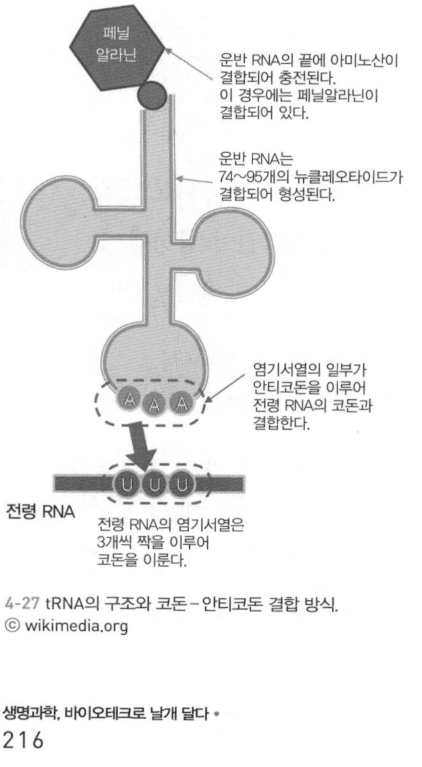

그런데 완벽한 번역을 위해서는 몇 가지 종류의 tRNA가 필요할까? 아미노산을 암호화하는 코돈은 61개이니까 서로 다른 안티코돈이 있는 61종류의 tRNA가 필요할 거라고 답하기 쉽다. 하지만 세포에서 실제로 발견되는 안티코돈의 종류는 이보다 훨씬 적다.

왜 그럴까? 유전자 부호표를 자세히 살펴보자. 하나의 아미노산에 대해 복수의 코돈이 존재한다. 그런데 이들은 세 번째 염기만 다르다. 달리 말하면,

4-27 tRNA의 구조와 코돈-안티코돈 결합 방식.
© wikimedia.org

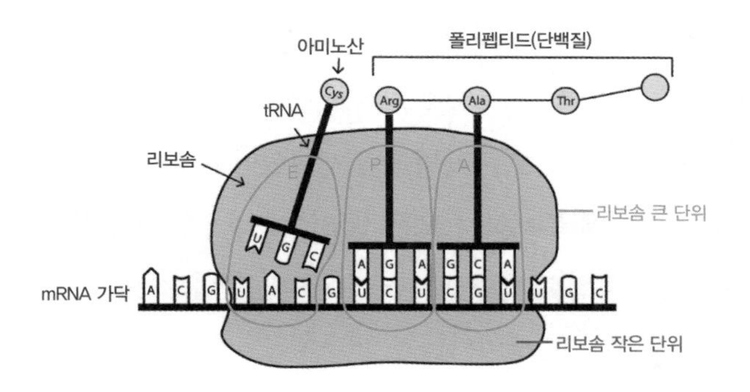

4-28 단백질 합성 과정. © wikimedia.org

코돈의 세 번째 염기가 달라져도 지정하는 아미노산은 같다는 말이다. 실제로 tRNA 안티코돈의 5' 말단의 U는 짝을 이루는 mRNA 3' 말단(코돈 세 번째 위치의 염기)의 A 또는 C 모두와 결합할 수 있다.

이와 같은 코돈과 안티코돈 사이의 융통성 있는 결합 양상을 '워블(wobble, 동요)'이라고 한다. 예컨대 우리 인간 세포에는 안티코돈이 상이한 tRNA가 총 51종류 있다.

리보솜은 mRNA와 tRNA에게 만남의 장을 제공한다. 즉, 단백질 합성이 일어나는 장소인 것이다. 리보솜은 단백질과 리보솜 RNA(rRNA)로 구성되며, 3개의 방(tRNA가 접근하는 A자리, 펩티드 결합이 일어나는 P자리, 출구인 E자리)이 존재한다.[4-28] 번역은 개시-신장-종결의 3단계로 나누어 이루어진다.

리보솜의 작은 단위에 mRNA, tRNA, 개시인자, 리보솜 큰 단위 등이 결합하여 '번역개시 복합체'가 형성되면서 번역이 개시된다. 이후 아미노산 수가 늘어나는 폴리펩티드 합성이 일어나는데, 이를 '신장'이라 한다. 신장 과정은 A자리에서의 코돈인식, 펩티드 결합, P와 E자리로의 위치이동 등 3단계에 거쳐 진행된다. 경우에 따라 여러 개 리보솜이 폴리리보솜을 형성하여 단일 mRNA를 동시에 번역할 수 있다. mRNA의 UAG, UAA, UGA 등의 코돈이 출현하면 방출인자가 결합하여 번역이 종결된다.

한마디로, 중심원리는 모든 생명체의 생명원리이다. 그리고 이 원리는 기본적으로 지구상에 존재하는 모든 생명체에서 동일하게 적용된다. 결국 생명현상이란 동일한 언어(DNA 염기서열)와 문법(유전부호)을 통해 이루어지는 정보의 흐름인 셈이다!

세포들의 알뜰살뜰 슬기로운 경제생활

유전자 발현 조절

앞에서 생명현상이 정보의 흐름이라고 정리했다. 이를 생물학 용어로 표현하면 '유전자 발현'이고, 그 결과물이 물질대사이다. 유전자 발현과 물질대사는 서로 통합되어 있으며, 상호의존적이다. 세포 안에서는 엄청난 수의 대사반응이 끊임없이 일어나고 있다. 모든 대사반응은 효소의 촉매에 의해 일어난다. 따라서 효소의 기능을 조절하면 반응을 통제할 수 있다. 그런데 거의 모든 효소는 단백질이고, 단백질 합성에는 에너지가 많이 소비되기 때문에 이를 적절히 조절하는 것은 세포의 에너지 수급 차원에서 매우 중요한 문제이다.

유전자 발현 조절은 기본적으로 전사 차원에서 이루어지며, 유전자와 단백질의 상호작용이 그 핵심이다. 쉽게 말해서 어떤 단백질이 DNA 어디에 결합하느냐가 관건인 셈이다. 비유컨대, 세포가 유전자 발현을 조절하는 메커니즘은 가정에서 전기를 아끼려는 노력과 닮은꼴이다. 즉 냉장고는 항상 사용중이지만, 에어컨은 여름철 외부 기온에 따라 적절하게 가동시키며, 실내등과 TV는 하루에도 여러 번 켜기와 끄기를 반복한다. 모든 가전제품을 불필요하게 계속 켜놓으면 전기요금 폭탄은 말할 것도 없고, 생활에 큰 불편이 초래될 것이다. 이를 방지하려면 적절한 상황 판단에 따라 올바르게 행동해야 한다.

4-29 프랑수아 자코브(1965).

이 기본 원칙은 세포에도 그대로 적용된다. 필요하지 않은 단백질이라면 애당초 전령 RNA부터 만들지 않는 게 효율적일 것이다. 이렇게 단백질 합성을 전사 수준에서 관장하는 컨트롤 타워의 실체를 밝히는 돌파구를 20세기 중반 두 명의 프랑스 생물학자가 열었다.

4-30 자크 모노(1965).

오페론 모델, 원핵세포의 조절 노하우

프랑수아 자코브(François Jacob, 1920~2013)와 자크 모노(Jacques Monod, 1910~1976)는 대장균 배양 과정에서 흥미로운 현상을 발견했다.(4-29, 4-30) 포도당이 있으면 대장균이 젖당을 전혀 먹지 않는 일종의 편식 현상을 목격했던 것이다.

그 이유를 밝히기 위해 두 학자는 대장균에서 젖당 분해과정에 필요한 효소들의 합성이 유도되는 과정을 연구했다. 그리고 1961년 마침내 '오페론(operon) 모델'을 정립했다.

젖당 흡수와 분해에는 3가지 효소, 젖당을 분해하는 β-갈락토시데이스(LacZ)와 세포 안으로 젖당을 수송하는 젖당투과효소(LacY), 아세틸기 전이효소(LacA) 등이 필요하다. 이들 유전자는 대장균 염색체 상에 연이어 나란히 위치하는데(*lacZ–lacY–lacA*), 맨 앞에는 세 유전자 발현의 스위치에 해당하는 DNA 부위가 존재한다. 효소 정보가 들어 있는 유전자를 '구조 유전자'라고 부르는데, 이 정보에 따라 해당 단백질 구조가 결정되기 때문이다.

조절 부위에는 유전자 발현을 켜는(On) 스위치, 프로모터(promoter)와 끄는(Off) 스위치, 작동부위가 있다. 프로모터는 RNA 중합효소 단백질이 결합하여 전사를 시작하는 곳이고, 작동부위에는 억제 단백질이 붙어서 전사를 막는다. 이처럼 하나의 조절 부위와 이것의 통제를 받는 인접 유전자들을 함께 묶어 '오페론'이라고 한다.[4-31]

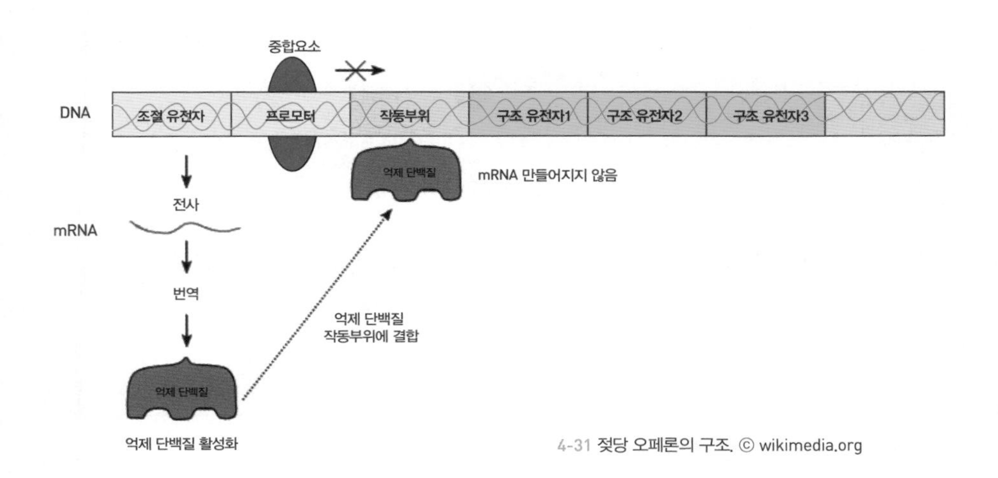

4-31 젖당 오페론의 구조. © wikimedia.org

억제 단백질 유전자는 보통 해당 오페론에서 비교적 멀리 떨어져 있다. 이 단백질은 활성 조건에 따라 두 종류로 나뉜다. 그 자체로는 활성이 없고 특정 물질이 결합해야 비로소 작동부위에 결합하는 것과, 정반대로 특정 물질이 결합하면 비활성화되는 것이다.

예컨대, 젖당 오페론의 억제 단백질은 젖당이 없으면 오퍼레이터 자리에 결합해서 전사를 막는다. 젖당이 존재하는 경우에는 억제 단백질이 작동부위 대신 젖당 대사물질에 결합하게 되고, 이런 상태가 되어야 비로소 젖당 분해 효소 유전자들이 전사되기 시작한다. 다시 말해서, 젖당이 오페론의 구조 유전자 발현을 유도한다. 이처럼 특정 물질에 의해 그 발현이 유도되는 오페론을 '유도형 오페론'이라고 한다.

그렇다면 정반대 성격의 오페론도 있을까? 물론이다.

'억제형 오페론'에서는 구조 유전자들이 억제되기 전까지 계속 전사된

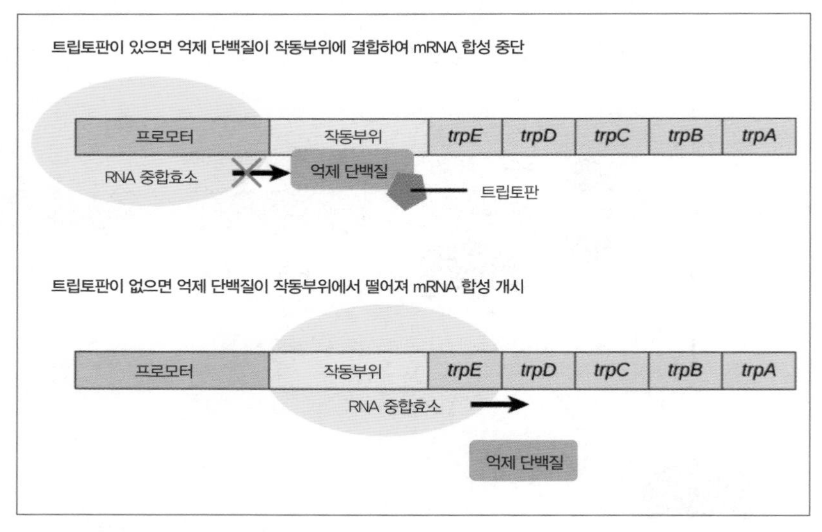

4-32 트립토판 오페론의 구조. © wikimedia.org

다. 대표적으로 아미노산의 일종인 트립토판 합성에 관여하는 효소 유전자들이 이와 같은 방식으로 조절된다. 구조 유전자들이 발현되어 트립토판이 만들어지다가 트립토판의 양이 너무 많아지면 트립토판이 억제 단백질을 활성화시킨다. 구체적으로 말하자면, 억제 단백질은 트립토판이 결합한 후에야 비로소 작동부위에 결합할 수 있다. 억제 단백질을 도와 구조 유전자의 전사를 막는다는 의미에서 트립토판을 '보조 억제자'라고 부른다.[4-32]

이제 대장균이 주변에 젖당이 있을 때만 해당 유전자를 발현시키는 이유를 이해했다. 하지만 여전히 궁금한 게 있다. 자코브와 모노가 발견한 대로 포도당이 함께 존재하면 대장균은 젖당을 일절 건드리지 않는다. 엄연히 젖당이 있음에도 불구하고 젖당 오페론이 꺼져 있는 것이다. 왜 그럴까? 간단히 답하면, 포도당이 젖당 오페론의 발현을 억제하기 때문이다. 그 원리는 다음과 같다.

사실, 억제 단백질이 작동부위에서 분리되는 것만으로는 젖당 오페론이 발현되지 않는다. 추가로 'CAP'이라고 부르는 촉진 단백질이 젖당 오페론 프로모터에 먼저 결합해야 한다. CAP이 붙어 있어야 RNA 중합효소가 쉽게 결합하여 전사를 시작할 수 있기 때문이다. 그런데 CAP도 혼자서는 역할을 못하고, '고리형 AMP(cAMP)'라는 작은 화합물이 결합해야 비로소 활성을 띤다.

그런데 cAMP 양은 세포 내 포도당의 양에 반비례한다. 다시 말해, 포도당이 줄면 cAMP가 축적된다. 결과적으로 CAP에 결합할 수 있는 cAMP가 많아진 것이다.

요약하면 다음과 같다.

포도당 감소 → cAMP 증가 → CAP 활성화 → 젖당 오페론 프로모터에 RNA 중합효소 결합

오페론은 하나의 조절 부위를 이용하여 기능이 연관된 유전자들의 발현을 동시에 효율적으로 제어하는 전사 단위이다. 보통 단세포 생물로 살아가는 원핵생물의 전사 조절에 오페론은 핵심적인 역할을 수행한다. 반면 진핵생물의 유전자는 각각 프로모터를 가지고 있어서 진핵생물에는 오페론이 없는 것으로 알려져왔다. 하지만 최근에는 진핵생물에서도 발현이 공동으로 조절되는 오페론과 유사한 유전자 무리들이 발견되고 있다.

중요한 것은 오페론의 존재 여부가 아니라, 모든 생명체에서 전사 단계의 유전자 발현 조절은 'DNA-단백질 상호작용'에 의해 이루어진다는 사실이다. 다시 말해서, 해당 유전자 앞에 있는 조절 부위에 여러 단백질들이 붙었다 떨어졌다 하면서 전사를 조절한다.

진핵세포에는 다양한 유전자 발현 조절 원리가 있다

DNA와 단백질의 상호작용이라는 기본 원리는 같지만, 진핵세포는 원핵세포와는 다른 몇 가지 특성을 가지고 있다. 우선 진핵세포는 오페론 대신에 각 유전자가 저마다 프로모터를 보유하고 있다.

또 다른 중요한 차이점은 DNA 입체 구조에 있다. 진핵세포의 DNA는 원핵세포에 비해 훨씬 더 빽빽하게 응축되어 있다. 따라서 진핵세포에

서는 조절 단백질들이 DNA에 접근하기가 훨씬 더 어렵다. 심지어 접근 자체가 원천 봉쇄되기도 한다.

각 염색체는 하나의 DNA 분자이다. 사람을 예로 들면, 각 체세포에는 46개(23쌍)의 염색체가 들어 있다. 체세포 한 개에 있는 DNA를 모두 한 줄로 이어서 펴면 약 2미터에 달한다. 세포 크기가 중고등학교 교실만 하다면 DNA 길이는 서울-부산을 세 번 왕복하고도 남을 정도다. 더욱 놀라운 사실은 이런 DNA가 세포 전체가 아니라 핵 안에 존재한다는 점이다. 이게 어떻게 가능할까? 기적과도 같은 이런 응축의 비밀은 '히스톤'이라는 실패에 감겨 있다.[4-33]

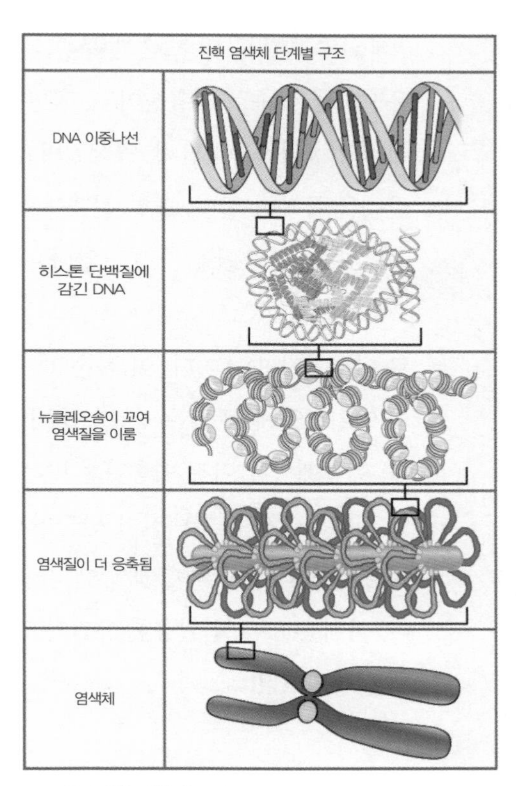

4-33 DNA 응축 과정. © wikimedia.org

DNA는 그 뼈대를 이루는 수많은 인산기(PO_4^-) 때문에 분자 전체가 음성(-)을 띤다. 히스톤은 양성(+)을 띠는 단백질이다. DNA와 히스톤의 결합체가 DNA 응축의 기본 단위로 작용하는 '뉴클레오솜(nucleosome)'이다. 뉴클레오솜은 다시 접힘과 꼬임을 거듭하여 300나노미터(nm) 정도로 작아져 핵 안에 자리를 잡을 수 있다. 이 구조를 '염색질'이라고 한다.

염색질에는 단백질과 DNA가 상대적으로 더 밀집되어 있는 부위(이질

염색질)와 반대로 더 느슨한 부위(진정염색질)가 있다. 이질염색질에 있는 유전자들은 주로 비활성이고, 활발히 기능하는 유전자들은 진정염색질에 위치한다. 다시 말해, 염색질의 응축 정도가 진핵세포의 전사 조절에 한몫을 톡톡히 한다. 또한 진핵세포는 전사 이후에도 유전자 발현을 억제할 수 있는 수단을 가지고 있다.

마이크로 RNA(microRNA, miRNA)는 보통 22개 정도의 뉴클레오타이드로 이루어진 RNA이다. 이 작은 RNA 조각은 세포 안을 돌아다니다가 자기 염기서열에 꼭 맞는(상보적인) 서열이 있는 mRNA를 만나면 달라붙는다. 이렇게 만들어진 이중나선 RNA는 효소에 의해 분해되기 때문에 해당 mRNA에서는 단백질이 만들어지지 않는다. miRNA는 암을 비롯한 여러 질병의 발생 과정에서 핵심적인 역할을 하는 것으로 밝혀지고 있다. 이에 miRNA를 활용한 유전자 조절 기술 개발을 위한 연구가 활발하게 진행되고 있다.

수도사 멘델이 콩나무를 키우다 발견한 것은?

유전학

1800년대 중반 오스트리아의 시골 마을 모라비아(지금은 체코 영토)에 위치한 수도원에서 한 사제가 완두콩을 키우고 있었다. 양곡 수확을 위한 것만은 아니었다. 어려서부터 자연에 대한 호기심이 많았던 그는 비록 여의치 않은 가정환경 때문에 성직자의 길을 택했지만 여전히 과학에 관심이 많았다. 이런 사정을 하늘도 알았는

도플러 효과
도플러는 트럼펫 연주자를 기차에 태운 채 역으로 기차가 들어오고 떠날 때 한 음을 연주하게 하여 기차역에 있는 사람들에게 기차가 다가올 때는 음이 높아지지만 멀어질 때는 음이 낮아지는 것을 실감하게 했다. 이렇게 파동을 일으키는 물체와 관측자가 가까워질수록 파동의 주파수가 높게, 멀어질수록 낮게 관측되는 현상이 도플러 효과이다.

4-34 그레고어 멘델.

지 그에게 빈 대학 유학 기회가 찾아왔다. 그는 빈 대학에서 저명한 과학자 도플러에게 물리학을 배웠다. 도플러 효과로 유명한 바로 그 과학자이다.

이를 계기로 이 사제는 자연현상에는 일정한 법칙이 있는데, 체계적으로 분석하면 그 원리를 알아낼 수 있을 것이라 생각하게 되었다. 그래서 그는 완두콩의 유전현상을 한꺼번에 관찰하지 않고 꽃 색깔과 콩 모양처럼 특성을 한 가지씩 따로 관찰하기 시작했다. 이 사제가 바로 멘델(Gregor Johann Mendel, 1822~1884)이다.[4-34] 1865년 멘델은 7년여에 걸친 완두콩 실험 결과를 발표함으로써 근대 유전학의 토대를 놓았다.[4-35]

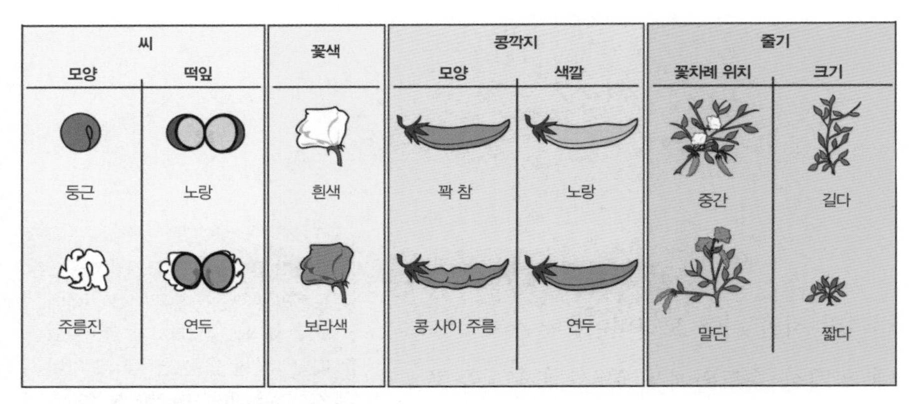

4-35 멘델이 유전 실험에서 사용한 완두콩의 특징들. © wikimedia.org

사라지지 않고 가려질 뿐, 유전자는 입자다

농부들은 멘델보다 훨씬 앞서 이미 수백 년 동안 작

물과 가축을 선별적으로 육종하고 있었다. 그들은 자손의 특성은 부모에게서 물려받는다는 원칙에 근거하여 원하는 특성을 가진 개체들을 교배시켰다. 하지만 유전 현상의 기본 원리에 대해서는 별 관심을 두지 않았다.

멘델은 꽃 색깔 또는 콩 모양이 서로 다른 완두콩을 선택해서 교배시켰다. 그런 다음 각 세대에 특징을 보이는 완두콩 나무 수를 세어보았다. 교배된 식물의 바로 다음 세대, F1에서는 하나의 특징만 나타났다. 예컨대, 보라 꽃과 흰 꽃 완두콩을 교배하면 모두 보라색 꽃을 피웠다. 혼합색은 없었다.

F는 자손을 뜻하는 영어 단어 'filiation'의 첫 글자이다. 멘델은 보라 꽃처럼 F1에서 나타나는 특징을 '우성', 반면 흰 꽃처럼 가려진 것을 '열성'이라고 지칭했다. 여기서 말하는 우열은 우월과 열등의 의미가 아니라 하나의 해당 특징이 드러나거나 가려짐을 뜻한다. 따라서 좋은 열성도, 나쁜 우성도 있다. 대표적인 예로 쌍꺼풀, 보조개 등은 보통 원하는 우성이지만, 대머리는 그 누구도 바라지 않는 우성이다.

2002년 영국 BBC 방송은 금발미녀가 200년 후에는 멸종될 수 있다는 보도를 했다. 곧이어 미국에서 천연 금발은 20명 중 1명 꼴이라는 조사결과가 알려지면서, 인종의 용광로라고 불릴 만큼 다양한 인종이 함께 살고 있는 미국에서 금발이 사라지는 것은 시간문제라는 예측이 나오고 있다. 왜 금발이 줄어드는 것일까? 금발은 멘델이 약 150년 전에 이미 파악한 열성 형질이기 때문이다. 서양인들에게 금발은 갖고 싶은 좋은 열성이겠지만 말이다.

멘델은 F1 완두콩 나무를 대상으로 자가수분(自家受粉)을 시도했다. 많은 식물이 꽃 하나에 암술과 수술을 모두 가지고 있다. 자가수분에는 같은 꽃에서 수분을 시키는 자화수분과 식물 하나에 피어 있는 서로 다른 꽃에서 수분을 시키는 타화수분이 있다. 멘델은 전자를 택했다. 수분은 수정과 다르기 때문에 자가수분이 되었다고 해서 반드시 수정이 일어나는 것은 아니다. 사실 자화수분으로 수정이 되는 식물은 흔치 않은데, 완두콩은 그 드문 식물 가운데 하나이다. F1 완두콩의 자화수분 결과, 그 다음 세대 F2에서는 우성과 열성의 비율이 대략 3 대 1로 나타났다.

옛사람들은 막연하게 유전물질이 자손에서 섞인다고 생각했다. 빨간색 물감과 하얀색 물감이 섞이면 분홍색 물감이 되는 것처럼 말이다. 하지만 멘델은 과학적 실험을 통해 이런 오해를 바로잡고, 개체의 특성을 결정하는 유전 단위를 '인자'라고 칭했다. 인자는 부모에서 자손으로 전달되므로 모든 자손들은 두 개의 인자를 가진다. 생명체의 모든 특성에는 각각에 해당하는 인자가 있는데, 보통 다른 버전으로 존재한다. 보라색과 흰색 완두콩 꽃처럼 말이다.

멘델은 또한 인자들이 F1 세대에서 하나로 합쳐지지 않고 독립적으로 F2로 전달된다는 사실도 간파했다. 그는 자신의 관찰을 두 가지 유전법칙으로 요약했다. 각 부모에서 쌍으로 존재하는 인자는 분리되어 하나만 자손으로 전달된다. 이것이 '분리의 법칙'이다. 둘 중 어떤 것이 유전될지는 우연의 문제이다. 그리고 다른 인자들은 서로 독립적으로 자손에게 전달된다. 이것이 '독립의 법칙'이다.

멘델 유전의 이해,
유전학의 발전

멘델이 말한 인자를 지금은 '유전자'라고 부르며,

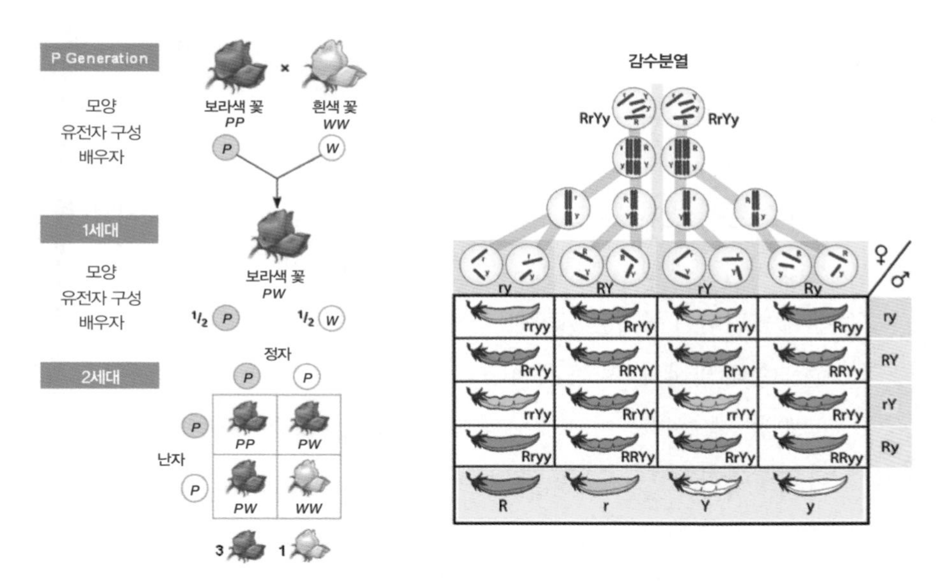

4-36 분리의 법칙(왼쪽)과 독립의 법칙(오른쪽). © wikimedia.org

쌍을 이루는 각각을 '대립유전자'라고 한다. 또한 겉으로 드러나는 특정 유전 현상을 '표현형(phenotype)'이라 하고, 이런 현상이 나타나게 하는 유전자 조성을 '유전자형(genotype)'이라 한다.

대립유전자를 기호로 표시하면 멘델 유전을 좀 더 쉽게 이해할 수 있다. 보라색과 흰색 유전자를 각각 P와 W로 표시하자. 처음 식물의 꽃 색깔(표현형) 유전자형은 PP와 WW이다. 이 둘의 교배로 생겨난 F1 식물은 P와 W를 각각 하나씩 물려받아 PW가 된다. P는 항상 우성이어서 F1은 모두 보라색 꽃을 피운다. F1 식물의 P와 W는 완전히 무작위로 F2에게 전달된다. 따라서 F2 식물에서는 PP, PW, WP 또는 WW가 나타날 수 있는데, 그 확률은 똑같다. 이 가운데 오직 WW 유전자형만이 흰 꽃을 피운다. 다른 세 개의 꽃은 보라색이다. 표본 크기가 충분히 커지면 보라 꽃과 흰 꽃의 비율은 3 대 1이 될 것이다.[4-36]

완두콩은 멘델의 탁월한 선택이었다. 이 식물은 번식도 빠르고 뚜렷한 특징을 가지고 있기 때문이다. 하지만 실제 유전학이 항상 그렇게 간단하지는 않다. 사실 근대유전학은 멘델의 법칙을 따르지 않는 예에 대한 연구를 통해 발전했다고 할 수 있다. 이는 멘델의 법칙이 잘못되었다는 것이 아니라 멘델의 법칙을 다양한 생명체의 유전에 적용하는 과정에서 멘델이 밝히지 못했던 복잡한 유전 양상을 설명함으로써 멘델의 유전학설을 확대 발전시켰다는 뜻이다.

멘델의 유전 법칙이 그대로 적용되지 않는 대표적인 사례를 소개하면 다음과 같다.

- 대립유전자가 공동 우성이거나 불완전 우성인 경우가 있다. 불완전 우성은 두 대립유전자의 특성이 섞여 함께 나타난다. 예를 들면, 빨간 꽃과 흰 꽃 식물의 교배를 통해 분홍색 꽃 식물이 탄생하는 경우이다. 공동 우성의 경우에는 해당 개체에서 두 가지 특성이 모두 나타난다. 말과 고양이를 비롯한 일부 동물의 얼룩덜룩한 털 색깔이 여기에 해당한다.
- 사람의 ABO 혈액형처럼 대립유전자의 종류가 세 개 이상인 복대립유전자도 멘델의 법칙에서 예외인 경우이다. 사람 혈액형의 대립유전자 A, B, O의 우열관계를 살펴보면 A와 B는 서로 공동 우성이지만, O에 대해서는 완전 우성이다. 그 결과 혈액형은 다음과 같이 나타난다.

유전자형	AA, AO	BB, BO	AB	OO
표현형(혈액형)	A형	B형	AB형	O형

• 같은 염색체에 존재하는 대립유전자 쌍은 독립의 법칙을 따르지 않는다.
• 하나의 유전자가 표현형을 결정하는 경우도 있지만, 일반적으로는 여러 유전자가 하나의 표현형 결정에 관여한다. 예컨대, 머리카락(직모, 곱슬)과 쌍꺼풀 유무, 귓불(부착형, 분리형) 등은 유전자 하나로 결정되는 '단일인자유전'이다. 반면, 키와 몸무게, 피부색 등은 여러 개의 유전자로 결정되기 때문에 '다인자유전'이라고 한다. 다인자유전에 의한 표현형은 해당 집단 내에서 연속적으로 나타나는 것이 특징이다.

유전자가 성차별을 한다?

대부분의 생명체에서 나타나는 암수 구분도 분명한 표현형 가운데 하나이다. 같은 종의 생물 체세포에 들어 있는 염색체는 수와 모양이 같다. 사람 체세포에 들어 있는 염색체는 모두 46개로 서로 모양과 크기가 같은 23쌍의 상동 염색체로 구성되어 있다. 이 염색체 중 22쌍이 상염색체이고, 1쌍이 X 또는 Y와 같은 성염색체로 구성되어 있다. 사람이 지니고 있는 46개의 염색체는 어머니와 아버지에게서 각각 23개씩 물려받은 것이다.

이처럼 생물의 성은 보통 특정 염색체의 존재 여부에 따라 결정된다. 우리가 속해 있는 포유류를 비롯한 많은 동물의 성별은 X-Y 체계로 되어 있다. 난자에는 X염색체만 들어 있기 때문에 정자에 존재하는 염색체에 따라 자손의 성이 결정된다: XX(암컷), XY(수컷). 메뚜기와 바퀴벌레 같은 일부 곤충에서는 X염색체만으로 성이 결정된다. 즉, X염색체가 두 개이면 암컷(XX), 하나이면 수컷(XO)이 된다.

한편 일부 조류와 어류, 곤충 등에서 발견되는 Z-W 체계의 경우에는, 난자에 있는 W염색체가 자손의 성을 결정한다. 말하자면, ZW는 암컷, ZZ는 수컷이 된다. 사회성 곤충인 벌과 개미는 수정 여부로 암수가 결정된다. 수정된 난자는 암컷으로, 미수정란은 수컷으로 발생한다. 또한 주변 온도에 따라 성별이 정해지기도 한다. 대부분의 파충류는 알이 부화되는 온도에 따라 성이 달라진다. 이런 특성 때문에 지구온난화가 많은 파충류의 성비에 악영향을 미쳐 이들을 멸종 위기로 몰아넣을 수 있다는 우려가 커지고 있다.

딸은 아버지와 어머니로부터 각각 X염색체를 물려받는 반면, 아들은 어머니에게서는 X염색체를 아버지에게서는 Y염색체를 받아 성염색체의 구성이 XY가 된다. 따라서 아들은 X염색체를 어머니한테서만 물려받는다. 바로 여기서 남녀 성차별의 문제가 생기게 된다. Y염색체보다 훨씬 큰 X염색체에는 성을 결정하는 유전자 이외에도 다른 형질에 대한 유전자가 많이 존재한다. X염색체에 존재하는 열성 대립유전자 형질이 아들에게서는 항상 표현형으로 나타나는 반면, 딸의 경우에는 두 대립유전자가 모두 열성일 경우에만 해당 형질이 나타난다. 이런 이유 때문에 남성이 여성보다 훨씬 많은 열성 유전병에 걸리게 된다.[4-37]

대표적인 예로 색맹을 들 수 있다. 색맹에 대한 표현형은 정상인 남녀(XY, XX, XX')와 색맹인 남녀(X'Y, X'X')이다. 따라서 어머니가 색맹이면 아들은 반드시 색맹으로 태어나지만, 딸의 경우에는 아버지가 정상이면 색맹이 되지 않는다.

혈액 응고에 필요한 단백질 결핍으로 생기는 혈우병이나 '디스트로핀

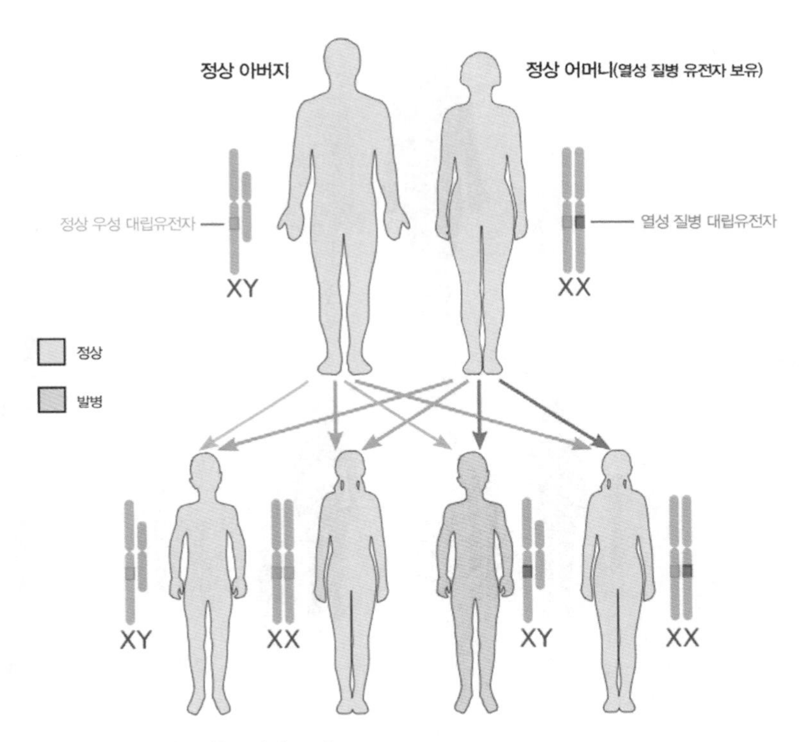

4-37 X-연관 열성 질병 유전을 보여주는 그림.

(dystrophin)'이라는 중요한 근육 단백질 결핍으로 생기는 '뒤센 근위축증' 같은 여러 반성 유전병은 색맹보다 그 증세가 훨씬 심각하다. 뒤센 근위축증 환자 대부분은 20대 초반에 사망한다. 다행히 혈우병 환자는 결핍된 단백질을 정맥주사로 맞으면서 지속적인 치료를 받을 수 있다. X염색체에 존재하는 유전자와는 달리 Y염색체에 존재하는 유전자는 아들에게만 전달된다. 사람의 귓속 털 과다증이 여기에 해당한다.(4-38)

앞에서 언급한 대로 사람의 염색체는 모두 46개로 서로 모양과 크기가 같은 23쌍의 상동 염색체로 구성되어 있다. 즉, 같은 형질에 관여하는 대립유전자가 같은 순서로 배열되어 있는 염색체가 짝을 이루고 있

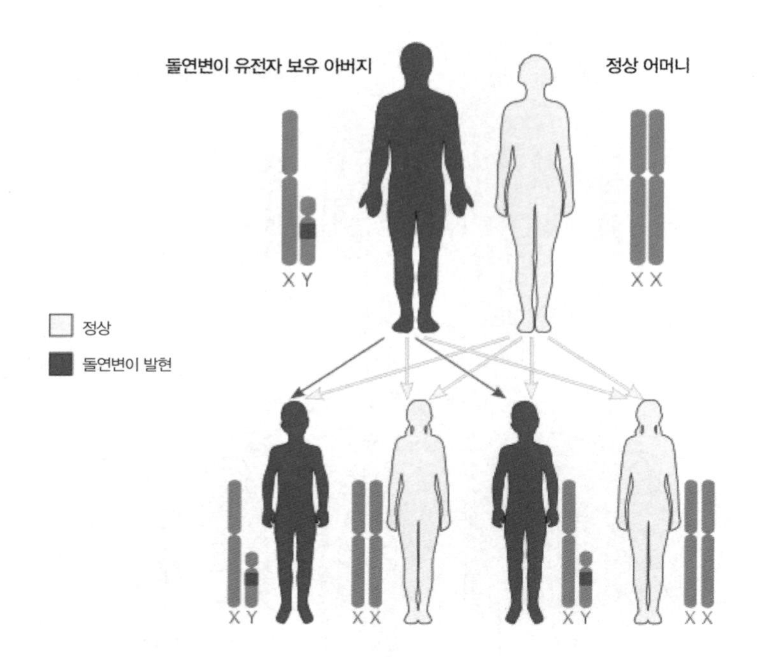

4-38 Y-연관 유전 양상. © wikimedia.org

는 것이다. 이 때문에 열성 대립유전자 형질은 겉으로 드러나지 않기 때문에 자연선택을 받지 않는다. 다시 말해서 주어진 환경에서 우성 대립유전자 형질보다 불리하거나 심지어 해로운 경우에도, 우성 대립유전자와 짝을 이루고 있으면(이형접합자) 숨겨진 상태로 계속 세대를 거쳐 증식될 수 있다.

결과적으로 이형접합자는 현재 환경에서는 불리한 형질을 가지고 있지만, 환경이 변해서 이득을 줄 수 있는 유전자를 존속시켜 유전자 다양성을 유지하는 데 기여한다는 점에서는 해당 생명체 집단에 도움을 준다고 볼 수 있다.

그러나 유전병 관련 유전자를 놓고 보면 정반대 상황에 직면하게 된다. 유전병을 일으키는 열성 유전자는 이형접합자 상태로 정상인 속에 숨어서 다음 세대로 전해지다가 같은 열성 유전자를 만나 동형접합자가 되었을 때에만 발병하기 때문에, 설사 그 증상이 중증이어서 환자가 자손을 남기지 못하고 사망하더라도 소멸되지 않는다.

생명과학, 신의 영역에 성큼 다가서다

생명복제

나는 존재하나 내가 누군지 모른다
나는 왔지만 어디서 왔는지 모른다
나는 가지만 어디로 가는지 모른다
내가 이렇게 유쾌하게 산다는 게 놀랍기만 하다

17세기 독일의 신비주의 철학자이자 종교 시인이었던 질레지우스(Angelus Silesius, 1624~1677)의 시인데, 이 시를 통해 "생명(또는 인간)이란 무엇인가?"라는 생물학의 큰 물음에 대한 고민을 본다.[4-39]

이 시인은 그 당시까지 거의 2천 년 동안 진리라고 여겨졌던 '생기론(vitalism)'이라는 생명관의 붕괴 조짐을 보면서 시상(詩想)에 잠겼을지도 모르겠다.

4-39 안겔루스 질레지우스.

이때는 이미 데카르트와 베이컨, 하비 등을 비롯한 근대과학의 선구자들이 자연을 이해함에 있어서 생기론처럼 합목적적인 사고는 배제하고, 관찰과 실험을 통하여 실증적이고 객관적인 접근을 해야 한다고 역설하고 나선 이후였기 때문이다. 이들은 생명현상도 물리와 화학의 방법론으로 해석할 수 있으며, 생명체에만 적용되는 자연법칙은 없다고 확신했다. 말하자면 생명체를 하나의 정교한 기계로 보는 '기계론(mechanism)'이라는 새로운 생명관이 태동한 것이다.

20세기로 접어들면서 가속화된 생명과학의 눈부신 발전은 모든 생명체를 DNA라는 동일한 소프트웨어를 내장한 하드웨어로 환원시켰다. 적어도 분자생물학적으로는 그렇다.

4-40 마셜 니렌버그(2003).

유전부호 해독의 물고를 텄던 니렌버그(Marshall Warren Nirenberg, 1927~2010)는 1967년에 저명 학술지 『사이언스』에 혜안이 돋보이는 글을 기고했다.(4-40) 「사회는 준비하고 있는가?(Will Society Be Prepared?)」라는 제목의 글에서 그가 전하는 메시지는 간명하다.

"기술적 장애물이 많이 있지만, 결국 모두 극복될 것이다. 추측컨대, 향후 25년 내에 유전정보를 합성할 수 있을 것이다. 인간은 자신의 세포를 합성 정보로 프로그램화할 수 있게 될 것이다. 그 결과를 제대로 평가하고 거기에 따르는 윤리적, 도덕적 문제들을 해결할 수 있는 역량을 갖추기 훨씬 전에 말이다. 이런 지식을 인류의 이익을 위해 사용할 만큼 충분한 지혜를 가질 때까지 우리는 자제해야 한다. 이렇게 미리부터 이 문제를 제기하는 이유는, 이 지식의 적용에 관한 결정은 궁극적으로 사회 구성원이 내려야 하는데, 내용을 제대로 알아야만 현명한 결정을 내릴 수 있기 때문이다."[3]

그의 예견은 소름 돋게 정확했다!

생명복제의 첫걸음, 유전자 클로닝

복제는 자연에서 흔히 일어난다. 쉬운 예로, 무성생식을 하는 단세포 미생물은 세포분열을 할 때마다 (돌연변이를 무시하면) 똑같은 개체를 만들어낸다. 이렇게 단일 세포 또는 개체에서 유래한, 유전적으로 동일한 세포군 또는 개체군을 '클론(clone)'이라고 한다. 그리고 보통 '클로닝(cloning)'이라는 용어는 똑같은 유전물질 또는 생명체를 인공적으로 만들어내는 기술을 의미하는데, 유전자 클로닝, 치료 클로닝, 생식 클로닝으로 나눌 수 있다.

유전자 클로닝은 연구나 의학 또는 산업적 목적 하에 DNA 사본을 만드는 방법으로 유전공학을 탄생시킨 기본 기술이다. 1983년에 개발된

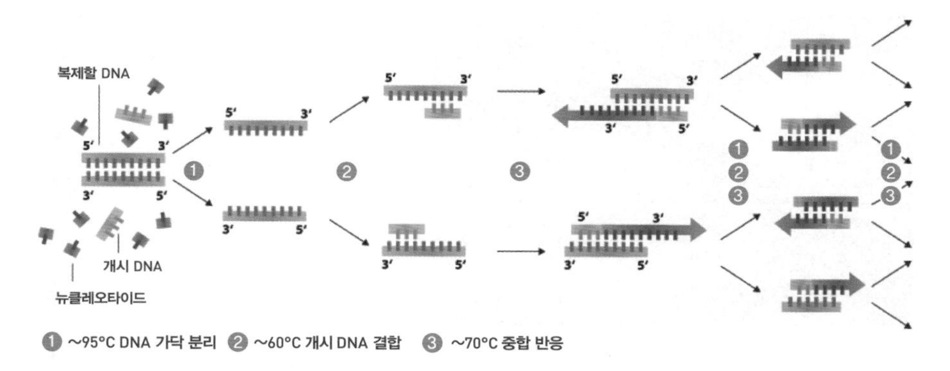

4-41 PCR 원리. © wikimedia.org

'중합효소 연쇄반응', 즉 PCR(Polymerase Chain Reactions) 기술은 유전자 클로닝을 혁신적으로 신속하고 정확하게, 그리고 경제적으로 수행할 수 있게 만들었다. PCR은 극소량의 유전물질에서 원하는 표적 유전자를 인위적으로 복제하여 수십만 배로 증폭하는 기술이다. PCR을 이용하면 단 한 분자의 DNA 조각에서 시작하여 몇 시간 안에 수십억 분자의 사본을 만들어낼 수 있다.(4-41)

PCR 반응의 핵심은 높은 온도에서도 파괴되지 않고 기능을 할 수 있는 DNA 중합효소이다. 이런 효소는 온천물처럼 뜨거운 환경에 살고 있는 '호열성 세균'에서 얻는다. 현재 널리 사용되고 있는 '*Taq* DNA 중합효소'는 테르무스 아쿠아티쿠스(*Thermus aquaticus*)라는 세균의 것이다.(4-42) '열'을 뜻하는 그리스어 'thermos'와 '물'을 뜻하는 라틴어 'aqua'에서 유래한 이름을 지닌 이

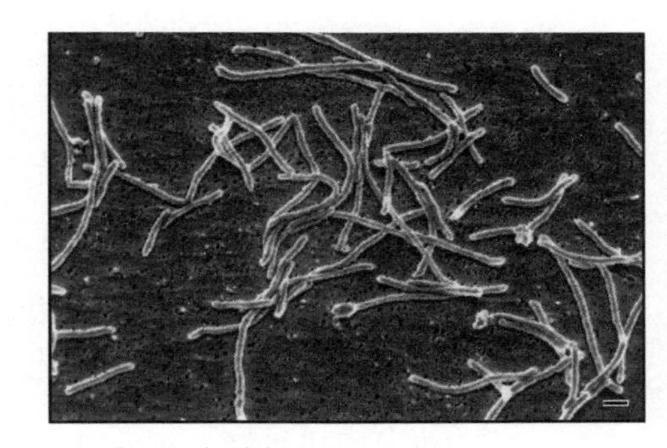

4-42 테르무스 아쿠아티쿠스. © wikimedia.org

4-43 테르무스 아쿠아티쿠스가 분리된 옐로스톤 국립공원의 온천, 2001. © Brian W. Schaller

세균은 1966년, 미국 옐로스톤 국립공원 온천수에서 분리되었다. 참고로 *Taq*는 이 세균의 속명 첫 글자(T)와 종명 두 글자(aq)를 합친 것이다.[4-43]

현대 바이오 기술의 필수 요소가 된 PCR은 유전자 클로닝뿐만 아니라 유전병 진단 및 모니터링에 널리 사용되고 있다. 신속 정확한 코로나19 진단 검사도 PCR 덕분에 가능하다.

또한 PCR은 범죄 수사 영화나 드라마에도 자주 등장한다. 사건 현장에 있는 혈흔 또는 머리카락 한 올에 있는 소량 DNA에서 특정 유전자를 증폭하여 결정적인 증거를 확보하는 바로 그 기술이다.

생명복제 기술의 도약, 줄기세포 생산과 치료 클로닝

줄기세포는 발생이 덜 된 미분화 세포로서 여러 종류 세포로 분화할 수 있는 잠재력을 지닌 세포를 말한다. 식물의 가지나 줄기 따위를 자르거나 꺾어 흙 속에 꽂거나 물에 담가 뿌리 내리게 하는 꺾꽂이는 일상에서 쉽게 볼 수 있는 줄기세포 분화 과정이다. 식물 성체 세포 상당수가 환경 조건에 따라 다시 분화할 수 있는 능력을 가지고 있다.

동물에서는 발생 중인 배아 세포가 어느 시점까지는 모든 유형의 세포

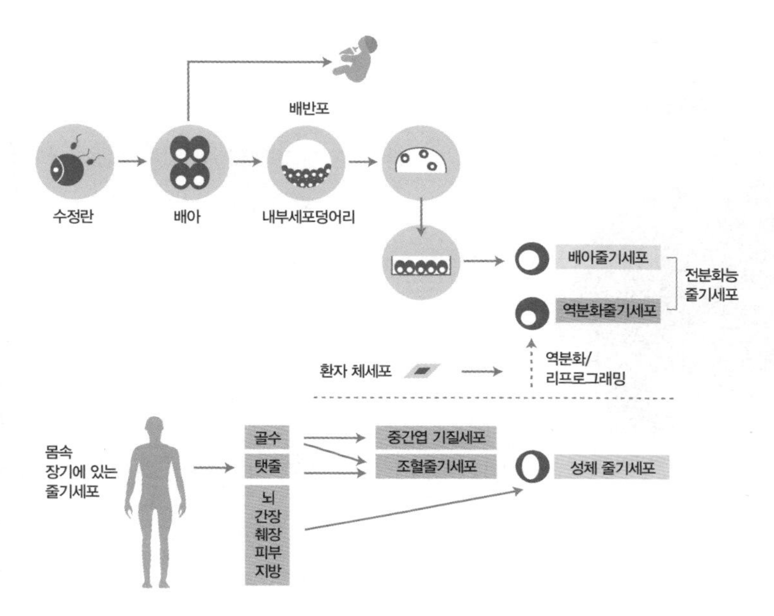

4-44 줄기세포 종류.

로 분화할 수 있는 능력을 갖고 있다. 이를 '배아줄기세포'라고 한다. 반면 신체 각 조직에 극히 소량만 존재하는 '성체줄기세포'는 해당 조직세포로만 분화할 수 있다. 예컨대, 골수세포는 혈구세포로, 피부줄기세포는 피부로만 분화되도록 정해진 세포이다. 성체줄기세포는 조직의 항상성을 유지하거나 손상된 조직을 재생시킴으로써 상처를 아물게 하여 개체의 정상 기능 유지를 돕는다.(4-44)[4]

줄기세포의 자기재생(복제) 능력은 1960년대에 이미 알려졌다. 당시 한 캐나다 연구진이 방사능을 쪼인 실험쥐에게 골수세포를 주사하는 일련의 실험을 하고 있었다. 그들은 쥐의 비장에 생기는 세포 덩이 수가 주사된 골수세포 수에 비례한다는 사실을 발견했다. 연구진은 각 덩이가 하나의 골수세포에서 유래한 클론이라 가정했고, 얼마 지나지 않아 그

가설이 옳음을 입증했다.

4-45 제임스 알렉산더 톰슨(2008).
© Jane Gitschier

1998년, 미국의 생물학자 톰슨(James Thomson)은 인간 배아를 배양하는 과정에서 줄기세포를 분리하는 데 성공했다.(4-45) 이 기술은 인체에 대한 기초 연구는 물론이고, 신약 개발과 검사, 그리고 조직 및 장기 이식 등에 활용될 잠재력이 워낙 커서 큰 기대를 모았다. 하지만 인간 배아 줄기세포 분리과정에서 인간 배아의 파괴가 불가피하기 때문에 엄청난 논란을 불러일으켰다.

그리고 2006년에 일본의 과학자 야마나카 신야(山中伸弥)는 생쥐 피부세포에 조절유전자를 주입하여 배아줄기세포와 같은 분화 능력을 가지게 하는 데에 성공했다. 그가 개발한 '유도만능줄기세포(induced Pluripotent Stem Cell, iPSC)'는 그에게 2012년 노벨 생리의학

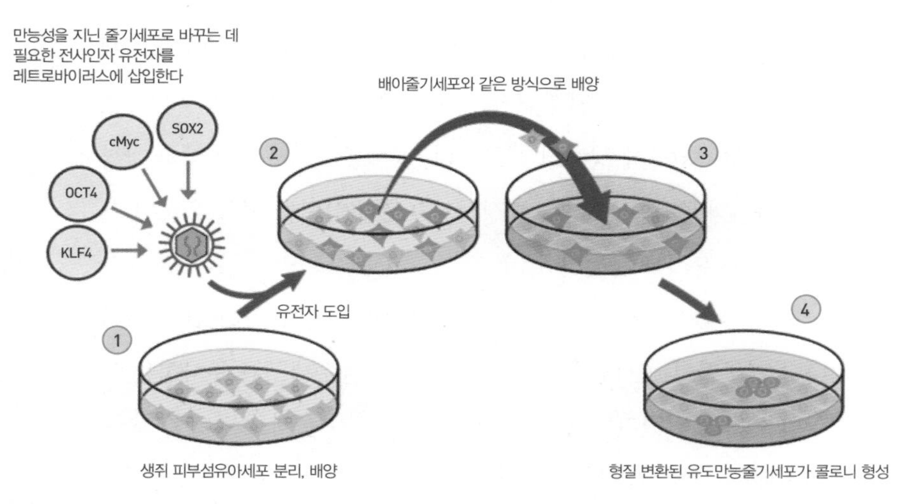

4-46 유도만능줄기세포. 일본 교토 대학교 야마나카 신야 교수팀은 레트로바이러스(retrovirus)를 이용하여 생쥐 피부의 섬유아세포에 Oct3/4, Sox2, c-Myc, Klf4 유전자를 도입시켜 유도만능줄기세포를 만들었다. © Jisu7803

상을 안겨주었다. 야마나카 신야보다 톰슨이 먼저 노벨상 후보로 거론되곤 했지만 톰슨이 번번이 탈락했다. 생명의 존엄성과 관련된 윤리적 논란 때문이었다.[4-46]

iPSC는 배아줄기세포 사용에 따르는 생명윤리 문제를 피할 수 있고, 환자 맞춤형 줄기세포 치료제 개발에 큰 도움을 줄 것으로 기대되는 줄기세포이다. 하지만 아직 넘어야 할 산이 많다. 대표적으로 iPSC를 적용한 실험쥐에서 종종 암이 발생한다는 점이다. 과학 발전이 늘 그렇듯이 iPSC 임상 적용 기술도 꾸준히 발전하고 있다. 2017년 일본에서 황반변성 환자를 iPSC를 이용해 치료한 첫 사례가 있었고, 2020년에는 재미 한인 과학자가 파킨슨병 환자의 피부세포를 iPSC로 만든 다음, 이를 신경세포로 분화시켜 뇌에 이식하는 치료에 성공하기도 했다.

황반변성
눈 안쪽 망막 중심부에 위치한 황반부에 변화가 생겨 시력장애가 생기는 질환. 황반이 노화, 유전적인 요인, 독성, 염증 등에 의해 기능이 떨어지면서 시력이 감소되고, 심할 경우 시력을 완전히 잃기도 한다.

치료 클로닝의 핵심은 줄기세포의 생산이다. 예를 들어, 간 질환 환자를 위한 간 조직을 만들려면 먼저 여기에 맞는 줄기세포가 있어야 한다. 피부 같은 환자 본인의 체세포에서 핵을 채취하여 이를 핵이 제거된 난자에 주입한다. 이

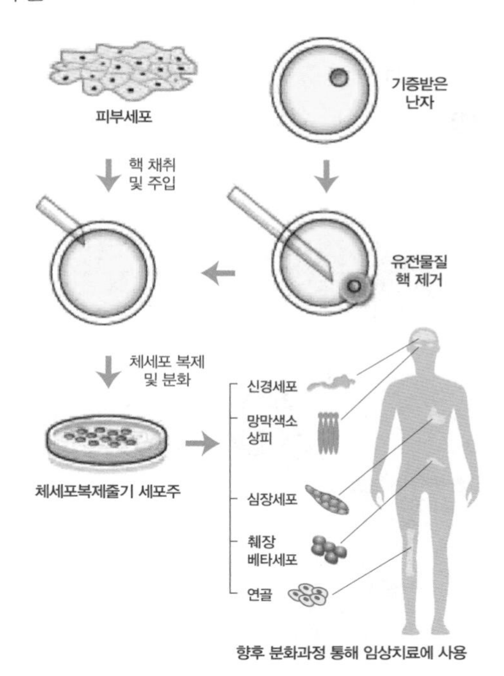

4-47 치료 클로닝 원리.

렇게 만들어진 줄기세포는 궁극적으로 환자의 유전자와 동일한 조직으로 분화 · 성장할 수 있다.(4-47)

생명체를 만들다, 생식 클로닝

생식 클로닝은 동물 개체 전체를 복제해낸다. 가장 유명한 복제 동물은 1996년 7월에 태어난 최초의 복제 포유류 '복제 양 돌리(Dolly the sheep)'이다. 돌리는 기본적으로 치료 클로닝과 같은 과정을 거쳐 탄생했다. 돌리의 생물학적 엄마는 다 자란 6년생 암컷 양이었다.

영국 에든버러 대학교 로슬린연구소 연구진은 먼저 돌리 생모의 젖샘(유선)에서 세포를 채취했다. 그다음 또 다른 암양에서 채취한 난자에서 핵을 제거하고, 여기에 젖샘세포에서 꺼낸 핵을 주입했다. 그러고 나서 적당한 자극을 주어 세포분열을 유도했다. 이제 배아가 된 난자는 대리모인 세 번째 양에 착상되었으며, 돌리는 실험실에서 자연분만으로 태어났다.(4-48)

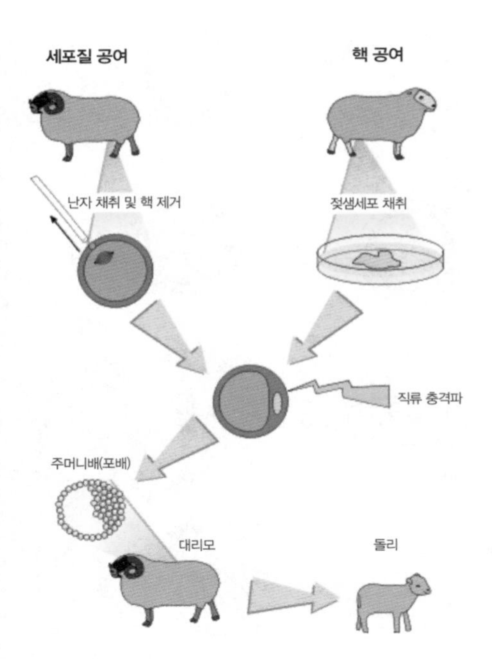

4-48 돌리의 복제 과정. © wikipedia.org

건강하게 태어난 돌리는 1998년에 여섯 마리의 새끼를 낳았다. 하지만 이후 돌리는 급노화 현상을 보였고, 네 살 무렵부터 절름거리기 시작했는데, 원인은 관절염이었다. 2년 뒤에는 기침이 심해졌고, 컴퓨터 단층촬영(CT) 결과 폐에서 암세포가 발견되었다. 연구진은 고통을 덜어주기 위해 돌리를 안락사하기로 결정했다. 2003년 2월 14일, 돌리는 여섯 살 나이로 남달랐던 짧은 생을 마감했다. 돌리의 시신은 스코틀랜드 국립박물관에 기증되어 박제로 만들어져 영구 보존되고 있다.(4-49)

4-49 박물관에 전시된 박제 돌리. © wikipedia.org

돌리가 단명한 이유로는 크게 두 가지 요인이 제기되었다. 우선 성체세포에서 유래한 돌리의 염색체 나이는 태어날 때 이미 여섯 살이었다. 따라서 유전자 수준에서 보면 돌리가 생모의 남은 생만큼이라도 살아주면 다행이었다. 게다가 돌리는 주로 실내에서 지냈다. 226번의 실패 뒤에 탄생시킨 돌리를 들판에 풀어놓고 키울 수는 없었다. 이 또한 돌리의 건강에 부정적인 영향을 미쳤을 것이다.

돌리가 세상을 떠난 후 생식 클로닝 기술은 발전을 거듭해서 돼지와 고양이, 단봉낙타 등 여러 종류의 동물이 복제되었다. 특히 멸종 위기에 처한 인도들소 가우르(gaur)의 복제는 멸종위기 종의 개체수를 늘리고, 멸종 시 복원할 수 있다는 가능성을 열어놓았다.(4-50) 이론적으로는 멸종 전에 해당 동물의 세포를 채취하여 냉동 보관하고 있다가, 유사시 그 세포를 이용하여 생식

4-50 가우르. © wikipedia.org

4-51 복제 고양이 '마늘'. 출처: 시노진 홈페이지.

클로닝을 할 수 있기 때문이다.

2019년, 중국 베이징에 본사를 둔 시노진(Sinogene)이라는 바이오 기업이 반려동물 복제 서비스를 시작했다. 반려동물 복제 산업의 서막이 오른 것이다.(4-51)[5]

그런데 간과하지 말아야 할 사실은, 생식 클로닝 기술로 다시 태어난 동물에게는 키우던 반려동물의 체세포에 있던 유전정보만 들어 있다는 것이다. 바꾸어 말하면 여기에는 난자 제공 동물과 대리모 동물에 대한 윤리적 문제가 있다. 나아가 이 기술이 인간에게 적용될 가능성을 대비해야 한다. 니렌버그가 50여 년 전 던진 질문이 새삼스럽게 다가온다. 우리는 준비되어 있는 걸까?

생명체의 미래를 설계하다

합성생물학

양날의 검, 크리스퍼 유전자 드라이브

1980년대부터 본격적으로 산업화 시동을 건 유전공학은 다양한 제품을 연이어 선보이며 이른바 '바이오 시대'의 마중물이 되었다. 예컨대, 현재 사람 인슐린 유전자를 세균의 DNA에 끼워넣어 당뇨병 치료용 인슐린을 대량생산하는 데에 이용하고 있으며, 간염 바이러스 껍질 단백질 유전자가 들어 있는 효모는 간염 백신을 만들어내고 있다.

이처럼 승승장구 질주하는 유전공학이 마침내 날개를 달게 되었다. 바로 '크리스퍼(CRISPR)'라는 신형 유전자 가위를 추가로 얻게 된 것이다. 이것의 전체 이름, 'Clustered Regularly Interspaced Short Palindromic Repeats'는 '일정한 간격을 두고 분포하는 짧은 회문(回文)의 반복'이라는 뜻이다. 회문이란 '소주 만 병만 주소'처럼 앞으로 읽으나 뒤로 읽으나 같은 문장을 말한다.

크리스퍼 유전자의 존재는 1987년에 처음으로 알려졌다. 당시 세균 DNA 염기서열을 연구하던 일본 오사카 대학교 소우 이시노 박사팀이 독특한 회문 구조를 발견했는데, 이것의 기능에 대해서는 전혀 알 수가 없었다. 이후 여러 세균의 DNA 염기서열을 낱낱이 읽어내면서, 많은 세균들이 크리스퍼 유전자를 가지고 있음을 알게 되었다. 그리고 1994년이 되어서야 크리스퍼 유전자에는 파지 DNA 염기서열이 섞여 있음을 발견했다. 그러나 이때에도 그 기능은 여전히 오리무중 상태였고, 반복적으로 DNA 회문 구조를 만드는 염기서열이 나타난다는 사실을 반영하여 '크리스퍼'라는 이름만 지었다.

그러던 중, 2007년에 덴마크의 한 요거트 회사(다니스코) 연구원들이 어떤 특이한 현상에 주목했다. 보통 요거트를 만드는 유산균들은 파지 감염에 취약한 것으로 알려져 있는데, 일부 유산균들이 흡사 파지에 내성을 가진 것처럼 보였기 때문이었다. 호기심에 가득한 연구원들이 이 유산균 DNA를 분석해보았더니, 모두 크리스퍼 유전자가 활성화되어 있었다. 뿐만 아니라 이들 크리스퍼 유전자에는 해당 유산균을 감염시키는 파지 DNA 염기서열이 배치되어 있었다. 그로부터 5년이 지난 2012년, 두 명의 여성 과학자가 크리스퍼의 작동 메커니즘을 규명해내는 데 성공했다.

세균은 침입한 파지 DNA를 조각내어 그 일부를 크리스퍼 유전자 사

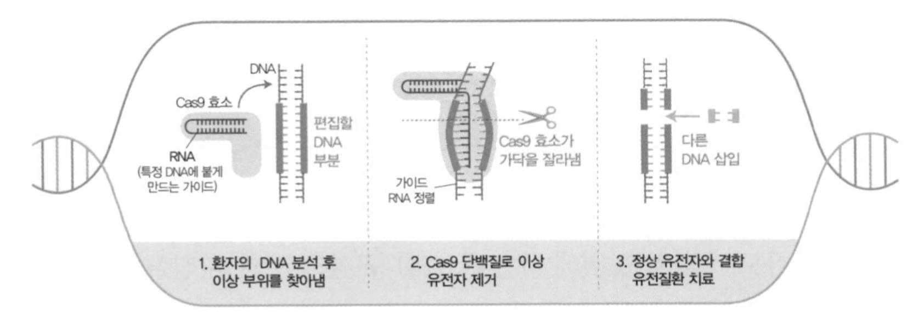

4-52 크리스퍼 유전자 가위 작동 원리.

이에 넣어 보관한다. 만약 같은 파지가 다시 들어오면 크리스퍼 유전자 사이에 끼워둔 파지 DNA를 그대로 읽어 RNA를 만들어낸다. 이 RNA는 재침입한 파지 DNA의 일치되는 염기서열 부분에 결합하는데, 혼자가 아니라 파지 DNA를 자를 수 있는 유전자 가위 단백질, '카스9(Cas9)'과 함께 붙는다. 세균이 크리스퍼 유전자 안에 보관하는 파지 DNA의 길이는 항상 21개 염기쌍이다. 비유하자면, 범인의 특정 인상착의에 대한 정보를 찾기 쉽게 표시하여 보관해두었다가, 재차 침입하면 이 정보를 보고 경찰이 출동하는 격이라 하겠다. 흡사 인간의 후천성 면역체계를 보는 듯하다.

흥미로운 사실은, 중요한 것은 DNA 조각의 크기이지 내용이 아니라는 것이다. 다시 말해서 어떤 DNA라도 21개 염기쌍이면 크리스퍼 유전자 사이에 들어가서 해당 DNA 부위를 정확하게 자를 수 있다는 말이다. 그리하여 이제 '크리스퍼–카스9(CRISPR–Cas9)'을 이용하면 DNA의 원하는 특정 부위를 정확하게 잘라낼 수 있게 되었다. 이러한 편집능력 때문에 크리스퍼 기술은 세균뿐만 아니라 모든 생명체에 다양한 목적으로 적용되고 있다.(4-52) 이 가운데 크리스퍼 기술과 '유전자 드라이브(gene drive)' 기술의 만남이 눈길을 끈다.

유전자 드라이브란, 멘델의 유전 법칙을 위배하고 특정 유전자를 편향적으로 전달하는 시스템이다. 이것이 생식세포에 들어가면, 궁극적으로 모든 후손들에게 특정 유전자가 퍼져나간다. 한쪽으로 드라이브를 건 셈이다.

말라리아모기 퇴치를 위해 제안된 불임 유전자 전파 과정을 통해 '크리스퍼 유전자 드라이브' 기술의 원리와 파급력을 살펴보자. 먼저 불임 유전자와 크리스퍼 유전자 가위를 가진 말라리아모기를 만든다. 이 모기를 야생 모기와 짝짓기를 시킨다. 이 모기 부부에서 태어난 자손 모기는 야생 모기에서 물려받은 정상 가임 유전자와 유전자 변형 모기가 물려준 크리스퍼 유전자 가위가 추가된 불임 유전자를 갖게 된다.

이제부터가 시작이다. 크리스퍼 유전자 가위가 작동하여 정상 유전자를 잘라버린다. DNA 일부가 잘려나가면 세포는 그 부위를 스스로 수선한다. 이때 같은 부위를 기준으로 수선되기 때문에 '크리스퍼 유전자 드라이브'가 그대로 복사된다. 결국 자손은 모두 불임 유전자만을 지니게 된다.(4-53)

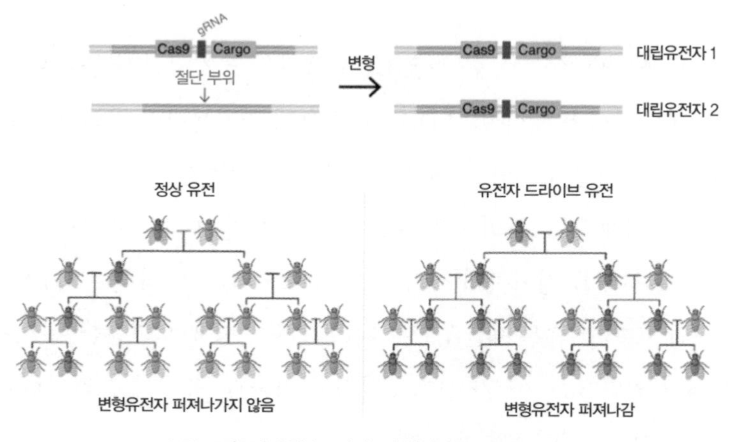

4-53 크리스퍼 유전자 드라이브의 원리. © wikipedia.org

'크리스퍼 유전자 드라이브'는 감염병 예방 및 퇴치라는 측면에서는 아주 희망적이지만, 생태계에 미칠 영향을 생각하면 한편으로 섬뜩해진다. 유전자 변형 모기가 자연 생태계에 방출된 후, 예상치 못한 돌연변이가 발생하거나 심은 유전자가 다른 종으로 옮겨간다면 엄청난 생태계 교란이 일어날 수 있기 때문이다. 그 결과로 인해 무고한 생물종이 순식간에 멸종할 수도 있다. 통제할 수 있는 안전성이 담보되지 않은 현 상태에서 유전자 드라이브가 탑재된 모기를 방사하는 것은 무모한 도박 수준을 넘어 무책임한 범죄 행위가 될 수도 있다.

이에 일부 환경단체는 UN을 상대로 유전자 드라이브 기술 자체를 막아야 한다고 제안했다. UN 다양성위원회가 이를 받아들이지는 않았지만, "연구는 계속하되 야생방출은 아직 안 된다"는 결정을 내렸다. 아울러 실험실 연구도 변형 생명체가 실수로 인해 밖으로 방출되지 않도록 철저한 안전장치를 만든 상태에서 진행할 것을 요구했다. 니렌버그의 예언적 당부가 다시금 떠오른다.

인간 유전체 사업과 포스트게놈 시대

앞서 설명한 대로 인간 유전체 또는 게놈(genome)이란, 인간 DNA 전체의 염기서열을 말한다. 핵에 있는 염색체 23쌍에 미토콘드리아에 있는 DNA까지 합친 것이다. 2000년대 초반에 인간 유전체 사업(Human Genome Project, HGP)이 완료되면서 인간 DNA를 이루고 있는 약 30억 개의 염기쌍(DNA는 두 가닥이다)을 모두 해독했다. 비유하자면, 30억 개의 알파벳으로 쓰인 총 23장과 부록으로 구성된 한 권의 책을 완독한 것이다. 그것은 인류가 자신의 생물학적 본질을 독파한 시점, 즉 '포스트게놈 시대(Post-Genome Era)'의 서막을 알리는 사건이다.

인간 유전체 사업 완료 뒤 여러 과학자들은 '합성생물학(synthetic biology)'을 제창했다. 유전정보를 읽어낼 수 있는 능력을 보유했으니, 이제부터 유전정보를 조립하여 새로운 생명체를 만들어내자는 주장을 펼친 것이다. 드디어 2004년 6월, 첫 번째 합성생물학 국제학술회의인 '합성생물학 1.0'이 미국 매사추세츠 공과대학교(MIT)에서 열렸다. 그 뒤 합성생물학은 다양한 학문 배경을 가진 연구자들이 참여하는 융합 학문으로 발전하며 생명에 대한 새로운 관점과 시각을 제시하고 있다. 예컨대 생명체도 컴퓨터와 같은 기계처럼 모듈(module, 떼어내어 교환하기 쉽도록 설계된 컴퓨터의 각 부분)로 나누어 접근하면 더 체계적으로 이해할 수 있다는 논리이다. 이렇게 해서 얻은 지식에 첨단 유전자 변형 기술을 적용하면 생명체를 맞춤형으로 변형할 수 있다는 발상이 점차 실현되고 있다.[6]

2015년, 중국의 연구진이 크리스퍼 유전자 가위 기술을 사상 처음으로 인간 배아에 적용하여 유전자 편집을 시도한 연구 결과를 발표했다. 이에 대해 태어나지도 않은 인간의 유전정보를 임의로 편집하는 것이 과연 옳은지에 대한 윤리적 문제는 차치하더라도, 인간 배아를 대상으로 완전히 검증되지 않은 크리스퍼 가위를 사용하는 것은 과학적으로도 온당치 못하다는 우려의 목소리가 높다. 그럼에도 불구하고 영국 정부는 2016년에 세계 최초로 '크리스퍼 유전자 가위'를 이용한 인간 배아 유전자 교정 연구를 허가했다.[4-54]

1997년에 개봉된 영화 〈가타카(Gattaca)〉는 유전자로 모든 것을 평가받는 섬뜩한 미래사회를 그리고 있다.[4-55] DNA를 이루는 4개의 염기를 조합한 제목 '가타카'는 영화 속 우주항공 회사 이름이다. 보통 SF 영화

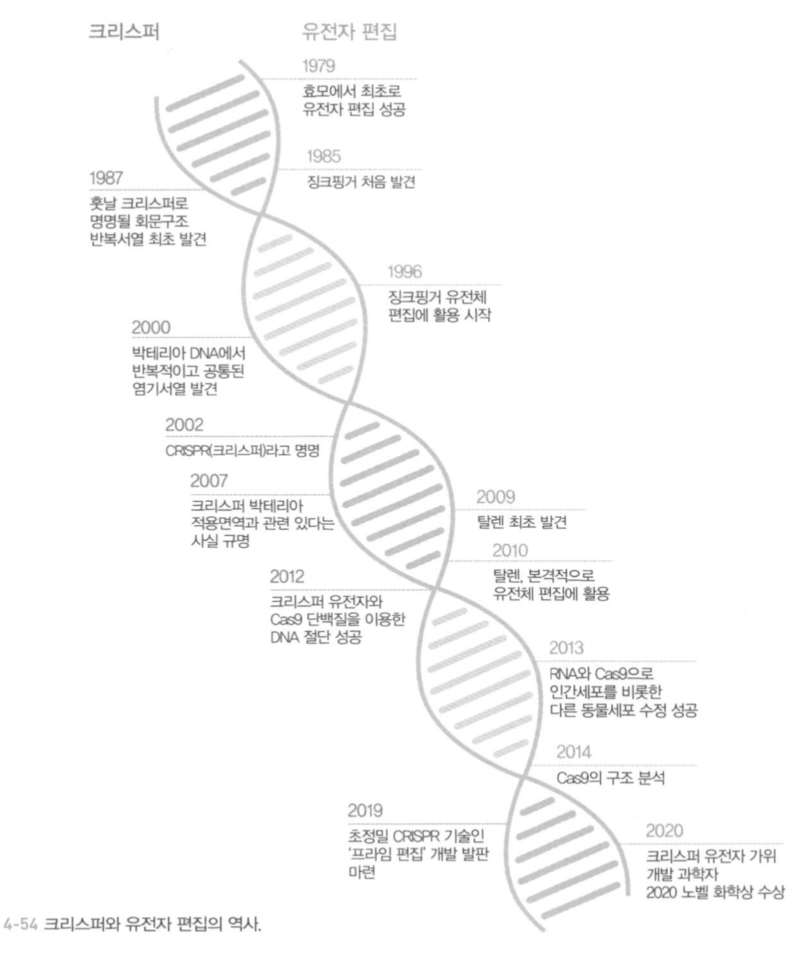

4-54 크리스퍼와 유전자 편집의 역사.

4-55 영화 〈가타카〉의 한 장면. 자연임신으로 태어나 상대적으로 열등한 유전자를 갖고 있다고 생각하는 주인공 빈센트가, 유전자변형을 거쳐 완벽하게 태어났다고 믿는 다른 사람의 혈액을 사서 몸에 붙이는 장면이다.

들이 먼 미래의 이야기를 다루는 것과는 다르게 가타카는 '너무 멀지 않은 미래(THE NOT-TOO-DISTANT FUTURE)'라는 자막이 등장하며 시작된다. 이 미래사회에서는 자연임신으로 태어난 인간은 최첨단 유전공학기술의 힘을 빌려 탄생한 사람들에 비해서 열등한 유전자를 가지고 있다는 낙인이 찍혀 사회적 불이익을 받는다. 한마디로 '유전자 차별 사회'이다. 1997년에 영화가 개봉된 점을 고려하면, 그 미래가 어쩌면 우리의 현재일 수 있다는 생각이 든다.

실제로 2008년 당시 미국 대통령 조지 부시는 거의 만장일치로 상·하원을 통과한 '유전자 정보 차별 금지법(Genetic Information Nondiscrimination Act, GINA)'에 서명했다. 영화와 같은 사태를 대비한 법이 발효된 것이다. '맞춤 아기(designer baby)' 탄생이라는 영화 속 이야기가 현실로 다가온 것이다.

바이오 융합,
이제 선택이 아닌 필수

합성생물학은 다양한 산업 분야에 응용될 가능성이 매우 높다는 것이 전 세계적으로 공통된 전망이다.(4-56) 미국의 대통령 자문기구인 PCSBI(President's Commission on Bioethical Issues)는 2010년에 발간한 보고서에서 합성생물학이 크게 재생 가능 에너지와 의료 및 보건과 농식품, 환경 등의 분야에 응용될 수 있는 잠재력이 크다고 전망했다.

실제로 세계 최대 규모의 제약회사인 노바티스(Novartis)는 합성생물학을 이용하여 2013년에 중국 상하이를 중심으로 중국 각지에서 인체 감

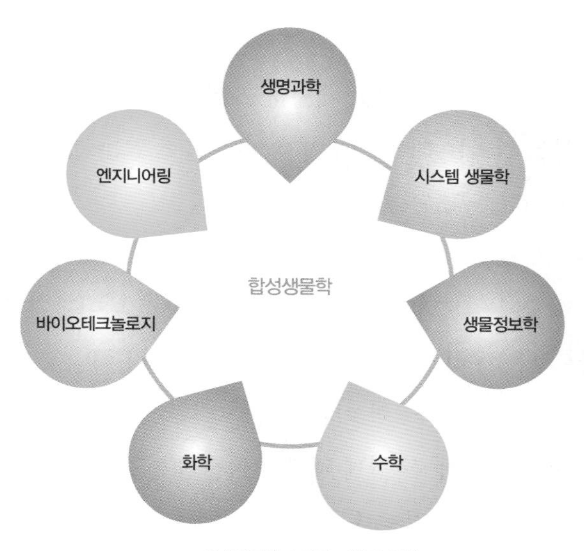

4-56 합성생물학과 인접 과학의 융합.

염이 확산된 H7N9형 조류인플루엔자(AI) 백신을 개발했다. 중국 위생당국이 연구자용으로 인터넷에 공개한 바이러스 유전자 염기서열을 내려받은 연구진은 단 이틀 만에 중국 현지에서 발견된 것과 똑같은 바이러스를 만들어냈다. 나흘 후에는 원래 바이러스에서 독성 부분을 제거한 인플루엔자 바이러스를 합성한 다음, 이를 이용해 백신을 대량으로 생산했다. 기존 방법대로라면 수개월 이상 걸렸던 과정을 불과 며칠로 단축한 것이다.

2010년 PCSBI 보고서에는 합성생물학에 대한 우려와 당부의 목소리도 담겨 있다. 구체적으로 합성생물학의 위험을 최소화하고 혁신을 일으키기 위한 권고사항, 즉 공익성, 책무, 지적 자유와 책임, 민주적인 숙의 과정, 정의와 공평이라는 5가지 윤리 원칙에 따라 기술의 사회적 의미가 고려되어야 한다는 점을 명시했다. 특히 이 보고서는 인류에게 잠재적 혜택과 동시에 잠재적 위험을 안겨줄 수 있는 신생 기술들에 대한 정부의 기본적인 대처 원칙도 제시하고 있다. 합성생물학의 낙관적인 응용 가능성을 알리는 데에 치우치지 않는 균형 있는 정부의 조정 기능을 강조한 것이다.

과학은 두 개의 요인, 기술과 미래를 보는 비전(guiding vision)에 힘입어 발전한다. 기술이 없으면 과학은 한 걸음도 앞으로 나아갈 수 없다. 그러나 기술만으로는 우리가 어디로 가고 있는지, 아니 어디로 가야 하는지를 알 수 없다. 비전이 절실한 이유이다.

생명과학은 다른 학문과 함께 과학의 비전을 성찰해야 한다. 바다처럼 넓고 깊어야만 큰 배를 띄울 수 있듯이, 현재의 영향력과 미래 잠재성에 비추어볼 때, 생명과학은 새로운 만남을 위한 준비가 되어 있으며 또한 만나야만 한다. 타 학문의 편에서도 생명과학과의 만남은 필요하다. 가장 활력이 넘치는 지적 영역과의 창조적인 조우를 통해서 융합 학문의 현실성과 미래를 담보할 수 있기 때문이다.

TIP

프라임 편집, 크리스퍼 유전자 가위의 한계를 뛰어넘다

각각 미국과 프랑스 출신 여성 과학자 제니퍼 다우드나(Jennifer A. Doudna)와 에마뉘엘 샤르팡티(Emmanuelle Charpentier)가 크리스퍼 유전자 가위 작동 원리를 규명한 공로를 인정받아 2020년 노벨 화학상을 수상했다. 앞에서 이미 설명한 대로 '크리스퍼－카스9(CRISPR－Cas9)' 기술은 첨단 유전자 편집 기술로 각광받고 있다. 크리스퍼 유전자 가위는 DNA 이중가닥을 모두 절단하여 편집한 다음, 세포 자체의 복구 시스템을 이용하여 마무리 연결을 한다. 이 때문에 절단 부위에서 의도치 않은 DNA 삽입 및 삭제가 무작위로 일어날 수 있다는 문제점을 안고 있다.

2019년 하버드－MIT 공동 연구진은 '프라임 편집(prime editing)' 기술을 개발하여 기존 크리스퍼－카스9의 문제를 보완하는 데 성공했다. 먼저 이들은 DNA 이중가닥이 아니라 단일가닥만을 자르도록 카스9 효소를 변형했다. 그다음, 여기에 '역전사효소(Reverse Transcriptase, RT)'를 결합시킴으로써 제어 불가능한 세포 자체 복구 시스템 의존에서 벗어나 원하는 대로 유전자 편집을 할 수 있게 했다.

1970년 레트로바이러스(retrovirus)에서 발견된 역전사효소는 RNA를 주형으로 삼아 DNA를 합성하는 효소이다. 레트로바이러스란, 단일가닥 RNA를 유전물질로 가지고 있는 동물 바이러스 가운데 이 RNA를 주형으로 이용하여 DNA를 합성하는 무리를 일컫는다. 역전사효소의 발견으로 중심원리는 수정 · 보완되었다.

프라임 편집의 작동 원리는 다음과 같다.[7]

1. 변형된 카스9 효소와 역전사효소가 결합된 프라임 편집 복합체

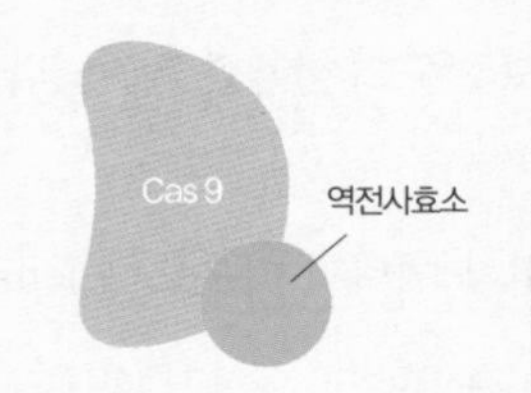

2. pegRNA(prime editing guide RNA)가 복합체를 표적 부위로 안내해 DNA 한 가닥 절단

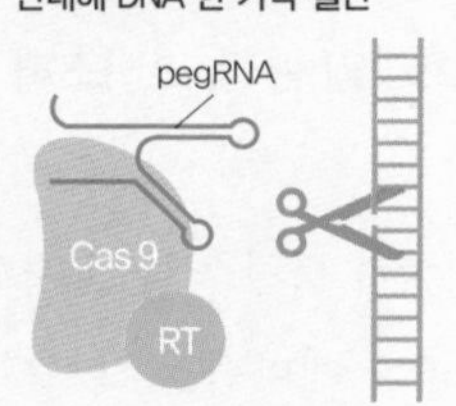

3. pegRNA는 두 부분으로 구성. 결합 부위는 절단된 DNA 가닥에 새로운 DNA 염기서열이 첨가될 수 있게 준비를 하고, 편집 부위는 원하는 편집 정보를 가지고 있다.

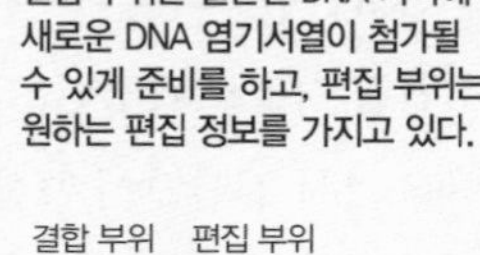

4. 역전사효소가 pegRNA 편집 부위 서열을 DNA로 합성하여 절단된 DNA 말단에 부착

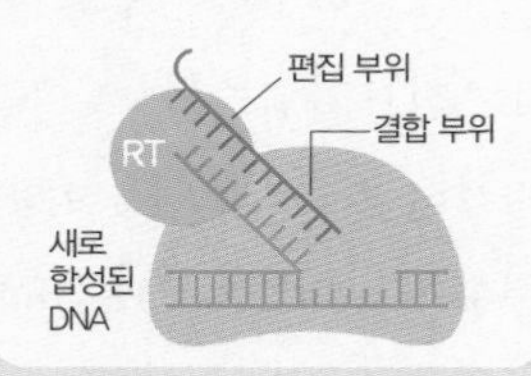

5. 세포의 핵산중간분해효소가 원래 DNA 부위를 잘라내고 새로 추가된 부분을 연결시킨다.

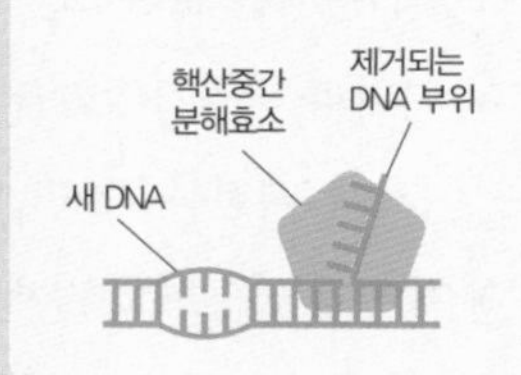

6. 표적 부위에 편집된 가닥과 미편집 가닥 사이 불일치 존재

7. 또 다른 프라임 편집 복합체를 동원하여 불일치 제거

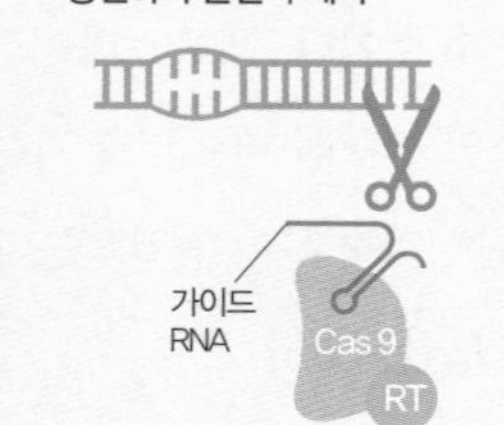

8. 편집 완료

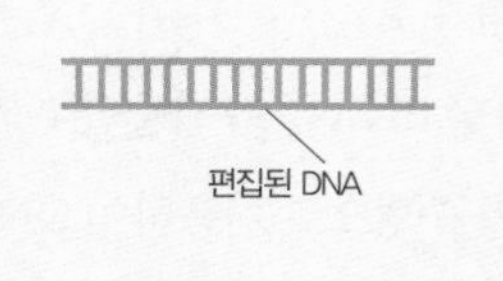

4-57 프라임 편집 기술 작동 원리.

Chapter 5

생명과학, 예술적 상상력 속에 꽃피우다

—— 천재의 대명사 아인슈타인은 지식보다 중요한 건 상상력이라고 말했다. 국어사전에서는 상상력을 "실제로 경험하지 않은 현상이나 사물에 대해 마음속으로 그려보는 힘"이라고 정의하고 있다. 그렇다면 생명과학 지식을 토대로 특정 현상에 대한 논리적인 설명을 시도하는 것을 과학적 상상력이라고 할 수 있겠다.

우리나라 최초의 한글소설인 『홍길동전』의 주인공 홍길동은 변신술을 비롯한 초능력의 소유자이다. 이것이 모두 사실이라고 가정하고 상상의 나래를 펼쳐보자.

홍길동이 변신을 할 때 세포에서는 어떤 일이 일어날까? 혹시 특정 외부자극에 대한 반응으로 평소에는 드러나지 않던 변신 관련 유전자들의 발현이 유도되지는 않을까? 홍길동 부모에게는 이런 초능력이 나타나지 않는데 홍길동은 어떻게 초능력을 소유하게 되었을까? 변신에 필요한 유전자는 열성이기 때문에 부모에게서는 발현되지 않았거나, 감수분열 과정에서 일어나는 유전자 재조합으로 새로운 변신 유전자가 만들어졌다면 가능한 일이다.

이러한 가정들에 대해 황당하다고 생각하지 말고, 저마다의 상상력을 발휘하여 바이오 공부 놀이를 즐길 수 있으면 좋겠다. 생명과학 교과서는 사방에 널려 있으니 말이다.

대성당 천장화 〈천지창조〉에 담긴 천재의 진심은?

해부학적 해석

시스티나 성당(Sistine Chapel)은 틀림없이 세계에서 가장 많은 사람이 다녀갔고, 다녀갈 예배당일 것이다. 해마다 전 세계에서 500만 명이 넘는 관광객이 찾아온다고 한다. 여름 휴가철에는 하루 2만여 명이 성당으로 들어가 목을 한껏 위로 쳐든다. 그 유명한 천장화를 보기 위해서이다.

시스티나 성당(Sistine Chapel) 건축가 조반니 데 도르티의 설계로 1473년 착공, 1481년에 완성한 건물로 내부 벽화와 천장화는 르네상스 회화의 진수를 보여준다. 교황 서거나 사임 이후 새로운 교황을 선출하기 위한 콘클라베가 열리는 곳이다.

한국인에게 흔히 〈천지장조〉로 알려져

5-2 미켈란젤로 초상화, 다니엘 다 볼테라 작, 1544.

5-1 시스티나 성당 천장화.

있는 이 그림의 공식 명칭은 〈시스티나 성당 천장화(The Sistine Chapel Ceiling)〉이다. 구약성경 창세기 내용을 아홉 장면으로 묘사한 이 그림은 성당 입구에서부터 시작되는데, 그 크기가 길이 41미터, 폭 13미터로서 중고등학교 보통 교실 8개의 넓이를 합친 것보다도 조금 더 크다.[5-1]

미켈란젤로(Michelangelo di Lodovico Buonarroti Simoni, 1475~1564)는 장장 4년에 걸쳐 조수 한 명만을 데리고 혼자서 이 대작을 완성했다. 그것도 아파트 7층 정도 높이의 천장 밑에 작업대를 세우고 고개를 뒤로 젖힌 채로 말이다. 그림을 완성하고 난 뒤, 미켈란젤로는 목과 눈에 이상이 생겼다고 전해진다.[5-2]

〈천지창조〉와 미켈란젤로의 해부학적 지식

미켈란젤로는 요즘 유행하는 말로 넘사벽 천재였다. 여든여덟 살 나이로 세상을 떠날 때까지 이 이탈리아인은 조각가, 화가, 건축가, 시인, 해부학자 등으로 왕성하게 활동하며 르네상스 전성기를 이끌었다.

이런 미켈란젤로에게 1508년 당시 교황 율리우스 2세가 대역(大役)을 부탁했다. 바로 시스티나 성당 천장에 그림을 그려달라고 요청한 것이다. 미켈란젤로는 처음에 이 요청을 정중히 거절하고, 자기 대신 라파엘로(Raffaello Sanzio, 1483~1520)를 추천했다고 한다. 거대한 둥근 천장에 그림을 그리는 것 자체가 어렵기도 하고, 여러모로 껄끄럽고 부담스러웠기 때문이었다. 사실 조각가에게 이런 엄청난 프레스코화 작업을 맡긴 이면에는 그를 시기한 사람들의 질투와 시샘이 있었다고 한다. 어쨌든 한번 마음을 먹으면 뜻을 굽힐 줄 모르는 교황의 강력한 요청을 거절하지 못하고 미켈란젤로는 4년에 걸쳐 불후의 명작 〈천지창조〉를 완성하기에 이른다.[5-3]

5-3 〈천지창조〉 가운데 '아담의 창조'.

〈천지창조〉 중에서 핵심을 이루는 작품은 창조주가 최초의 인간과 손가락을 맞대고 있는 '아담의 창조'이다. 이 손가락 접촉은 보통 아담에게 생명력을 전해주는 것으로 해석된다. 그런데 일부 학자, 특히 의학자들의 눈에는 또 다른 무언가가 보인다고 한다. 천장화를 그리는 조건으로 미켈란젤로는 작품 묘사에 자율성을 허락받았다. 그 표현의 자유가 어디까지였는지는 모르지만, 미켈란젤로가 해부학에 각별한 관심과 탁월한 지식을 가지고 있었다는 사실을 근거로 이 그림에 해부학적 의미가 담겨 있다고 생각하는 학자들이 적지 않다.

그중 가장 널리 회자되는 해부학적 주장은 '아담의 창조'에서 뇌의 단면도가 보인다는 것이다. 드물지만 미켈란젤로가 신장 결석으로 고생했다는 사실을 들어 뇌가 아니라 콩팥의 단면이라고 주장하는 사람도 있다.

'아담의 창조'에서 창조주와 천사들은 붉은 망토에 몸을 싣고 하늘에 떠 있는데, 붉은 망토의 형상이 사람 뇌의 단면을 연상시킨다. 그리고 척추 동맥이 있어야 할 자리에서 녹색 스카프가 하늘거리고 있다. 또 천사의 팔은 시신경을 상징하는데, 척수 위치에는 천사의 다리가 있다. 미켈란젤로는 별다른 설명을 남기지 않았지만, 전문가들은 심장이 몸을 지배한다는 전통적인 생각에 미켈란젤로가 반기를 든 것이라고 주장한다. 미켈란젤로는 뇌 안에 있는 지성이 신이 내린 최고의 선물이라고 생각했던 것일까?

그런데 최근 이탈리아 과학자들이 아주 흥미롭고 그럴듯한 새로운 해석을 내놓았다.

〈천지창조〉를 산부인과적 관점에서 바라보면?

2015년, 이탈리아 의사들은 이 그림을 산부인과적인 관점에서 바라보았다.[1] 먼저 흔히 뇌의 단면이라고 주장하는 타원은 자궁, 더 정확하게 출산 직후의 자궁 상태라고 이들은 주장한다. 타원 내면에 있는 접힌 부분을 그 증거로 제시한다. 이러한 접힘은 자궁 근육 수축으로 인해 분만 후에만 뚜렷이 나타나는 것이다. 더욱이 출혈 흔적을 나타내는 듯한 그 주변 검붉은색이 이런 추측에 힘을 실어준다.

타원 아랫부분에는 안쪽으로 접혀 들어간 부분이 있다. 이것은 자궁목(자궁경부)에 해당한다. 또한 그림 오른쪽 위쪽을 보면, 사과 꼭지처럼 보이는 것이 있다. 해부학자 눈으로 보면 속이 빈 관의 단면으로 보이는데, 이것이 나팔관이라는 것이다.

그리고 이 부분 밑에는 알아보기 힘든 붉은 얼룩이 있다. 생뚱한 이 반점은 몇 차례 복원과정에서 생긴 얼룩으로 여겼었다. 하지만 그 위치와 모양으로 볼 때 난소일 가능성이 높다. 원본에서는 더 확실하게 묘사되었는데, 후대 사람들이 그것의 의미를 제대로 알지 못하고 복원작업을 하면서 원래 모습이 사라졌을 가능성을 배제할 수 없다는 것이다.

위에서 언급된 생물학 용어를 간단하게 정리하면 다음과 같다.

나팔관은 난자를 만드는 난소(卵巢, 알집)와 자궁을 연결하는 가느다란 관이다. 나팔관은 성숙한 난자의 통로 역할을 한다. 말하자면 난소에 있는 난자가 성숙되면 난소를 떠나 나팔관으로 들어간다. 만일 난자가 나팔관 안에 있다가 정자를 만나게 되면 수정이 일어난다. 수정란은 나팔관 내벽에 있는 섬모와 연동운동에 의해서 자궁으로 운반되는데, 이동하면서 계속 분열하여 자궁에 도달할 쯤에는(수정 후 약 7일) 속이 빈 포배

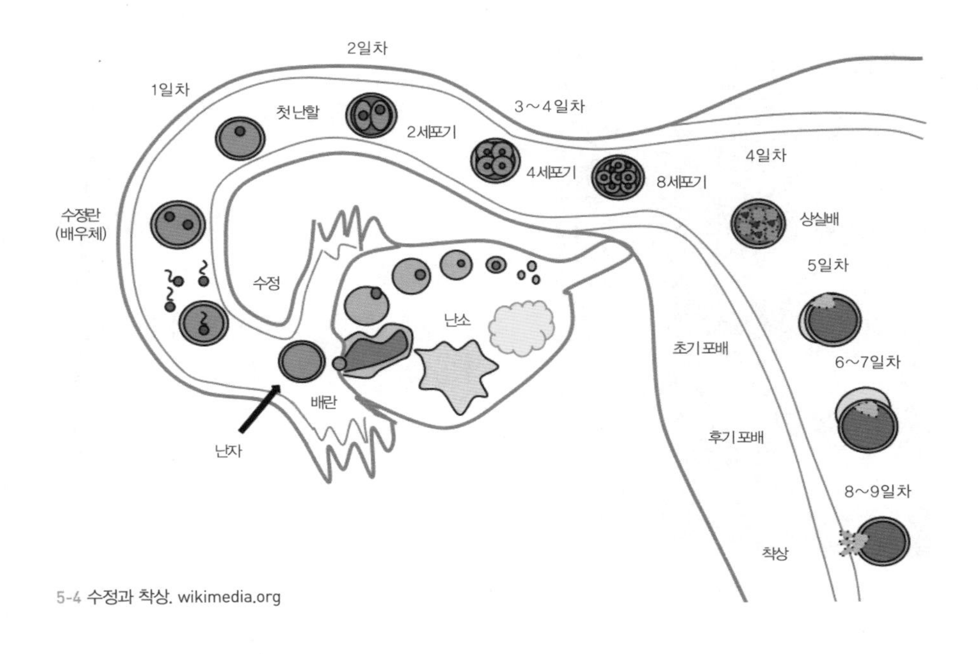

5-4 수정과 착상. wikimedia.org

상태로 자궁 내막에 들어가 자리를 잡고 발생을 시작한다. 이것을 '착상(着床)'이라고 하며, 이때부터 임신이 되었다고 한다.(5-4)

사람의 경우, 4주째가 지나면 배아 크기는 처음보다 약 500배 정도로 커진다. 7주째가 되면 머리와 몸통, 팔다리 형태가 구별되고, 생식기관이 만들어지기 시작한다. 특히 뇌가 급속도로 발달하기 시작한다. 사람의 임신 기간은 수정이 이루어진 후 평균 266일, 대략 9개월이어서 3개월씩 3분기로 구분한다. 9주 이후부터는 배아가 아니라 '태아'라고 부른다.

다시 '아담의 창조'로 돌아와서, 아담을 관찰해보자. 언뜻 보기에 아담은 바위(녹색 부분) 위에서 쉬고 있는 것 같다. 그런데 고대 서양문화에서는 바위라는 말에 '생모(生母)'라는 뜻도 담겨 있었다고 한다. 그리고 바위 뒤로 파란색으로 그려진 무언가가 있다. 자세히 보면, 아담의 머리 바로 위에 젖꼭지 같은 것이 있고, 아래로 내려가면서 보면 여체 일부의 윤

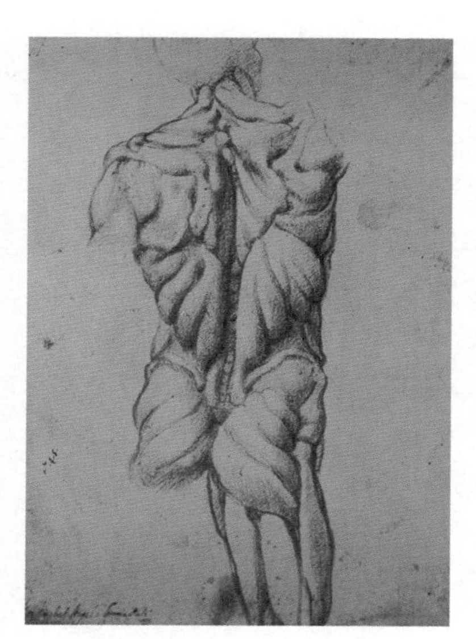

5-5 미켈란젤로의 인체 드로잉. 미켈란젤로는 600여 점의 드로잉을 남겼는데, 특히 해부학을 공부한 화가답게 근육 묘사에 탁월했다.

곽이 드러나는 것 같다.

사실 미켈란젤로는 다양한 동물에서 인체에 이르기까지 상당한 해부 경험 소유자였다. 15세기 후반, 교황 식스투스 4세가 그때까지 교회법으로 엄격하게 금지했던 시체 해부를 교육적인 목적에 한해서 허가했는데, 미켈란젤로는 교회와의 돈독한 관계 덕분에 시신을 대상으로 해부 실습을 할 수 있었다.[5-5] 이 시기에는 항생제가 없던 시절이었기에 산욕열로 사망하는 경우가 꽤 많았다. 정확한 기록은 없지만, 적게 잡아도 1,000명당 5~6명의 산모가 사망했을 것으로 추정된다. 따라서 오늘날 의대생보다 미켈란젤로가 사람의 몸속을 관찰해볼 수 있는 기회가 더 많았을지도 모르겠다.

그렇다면, 그는 그렇게 습득한 지식을 '아담의 창조'에 담지는 않았을까? 인류의 탄생을 보여주기 위해서 말이다. 그가 진정 무엇을 전하고 싶었는지 이 천재를 만나 묻고 싶지만, 그건 꿈속에서나 가능한 일이다.

21세기를 살아가는 현대인은 그야말로 정보의 홍수 속에 살고 있다. 그렇다면 지금 우리에게 가장 필요한 것은, 넘치는 정보를 꿰어 새로운 지식을 만들 수 있는 능력, 즉 창의력 또는 상상력이 아닐까? 이는 '남과 다른 생각'을 통해 맺어지는 열매이다.

미켈란젤로같이 위대한 작가의 작품에 우연히 또는 그냥 무의미하게 표현된 부분이 있을 리 없을 것이다. 그러고 보니 창조주 곁에 있는 여러 사람이 새삼 눈에 띈다. 앞으로 태어날(창조될) 사람을 나타낸 걸까? 특히 바로 옆에 있는 여성이 혹시 이브는 아닐까? 마음껏 상상의 나래를 펴본다. 어쩌면 미켈란젤로는 우리가 다르게 생각하기를 바라며 이 유산을 남겼을지도 모르겠다. 미래사회에서 가장 필요한 인재는 창의적 · 융합적 사고 능력의 소유자임을 일찌감치 예견하고서 말이다.

볼세나의 기적은 바로 빨간세균인가?

세라티아 마르세센스

중세 시대의 한 성당에서 일어났던 기적적인 사건 하나에도 생물학적 진실이 숨어 있다. 1263년 늦여름 어느 날, 독일에서부터 긴 순례길을 걸어온 베드로라는 한 신부가 이탈리아의 작은 도시 볼세나에 도착했다. 그에게는 큰 신앙적 고뇌가 하나 있었다. 성찬식 때마다 예수 부활을 입으로는 고백하면서도 가슴으로는 받아들여지지 않았던 것이다. 이 때의 순례여행도 부활에 대한 자신의 공

성찬식
예수의 수난을 기념하는 기독교 의식으로, 예수의 최후를 기념하여 신도들이 예수의 살을 상징하는 빵과, 피를 상징하는 포도주를 나누어 먹는 제식이다.

허한 믿음을 강화하기 위해서 시작했다고 전해진다.

볼세나에 온 그는 제일 먼저 평소에 추앙하던 성녀 크리스티나가 안치된 성당에 가서 간절하게 기도한 다음, 그 자리에서 성찬식을 거행했다. 하지만 막상 성찬식이 시작되자 또다시 내적 갈등이 시작되었다. 불경스런 상념을 떨쳐버리려고 그는 더욱 뜨겁게 기도한 다음, 성체를 상징하는 빵을 둘로 잘랐다. 그러고는 충격에 놀라 베드로의 몸은 굳어버리고 말았다. 잘라진 빵에서 붉은 피가 흘러나왔기 때문이었다. 놀라움에서 깨어나 정신을 차린 신부 베드로는 자신의 부족한 믿음을 회개하고 흔들리지 않는 신앙심을 가졌다고 한다.

볼세나의 기적에는 붉은 피의 비밀이 담겨 있다

이 사건은 곧바로 때마침 인근 도시 오르비에토(Orvieto)에 머물고 있던 교황 우르비노 4세에게 보고되었다. 이에 감복한 교황은 이 성스러운 기적을 기념하기 위하여 축일을 선포하고, 오르비에토에 새로운 성당 건축을 명했다.(5-6) 1270년에 시작되어 300년이 넘는 공사 끝에 완공된 이 성당에는 지금도 그 기적의 성체포가 보관되어 전시되고 있다.

성체포
미사 때, 성체 등을 올려놓기 위하여 제대 위에 펴놓은 네모꼴의 아마포.

5-6 오르비에토 성당. © Livioandronico2013

5-7 라파엘로 자화상, 23세 무렵.

5-8 라파엘로, 〈볼세나의 미사〉, 1512, 사도궁(Apostolic Palace), 바티칸 시티.

1512년, 미켈란젤로에게 〈천지창조〉 제작을 부탁했던 교황 율리우스 2세가 이번에는 라파엘로에게 '볼세나의 기적'을 화폭에 담아달라는 주문을 했다.[5-7] 이렇게 해서 탄생한 또 하나의 걸작이 바티칸 교황청에 있는 〈볼세나의 미사(The Mass of Bolsena)〉이다. 라파엘로는 무릎을 꿇고 있는 모습으로 교황 율리우스 2세까지 그림에 포함시킴으로써 1506년 교황의 오르비에토 성당 방문을 역사적 사실로 증명했다.[5-8]

5-9 피에트로 롱기, 〈폴렌타〉, 1740년경.

그런데 이 성화(聖畵)와 얽힌 또 다른 비화가 있다.[2] 그 발단이 되는 사건이 일어났던 19세기 초반 이탈리아로 가보자.

1819년 이탈리아의 여름은 유난히 무더웠다. 그해 7월, 파도바(Padova)라는 도시에서 많은 농민들을 불안에 떨게 하는 기이한 일이 발생했다. 여러 가정에서 폴렌타(polenta)가 마치 피가 섞인 듯 붉게 변한 것이다.[5-9]

이를 악마의 저주라고 믿었던 당시 사람들은 큰 공포에 휩싸였다. 그리하여 혼비백산하여 교회로 달려가 자기 집을 악령으로부터 구해달라고 간구하는 사람들이 생겨났다. 경찰도 수사에 나섰고, 파도바 대학의 교수들도 조사위원회를 구성했다.

폴렌타(polenta)
옥수수 가루로 끓인 죽. 원래 가난한 이들이 주로 먹던 음식이었는데, 해외로 퍼져나가면서 콘밀(cornmeal)이라는 이름으로 인기 식품이 되었다.

파도바 대학
1222년에 세워진 이탈리아의 명문 국립대학. 17세기에 갈릴레오 갈릴레이가 교수로 있었기에 더 유명해졌다.

이와는 별개로 비지오(Bartolomeo Bizio, 1791~1862)라는 약사도 스스로 이 현상을 연구했다.[5-10] 비지오는 1819년 8월에 익명으로 발표한 논문에서 핏빛 폴렌타는 자연현상이라고 결론지었다. 그는 후속 실험을 통해 원인 미생물 배양에 성공했고, 이것이 폴렌타를 하루 만에 빨갛게 변질시킬 수 있다는 사실을 알아냈다. 하지만 비지오는 이를 함구하고 있다가 몇 년이 지나서야 세상에 알렸다. 인근 지역에 있는 식물원 원장이 폴렌타의 변색이 저절로 일어난 발효 때문이라고 주장한 직후였다.

5-10 바르톨로메오 비지오.

1823년에 발표한 논문에서, 비지오는 붉은 폴렌타의 원인균이 곰팡이라 판단하고, 증기선 연구의 선구자인 세라피노 세라티(Serafino Serrati)의 이름을 따서 '세라티아 마르세센스(*Serratia marcescens*)'라고 명명했는데, 종

5-11 크리스티안 에렌베르크 초상화. Eduard Radke 작, 1855.

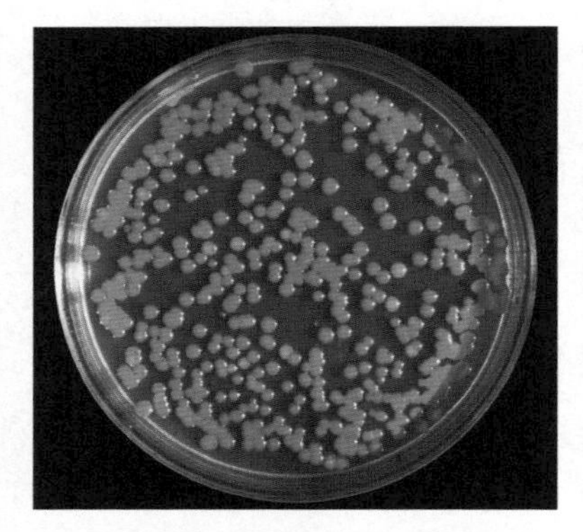

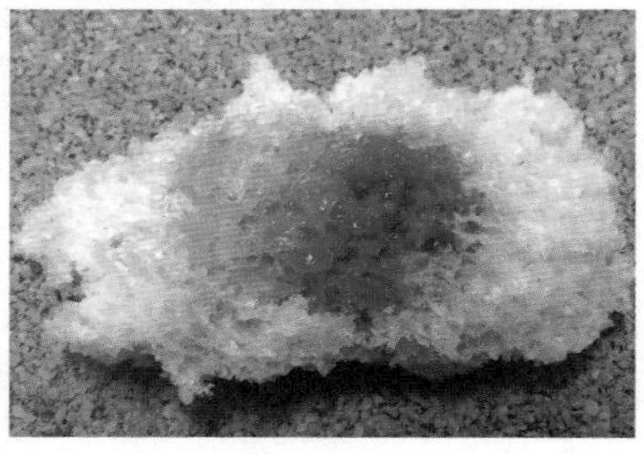

5-12 세라티아 마르세센스 콜로니(위쪽)와 이 세균으로 오염된 빵 조각(아래쪽). © wikimedia.org

명 'marcescens'는 '부패'를 뜻하는 라틴어에서 유래한 것이다. 한편 비지오가 나홀로 연구를 수행하는 동안 파도바 대학 위원회도 그와 비슷한 결론에 도달했다.

1848년, 독일의 미생물학자 에렌베르크(Christian Ehrenberg, 1795~1876)는 찐 감자에 생긴 붉은 반점을 조사했다.[5-11] 파도바의 붉은 폴렌타에서 볼 수 있는 것과 같은 것이었지만, 에렌베르크는 이런 사실을 미처 모르고 있었다. 나중에 논문을 읽고 이를 알게 된 에렌베르크는 더 주의 깊게 현미경 관찰을 시도했다. 이즈음에는 광학 기술의 발전으로 이전 과학자들에 비해 훨씬 더 자세하게 미생물을 관찰할 수 있었다.

에렌베르크는 달걀 모양의 세포가 움직이는 것을 보았다. 편모도 달려 있는 것 같았다. 그래서 그는 이것을 '모나스 프로디지오사(*Monas prodigiosa*)'라고 명명했는데, 각각 '개체'와 '신비한'을 뜻하는 라틴어에서 유래한 이름이다. 이후로도 이 세균에는 여러 다른 이름이 붙여졌으며, 1980년에 와서야 비로소 '세라티아 마르세센스'가 공식 이름으로 채택되었다.[5-12]

빨간세균을 이용한 다양한 실험들

1890년대에 미국의 외과의사 콜리(William Coley, 1862~1936)는 한 환자에 주목했다.[5-13] 경부암으로 고통받던 사람이 심한 감염성 피부병에 걸리면서 기적처럼 암에서 회복한 것이다. 세균 감염이 암 치료에 모종의 역할을 했다고 판단한 콜리는 세균을 이용한 새로운 암 치료제를 만들어냈다. 이 치료제는 그 당시에는 인체에 무해하다고 생각했던 세라티아 마르세센스와 다른 세균을 섞어 만든 세균 혼합액이었다. 치료 효과에 대한 의문과 부작용에

5-13 윌리엄 콜리(1892).

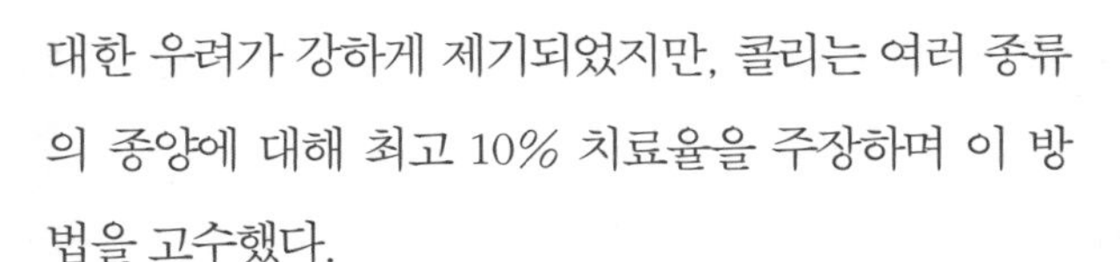

대한 우려가 강하게 제기되었지만, 콜리는 여러 종류의 종양에 대해 최고 10% 치료율을 주장하며 이 방법을 고수했다.

콜리 시대에는 그 누구도 몰랐지만, 우리 몸의 면역 체계는 암 세포를 끊임없이 감시한다. 아마도 콜리의 치료법이 이따금씩 성공한 이유는 세균 감염이 면역 기능을 활성화 또는 강화시켜 종양을 사그라지게 했기 때문이었을 것이다. 아무튼 콜리는 '종양면역치료'(우리 몸의 면역 기능을 이용하여 종양을 치료하려는 접근법)

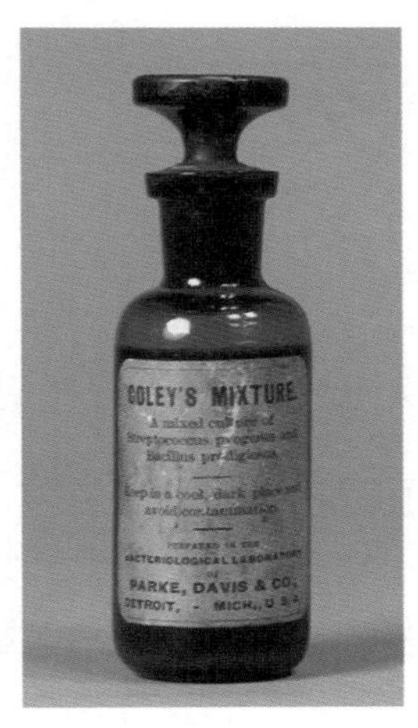

5-14 세라티아 마르세센스와 화농성 연쇄상구균을 섞어 만든 콜리액.

의 원조가 되었다. 실제로 콜리액, 콜리 백신 또는 혼합세균 백신 등 여러 이름으로 불린 이 치료제는 1960년대까지 미국에서 사용되었다.[5-14]

심지어 독일의 한 제약회사는 '백시느린(Vaccineurin)'이라는 제품명으로 1990년까지 이 제품을 생산했다.

1906년에는 영국의 한 미생물학자가 이 빨간세균을 이용해 또 다른 의학 실험을 수행했다. 이번에는 질병 치료가 아닌 질병 예방이 목적이었다. 당시 영국 하원은 그에게 의사당 실내 공기 질을 조사해달라는 요청을 했다. 의원 여러 명이 독감에 걸리고 난 직후의 일이었다. 그는 텅 빈 의사당 여기저기에 배양접시를 두었다. 그러고 나서 세라티아 마르세센스 배양액을 입에 머금었다 뱉은 다음, 셰익스피어 작품을 읽어나갔다. 낭송이 끝난 후 그는 모든 배양접시를 모아 배양기에 보관했다.

배양 결과는 충격적이었다. 그에게서 꽤 멀리 떨어져 있었던 배양접시에서도 빨간세균이 나타났기 때문이었다. 이 실험을 통해 미생물이 기침이나 재채기뿐만 아니라 일상적인 대화 과정에서도 전파될 수 있다는 사실이 밝혀졌다. 물론 배양액 가글을 했던 학자는 건강에 아무 이상이 없었다. 그 이후 이 빨간세균은 추적 또는 표지 미생물로 각광을 받게 되었다.

1937년, 미국 코네티컷 주에서 두 명의 치과의사가 환자들의 동의를 얻어 이를 뽑기 전에 잇몸에 세라티아 마르세센스를 발랐다. 발치로 인한 세균 감염 가능성을 확인하기 위함이었다. 얼마 후 실시한 혈액검사 결과, 상당수(10~40%) 환자의 혈액에서 세균이 검출되었다. 이와 유사한 실험이 1949년에 리버풀에서도 실시되었는데, 역시 비슷한 결과를 얻었다.

1957년에는 하버드 대학에서 또 다른 의학 실험이 진행되었다. 반혼수 상태에 있는 몇몇 환자의 생식기에 빨간세균 용액으로 적신 거즈를 문질렀다. 이들 모두 배뇨를 돕는 카테터(도뇨관)를 지니고 있었다. 실험 목적은 카테터로 인한 감염 위험성 증가 여부를 알아보기 위함이었다.

도포 후 이틀까지는 소변에서 세균이 발견되지 않았다. 하지만 사흘째부터는 세균이 검출되기 시작했다.

세라티아 마르세센스, 생물전 실험 대상이 되다

1958년, '붉은 기저귀 증후군(red diaper syndrome)'이라는 특이한 질병에 대한 논문이 발표되었다. 미국 위스콘신 대학 병원에서 1954년에 태어난 한 여아의 기저귀에서 검출된 세라티아 마르세센스가 논문의 핵심이었다. 사용한 천 기저귀를 초벌 헹궈서 세탁물 수거함에 두었는데, 얼마 후 붉은 얼룩이 생긴 것을 부모가 발견했다. 신생아실에서 나온 지 사흘이 지난 시점이었다. 아기의 변 시료를 배양했더니 세라티아 마르세센스가 검출되었다. 그 아기는 질병 징후나 증상을 보이지는 않았다. 그럼에도 의사들은 약물 치료를 했고, 치료가 진행되면서 기저귀의 붉은 기는 줄어들었다.

문제는 이 세균이 어디서 왔냐는 것이었다. 병원 내에서 온 것 같지는 않았다. 같은 시기에 병원 신생아실에 함께 있었던 다른 아기들은 아무도 이런 징후를 보이지 않았기 때문이다. 그러다 병원에서 약 500미터 떨어진 건물에 있는 실험실에서 에어로졸 실험에 세라티아 마르세센스를 사용했다는 사실이 알려지면서, 여기서 유출된 세균에 의한 오염 가능성이 제기되었다. 아기에게서 검출된 빨간세균과 실험에 사용된 것을 비교한 결과, 같은 세균으로 밝혀졌다. 공기를 타고 실험실 밖으로 나간 빨

에어로졸(aerosol)
대기 중에 매우 미세하게 분산되어 있는 액체나 고체 입자들의 부유물이다.

간세균이 원인이었던 것이다.

1966년, 마침내 세라티아 마르세센스의 잠재적 병원성을 경고하는 논문이 처음으로 발표되었다. 저자는 인간을 대상으로 이 세균을 추적 생물로 사용하는 것을 재고해야 한다고 주장했다. 그때까지만 해도 학교 실험실에서 학생들이 빨간세균을 손에 묻히고 악수를 하면서 세균의 전파과정을 살펴보곤 했다.

1970년대로 접어들면서, 세라티아 마르세센스가 병원균이 될 수 있다는 사실이 명백해졌다. 그러나 1819년에 처음으로 알려진 이래로 이 세균은 오랫동안 비병원성으로 여겨져왔다. 게다가 붉은 색소를 가지고 있어서 생물학 전쟁 모델링에서 추적 미생물로도 사용되었다. 이제 세라티아 마르세센스는 부지불식간에 자행된 과거의 모의 생물전 실험에 대한 진상 규명의 중심에 서게 되었다.

세라티아 마르세센스가 정확히 언제부터 대규모 미생물 추적 실험에 사용되었는지는 분명치 않다. 가장 오래된 문헌 기록은 1934년에 영국의 한 월간지(『The Nineteenth Century and After』)에 실린 기고문이다. 이 글을 통해 필자는 프랑스에서 입수한 자료를 인용하여, 1933년 8월 18일 독일이 당시 점령하고 있던 프랑스 파리에서 세라티아 마르세센스를 이용한 모의 생물전 실험을 했다고 폭로했다. 생물무기로서 에어로졸의 효용성을 알아보기 위해서 콩코드 광장을 비롯한 파리 시내 여러 곳의 환기구 근처에 빨간세균이 들어 있는 에어로졸을 살포했다는 것이다. 안타깝게도 지금 이 자료는 사라지고 없기 때문에 사실관계 확인은 불가능하다. 일부에서는 기고문에 인용된 자료 자체가 조작된 것이라고 주장하기도 했다. 어쨌든 발간 당시 프랑스는 이 기고문을 매우 위중하게 받아들였고, 독일은 이를 전면 부인했다.

1976년 11월 21일, 미국 롱아일랜드 지역 신문 『뉴스데이(Newsday)』에 충격적인 기사가 실렸다. 미국 정부가 생물전에 대비하기 위해 1950년에 샌프란시스코와 뉴욕에서 세라티아 마르세센스를 이용한 추적 실험을 했다고 폭로한 것이다. 이 보도에 따르면, 그 실험으로 인한 감염 때문에 한 명이 사망했고, 최소 다섯 명이 병을 앓았다고 한다.

한 달 후인 1976년 12월 22일자 『워싱턴포스트』는 여러 다른 군사시설과 도시에서도 유사한 실험이 있었다고 보도했다. 미 육군은 그런 사실을 인정했다. 1977년 3월 8일과 1977년 5월 23일에 열린 청문회에서, 1949년 워싱턴 DC를 시작으로 1968년 하와이에 이르기까지 최소 총 일곱 차례에 걸쳐 공공장소에서 이 빨간세균을 이용한 추적 실험이 수행되었음이 밝혀졌다.

전 국민적 우려와 비판이 거세지자 미국 질병통제예방센터(Centers for Disease Control and Prevention)가 나섰다. 다행히 1957년에서 1969년까지 실험에 사용되었던 세라티아 마르세센스가 보관되어 있었다. 그리고 1977년 추적 실험에 사용되었던 빨간세균도 확보했다. 이들 세균을 비교한 결과, 모두 똑같은 세균으로 드러났다. 1977년까지 미국에서는 100건이 넘는 세라티아 마르세센스 대유행 사태가 있었다. 하지만 이들 빨간세균과 실험에 이용된 세균은 다른 것으로 판명되었다. 따라서 추적 실험에 사용된 세균이 미국 내에서 발생한 세라티아 마르세센스 유행의 주요 원인이 아니라고 결론지었다.

세라티아 마르세센스는 건강한 성인의 장 속에서 흔히 발견될 뿐만 아니라 우리 생활 주변에도 널려 있다. 혹시 청소를 게을리한 욕실의 하얀 타일 사이나 변기에서 불그스레한 얼룩을 본다면, 세라티아 마르세센스 무리를 목격하고 있는 것이다. 맨눈에 붉은 기가 보일 정도라면 이 세균

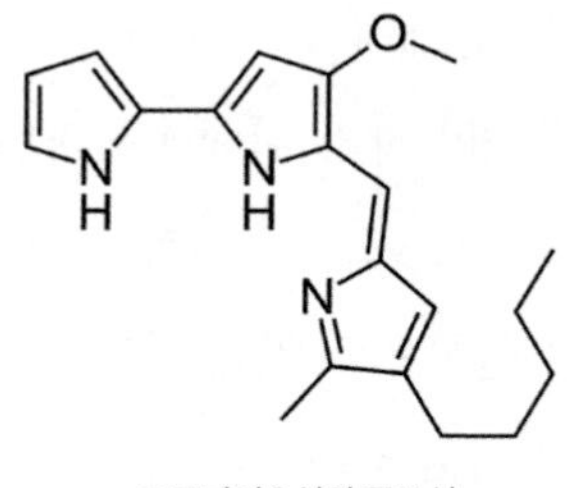

프로디지오신의 구조식

이 꽤 많이 증식했다는 증거이다. 너무 놀라지 말고 얼른 청소도구를 들기 바란다.

세라티아 마르세센스가 만드는 빨간 색소의 이름 프로디지오신(prodigiosin)은 신비하다는 뜻의 라틴어 '프로디지오사(prodigiosa)'에서 유래했다. 그런데 이 화합물이 그 이름값을 제대로 한다. 프로디지오신에는 항균작용뿐만 아니라 말라리아 예방 효과도 있다. 게다가 최근에는 특정 암 치료제 개발에도 활용되고 있다고 한다. 100년도 훨씬 전에 빨간세균을 주성분으로 항암제를 개발했던 콜리가 하늘에서 이런 사실을 들으면 무어라 말할까?

신석정의 「산수도」, 공존의 생태계를 꿈꾸다

생태지위

시는 최고의 소통수단이 될 수 있다고 한다. 아마 시를 읽고 느끼는 감수성과 해석의 폭과 깊이가 사람마다 각기 다르기 때문일 것이다. 그런 맥락에서 우리나라의 대표적 목가시인 가운데 한 분인 신석정(1907~1974)의 「산수도」를 읽고 떠오른 생물학적 단상을 소개하고자 한다.(5-15)

5-15 신석정. 출처: 신석정 문학관.

「산수도」에 드러난 생태지위

숲길 짙어 이끼 푸르고
나무 사이사이 강물이 희어

햇볕 어린 가지 끝에 산새 쉬고
흰 구름 한가로이 하늘을 거닌다

산가마귀 소리 골짝에 잦은데
등너머 바람이 넘어 닥쳐와

굽어든 숲길을 돌아서 돌아서
시냇물 여음이 옥인 듯 맑아라

푸른 산 푸른 산이 천 년만 가리
강물이 흘러흘러 만 년만 가리

산수는 오로지 한 폭의 그림이냐

"숲길 짙어 이끼 푸르고"라! 시를 읽기 시작하자마자 이끼를 비롯한 '음지식물'이 떠오른다. 음지식물은 햇빛이 덜 드는 그늘에서 잘 자라는 식물이다. 식물은 빛을 받아야만 살 수 있다. 광합성을 해야 하기 때문이다.[5-16]

그래서 보통 식물들은 그늘에서 벗어나려 한다. 예컨대 다른 식물이 빛을 가리면 그 식물보다 위로 가려고 '길이 성장'을 열심히 한다. 우리 눈에 보이지는 않지만, 식물들은 햇빛을 놓고 치열한 생존경쟁을 벌이고 있다. 이를 '음지회피'라고 한다.

5-16 뿔이끼류.

생물학적으로 모든 생명체의 삶은 생존과 번식을 위한 경쟁의 연속이다. 하지만 우리가 흔히 말하는 승자 독식의 무한경쟁은 아니다. 자연에서 일어나는 경쟁의 원리를 제대로 알기 위해서는 '생태지위(ecological niche)'에 대한 이해가 필요하다.

5-17 게오르기 가우스.

이 생물학 용어는 어떤 생명체가 주어진 환경에서 무엇을 어떻게 하며 살고 있는가를 설명하는 개념이다. 인간 사회로 치면 직업이 생태지위에 해당한다. 직업이 없으면 정상적인 사회생활이 어렵듯 생태지위를 확보하지 못한 생명체는 그 환경에서 생존할 수 없다. 생물학적 관점에서 볼 때, 만일 생태지위가 똑같은 생물들이 같은 환경에서 함께 산다면 어떻게 될까?

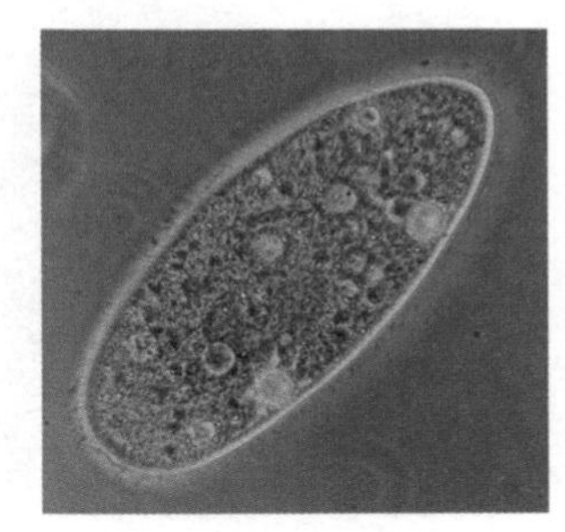
5-18 짚신벌레. © wikipedia.org

1930년대에 러시아의 생태학자 가우스(Georgy F. Gause, 1910~1986)는 한정된 먹이를 공급하며 두 종의 짚신벌레를 함께 키워보았다.(5-17, 5-18) 결과는 승자 독식이었다. 경쟁적으로 먹이를 구하는 과정에서 우세한 종이 다른 종보다 더 빨리 번식했고, 열세인 경쟁자 수는 점점 줄어들다가 결국에는 사라져버리고 말았다. 여기서 '경쟁배제(competitive exclusion)'라는 생태학 개념이 탄생했다. 무한경쟁을 펼치고 있는 지금의 우리 현실과 상당히 비슷해 보인다.

하지만 다행스럽게도 자연환경에서는 이런 비극이 일어나지 않는다. 왜 그럴까? 자연 상태에서는 모든 생물종의 고유한 능력, 즉 생태지위가 존중되는 가운데 경쟁을 하기 때문이다. 예컨대 곤충을 잡아먹는 도마뱀들의 경우, 한 종은 햇볕이 드는 장소에, 다른 종은 그늘진 나뭇가지에 서식한다. 그 덕분에 가까이 공존하지만 먹이에 대한 경쟁이 치열하지 않다. 양지식물과 음지식물도 이와 비슷한 적응방식을 택한 것이다.

이끼 말고도 음지식물 중에는 우리에게 친숙한 종들이 많다. 산나물과 약초의 대부분이 음지식물이다. 고사리는 양치식물의 일원이고, 취나물(국화과)과의 명이나물(백합과)은 각각 쌍떡잎식물과 외떡잎식물에 속한다. 두릅나무과에 속하는 인삼 또한 빼놓을 수 없는 음지식물이다.

일반적으로 육상식물은 관다발의 유무와 종자(씨) 형성 여부, 씨방의 유무 등을 기준으로 분류한다. 최초로 육상생활에 적응한 것으로 추정되는 선태식물(이끼류)은 관다발이 없는 비관다발 식물이다. 이들은 잎과 줄기의 구분이 명확하지 않고, 헛뿌리를 가지고 있다. 선태식물을 뺀 나머지는 모두 관다발을 가지고 있다.

관다발
각각 양분과 물의 통로인 체관과 물관으로 이루어져 있음.

헛뿌리
수분 및 양분을 흡수하고 식물을 지탱하는 역할은 하지만 복잡한 분화가 없는 뿌리 구조의 총칭.

관다발 식물은 씨를 만드는 종자식물과 그렇지 않은 비종자 관다발 식물로 나눈다. 비종자 관다발 식물은 석송류와 양치식물로, 그리고 종자

식물은 겉씨식물(씨방이 없어 씨가 노출)과 속씨식물(씨가 씨방에 싸여 있음)로 다시 나뉜다. 겉씨식물에는 소철, 은행나무, 소나무, 향나무, 전나무 등이 있다. 오늘날 가장 번성한 식물 집단인 속씨식물은 떡잎 수에 따라 외떡잎식물과 쌍떡잎식물로 분류한다. 다시 말해, 씨가 싹틀 때 나오는 잎이 한 장이면 외떡잎식물이고, 두 장이면 쌍떡잎식물이다.

쌍떡잎식물과 외떡잎식물은 꽃잎 수와 뿌리 모양도 다르다. 꽃잎 수는 쌍떡잎식물 경우에는 4 또는 5의 배수이고, 외떡잎식물에서는 3의 배수이거나 꽃잎이 없기도 하다. 쌍떡잎식물의 뿌리는 굵은 원뿌리에 가는 곁뿌리들이 붙어 있다. 반면, 외떡잎식물 뿌리는 수염뿌리를 가지고 있는데, 말 그대로 긴 수염이 여러 가닥 나 있는 모양새다. 흔히 볼 수 있는 예를 몇 개 들면, 벼, 보리, 옥수수, 백합 등은 외떡잎식물이고, 두릅나무, 무궁화, 국화, 장미, 콩 등은 쌍떡잎식물이다.(5-19)

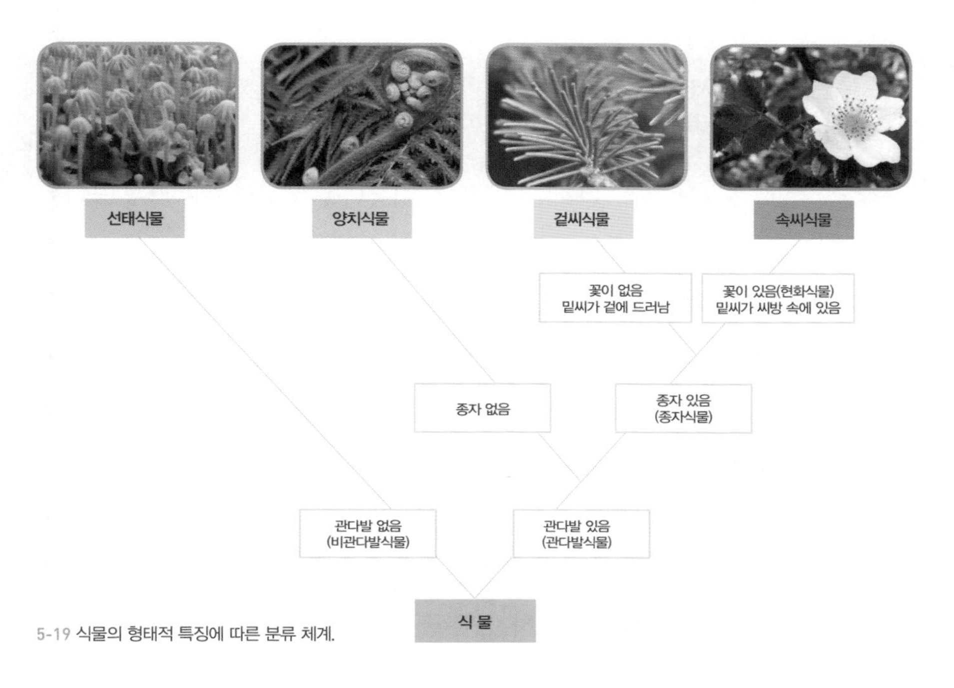

5-19 식물의 형태적 특징에 따른 분류 체계.

보통 음지식물의 잎은 넓고 얇으며, 그 수가 비교적 적다. 제한된 빛을 최대한 받아들이기에 적합한 전략이라 하겠다. 요컨대, 울창한 숲속까지 도달하는 빛의 세기는 탁 트인 초원이 받는 빛의 1%도 되지 않는다. 이런 환경에서도 음지식물이 꿋꿋하게 살 수 있는 이유는 '보상점'이 낮기 때문이다. 보상점이란 식물의 광합성량과 호흡량이 같아지는 빛의 세기를 말하는데, 식물이 생장하기 위해서는 이것 이상의 강한 빛이 필요하다.

말하자면, 음지식물은 부족함을 탓하고 불평하기보다는 작지만 가진 것에 맞추어 소박한 삶을 살아가는 셈이다. 느림의 미학을 추구하며 '소확행'을 즐기는 듯 보이기도 한다. 바로 이것이 산나물과 약초가 지닌, 은은하고 건강을 주는 맛과 효능의 비결이 아닐까 싶다.

생태계에서
에너지는 흐르고 물질은 순환한다

다시 시를 보자. 아름다운 풍광과 어우러져 노니는 산새들 모습이 이어지는 구절에 담겨 있다. 시로 표현된 생태계 원리가 참으로 아름답다. 생태계는 생물 구성요소와 비생물 구성요소가 상호 의존적으로 통합되어 있는 시스템이다. 생물 구성요소는 생산자 · 소비자 · 분해자로 구성되어 있으며, 이들은 먹이그물이라는 에너지 및 영양물질의 이동 얼개를 통해서 서로 연관되어 있다.[5-20]

생태계를 작동시키는 가장 중요한 비생물 구성요소는 에너지와 물질이다. 근본적으로 태양에서 유래된 에너지는 생명체와 먹이그물을 통하여 활용 또는 저장되기도 하지만, 궁극적으로는 열의 형태로 생태계를

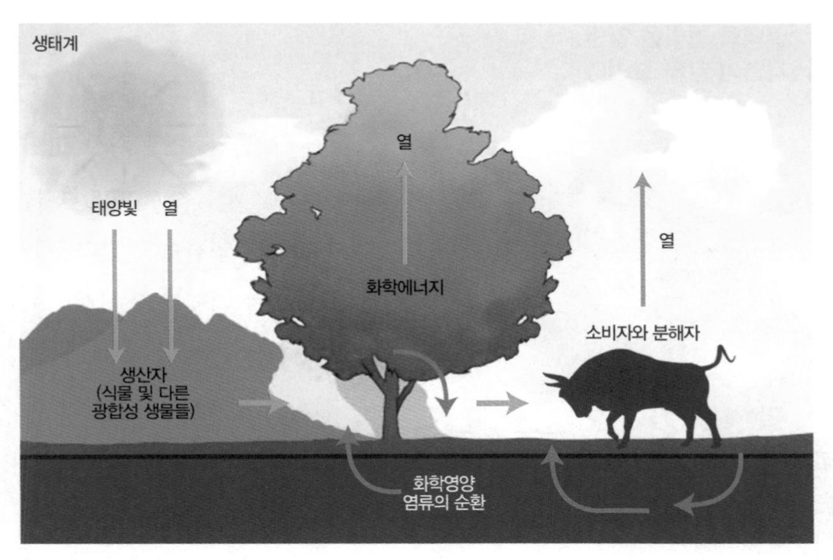

5-20 생태계의 에너지 흐름과 물질 순환.

빠져나간다. 에너지 흐름은 일방통행이다.

반면 물질은 간혹 떨어지는 별똥별이나 회수하지 못하는 인공위성 따위를 제외하면, 이출입 없이 지구 안에서 순환한다. 이를 '생지화학적 순환'이라고 한다. 말하자면 지구라는 거대한 생태계는 태양에너지 유입을 제외하고는 닫힌계로서, 그 안에서 물질이 생물 구성요소와 비생물 구성요소 사이를 끊임없이 오가며 생명력을 유지하고 있는 것이다.

'열역학 법칙'은 가장 포괄적이고 보편적인 과학 원리 가운데 하나이다. 생명현상도 기본적으로 이 법칙에 의거하여 설명할 수 있다. 에너지 보존법칙(열역학 제1법칙)에 따르면 에너지는 물체와 물체 사이에 전달될 수 있고, 여러 가지 형태로 변환될 수 있다. 하지만 전체 에너지 양은 그대로이다. 열역학 제1법칙의 발견 및 정립 과정은 창의적 · 융합적 사고의 모범 사례라고 할 수 있다.

열역학 법칙을 알면 자연이 달리 보인다

5-21 율리우스 로베르트 폰 마이어.

사혈(瀉血)
의학 지식이 부족했던 과거 시절에 치료나 질병의 증상을 완화시키려는 목적으로 환자의 피를 뽑던 행위. 19세기까지도 널리 사용되었는데, 심한 경우에는 피를 너무 많이 쏟아 목숨을 잃는 경우도 있었다고 한다.

독일 출신 의사 마이어(Julius Robert von Mayer, 1814~1878)는 특이한 장소에서 과학적 영감을 얻었다.(5-21) 동인도제도를 오가는 네덜란드 상선에서 주치의로 일하던 그는 긴 항해 중에 두 가지 흥미로운 현상을 발견했다. 잔잔한 바닷물보다는 거친 파도가 몰아치는 해수가 따뜻하다는 사실을 알아낸 그는 물결의 움직임이 수온을 높인다고 추정했다. 또 다른 하나는 다친 사람이 흘리거나 사혈(瀉血)한 피가 열대 수역을 지날 때 유난히 더 빨갛게 보인다는 사실이었다.

의사인 마이어는 산소가 풍부한 피가 동맥을 타고 몸 전체로 퍼져나가 산소를 소비하고 정맥을 통해 다시 폐로 돌아온다는 사실은 물론이고, 인체에서 섭취한 음식이 산소와 반응하여 천천히 연소되면서 체온이 유지된다는 라부아지에의 연구 내용도 이미 알고 있었다.

열대지방을 통과하던 어느 날, 그는 한 선원의 정맥에서 사혈을 하다 깜짝 놀랐다. 정맥혈이 동맥혈만큼이나 선홍빛이었기 때문이다. 피는 산소 함량이 많을수록 더 붉다. 혹시나 해서 자기 자신과 다른 선원들의 피도 확인해봤는데, 결과는 마찬가지였다. 그는 더운 날씨가 주원인이라고 추측했다. 더울 때는 체온을 유지하기 위해 산소 소비량이 줄어들기 때문이라고 생각한 것이다. 실제로 우리 몸은 추울수록 체온을 유지하기 위해 세포호흡을 더 많이 한다. 그러므로 기온이 높을 때 상대적으로 정맥혈에 산소가 더 많이 남아 있게 된다.

마이어는 이런 일련의 현상을 열과 기계적인 일이 같은 것의 서로 다른 형태이고, 이들이 서로 변환될 수 있다는 증거로 해석했다. 말하자면 열은 기계적인 운동으로, 기계적인 운동은 열로 변환될 수 있다는 것이다. 1842년에 발표된 논문에서 그는 에너지는 보존된다고 주장했다. 에너지 양은 열과 기계적인 일로 서로 변환될 수 있지만, 그 전체 에너지 양은 그대로라는 것이다. 열역학의 기본 개념인 '에너지 보존의 법칙'이 정립된 것이다.

그런데 여기서 의문이 생긴다. 왜 에너지 절약을 해야 할까? 어떻게 쓰든 어차피 에너지는 보존될 텐데 말이다. 그 답은 열역학 제2법칙이 알려준다.

5-22 사디 카르노 초상화, Louis-Léopold Boilly 작, 1813.

프랑스의 물리학자 카르노(N. L. S. Carnot, 1796~1832)는 열을 운동으로 변화시키고, 이 운동이 다시 열을 발생시키는 순환이 무한 반복되는 이상적인 열기관을 구상했다.(5-22, 5-23)

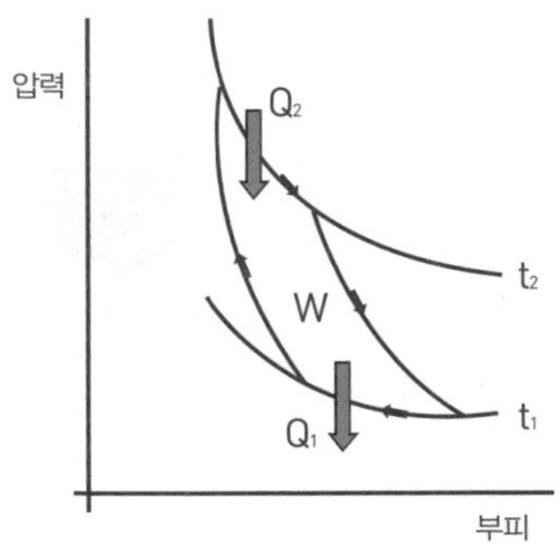

5-23 카르노 순환. © kim, CR

독일의 물리학자 클라우지우스(Rudolf Clausius, 1822~1888)는 카르노가 주장한 사이클이 반복될수록 열의 양이 조금씩 줄고, 결국 열기관이 멈출 것이라고 지적했다.(5-24) 열

5-24 루돌프 클라우지우스.

에너지가 없어진다는 게 아니라 열의 일부가 주변 온도를 높이는 데 사용되기 때문이었다. 1865년, 클라우지우스는 에너지 감소는 또 다른 것의 증가라고 해석했다. '엔트로피(무질서도)'가 늘어난다는 것, 이것이 열역학 제2법칙의 핵심이다. 우주는 평형 상태를 향해 간다. 평형 상태란 엔트로피가 최대인 상태로, 에너지가 균등하게 존재하기 때문에 더 이상의 에너지 이동이 없는 상태를 의미한다.

열역학 제2법칙에 따르면, 자연 상태에서 무질서도는 계속 늘어난다.[5-25] 여기서 또 의문이 생긴다. 생명의 중요한 특징 중 하나가 '조직화(organization)'인데, 그러면 살아 있는 생물은 열역학 제2법칙을 거스른다는 말인가? 만약 생명체가 물질과 에너지의 출입이 불가능한 '고립계'라면 그렇다고 할 수 있을 것이다. 하지만 생명체는 '열린계'이다.[5-26] 우리가 살기 위해서 끊임없이 먹고 배설하는 것이 그 명확한 증거이다. 다시 말해서, 생명체 밖에서 에너지를 받아들여 자신이

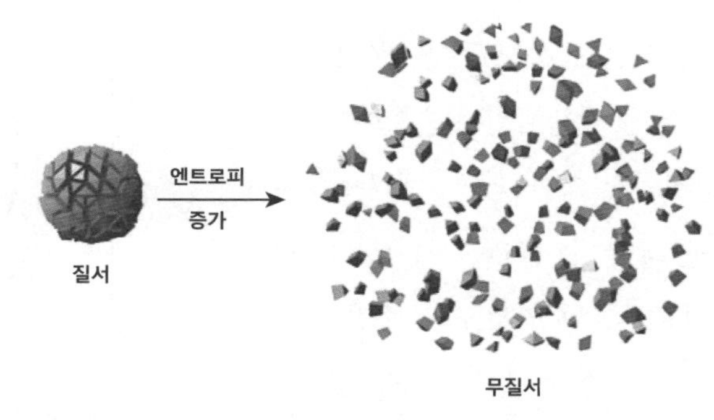

5-25 엔트로피 증가의 법칙. 인위적으로 어떤 힘을 가하지 않으면 물질 상태는 자연적으로 흐트러져 무질서하게 된다는 법칙이다.

증가시킨 엔트로피를 상쇄하기 때문에 열역학 제2법칙을 위배하지 않고 조직화를 이룰 수 있는 것이다.

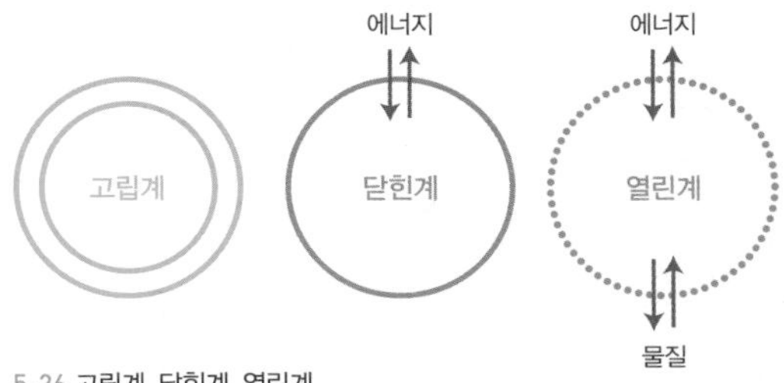

5-26 고립계, 닫힌계, 열린계.

시의 끝자락에서 시인은 '자연환경은 우리 선조에게 물려받은 것이 아니라 우리 자손들에게 빌려 쓰고 있는 것'이라는 중요한 사실을 전하고 있다. 환경이라는 말의 사전적 의미는 어떤 주체를 둘러싸고 있는 여러 가지 요소를 말한다. 달리 표현하면, 생명체가 삶을 유지하는 데에 미치는 모든 요인이다. 즉, 환경은 어떤 주체에 대한 부수적인 요소를 의미하며, 따라서 환경을 논의할 때는 주체가 무엇인가에 따라 그 논점이 달라질 수 있다. 예를 들어 공기 맑은 숲속의 전원주택이 인간에게는 쾌적한 환경을 제공하지만, 산에서 서식하는 여러 생물의 입장에서 보면 그것은 서식지를 파괴하여 생존을 위협하는 존재가 된다.

환경문제는 무엇을 주체로 하는가에 대한 상대적인 개념으로 이해하지 않으면 안 된다. 실제로 자연계에서는 수많은 생물들이 모두 주체가 될 수 있다. 그런데 지금까지는 인간 중심적인 사고로 인하여 인간이 환경의 주체이고 그 외의 주체가 있을 수 있다는 생각은 배제되었는데, 이처럼 생태계 원리를 무시한 잘못된 생각이 오늘날 환경위기를 초래한 주원인이라는 점은 부인할 수 없는 사실이다. 인간도 생태계의 구성원이지 그 위에 군림하면서 이를 통제하는 존재가 아니라는 점을 명심하고, 인간 중심 자연관을 벗어던지라는 메아리가 「산수도」에서 들려온다.

〈베토벤 바이러스〉에는 생명과학적 의미가 담겨 있다

바이러스

5-27 〈베토벤 바이러스〉의 한 장면.

2006년 〈베토벤 바이러스〉라는 드라마가 큰 인기를 얻었다.[5-27] 오래전 드라마라서 내용을 모르는 독자도 많겠지만, 그것은 문제가 되지 않는다. 중요한 것은 내용과 상관없이 제목이 생명과학적으로 참으로 절묘하고 적확한 단어의 조합이라는 것이다. '베토벤'을 위대한 작곡가의 이름을 넘어서 그가 남긴 명곡들로 생각하면 말이다.

음악과 바이러스는 닮았다?

바이러스(virus)는 동물과 식물, 미생물 따위의 살아 있는 세포에 기생하고, 그 안에서만 증식이 가능한 비세포성 생명체이다. 세포 형태를 갖추지 못하고 있다는 이유를 들어 바이러스를 온전한 생명체로 간주하지 않고 생물과 무생물의 중간 정도로 여길 수도 있다. 이런 판단의 근거가 되는 세포설은 1830년대에 확립되었다. 바이러스의 존재가 확인된 것은 1930년대인데, 이보다 100여 년이나 앞서 확립된 세포설의 기준을 그대로 적용하여 어정쩡한 정의를 내리는 것은 비과학적인 태도인 것 같다.

바이러스는 두 가지 상태를 오간다. 숙주 밖에서는 자극에 반응도 하지 않고, 자기복제도 못하는 미세한 입자일 뿐이다. 그런 바이러스가 숙주 안으로 들어오면 갑자기 생명체처럼 돌변하여 숙주에 기생하면서 복제를 거듭하여 그 수가 엄청나게 증가한다. 그 어떤 생명체도 따라갈 수 없는 놀라운 번식능력을 확실하게 보여주는 것이다. 사실 번식과 진화에 관한 한 생물권의 제1인자는 단연코 바이러스이다. 수시로 출현하는 신종 바이러스가 이를 입증하는 좋은 증거이다. 그래서 현대 생명과학에서는 바이러스를 비세포성 생명체로 간주한다.

바이러스는 세균에서 인간에 이르기까지 지구상에 살고 있는 모든 생명체를 감염시키지만, 보통 그 숙주 범위가 매우 좁아서 대부분의 바이러스는 한 종의 숙주에서도 특정한 세포만을 감염시킨다. 우리가 익히 아는 예로, 감기 바이러스와 헤르페스 바이러스의 감염 부위는 각각 호흡기와 입술로 분명하게 다르다. 심지어 헤르페스 바이러스는 배꼽을 기준으로 위쪽에 발생하는 1형과 아래쪽에 발생하는 2형으로 세분된다.

이렇게 바이러스가 특정 숙주 세포에만 집착하는 이유는, 보통 바이러스 겉에 있는 돌기가 숙주 세포 표면에 있는 수용체에 들어맞아야 감염이 이루어지기 때문이다. 조금 색다른 관점에서 생각해보면, 바이러스의 숙주 특이성은 사람마다 다른 음악 취향과 닮은꼴이다. 음악은 그것을 들어주는 사람이 있을 때 비로소 살아난다. 한갓 입자에 불과하던 바이러스가 제 숙주를 만나 생명력을 얻듯이 말이다.

현재 지구상에 베토벤(Ludwig van Beethoven, 1770~1827)을 직접 만나본 사람은 아무도 없다.[5-28] 하지만 그의 음악은 어떠한가? 생존 당시 독일을 비롯한 유럽 국가들에서만 알려졌던 베토벤의 음악이 그가 세상을 떠난 지 거의 200년이 지난 지금, 사라지기는커녕 오히려 다양한 형태로 편곡되어 전 세계 수많은 사람들에게 사랑받고 있다. 생명과학적으로 표현하면, 변화를 거듭하며 번식에 성공한 것에 비유할 수 있다.

상상의 나래를 펴 조금 더 사고를 확장시켜보자. 베토벤의 머릿속에 처음 떠올랐던 악상은 베토벤을 감염시킨 음악 바이러스로 볼 수 있다. 숙주를 떠난 이 바이러스는 오선지에 남아 있다가 수많은 다른 숙주들을 감염시킨다. 그리고 그 과정에서 변화를 거듭한다. 작곡가가 음악 바이러스에 처음 감염된 사람이라면, 감상자는 연주를 통해 그 음악 바이러스에 전염된 사람들이다. 동시에 감상자는 바이러스의 숙주로서 그 음악의 생명을 보존하고 유지시키는 존재이기도 하다.

5-28 루트비히 판 베토벤 초상화, 요제프 칼 슈타이어 작, 1820.

베토벤 바이러스! 음악과 생명과학이라는 완전히 상반되어 보이는 두 분야의 용어가 만나서 서로의 핵심 주제를 명쾌하게 표현하고 있다는 사실이 흥미롭지 않은가?

바이러스 정체를 추적하다

바이러스는 너무 작아서(보통 20~1000나노미터) 광학 현미경으로는 관찰할 수 없을 뿐만 아니라, 인공 배지에서 배양할 수도 없다.

이런 은밀한 존재에 대한 추적 단서는 19세기 후반에 포착되기 시작했다. 1886년, 독일 농화학자 마이어(Adolf Mayer, 1843~1942)는 담배모자이크병이 전염성을 갖는다는 사실을 증명해 보였다.

그리고 1892년, 이 병의 원인을 찾기 위해 러시아 세균학자 이바노프스키(Dmitri Iwanowski, 1864~1920)는 병든 담배의 즙을 짜서 세균을 여과할 수 있는 도자기 필터로 걸렀다.[5-29] 그는 세균이라면 이 필터로 여과될 것이라 예상했다. 그러나 여과된 액체를 건강한 식물에 묻히자 그 담배는 담배모자이크병에 감염되었다. 이 병의 감염 인자가 필터를 통과했기 때문이다.

이를 두고 많은 사람들이 독소를 의심했지만, 몇 년 후 네덜란드의 식물학자인 베이제린크(Martinus Beijerinck, 1851~1931)는 병원성 인자가 증식할 수 있다는 사실을 발견함으로써 독소에 의한 감염은 아님이 밝혀졌다.[5-30]

5-29 드미트리 이바노프스키.

베이제린크는 증식능력이 있는 이 병원체가 세균보다 훨씬 더 작고 단순할 것이라는 가설을 세웠다. 이 때문에 훗날 그는 바이러스라는 새로운 존재에 대한 개념을 최초로 소개한 과학자로 인정받게 되었다. 그러나 당시 기술로는 그 실체를 명확하게 확인할 수 없어서 막연하게 '감염성 액체'라고 기술했다.

1930년대에 이르러 이를 라틴어로 독을 뜻하는 '바이러스(virus)'라는 용어로 부르기 시작했고, 마침내 1935년에 미국 화학자 스탠리(Wendell Stanley, 1904~1971)가 병든 담배에서 이 병원체를 분리하여 연구를 수행하면서 바이러스의 본질이 밝혀지기 시작했다.[5-31] 스탠리는 그 즈음 발명된 전자현미경을 이용하여 담배모자이크 바이러스의 실체를 확인했다. 하지만 바이러스가 살아 있는 생명체인지를 분간하기는 어려웠다.[5-32]

바이러스는 다른 생명체와는 근본적으로 다르다.

첫째, 바이러스는 세포 형태를 갖추지 못하고 있다. 그래서 생물로 간주되지 않지만, 살아 있는 생명체(숙주) 안에서는 물질대사와 증식을 하기 때문에 분명 비생물도 아니다.

둘째, 바이러스 구조는 극히 단순하다. 기본적으로 유전물질과 이를 둘러싸고 있는 단백질 껍데기, 캡시드(capsid)가 전부다. 일부 바이러스(특히 동물 바이러스)는 캡시드를 둘러싼 지질막을 가지고 있다. 이 막은 보통 감염시켰던 숙주 세포의 세포막에서

5-30 건강한 담배(위쪽)와 담배모자이크병에 걸린 담배 잎(아래쪽).
© wikimedia.org

5-31 웬들 메러디스 스탠리(1946).

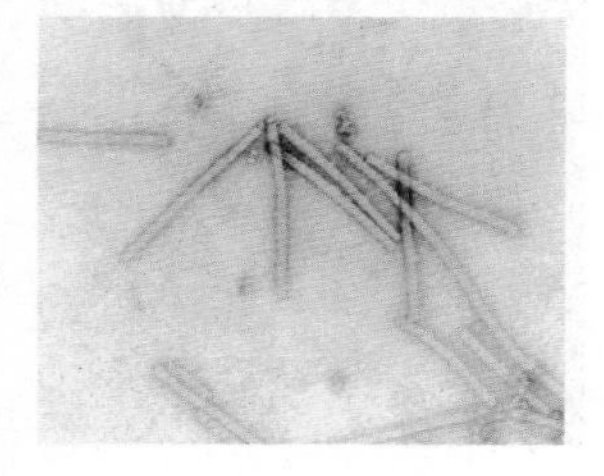

5-32 담배모자이크 바이러스.

유래한다.

셋째, 바이러스는 유전물질로 DNA와 RNA 가운데 하나만을 가지고 있는데, 이것이 단일가닥인 경우도 있고 이중가닥인 경우도 있다. 따라서 바이러스는 종류에 따라 이중가닥 DNA, 단일가닥 DNA, 이중가닥 RNA, 또는 단일가닥 RNA를 유전물질로 갖는다. 바이러스의 핵산은 선형 또는 원형인데, 독감 바이러스를 비롯한 일부 바이러스에서는 핵산이 분절된 여러 개 조각 형태로 존재한다.

또한 바이러스는 자기 자신의 대사에 필요한 효소를 거의 갖고 있지 않다. 바이러스는 숙주 세포의 대사 체계를 강탈해 생명활동을 수행한다. 이로 인해 항바이러스 약제의 개발이 상당히 어려워진다. 바이러스 증식을 억제하는 대부분의 약제가 숙주 기능도 억제하기 때문이다.

바이러스는 캡시드 모양에 따라 4가지로 나눌 수 있다.[5-33] 가장 흔한 캡시드 형태는 다각형인데, 주로 정20면체이다. 소아마비 바이러스가 정20면체 바이러스이다. 나선형 바이러스는 캡시드를 구성하는 단백질 소단위들이 감아 돌면서 속이 빈 막대 모양을 이룬다. 담배모자이크 바

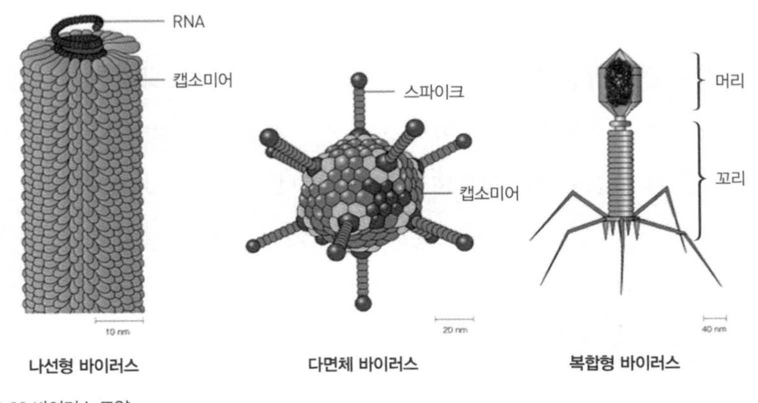

5-33 바이러스 모양.

이러스와 에볼라 바이러스 등이 여기에 속한다.

앞에서 언급했듯이 일부 바이러스의 캡시드는 외피로 싸여 있다. 외피 바이러스는 둥근 모양이다. 대표적인 외피 바이러스로는 독감 바이러스를 들 수 있다. 복합형 바이러스는 그 이름 그대로 구조가 가장 복잡하다. 주로 세균 바이러스, '박테리오파지'가 이런 형태이다.

임상에서는 감염 증상을 기준으로 바이러스를 분류하기도 한다. 이런 분류법은 나름대로 유용하고 편리한 점도 있다. 하지만 같은 바이러스가 감염 조직에 따라 하나 이상의 질병을 일으킬 수도 있는데, 무엇보다도 사람을 감염시키지 않는 바이러스는 분류할 수 없기 때문에 공식적인 분류체계로 사용하기는 어렵다. 최근 들어 핵산 염기서열 결정이 보편화되면서 국제바이러스분류학회에서는 핵산 서열과 구조에 따라 바이러스를 분류하고 있다.

창의적인 바이러스 활용법

바이러스가 질병을 일으켜 인류에게 피해를 주는 사악한 존재만은 아니다. 오히려 새로운 질병 치료제로 이용될 수도 있다. 이미 일부 박테리오파지는 식중독 세균과 슈퍼박테리아(super bacteria)를 처리하는 데에 사용되고 있다. '파지요법(phage therapy)'이라고 부르는 이런 치료법의 핵심은 파지의 숙주 특이성에 있다.

슈퍼박테리아(super bacteria)
현재 사용되는 모든 항생제에 내성이 있는 세균.

2006년, 미국 식품의약국(FDA)은 '리스트쉴드(ListShield)'라는 아주 특별한 신규 식품소독제를 승인했다. '리스테리아(Listeria)' 세균과 방패를 뜻하는 영어 '쉴드(shield)'가 합쳐진 제품명에서 짐작건대, 리스테리아균 무리에 선택적으로 작용하는 약품으로 추정된다. 리스테리아균은 다양한 동물의 몸 안에 살기 때문에 자연스레 환경으로 나와 흙과 물에도 널리 분포한다. 그러다 보니 축산물과 야채를 비롯한 인간 먹거리를 오염시키기도 한다. 이 가운데 '리스테리아 모노사이토게네스(*Listeria monocytogenes*)'라는 골칫거리도 있다.

모노사이토게네스는 낮은 온도(섭씨 5~10℃)에서도 잘 자라기 때문에 이들에게 냉장고는 배양기와 다름없다. 냉장 보관이 길어질수록 잠재적 감염균이 늘어난다. 만약 이들이 우리 몸 안으로 들어오면 백혈구가 가장 먼저 출동해 식균작용으로 처치한다. 그런데 모노사이토게네스는 백혈구의 일종인 '단핵구(monocyte)'에 잡아먹혀도 파괴되기는커녕 오히려 그 안에서 증식을 한다. 이 세균의 종명도 이런 교활한 능력에서 유래한 것이다.(5-34)

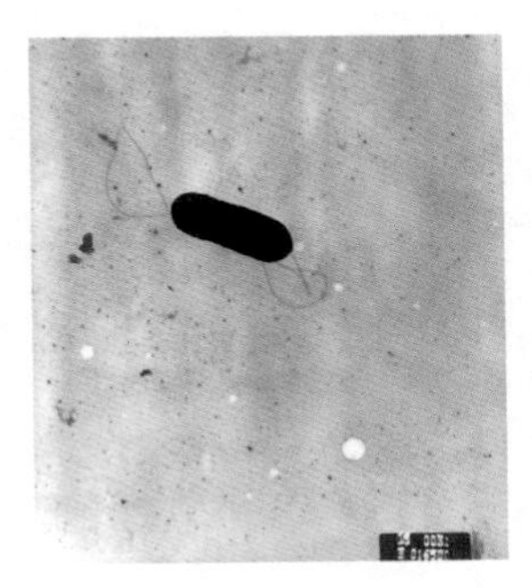
5-34 리스테리아 모노사이토게네스. © wikimedia.org

모노사이토게네스 감염은 '리스테리아증'이라고 부른다. 건강한 성인에게서는 그 증상이 대체로 경미하지만 면역계가 약해진 환자들에게서는 수막염이나 패혈증으로 이어진다. 임신한 여성은 특히 더 조심해야 한다. 감염된 산모에게는 가벼운 감기 증상밖에 없을지라도, 태반을 통해 태아까지 감염되면 유산이나 심지어 더 끔찍한 사태까지 생길 수 있기 때문이다. 새로운 식품소독제 리스트쉴드가 개발된 이유를 알겠다.[3]

이 신제품의 유효 성분을 알면 아마 깜짝 놀랄 것이다. 바로 모노사이토게네스를 공격하는 바이러스, 박테리오파지가 듬뿍 들어 있는 용액이기 때문이다. 쉽게 말해서 이 제품은 세균 바이러스 물을 햄이나 소시지 같은 육가공품 또는 신선 야채에 뿌려서 소독하는 것이다. 과학적으로 안전성이 입증되었지만, 일반 소비자들이 바이러스 샤워를 한 음식을 거리낌 없이 받아들일 수 있을지는 미지수이다. 하지만 선입견이 만든 막연한 불안감을 떨쳐낼 수 있다면, 파지는 다른 식품 매개 병원체들을 선택적으로 저격하는 마법 탄환이 될 것이다. 치료용 항생제에 내성을 갖는 슈퍼박테리아가 등장한 현실에서는 더욱 그러하다.

실제로 파지요법에 대한 의학계의 관심이 날로 커지고 있다. 예컨대 바이러스는 '종양용해 바이러스 치료법(oncolytic virotherapy)'이라는 이름으로 암 치료에도 일조할 것으로 기대하고 있다. 이처럼 기발한 바이오기술 개발의 시작점에는 창의적 상상력이 있음을 상기할 필요가 있다.

단군신화와 무궁화에는 유전 비밀이 숨어 있다

유전원리

아주 먼 옛날, 천상의 왕자 환웅(桓雄)이 지상에 내려와 세상을 다스리고 싶었다. 아버지 환인은 아들의 간절한 소원을 들어주었다. 그리하여 환웅은 비, 구름, 바람을 담당하는 우사, 운사, 풍백과 함께 무리 3,000명을 거느리고 태백산 신단수 아래에 내려와 농사와 형벌 등 360여 가지의 인간사를 주관했다.

신단수(神壇樹)
단군신화에서 환웅이 처음 하늘에서 내려와 머무른 신성한 나무. 고대 제정일치 사회에서의 제사 장소를 뜻하기도 한다.

그러던 어느 날, 곰과 호랑이가 사람이 되고 싶다고 찾아왔다. 환웅은

5-35 부여 천진전 단군화상, 충청남도 문화재자료 제369호. 현존하는 최고(最古)의 단군영정으로 1920년경 제작으로 추정, 정림사지박물관.

쑥 한 줌과 마늘 20개를 주면서 이렇게 말했다.

"너희가 이것을 먹고 100일 동안 햇빛을 보지 않으면 사람이 될 것이다."

두 짐승은 마늘과 쑥을 가지고 동굴로 들어갔다. 곰은 임무를 완수했지만, 호랑이는 참지 못하고 중간에 뛰쳐나가고 말았다. 여자의 몸으로 변한 곰(웅녀)은 같이 살 사람이 없어 날마다 신단수 아래에서 아이 배기를 소원했다. 이를 가엾게 여긴 환웅이 남자로 변신하여 그와 정을 통해 아들을 낳았다. 그 아들이 단군이다.(5-35) 그는 훗날 우리 민족 최초의 국가 고조선을 세웠다. 우리나라 사람이라면 누구나 알고 있는 단군신화 내용이다.

신화 속 이야기는 곧이곧대로 받아들이기보다 그것이 상징하는 의미를 파악하는 게 중요하다. 예컨대, 곰은 변신에 성공하고 호랑이는 실패했다는 진술은 실제로 일어난 일이 아니라, 곰을 숭배하는 부족이 호랑이를 숭배하는 부족을 물리친 상황을 상징적으로 표현한 것으로 보통 이해한다. 그럼에도 불구하고 곰의 변신 가능성을 상상해본다.

곰에서 사람으로 변신? 염색체 융합의 가능성

신화를 과학적으로 해석하는 일은 과학적 상상력을 통해 신화가 감추고 있는 비밀의 일단을 푸는 작업이기도 하다. 이런 맥락에서 단군신화를 새롭게 풀어본다면, 환웅은 곰과 호랑이에게 생물학적으로 아주 편파적인 임무를 내려준 셈이다. 만약 그 시기가 늦가을이었다면 사태는 더욱 심각하다. 잡식동물인 곰은 쑥과 마늘을 먹고 한숨 푹 자면 그만이다. 보통 겨울잠을 세 달 정도 자는 곰에게 100일 동안 햇빛을 보지 않는다는 것은 누워서 떡먹기처럼 쉬운 일일 터이다. 하지만 겨울잠은 고사하고, 육식을 하는 호랑이에게 쑥과 마늘을 먹으라는 명령은 거의 고문 수준의 폭력이 아닐 수 없다. 동굴 밖으로 뛰쳐나가지 않았다면 그 호랑이는 영영 햇빛을 못 볼 수도 있었다. 호랑이로서는 억울하기 짝이 없을 노릇이다.

분류학적으로 곰은 식육목 곰과에 속하는 포유동물이다. 비록 식육목의 구성원이기는 하지만, 북극곰을 제외하고 대부분은 초식 위주의 잡식성이다. 특히 대왕판다는 거의 대나무만 먹는다. 현재 지구에는 총 8종의 곰이 살고 있다. 미국흑곰(*Ursus americanus*), 아시아흑곰(*Ursus thibetanus*), 큰곰(*Ursus arctos*), 북극곰(*Ursus maritimus*), 태양곰(*Helarctos malayanus*), 느림보곰(*Melursus ursinus*), 안경곰(*Tremarctos ornatus*), 대왕판다(*Ailuropoda melanoleuca*)가 그들이다.[5-36] 이들 염색체를 살펴보면, 안경곰과 대왕판다에서는 각각 26쌍과 21쌍, 나머지 6종에서는 37쌍이 관찰된다. 이런 염색체 개수 차이는 '염색체 융합'의 결과로 추정된다.

5-36 아시아흑곰. © Flominator

사람의 염색체 수는 23쌍이다.[5-37] 단군신화에 나오는 곰이 어떤 종인지는 알 수 없지만(멸종한 종일 수도 있다), 대왕판다를 제외하고 현존하는 곰들의 염색체 수만 놓

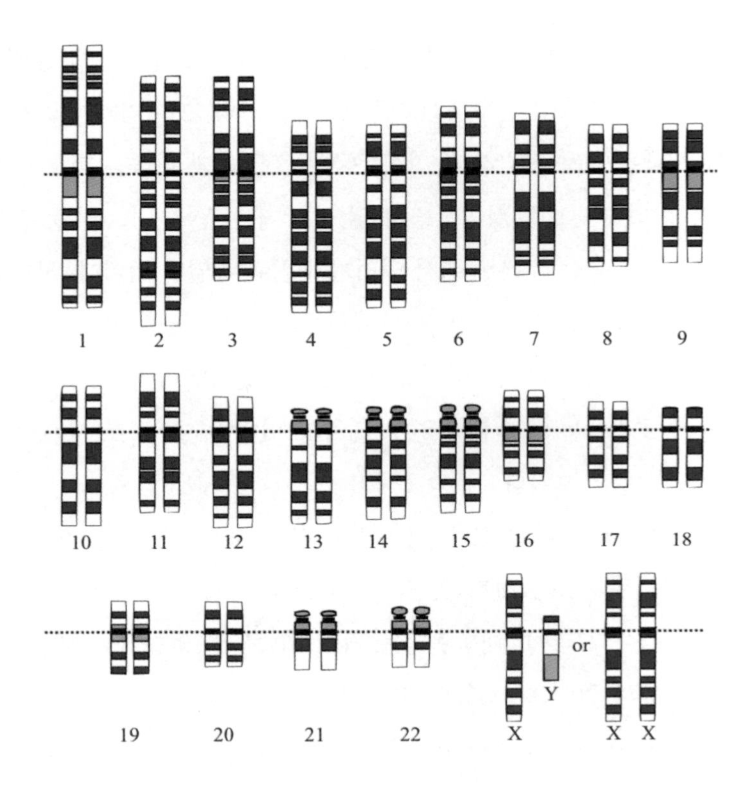

5-37 정상적인 사람의 염색체 수 23쌍.

고 보면 마늘과 쑥을 먹고 사람이 되기 위해서는 100일을 버티는 동안 우선 일부 염색체가 붙어야 한다. 그런데 흥미롭게도 현대 생명과학은 염색체 융합이 인간의 진화과정에서 중요한 역할을 했다는 증거를 찾아냈다.

우리 인간의 분류학적 위치는 '동물계-척삭동물문-포유강-영장목-사람과-사람속'이다 여기에는 딱 한 종만이 남아 있다. 바로 '사람(*Homo sapiens*)'이다.[5-38] 화석과 최신 유전체 분석 결과에 따르면, 약 6,500만 년 전에 나무 위에서 서식했던 작은 포유류에서 영장목이 유래

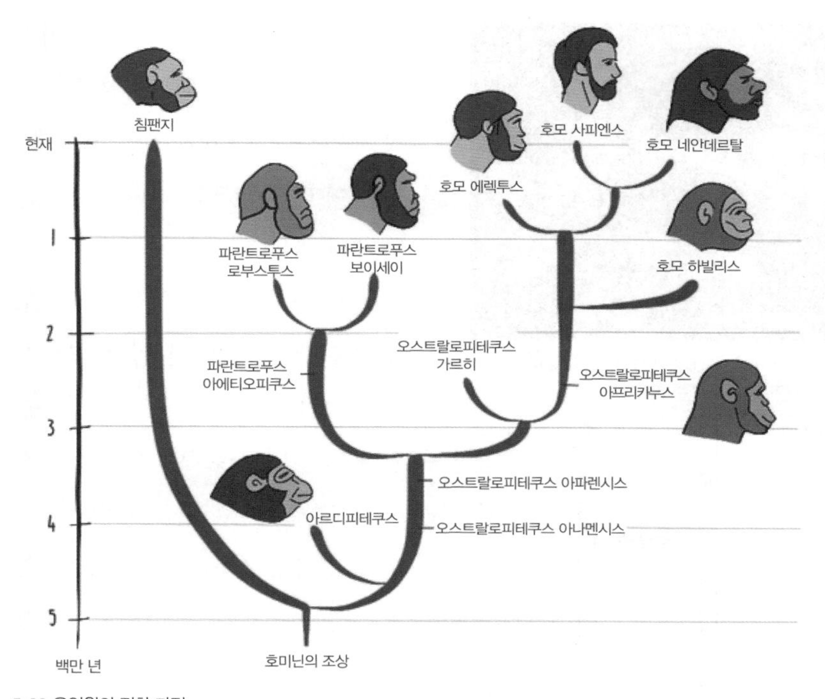

5-38 유인원의 진화 과정.

한 것 같다. 인간 계통은 오랑우탄과는 1,500만 년 전쯤 갈라졌고, 침팬지와는 적어도 500만 년 전쯤에 갈라진 것으로 추측하고 있다. 침팬지와 오랑우탄을 비롯한 현생 유인원류의 세포에는 24쌍의 염색체가 존재한다. 생명과학 교과서에도 소개되는 '공통조상설' 대로라면, 이들도 인간처럼 23쌍의 염색체를 가지는 게 더 자연스럽지 않을까?

염색체의 중간과 양끝에는 각각 '동원체(centromere)'와 '텔로미어(telomere)'라고 부르는 부위가 있다.(5-39, 5-40) 만약 어떤 변이로

텔로미어(telomere)
진핵생물 염색체 말단에 존재하는 반복적인 염기서열을 갖는 DNA 조각. 염색체 끝을 봉해서 손상을 막고 다른 염색체와 연결되지 않도록 하는 구실을 한다.

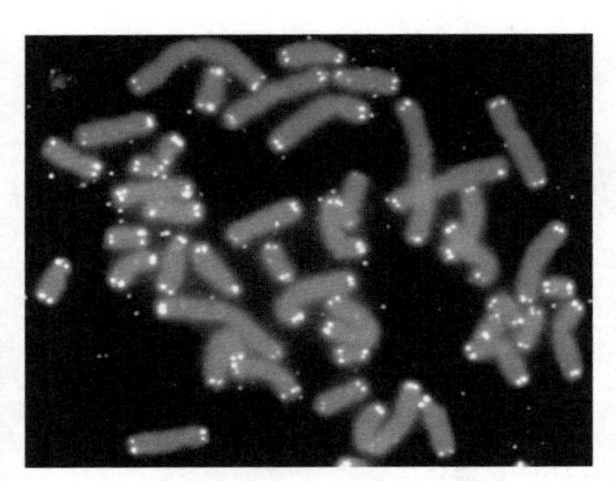

5-39 인간 염색체(회색) 끝 부분을 덮고 있는 텔로미어(흰색).
© wikipedia.org

인해서 두 쌍의 염색체가 붙게 되었다면, 그 염색체는 텔로미어가 염색체 말단뿐만 아니라 가운데에도 있을 것이고, 동원체는 하나가 아니라 두 개일 것이다.

만약 인간 염색체 중에 이런 구조를 가진 것이 있다면 인간 염색체 수가 유인원보다 하나 적은 이유를 설명할 수 있다. 그런데 바로 인간의 2번 염색체가 이러한 구조를 가지고 있음이 확인되었다. 약 100만 년 전쯤 고인류의 생식세포 생성 과정에서 두 개의 염색체가 붙어버리는 일이 생겼던 것이다!

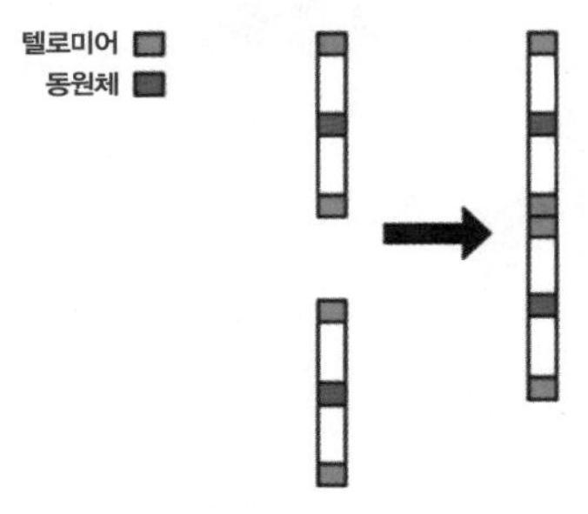

5-40 인간 염색체 2번. © wikimedia.org

놀랍게도 이런 융합이 생각보다 자주(신생아 1,000명 가운데 1명 정도) 일어나지만, 보통 잘 발견되지 않는다고 한다. 텔로미어에는 이렇다 할 유전자가 없어서 염색체의 끄트머리끼리 들러붙는 융합은 별 문제를 일으키지 않기 때문이다. 예컨대, 2010년에 중국의 외딴 시골에서 염색체 수가 44개인 남성이 발견되었다. 14번과 15번 염색체가 붙어 있었던 것이다. 이 사람의 가계도를 살펴보니 근친결혼이 많았고, 자연유산도 잦았다. 어쨌든 이 발견은 융합을 통해 염색체 수가 줄어들고, 그것이 안정적으로 유지될 수 있음을 보여주는 증거가 되었다. 그렇다면 염색체 수가 늘어나는 경우도 있을까?

무궁화의 비밀은 바로 배수체

5-41 무궁화. © 배성환

대한민국 나라꽃인 무궁화는 환웅이 통치하던 신시시대(神市時代)부터 우리와 함께했다. 그리고 신라는 중국에 보낸 국서에서 스스로를 '근화향(槿花鄕)', 즉 무궁화의 나라라고 표현하기도 했다. 이처럼 무궁화는 우리 겨레의 시작부터 동고동락을 해오면서 자연스럽게 나라꽃으로 자리 잡았다.(5-41) 일설에 따르면, 1896년 독립문 주춧돌을 놓는 의식에서 애국가 후렴에 '무궁화 삼천리 화려강산'이라는 구절을 넣으면서 민족을 상징하는 꽃이 되었다고 한다.

아욱과(Malvaceae)
쌍떡잎식물에 속하며 열대와 온대에 분포하는 관목 또는 초본이다. 세계적으로 80속 1,500여 종이 분포하고 있으며, 우리나라에는 무궁화와 목화를 비롯하여 6속 13종이 자생한다.

분류학적으로 아욱과에 속하는 무궁화는 보통 식물들과는 달리, 봄을 보내고 한여름(7월)에 시작해서 초가을까지(10월) 쉬지 않고 꽃을 피운다. 이 기간 동안 한 그루에서 무려 2,000~5,000송이의 꽃이 핀다고 하니, 괜히 무궁화가 아니다. 한자 '無窮花' 역시 '영원히 피고 또 피어서 지지 않는 꽃'이라는 뜻이다.

2016년에 국내 연구진은 무궁화 유전체 분석을 통해 약 2,200만 년 전에 공동 조상 식물에서 무궁화와 목화로 종 분화가 일어났다는 사실을 알아냈다.[4] 연구 결과에 따르면, 유전체 전체가 두 배로 늘어나는 전체유전체 복제에 이어 배수체 현상이 일어났다고 한다. 배수체란 염색체 수 변화 가운데 하나로, 해당 세포나 생명체가 두 벌 이상의 염색체 세트를

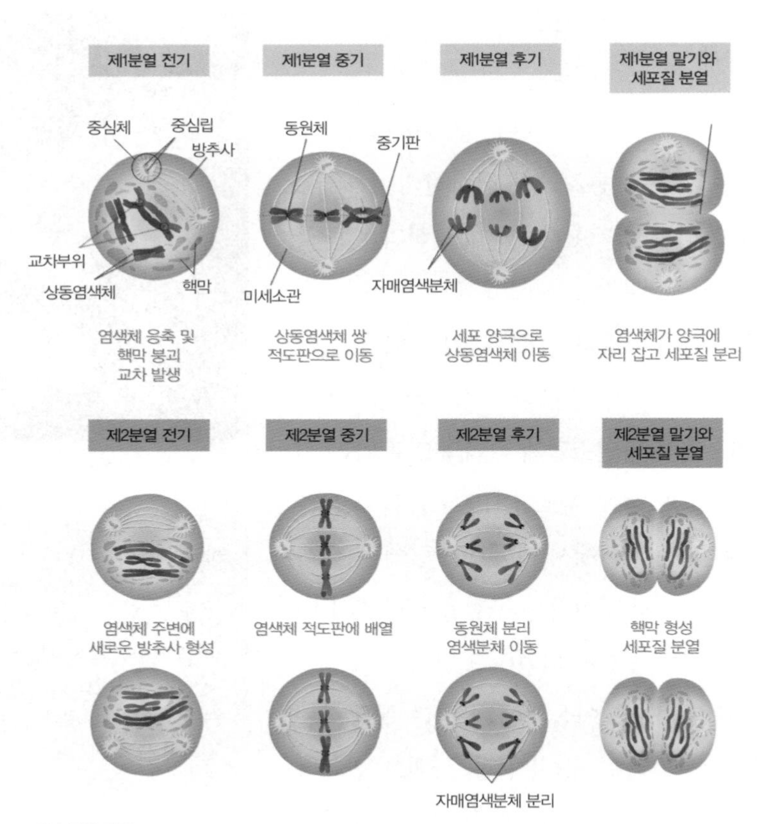

5-42 감수분열 과정.

갖게 되는 현상을 말한다.

다세포생물의 성장은 곧 체세포 분열에 따른 세포 수 증가이다. 그런데 생식세포 분열은 체세포 분열과는 분명히 달라야 한다. 쉽게 생각해 보자. 만약 정자와 난자가 체세포와 같은 수의 염색체를 가지고 수정한다면 새로운 생명체의 염색체 수는 부모의 두 배가 될 것이다. 이를 막기 위해서 배우자는 염색체 수를 반으로 줄여야 하는데, 이 과정을 '감수분열'이라고 한다.(5-42)

생식세포 분열과정에서 염색체 분리가 일어나지 않고 한쪽 세포로 가면, 두 벌의 염색체를 지닌 이배체(2n) 생식세포가 생긴다. 이배체 생식세포가 반수체(n) 생식세포와 수정하면 삼배체(3n)가 되는데, 이 삼배체 개체들은 대부분 불안정하거나 후대를 생산할 수 없는 불임이다. 하지만 이배체 생식세포가 다른 이배체 생식세포와 결합하면 비교적 안정적인 사배체(4n)가 된다. 자연에서 발견되는 다배체들은 이런 방식으로 생겨난 것으로 추정된다.

식물의 경우에는 배수체 자손이 이배체인 부모보다 우수한 형질을 나타내곤 한다. 이런 현상이 나타나는 주된 이유로는, 유전자가 중복된 덕분에 돌연변이 발생으로 인한 해로운 효과를 피할 수 있고, 심지어 새로운 기능을 가진 유전자가 생길 수도 있기 때문이다. 실제로 배수체 현상은 생물, 특히 식물의 진화과정에서 유리하게 작용하는 경우가 많다. 또한 콜히친 같은 약품을 처리해서 배수체 형성을 인위적으로 유도하여 작물을 육종하기도 한다. 씨 없는 수박과 바나나(3배체), 거봉 포도(4배체) 등이 이렇게 만들어진 다배체이다.

콜히친(colchicine, $C_{22}H_{25}NO_6$)
백합과 식물인 콜키쿰의 씨앗이나 구근에 들어 있는 알칼로이드 화합물이다. 주로 통풍 치료에 이용되는데, 이것이 튜불린 단백질에 결합하여 기능을 방해하고 호중구(neutrophil)의 작용을 방해하기 때문이다. 식물에서는 염색체 분리를 저해하기 때문에 육종에 사용된다.

보통 다배체 생물, 특히 식물은 개체와 세포 모두 정상보다 더 크다. 반면 다배체 동물은 식물에 비해 훨씬 더 불안정하고 대개 불임이다. 사람의 경우, 염색체 수가 늘어난 정자 또는 난자가 수정되면 정상적인 발생과정을 거치지 못하고 임신 초기에 유산되기 쉽다. 설사 배아 발생과 태아 발달에 큰 영향을 미치지 않더라도 아기가 증후군을 지니고 태어날 가능성이 높다.

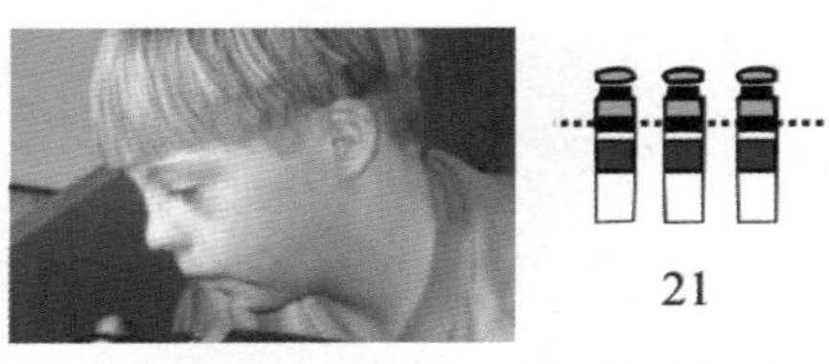

5-43 다운 증후군. 21번 염색체가 3개. 특이한 안면 표정, 작은 키, 정신박약, 짧은 수명을 보인다.

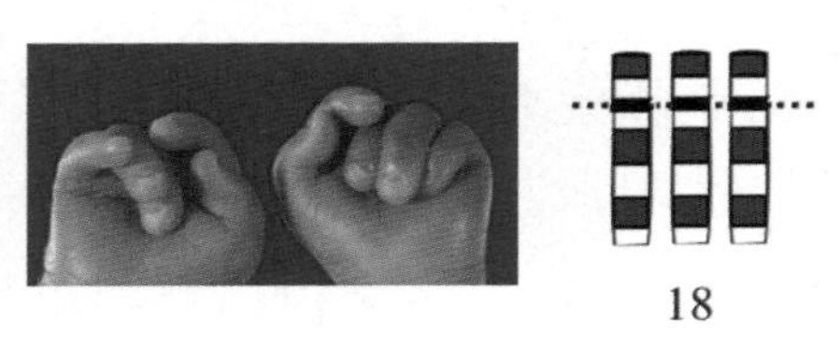

5-44 에드워드 증후군. 18번 염색체가 3개. 특이한 손발 모양, 작은 머리, 심장 기형, 정신박약을 보인다.

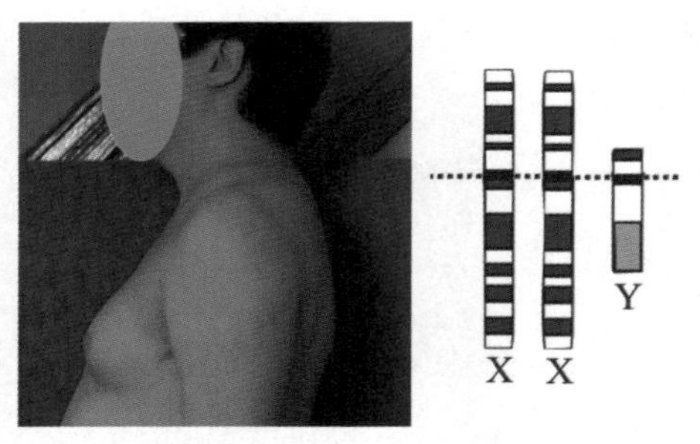

5-45 클라인펠터 증후군. 성염색체가 XXY. 남성의 생식기관이 있으나 정소가 작다. 불임, 가슴 발달 등 여성의 신체적 특징을 보인다.

염색체 수 증가로 생기는 증후군에는 다운 증후군(Down syndrome), 에드워드 증후군(Edwards syndrome), 클라인펠터 증후군(Klinefelter syndrome)이 있는데, 모두 염색체가 하나씩 증가해 47개이다.[5-43~45]

〈그림 5-46〉에는 또 다른 중요한 유전 원리가 숨어 있다. 제1감수분열에서는 복제된 상동염색체의 쌍이 서로 붙은(접합) 채로 세포 중앙에 배열했다가 떨어져 서로 다른 세포로 들어간다. 이때 염색체 배열이 무작위로 이루어진다는 것이다. 부계 염색체가 왼쪽에 올 수도 있고, 반대로 모계 염색체가 올 수도 있다.

상동염색체는 배열 위치에 따라 들어가는 세포가 결정되기 때문에 생식세포의 염색체 조합이 다양해진다. 사람의 경우에는, 산술적으로 총 838만 8,608(2^{23})가지가 가능하다. 다시 말해 염색체 분리만으로 이렇게 다양한 생식세포(정자 또는 난자)가 만들어진다. 여기에 더해 접합과정에서 상동염색체 사이에 DNA 일부가 교환되는 '교차'가 일어나 그 다양성은 더욱 커진다.

끝으로 무작위로 일어나는 난자와 정자의 수정도 자손들의 유전적 다양성 증가에 일조한다. 일란성 쌍둥이를 제외하고 같은 부모에게서 태

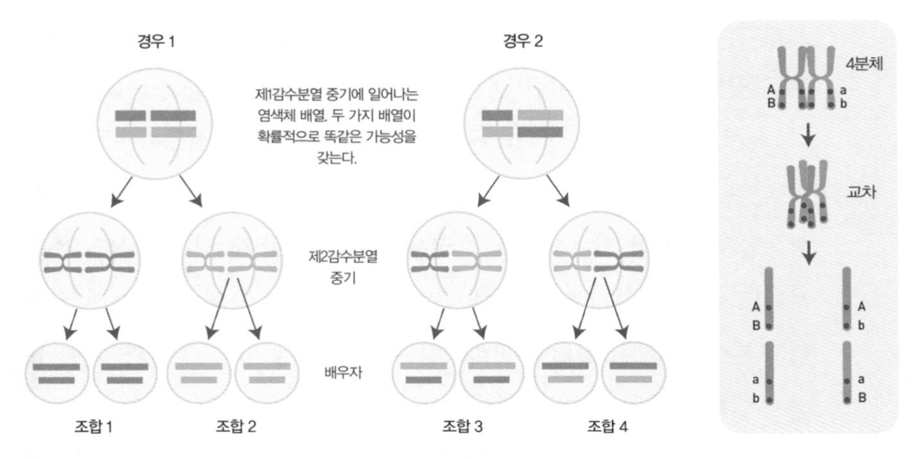

5-46 염색체의 무작위 분리(왼쪽)와 교차에 의한 유전자 조합(오른쪽) 예시.

어난 형제자매의 모습이 모두 다른 이유는 바로 이 때문이다.

유전체 위의 유전체, 후성유전체

유전자는 대를 거치며 전달된다. 기본적으로 부모에게서 물려받은 것을 그대로 자손에게 물려준다. DNA 복제과정에서 돌연변이가 발생하지만, 이것은 우리 능력 밖에 있는 우연적 사건이다. 이제는 거의 상식이 되어버린 이 유전학 원리에 따르면, 우리는 오로지 부모에게서 받은 유전적 특성만을 전달할 수 있는 것이다. 다시 말해, 살아가면서 운동으로 키운 근육이나 사고로 입은 상처 따위는 다음 세대에 전해지지 않는다.

그런데 '후생유전학'이라는 새로운 분야가 유전자 대물림 과정에 또 다른 요소가 작용하고 있음을 전하고 있다. 물론 유전 원칙은 여전히 확고하다. 다만 생명체의 유전자 발현 양상이 후천적 경험에 따라 달라질 수도 있다는 것이다. 이런 생각의 중심에 '후성유전체(epigenome)'가 있다. 유전체(genome)에 '상위(above)'를 뜻하는 그리스어 접두사 'epi'를 붙여 만든 용어인 후성유전체란, 유전체에서 언제 어떤 유전자가 어떻게 발현할지를 가리키는 것으로, 때로는 이를 변형할 수 있는 물질을 총칭하기도 한다. 영양실조, 과도한 운동, 심지어 질병 등과 같은 후천적 경험이 후성유전체를 상당히 변화시킬 수 있다는 얘기다. 그 결과, 어떤 유전자 발현은 막히고, 그 대신 다른 유전자 발현이 유도될 수 있다. 기본적으로 변화 없이 대물림되는 유전체와는 달리, 후성유전체는 부모에게서 물려받은 것과 전혀 다른 것을 자손에게 물려줄 가능성이 있다.

후성유전에 관한 최초 단서는 제2차 세계대전 막바지에 있었던 한 비극적 사건이 제공했다.[5] 1944년에서 1945년에 걸친 겨울, 네덜란드는 나치 독일에 포위되어 식량 공급이 끊겨 기근 상태에 빠졌다. 그해 겨울 400여만 명이 극심한 굶주림으로 고통을 받았고, 아사자가 무려 3만 명을 넘었다.(5-47) 전쟁이 끝난 후 이들과 그 자녀들을 대상으로 기근이 건강에 미치는 효과를 장기간 조사, 관찰했는데, 그 결과는 충격적이었다. 지독한 굶주림의 영향력이 2대와 3대에까지 미친 것이다. 피해자 자손들에게서는 비만과 당뇨, 심장병이 현저하게 더 많이 나타났다. 연구 결과, '인슐린유사성장인자-1' 유전자에 생긴 화학적 변화 때문인 것으로 밝혀졌다. 인슐린유사

5-47 네덜란드 대기근 당시 배식을 먹는 굶주린 아이들.
© wikimedia.org

성장인자는 인슐린과 구조가 유사한 세포증식인자로 두 종류(1형과 2형)가 있는데, 정상적인 성장과 건강유지에 중요한 역할을 한다.

세포는 상황에 따라 적절하게 유전자 스위치를 켜고 끈다. 수조 개에 달하는 사람 세포가 모두 동일한 유전체를 가지고 있으면서도 다른 모습으로 저마다의 기능을 할 수 있는 근본 이유가 이 때문이다. 눈 세포에서 빛을 감지할 수 있는 단백질 유전자를 켤 때, 같은 유전체를 가진 적혈구에서는 그 유전자가 꺼져 있고 헤모글로빈 유전자가 켜진다. 바로 이와 같은 유전자 발현 조절에 후성유전체가 중대한 영향력을 행사할 수 있다. 후성유전체의 작동 원리는 크게 3가지, 'DNA 메틸화', '히스톤 변형', '비암호 RNA'로 나누어진다.

메틸화(methylation)는 특정 단백질이 DNA 특정 부위 염기에 메틸기($-CH_3$)를 붙이는 반응이다. 이미 설명한 대로 유전자가 발현되기 위해서는 DNA가 RNA 중합효소를 비롯한 단백질들과 상호작용을 해야 한다. 그런데 메틸기가 붙으면 이러한 상호작용이 제대로 이루어지지 않아 켜져야 할 유전자 스위치가 꺼지거나 또는 그 반대로 꺼져야 할 게 켜지는 경우가 생긴다.

역시 앞에서 소개한 대로 DNA는 히스톤 단백질에 감겨 있다. 그러므로 히스톤 단백질 구조는 유전자 발현에 큰 영향을 미친다. 후성유전체 요소가 히스톤 단백질에 직접 결합하여 주변 유전자 스위치를 조절하는 것이다. 보통 이 요소의 결합은 유전자 스위치를 끈다.

비암호 RNA란 DNA에서 전사되지만 단백질에 대한 정보는 없는 RNA로, 리보솜 RNA와 운반 RNA를 제외한 작은 크기의 RNA를 총칭한다. 비암호 RNA는 이질염색질 형성, 히스톤 변형, DNA 메틸화 자리 지정 등을 수행하여 유전자 발현을 조절한다.

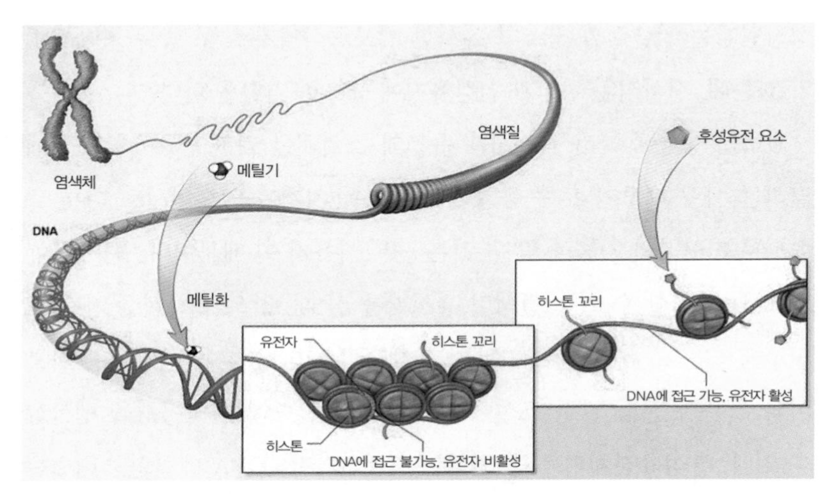

5-48 후성유전 원리. © wikimedia.org

후성유전체는 생명체가 살아가는 동안 수시로 변하면서 유전자 발현에 영향을 미친다. 인간의 경우에 한정하더라도 생활양식과 환경 요인에 따라 후성유전체 구성요소의 조성이 바뀐다. 이러한 변화는 궁극적으로 유전자 발현 변화로 이어져, 긍정적 또는 부정적인 결과를 가져온다. 그러고 보니 식단 조절과 규칙적인 운동, 스트레스 해소 등이 건강의 비결로 손꼽히는 이유의 기저에는 후성유전체가 있었다.(5-48)

카메라 옵스큐라와 현미경, 미생물을 직시하다

미생물

17세기로 접어들면서 미술은 고전적인 스타일에서 벗어나 일상의 풍경으로 관심을 옮겨가고 있었고, 과학은 렌즈를 통해 세상을 보면서 고대의 그림자를 거두어내며 새로운 자연 탐구 방법을 개발하고 있었다. 이미 1610년에 갈릴레이가 『별의 전령(Sidereus Nuncius)』을 펴냄으로써 크지만 너무 멀어서 보이지 않는 거시 세계에 대한 시야를 열었다. 17세기 중반에 뉴턴은 오목 거울을 이용해서 반사 망원경을 고안했고, 루이 14세는 파리에 천문대를 짓고 있었다. 그리고 렌즈를 장착한 암상자를 새로운 보조 화구로 제안하는 과학자도 있었다.

5-49 카메라 옵스큐라.

라틴어로 어두운 방을 뜻하는 '카메라 옵스큐라(Camera Obscura)'는 어두운 암실 한 곳에 작은 구멍을 뚫으면 반대쪽 면에 외부 모습이 거꾸로 투사되는 원리를 응용한 일종의 카메라이다.(5-49) 상이 맺히는 면에 종이를 대고 연필로 상의 윤곽을 덧그리면 실사에 더 가깝게 묘사할 수 있다. 카메라 옵스큐라는 18~19세기에 이르러 마침내 회화의 보조 수단으로 널리 보급되었다.

5-50 요하네스 베르메르, 〈진주 귀걸이를 한 소녀〉, 1665.

베르메르 그림의 남자 모델은 레이우엔훅?

〈진주 귀걸이를 한 소녀〉로 유명한 화가 베르메르(Johannes Vermeer, 1632~1675)는 렘브란트 등과 더불어 17세기 네덜란드 미술의 황금기를 구가한 거장 중 한 명으로 손꼽힌다.(5-50) 마흔세 살에 병마로 쓰러질 때까지 베르메르가 남긴 작품 수는 40점이 채 안 되지만, 그의 그림은 모두가 대표작이라고 할 만큼 뛰어나다. 병약한 체질도 다작을 막았겠지만, 작품의 치밀함으로 보아 한 점을 완성하는 데 많은 시간이 걸렸기 때문에 많이 그리지 못했을 것이다. 베르메르 그림은 부드러운 빛과 색의 절묘한 조화와 매우 섬세한 묘사로 정평이 나 있다. 그래서 베르메르가 카메라 옵스큐라를 사용해서 사물의 모습을 투사하여 그렸을 것으로 추측하는 사람들도 많다.

5-51 요하네스 베르메르, 〈천문학자(The Astronomer)〉, 1668.

5-52 요하네스 베르메르, 〈지리학자(The Geographer)〉, 1669.

〈진주 귀걸이를 한 소녀〉, 〈우유를 따르는 여인〉, 〈레이스를 뜨는 소녀〉 등 주로 여성의 일상을 화폭에 담던 베르메르가 1668년과 그 이듬해에 연이어 남성을 단독으로 그린 두 작품을 선보였다. 바로 〈천문학자〉와 〈지리학자〉이다.(5-51, 5-52) 현존하는 그의 작품 중에서 남자 모델이 등장하는 것은 이 둘뿐이다. 그림 속 주인공의 성별뿐만 아니라 그 분위기도 이전 작품들과는 사뭇 다르다.

1665년, 영국의 훅(Robert Hooke, 1635~1703)은 자신이 제작한 현미경으로 주변의 다양한 생물과 사물을 수십 배 확대하여 본 것을 직접 그린 그

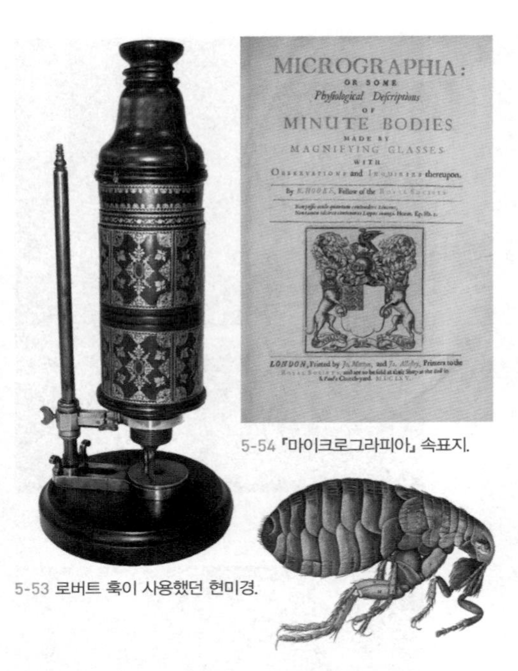

5-53 로버트 훅이 사용했던 현미경.

5-54 『마이크로그라피아』 속표지.

5-55 『마이크로그라피아』에 실린 벼룩 묘사 그림.

림들을 모은 일종의 화보집 『마이크로그라피아(Micrographia)』를 펴냈다.(5-53~55) 과학사 측면에서 『마이크로그라피아』는 가까이 있지만 너무 작아서 보이지 않는 미시 세계를 열었다는 평가를 받고 있다. 어쩌면 베르메르가 당시에 급속도로 발전하는 과학에 영감을 받아 전작들과 확연히 다른 그림을 그렸는지도 모르겠다. 그렇다면 그림의 모델은 과학자일 가능성이 크다. 두 남성이 동일인이라는 데는 대체로 의견 일치가 되고 있다. 이에 반해 그가 누구인지에 대해서는 의견이 분분하다. 일각에서는 그의 동갑내기 동네 친구인 레이우엔훅(Anthony van Leeuwenhoek, 1632~1732)이 유력한 후보라고 주장하기도 한다.[6] 그 진위 여부는 차치하고, 이를 사실로 가정하고 이야기를 전개해보겠다.

포목상 주인에서 현미경 발명가까지, 레이우엔훅

현미경을 누가 정확히 언제 발명했는지는 불분명하지만, 현재 우리가 흔히 알고 있는 형태의 현미경은 1600년쯤 네덜란드의 안경 제작자였던 얀선(Jacharias Janssen, 1585~1632)이 처음 만든 것으로 알려져 있다. 렌즈 두 개를 둥근 통에 고정시켜 제작한 이 현미경은 품질이 좋지 않아서 세균을 비롯한 작은 미생물을 관찰하는 데에는 사용할 수가 없었다. 이후 당대 엘리트 과학자 훅이 만든 것도 성능이 크게 향상되지는 않았다. 그런데 포목상 주인 레이우엔훅이 만든 현미경은 달랐다.(5-56)

5-56 안톤 판 레이우엔훅 초상화, Jan Verkolje 작, 1680.

레이우엔훅이 어렸을 때 남편과 사별한 어머니는 아들이 공무원이 되기를 바랐지만, 아들은 열여섯 살에 학교를 그만두고 장사를 배우겠다고 암스테르담에 있는 포목상에게 갔다. 스물한 살에 고향으로 돌아온 레이우엔훅은 포목상을 차리고 드디어 사업을 시작했고, 곧이어 결혼도 했다. 이후 1673년 영국의 왕립학회에 첫 편지를 보낼 때까지 20여 년 동안 그의 행적에 대해 알려진 것은 별로 없다. 다섯 자녀 중 네 명을 어린 나이에 잃었고, 아내마저 그가 서른넷이 되던 1666년에 세상을 떠나고 말았다는 안타까운 사연 정도를 빼고는 말이다. 확실한 기록은 없지만, 이 기간 동안에 렌즈 깎기에 빠져 기술을 연마해 현미경을 만든 것은 분명해 보인다.

그 당시 현미경은 지금으로 치면 값비싼 신형 게임기라고 할 수 있다. 이것을 가지고 미시 세계 관찰을 즐기는 사람들은 많았다. 보통 그들은 작은 곤충이나 나뭇잎과 같이 잘 알려진 것들을 확대해서 보는 데 만족했다. 하지만 레이우엔훅은 더 새롭고 작은 것이 보고 싶었다. 그래서 그는 기성 현미경을 사지 않고 직접 제작에 나섰던 것이다.(5-57)

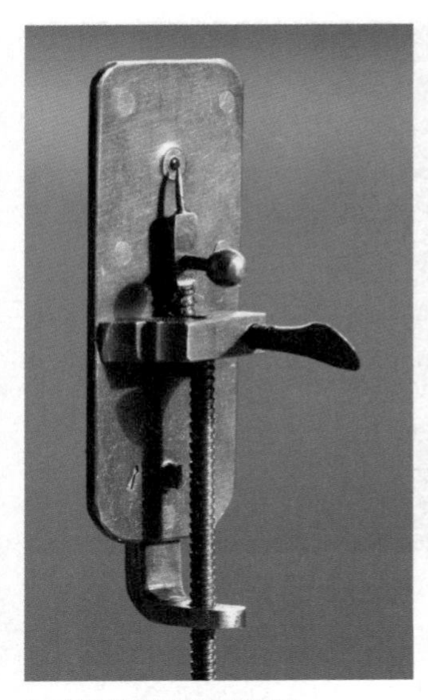

5-57 레이우엔훅이 만든 현미경.

겉모습만 보면 렌즈가 하나인 레이우엔훅의 현미경은 조잡해 보이기까지 하고, 현미경이라기보다는 돋보기에 더 가까워 보인다. 하지만 탁월한 렌즈 제작 능력을 한껏 발휘하여 레이우엔훅은 300배 정도까지 확대해서 볼 수 있는 렌즈를 현미경에 장착했다. 그리고 다시 보니 마치 '셀카봉'이 달린 스마트폰처럼 보인다. 아무래도 레이우엔훅이 시대를 앞선 현미경 디자인을 한 것 같다.

어쨌든 그는 당시 최고 성능의 현미경을 만들었고, 미시 세계 관찰에 푹 빠져든다. 빗물과 자신의 대변, 노인의 치아에서 긁어낸 찌꺼기 등 별의별 것을 손수 만든 현미경을 통해 봤다. 한번은 후추가 매운 이유는, 눈에 보이지는 않지만, 후추 표면에 있는 날카롭고 뾰족한 돌기가 혀를 찌르기 때문일 것이라 생각하고 후추 알갱이와 씨름을 했다. 딱딱한 알갱이를 그대로 관찰하는 게 불가능함을 깨닫고 후추 알갱이를 물에 담가 불렸다. 몇 주 후, 불어터진 후추 입자가 떠 있는 물을 한 방울 찍어 관찰했다. 무엇이 보였을까? 당연히 그가 상상하는 그런 물질은 볼 수 없었다. 대신 아주 작은 벌레 같은 것들이 꼬물대고 있는 것이 눈에 들어왔다. 그때는 당연히 '미생물'이라는 말이 없었다. 레이우엔훅은 꼬물꼬물 움직이니까 이 작은 것들을 일단 동물로 간주하고, '작다'를 뜻하는 접미사 '큘(-cule)'을 붙여 '애니멀큘(animalcule)'이라고 불렀다. 우리말로는 '극미동물'이라고 옮길 수 있겠다.

레이우엔훅은 평생 자그마치 400개가 넘는 현미경을 만들었고, 이를 통해 관찰한 기록을 편지로 영국 왕립학회에 꾸준히 보냈다. 1673년의 첫 편지를 시작으로 장장 50년(1673~1723) 동안 무려 200통이 넘게 말이다. 편지를 받은 영국 왕립학회는 처음에는 변방 국가의 한 장사꾼이 주장하는 내용이 사실인지를 놓고 논란에 휩싸였다고 한다. 결국 최종 확인은 로버트 훅이 맡았고, 그는 레이우엔훅의 발견이 사실임을 확인했다.[5-58]

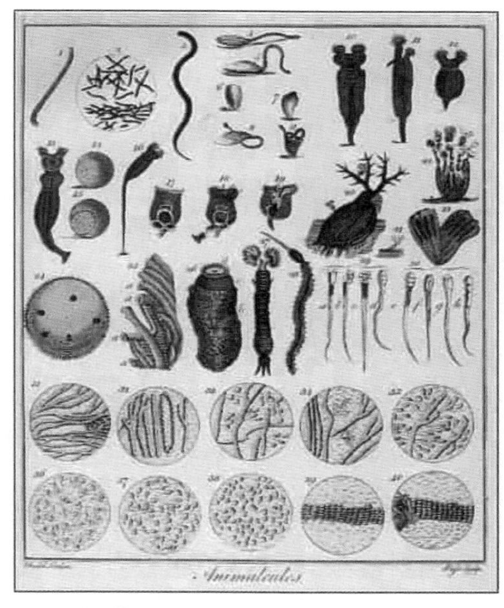

5-58 레이우엔훅이 관찰한 극미동물 예시.

1680년에 영국 왕립학회는 전문 과학 교육은커녕 학교도 제대로 다니지 못했던, 하지만 창의적인 생각과 불굴의 노력으로 새로운 세계를 열어준 레이우엔훅을 회원으로 받아들였다. 보고 싶은 호기심을 충족시키려 열정을 불태웠던 레이우엔훅이 내로라하는 학자들과 함께 과학사의 한 페이지에 이름을 올리게 된 것이다.

레이우엔훅은 1716년 6월에 보낸 편지에 이렇게 적고 있다. "내가 오랫동안 이 일을 하고 있는 것은, 지금 누리고 있는 영광을 받기 위함이 아니라 앎을 향한 욕망 때문입니다. 나는 다른 대부분의 사람보다 그 욕망이 큰 것 같습니다."

1723년, 그의 나이 아흔한 살, 마지막 눈을 감기 전에 그는 절친 한 명을 불러달라고 했다. 레이우엔훅은 손을 들 힘도 없었고, 한때 이글거렸던 눈에는 눈곱이 가득했다. 그는 이렇게 웅얼거렸다. "친구여, 탁자 위에 있는 두 편지를 라틴어로 잘 번역해서 런던으로 부쳐주게나." 오늘날 레이우엔훅은 '미생물학의 아버지'로 불리고 있다.

레이우엔훅의 감동스런 성공 스토리는 혼자서 써나간 게 아니다. 늘 곁에 있던 유일하게 살아남은 딸 마리아 말고도, 두 친구가 큰 도움을 주었다. 레이우엔훅은 병적이라 할 만큼 완벽을 추구했고, 의심도 많아서 자기 현미경 렌즈에 잡힌 광경을 남에게 함부로 보여주지 않았다. 하지만 그림 실력이 썩 좋지 않았던 탓에 화가와는 자신의 발견을 공유했다고 하는데, 베르메르가 주로 도움을 주었을 거라 추측된다.

레이우엔훅이 신뢰했던 또 다른 친구 한 명은 해부학과 생리학의 발전에 크게 기여한 의사이자 해부학자, 그라프(Regnier de Graaf, 1641~1673)이다. 1673년 32세 나이로 요절하기 몇 달 전, 그라프는 영국 왕립학회에 편지를 보내 레이우엔훅의 발견에 관심을 가질 것을 호소했다. 포목상 친구가 당대 최고의 학자들과 소통할 수 있는 길을 열어준 것이다. 레이우엔훅이 세상에 데뷔시킨 미생물에 대한 본격적인 연구는 19세기에 와서 프랑스의 파스퇴르와 독일의 코흐에 의해서 시작되어, 이로부터 미생물학의 토대가 마련되었다.

현미경 발명으로 더 많은 미생물을 보다

생명의 언어인 DNA 정보에 근거하면, 생물은 크게 고세균(고균), 세균, 진핵생물, 이렇게 3가지로 나눌 수 있다. 고세균과 세균은 모두 미생물이다. 그리고 이들은 모두 원핵세포로 이루어진 원

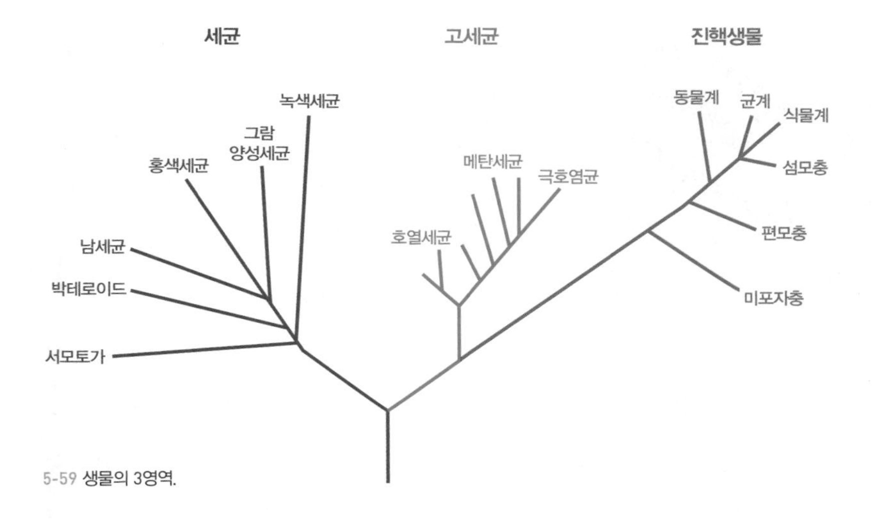

5-59 생물의 3영역.

핵생물이다. 진핵생물의 경우에도 식물과 동물 이외에는 모두 미생물(진균, 조류, 원생동물)이다.[5-59] 게다가 세포 형태를 갖추고 있지 않아서 때때로 생명체와 비생명체의 경계에 걸쳐 있는 것으로 간주되는 바이러스도 편의상 비세포성 미생물에 포함시킨다.

고세균은 다른 생물이 살 수 없는 험악한 환경에서도 유유자적할 수 있는 능력을 지닌 미생물 집단이다. 고균의 영문명은 'Archaea'로, '고대의' 또는 '원시의'를 뜻하는 접두사 'archaeo-'에서 유래했다. 이들의 서식 환경이 원시 지구와 비슷하다고 생각한 것이다. 가령 끓는 물에 가까운 온천수나 사해처럼 염분 농도가 높은 곳이 여러 고균의 보금자리이다. 흥미롭게도 방귀 성분의 30퍼센트 정도를 차지하는 메탄가스는 일부 고세균만이 만들 수 있다. 결국 우리 장 속에도 많은 고세균이 살고 있다는 얘기이다.

세균 또는 박테리아는 엄청나게 다양한 능력을 지닌 미생물이다.[5-60] 능력에 비해서 이들의 모양은 단순해서, 일반적으로 세균은 동그랗거나

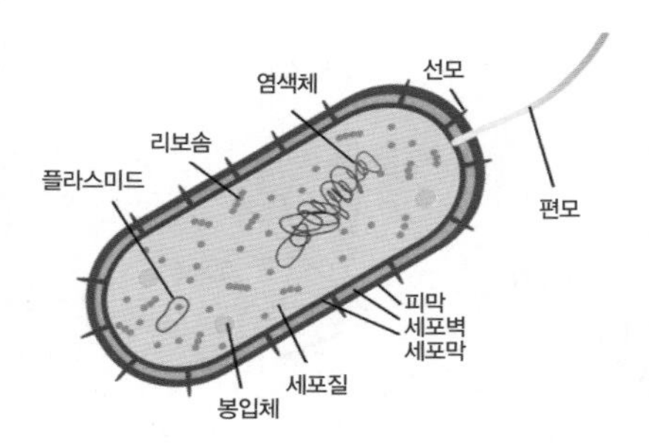

5-60 박테리아 구조.

(알균 또는 구균), 갸름하거나(막대균 또는 간균), 아니면 구불구불하다(나선균). 세균들은 환경에서 수많은 물질을 분해, 쉬운 말로 썩게 한다. 일부 세균은 광합성을 하며 살아가기도 한다. 대표적으로 남세균은 식물과 똑같은 광합성을 한다.

진균을 좀 더 친숙한 말로 하면 곰팡이다. 곰팡이 하면 보통 상한 음식에 핀 가는 실타래 같은 모양이 떠오른다. 이런 곰팡이를 모양 그대로 사상균(絲狀菌)이라고 부른다. 빵이나 맥주 등을 만들 때 사용하는 효모(이스트)도 또 다른 종류의 곰팡이다. 그리고 다소 놀라울 수 있는데, 버섯도 곰팡이다.

한편 밥상에 흔히 오르는 미역과 파래, 김 등이 쉽게 볼 수 있는 조류이다. 미생물학자는 이런 다세포 거대조류보다는 단세포 미세조류에 훨씬 더 관심이 많다. 조류는 광합성을 통해 이산화탄소를 소비하고 지구에 필요한 산소의 절반 정도를 공급한다. 하지만 특정 미세 조류가 짧은 시간에 급증하면 적조 또는 녹조 현상과 같은 골치 아픈 문제가 생긴다.

원생동물은 '원생(原生)'이라는 이름대로 가장 원시적인 단세포 동물을 총칭한다. 편모류, 육질충(아메바), 섬모충(짚신벌레)이 여기에 속한다. 대부분의 원생동물은 주변 환경에서 음식물을 섭취하지만, 유글레나처럼 광합성을 하기도 한다. 반면 말라리아 원충처럼 동물에 기생하며 병을 일으키는 원생동물도 있다.[5-61]

유글레나(Euglena)
연두벌레라고도 한다. 식물과 동물의 특성을 모두 가지고 있는데, 엽록소를 가지고 광합성을 하는 것은 식물적 특성, 입이나 수축포를 가지고 자유롭게 움직이는 것은 동물적 특성이라 하겠다.

우리는 그 수많은 미생물을 눈으로 볼 수도, 몸으로 느낄 수도 없다. 하지만 미생물은 우리가 태어나면서부터 무엇을 하든 어디를 가든 늘 우리와 함께한다. 우리는 좋든 싫든 미생물 세계 안에서 살아간다. 우리가 무엇인가를 하면 그에 따라 미생물도 변화하고, 그러면 다시 우리가 영향을 받게 된다. 여기서 분명한 사실은 미생물이 지구상에서 사라진다면 인간을 비롯한 눈에 보이는 모든 삶도 끝이라는 것이다. 따라서 미생물은 우리가 도저히 함께할 수 없는 적이 아니라 꼭 함께해야만 하는 동반자이다.

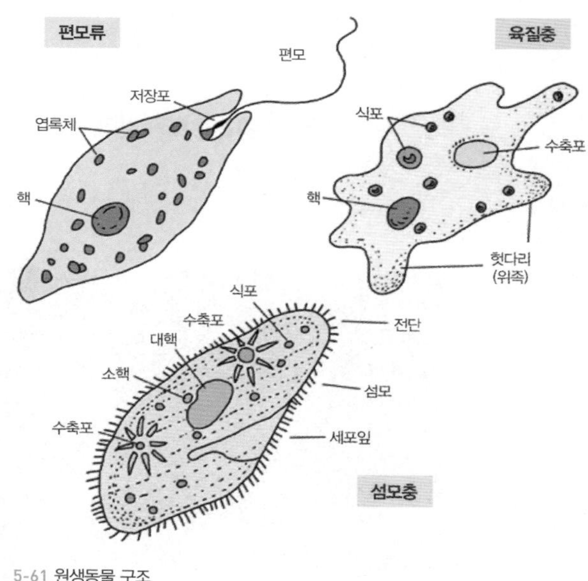

5-61 원생동물 구조.

나태주 시인의 시 한 수를 예로 들어 미생물의 생태를 빗대어본다.

자세히 보아야 예쁘다
오래 보아야 사랑스럽다
너도 그렇다
미생물!

TIP

분홍 갈대가 토종 생태계를 교란시키는가?

5-62 핑크뮬리 밭.

2020년 10월, 제주 행정당국은 공공기관에서 심은 '핑크뮬리(Pink Muhly)'를 모두 제거하기로 했다. 우리말로 '분홍쥐꼬리새'라고 부르는 이 외래 식물이 국내에 처음 들어온 건 2014년이다. 당시 제주 소재 한 생태공원에 만들어진 핑크뮬리 밭이 '분홍 갈대밭'으로 불리며 사진 촬영 명소로 인기를 끌자 여러 지자체들이 앞다퉈 핑크뮬리를 심었다. 그 결과, 2020년 현재 전국 각지 거의 마흔 곳에 달하는 분홍 갈대밭이 조성되었는데, 모두 합치면 그 면적이 10만㎡, 축구장 14개 넓이를 넘는다. 그런데 2019년 12월에 이에 대한 불편한 사실이 알려졌다.[5-62]

국립생태원은 2014년부터 외래 생물 대상으로 그 특성과 서식 현황, 위해성 등을 조사하여 평가하고 있다. 그런데 2019년에 실시된 외래

생물 정밀조사에서 핑크뮬리가 '생태계 위해성 2급' 판정을 받은 것이다. 이에 따라 국립생태원은 전국 지자체에 더 이상 이 식물을 심지 말라고 권고했다. 참고로 국립생태원에서는 생물 위해성을 크게 3등급으로 나누어 관리하고 있다.

1급 : 생태계 균형을 교란하거나 교란할 우려가 큰 것으로 판단되어 조절 및 제거 관리가 필요한 생물.
2급 : 생태계 위해성이 보통이나, 향후 위해성이 높아질 가능성이 있어 확산 정도와 생태계에 미치는 영향을 지속적으로 관찰할 필요가 있는 생물.
3급 : 생태계 위해성이 낮아 별도의 관리가 요구되지 않는 생물.

핑크뮬리(학명: *Muhlenbergia capillaris*)는 미국이 원산지인 여러해살이 풀로 한 다발에는 7~8만 개에 달하는 미세한 씨앗이 붙어 있다. 게다가 우리나라 어디에서나 비교적 잘 자란다. 이런 특성 때문에 토종 식물 생태계를 교란시킬 수 있는 가능성이 크다는 우려가 제기된 것이다. 위해성 2급 판정이란, 쉽게 말하면 생태계에 영향을 끼칠 수 있어 예의주시해야 한다는 의미이다. 이런 이유로 제주도에서도 마을이나 관광지에 심은 핑크뮬리까지 강제로 제거하지는 않기로 했다.
외래종은 서식지 파괴, 남획과 함께 생물다양성 위협 3대 요인 가운데 하나이다. 최근 들어 반려동물과 식용 및 관상용 등으로 들여온 동식물이 토종 생물에 입히는 피해에 대한 우려가 커지고 있다. 생태계는 일단 교란되면 원상 복구는 거의 불가능하고, 부분 복구에만도 엄청난 비용과 노력이 든다. 따라서 외래종 보급은 생태계 위해성이 정확히 확인된 후에 신중하게 결정해야 한다.

Chapter 6

영화 속으로 들어간 생명과학

—— 영화는 현대인이 쉽게 즐길 수 있는 대중예술이다. 인터넷과 개인 모바일 기기의 발전으로 이제는 언제 어디서나 영화를 관람할 수 있게 되었다. 모두가 과학기술 발전 덕분이다.

사실 따지고 보면, 영화 그 자체가 과학기술의 집약체이다. 배우들 연기를 통해 살아난 스토리가 영상과 음향 기술에 힘입어 시공을 초월하여 그대로 부활한다. 때로는 아예 과학이 스토리 중심에 서기도 한다. 사이언스 픽션(science fiction)의 영문 머리글자를 딴 SF, 즉 공상과학 영화가 대표적인 경우이다.

21세기에 접어들면서 바이오 SF 영화가 부쩍 많이 선보이고 있다. 이번 장에서는 〈쥬라기 공원〉, 〈뉴 뮤턴트〉, 〈컨테이젼〉, 〈부산행〉, 〈마션〉, 〈유리정원〉, 이 여섯 편의 영화를 생명과학적 관점에서 살펴보면서 생명과학 원리와 함께 영화가 전하는 메시지를 탐구해보려고 한다.

DNA 복제로 공룡을 부활시키다

〈쥬라기 공원〉

마이클 크라이튼의 동명 소설을 원작으로 한 영화 〈쥬라기 공원(Jurassic Park)〉(1993년, 스티븐 스필버그 감독)은 개봉 이듬해 제66회 아카데미 시상식에서 각종 상을 휩쓰는 돌풍을 일으키면서 SF 영화사에 한 획을 그은 바 있다. 특히 이 영화는 특수효과 구현기술에서 혁신을 이루었는데, 과학과 기술이 이야기와 어떻게 어우러져야 하는지를 잘 실현해낸 작품으로 평가받았다.(6-1) 이 영화의 과학적 핵심은 공룡

호박(琥珀)
지질 시대에 나무의 진액 따위가 땅속에 묻혀 탄소 · 수소 · 산소 등과 화합하여 돌처럼 굳어진 누런 색 광물이다.

피를 빨고 호박(琥珀)에 갇힌 모기에서 채취한 피로 공룡 DNA를 복원한다는 것인데, 1997년에는 다시 스티븐 스필버그 감독에 의해 속편 〈쥬라기 공원: 잃어버린 세계〉가 발표되기도 했다.

6-1 영화 〈쥬라기 공원〉의 한 장면.

한편 이러한 1, 2편의 성공에 힘입어 다른 감독들이, 2001년에는 오리지널 스토리인 〈쥬라기 공원 3〉, 2015년에는 4편이자 새로운 3부작의 시작인 〈쥬라기 월드〉, 2018년에는 5편인 〈쥬라기 월드: 폴른 킹덤〉을 시리즈 성격으로 제작하면서 흐름을 이어가고 있다.

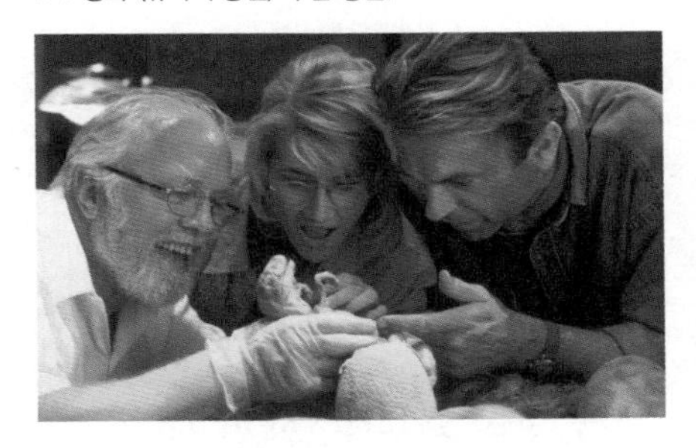
6-2 영화 〈쥬라기 공원〉의 한 장면. 호박에서 발견된 모기의 혈관 속에 들어 있던 공룡의 피에서 DNA를 채취해 공룡을 부활시킨다는 내용이다.

'쥬라기 공원 시리즈'의 첫 작품인 〈쥬라기 공원〉에서는, 당시로서는 최첨단 바이오 기술인 PCR(중합효소연쇄반응)을 동원하여 DNA를 증폭하고 부족한 DNA는 현생 양서류의 것으로 대체하는 기술을 선보였다. 이렇게 복원한 DNA를 핵을 제거한 타조 알에 주입하여 공룡을 부화시키는 데 성공하면서 '공룡들의 공원'을 만든다.[6-2] 그런데 그 과정이 생명복제 기술의 원리와 기본적으로는 동일하지만, 세부적으로는 많은 오류를 보이고 있다. 영화적 설정에 까탈스럽게 시비를 걸려는 게 아니다. 오히려 그 반대이다. 과학적 사실을 바탕으로 상상력을 발휘하여 재미있게 생명과학 공부를 해보려는 것이다.

먼저 간단하게 DNA와 관련된 용어를 정리하자면, '유전자(gene)'는 해당 생물의 특징에 관한 특정 정보를 가진 DNA 조각을 의미한다. 염색체의 특정 위치에 특정 유전자가 존재하기 때문에 염색체는 유전자의 집합체라고 할 수 있다. 유전체란 한 생명체가 가지고 있는 유전자(또는 염색체)의 총합을 말한다. 그리고 이 모든 것을 이루는 물질적 실체가 DNA이다. 다시 말해서 지금 입고 있는 옷이 모두 같은 천으로 만들어졌다고 하면, 이때 천에 해당하는 것이 바로 DNA이다. 윗옷과 바지, 외투 등을 각각 염색체에, 거기에 있는 주머니와 장식 등을 각각 유전자에 비유할 수 있다. 그리고 이 모두를 합친 것, 즉 현재 입고 있는 옷 전부가 '유전체(genome)'에 해당한다.

따로 또 같이,
반보존적 DNA 복제

공룡 유전체를 지닌 타조 알이 부화되는 과정은 수많은 세포분열의 연속이다. 성공적인 세포분열을 위해서는 온전한 DNA 복제가 선행되어야 한다. DNA는 매우 길고 부서지기 쉬운 화합물이다. 앞서 설명한 대로 인간 세포 하나에 있는 DNA를 다 연결하면 평균 약 2미터에 달한다. 모든 DNA는 히스톤에 섬세하게 감겨져 염색체가 된다. 염색체는 DNA를 잘 정돈해서 보관해둔 구조물인 셈이다.

DNA 복제가 시작되려면 우선 이중나선 두 가닥을 분리시켜야 한다. 좀 더 전문적으로 말하면, 상보적인 염기 결합을 끊고 해당 염기를 복제효소에게 노출시켜야 한다. 그런데 이게 녹록한 일이 아니다.

우선 DNA의 '초나선(supercoiling)' 구조를 극복해야 한다. 초나선이란 이미 이중나선으로 꼬여 있는 DNA가 더 꼬인 상태를 말한다.[6-3] 이는 마치 유선전화기의 코일처럼 전화선이 심하게 꼬인 모양과 비슷하다. 이런 DNA의 한 부위를 벌리면 그 앞뒤로 긴장이 생길 것이고, 손을 떼면 두 가닥은 다시 원래 상태로 돌아갈 것이다.

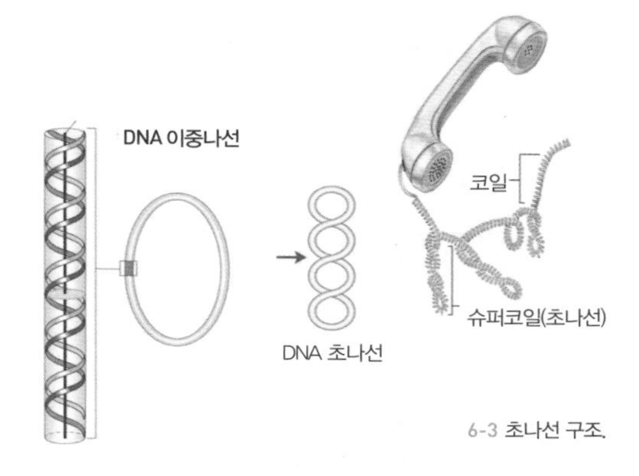

6-3 초나선 구조.

그렇다면 본격적인 DNA 합성에 앞서 준비가 필요할 것이다. 실제로 그렇다. 특정 효소(헬리케이스)가 어버이 DNA의 두 가닥을 조금씩 벌려주면서 염기를 노출시킨다. 이때 생기는 긴장을 또 다른 효소가 풀어준다.

이중나선이 벌어져 염기들이 노출되면 세포질에 존재하는 뉴클레오타이드들이 결합 규칙(A-T, G-C)에 따라 짝을 이룬다. 이어서 DNA 중합효소가 뉴클레오타이드들을 연결시키고 나면, 다시 주형 DNA가 조금 더 풀어져서 그다음 뉴클레오타이드가 더해진다. 이렇게 복제가 진행되고 있는 지점을 '복제분기점(replication fork)'이라 한다.

복제분기점이 주형 DNA 가닥을 따라 이동함에 따라 풀어진 단일가닥은 각각 새로운 뉴클레오타이드와 결합하게 된다. 원래 주형 가닥과 새

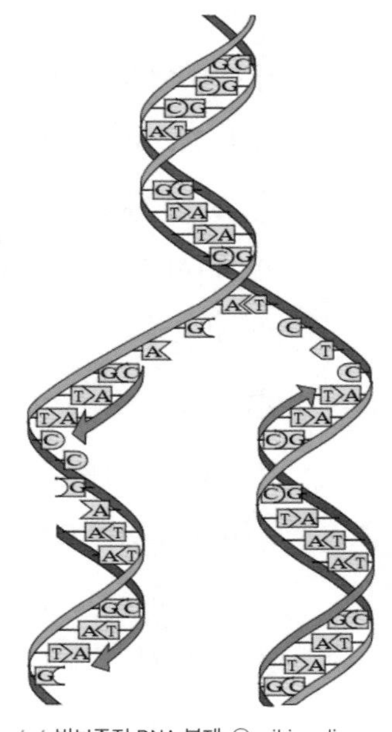
6-4 반보존적 DNA 복제. © wikimedia.org

로 합성된 가닥은 다시 서로 휘감기며 이중나선을 형성한다. 새로 생긴 이중나선 DNA는 각각 주형 가닥과 신생 가닥 하나를 지니게 된다. 이런 의미에서 이와 같은 복제 과정을 '반보존적 복제(semiconseravtive replication)'라고 한다.(6-4)

일방통행과 역평행 때문에, 선도 가닥과 지연 가닥

DNA 복제는 여러 단백질이 순서대로 정교하게 작용해서 이루어지는 아주 복잡한 대사과정이다. 이를 잘 이해하려면 먼저 DNA 구조를 자세히 살펴보아야 한다.

뉴클레오타이드 각각을 하나의 레고 블록으로 생각해보자. 이들의 연결 규칙은 아주 명확하다. 앞에 있는 블록의 3번 탄소에 붙어 있는 수산기(-OH)에 다음에 오는 블록의 5번 탄소에 달린 인산기(PO_4^-)가 순차적으로 결합하여 하나의 긴 사슬을 이룬다. 이를 조금 떨어져서 바라본다면, DNA 사슬이 한쪽 방향(5'→3')으로 길어지는 것을 확인할 수 있다. 이중나선 구조는 두 DNA 사슬에 있는 염기 사이의 결합으로 이루어진다. 이렇게 두 사슬이 마주하려면 둘의 진행방향이 서로 반대가 되어야 한다. 결국 DNA 이중나선의 한 사슬은 5'→3', 다른 하나는 3'→5' 방향이 되는데, 이를 '역평행'이라고 부른다. DNA의 역평행 구조는 블록 결합 규칙과 함께 DNA 복제 방식에 지대한 영향을 미친다.

그림 〈6-5〉에서 보는 대로, 마치 지퍼를 열듯이 복제분기점이 앞으로 나아가면서 그 뒤로 주형 가닥이 노출된다. 두 개의 주형 가닥 가운데 3'→5' 방향 가닥을 대상으로 하는 DNA 중합효소는 복제분기점을 따라가

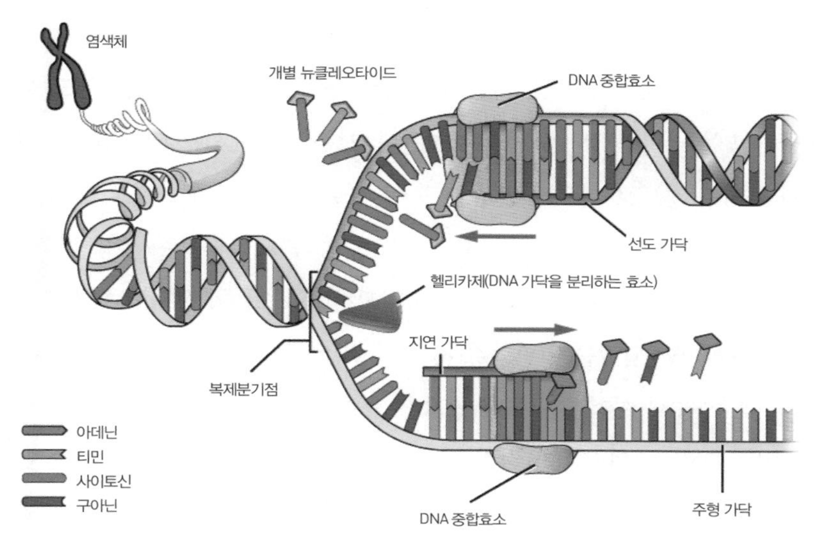

6-5 DNA 복제 과정. © wikimedia.org

며 DNA 복제를 진행하게 된다.

하지만 반대 주형 가닥(5'→3' 방향)을 담당하는 효소는 난처한 상황에 빠지게 된다. DNA 합성이 복제분기점 이동과 반대방향으로 이루어져야 하기 때문이다. 궁여지책으로 이 효소는 주형 가닥이 어느 정도 노출될 때까지 기다렸다가 복제를 진행하고, 다시 기다리기를 반복한다. 따라서 DNA 합성이 토막토막 진행될 수밖에 없다. 물론 나중에 이 조각들은 별도의 효소 작용으로 서로 연결된다.

결과적으로 DNA 합성은 한쪽에서는 연속적으로, 맞은편에서는 불연속적으로 진행된다. 당연히 합성 속도에서 차이가 난다. 이때 앞서가는 가닥을 '선도 가닥(leading strand)', 뒤처지는 가닥을 '지연 가닥(lagging strand)'이라고 부른다. 지연 가닥에서 만들어지는 짧은 DNA 조각은, 1966년 이를 발견한 일본 학자 오카자키(Reiji Okazaki, 1930~1975)의 이름을 붙여 '오카자키 절편(Okazaki fragment)'이라고 한다.

그 기능을 생각하면 당연한 일이지만, DNA 복제는 그 복잡성에도 불구하고 놀랄 만큼 정확하게 이루어진다. 보통 세균에서는 대략 100억 염기당 하나 정도로 실수가 발생한다. 이 정도로 정확하게 복제될 수 있는 까닭은 무엇보다도 DNA 중합효소가 교정 능력을 지니기 때문이다. 주형가닥에 맞추어 새로운 염기가 추가될 때마다 효소는 상보적인 염기쌍이 적절하게 형성되었는지 판독한다. 염기 결합이 제대로 이루어지면 DNA 중합효소가 새로 첨가된 뉴클레오타이드를 연결시킨다. 염기가 잘못 결합하면 DNA 중합효소가 직접 이를 제거하고 맞는 짝으로 바꿔준다. 이는 컴퓨터 자판을 두드리다 백스페이스로 오타를 수정하는 것에 비유할 수 있다.

방금 언급한 내용을 반대로 생각하면, DNA 복제가 100% 정확하지는 않다는 말이다. 제아무리 뛰어난 타자수라도 전혀 오타가 없을 수 없듯이, DNA 복제 효소도 아주 드물지만 여전히 실수를 범하기 때문이다. 그 결과로 생긴 DNA 염기서열의 변화가 바로 '돌연변이(mutation)'이다. 모든 생명체는 자기 DNA를 복제해서 다음 세대에 물려준다. 이 과정에서 유전정보가 조금씩 변한다.

생명은 스스로 길을 찾는다!

영화에서는 유전자 변형 기술로 암컷 공룡만을 복제했다. 공룡의 번식을 제한하고 통제해서 '쥬라기 공원'을 안전한 테마파크이자 보호구역으로 만들겠다는 의도에서였다. 하지만 "생명은 스스

6-6 〈쥬라기 공원〉에서 공룡들 사이에서 자연번식이 일어나 공룡이 부화했음을 나타내는 증거.

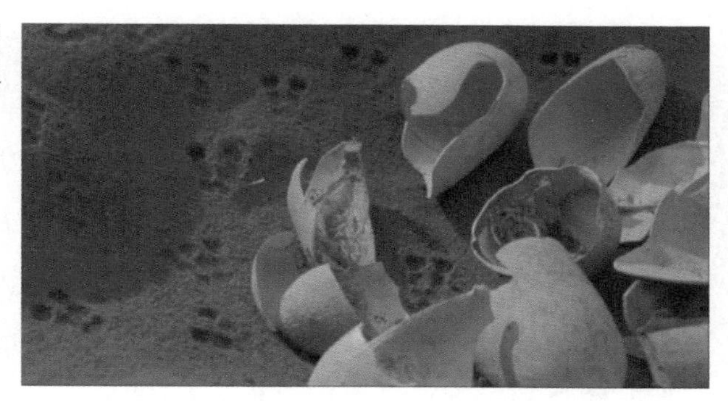

로 길을 찾는다(Life finds a way)"라는 영화 속 유명한 대사가 암시하듯 공룡들 사이에서 번식이 일어난다. 실제로 이런 일이 일어날 수 있을까? 충분히 가능성이 있다. 자연에는 '단성생식(처녀생식)'이라는 무성생식 방법이 엄연히 존재하기 때문이다.[6-6]

암컷 배우자(난자)가 수컷 배우자(정자)와 수정하지 아니하고 새로운 개체로 발생하는 단성생식은 동물보다는 식물에서 더 빈번하게 일어난다. 동물의 경우에는 선충과 곤충 같은 무척추동물에서 주로 발견되지만, 어류와 양서류에서도 아주 드물게 보고되고 있다. 공룡 복제 과정에서 양서류의 DNA가 섞였다는 사실이 단성생식의 가능성을 한층 부추긴다. 또한 환경 요인도 잠재적 성 전환 유발 원인이 될 수 있다. 대부분의 파충류는 알이 부화되는 온도에 따라 성이 달라진다는 사실을 상기하기 바란다.

카오스 이론(chaos theory)
1961년 MIT의 기상학자 로렌츠가 날씨를 예측하기 위해, 위치에 따른 압력과 온도와의 관계를 나타내는 여러 방정식을 컴퓨터에 입력하고 바람의 경로를 그래프로 나타내보았다. 그러고 나서 다음에 계산을 반복할 때에는 그래프로 간단하게 출력할 목적으로 변수의 소수점 이하 3자리까지만 나타나게 했다. 천분의 1 정도의 오차는 의미가 없다고 생각하여 반올림한 3자리 숫자를 입력했던 것이다. 하지만 두 결과는 엄청나게 달랐다. 로렌츠는 이를 토대로 1963년 카오스 이론을 발표했다. 이것은 작은 변화가 예측할 수 없는 엄청난 결과를 낳는 것처럼, 안정적으로 보이면서도 안정적이지 않고, 안정적이지 않은 것처럼 보이면서도 안정적인 여러 현상을 설명하려는 이론이다.

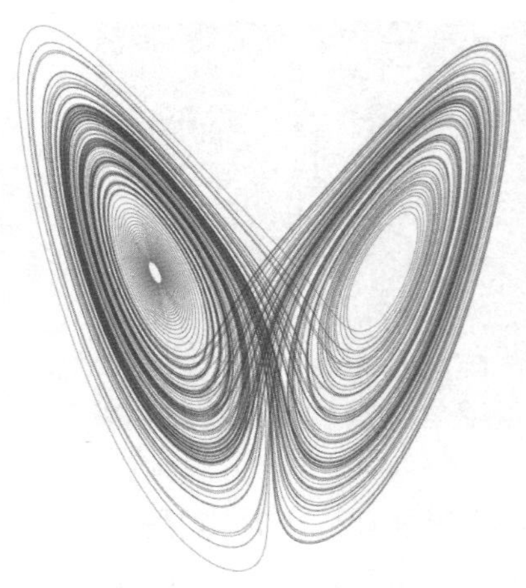

6-7 로렌츠 방정식의 궤도. © Dschwen

영화에서 생명이 스스로 길을 찾을 거라고 말한 수학자 말콤 박사는 '카오스 이론(chaos theory)'에 근거해 자신의 생각을 펼친다.(6-7) 그는 손등에 떨어뜨린 물방울이 솜털이나 땀, 바람의 방향 등 수많은 요인에 따라 흐르는 방향이 달라지듯이 '쥬라기 공원'에서도 미세한 요소들이 어떤 영향을 줄지 알 수 없다며 위험을 경고한다.

카오스 이론을 생명체에 적용한다

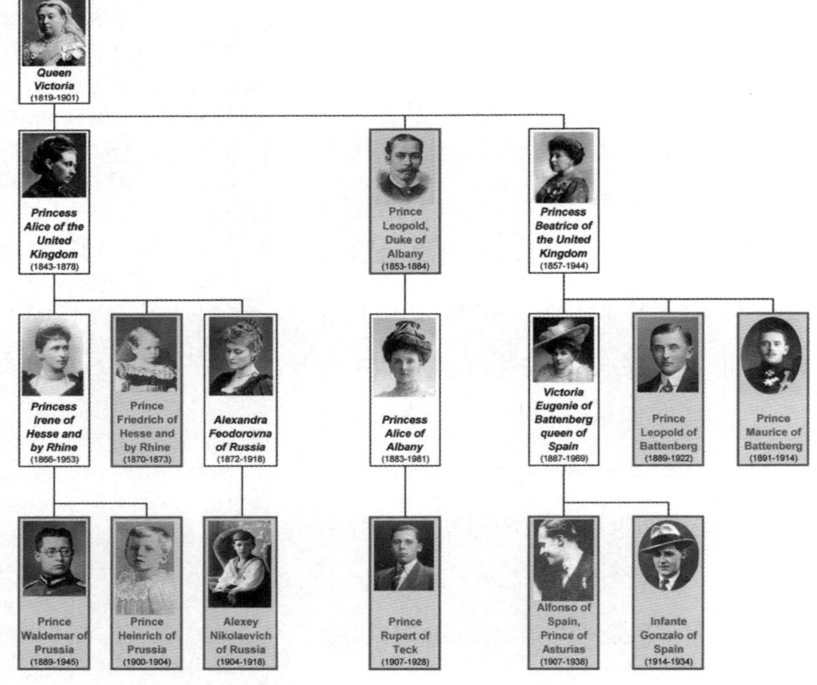

6-8 빅토리아 여왕 자손들과 혈우병. © wikimedia.org

면, 돌연변이를 중요한 변수로 꼽을 수 있다. '빅토리아 시대'로 일컬어지는 대영제국의 최전성기에 재위했던 빅토리아(Victoria, 1819~1901) 여왕이 지녔던 혈우병 돌연변이 유전자가 이른바 '나비 효과'를 제대로 보여준다. 다섯 명의 딸 가운데 두 명에게 문제의 유전자가 전해졌다. 여왕은 '유럽의 할머니'라고 불릴 만큼 유럽의 여러 왕가와 사돈을 맺었다. 그 결과 혈우병 유전자가 유럽 왕가로 널리 퍼져나갔다. 급기야 러시아 왕가는 혈우병 때문에 몰락의 길로 들어섰다.[6-8]

나비 효과(butterfly effect)
나비의 조그만 날갯짓이 날씨 변화를 일으키듯, 미세한 변화나 작은 사건이 추후 예상하지 못한 엄청난 결과로 이어진다는 뜻이다.

인간의 탐욕으로 생명과학의 경계를 넘다

영화 〈쥬라기 공원〉은 구조 헬기에서 저마다 생각에 잠겨 멍하니 밖을 바라보고 있는 생존자들에서 푸른 바다 위 창공을 여유롭게 나는 새 무리로 카메라 앵글이 옮겨가면서 끝이 난다.[6-9] 영화 도입부에서 공룡 전문가는 새가 공룡에서 진화했다는 이론을 설명한다. 영화의 마지막을 장식하는 새는 이를 상기시켜 공룡의 후손들이 여전히 우리 곁에 살아 숨쉬고 있다는 메시지를 전하려는 것으로 해석된다. 구사일생으로 살아남은 이들은 공룡 복제가 끔찍한

6-9 〈쥬라기 공원〉의 마지막 장면.

6-10 〈쥬라기 월드〉에 등장하는 하이브리드 공룡 '인도미누스 렉스' 모습.

환상이었음을 몸서리치게 체험했겠지만, 한편으로는 꿈속에서나 가능했던 살아 있는 공룡을 직접 목격하는 환희도 느꼈을 것이다. 감정이입을 하자면, 살았다는 안도감이 들면서도 다시는 못 볼 공룡에 대한 아쉬움도 컸을 것이다.

세월의 흐름 속에 기억은 희미해지고 그리움은 짙어지기 때문일까? 아니면 만족을 모르는 인간의 탐욕이 문제일까? '쥬라기 공원'이 개장도 못하고 폐쇄된 지 22년 후, 그 규모와 콘텐츠 면에서 원조를 훨씬 능가하는 테마파크가 개장한다. 이번에는 훨씬 더 발달한 첨단 바이오 기술로 탄생시킨 하이브리드 공룡을 셀링 포인트로 내세운다. 연구진은 쇼킹한 공룡 쇼를 위해서 티라노사우루스 렉스 DNA를 바탕으로 랩터의 지능 유전자와 오징어의 위장술 유전자, 청개구리의 열감지 유전자를 혼합하여 '인도미누스 렉스'라는 어마어마한 공룡을 만들어낸다.[6-10]

그리스어로 티라노(tyranno)는 폭군, 사우루스(saurus)는 도마뱀, 렉스(rex)는 왕을 뜻한다. '폭군 도마뱀의 왕'이라는 이름 뜻 그대로 티라노사우루스 렉스(*Tyrannosaurus rex*)는 실존했던 공룡 가운데 가장 무섭고 사나웠던 것으로 추정된다. '길들여지지 않는다'는 의미의 인도미누스(*Indominus*)가 이 혼종 공룡의 위력을 암시한다. 2015년 대중에 선보인

6-11 〈쥬라기 월드: 폴른 킹덤〉의 한 장면.

〈쥬라기 월드〉에서는 하이브리드 공룡들의 지능과 공격성이 진화하면서 인간의 통제를 벗어나는데, 이로써 야심차게 시작했던 '쥬라기 월드'는 '쥬라기 공원'과 똑같이 파멸의 길을 걷는다. 생명과학이 넘어서지 말아야 할 경계가 어디일지 고민에 빠져들게 하는 대목이다.

인간의 끝없는 욕심과 같은 실수를 반복하는 어리석음 덕분에 지상 최대의 테마파크를 꿈꾸었던 섬은 공룡들만의 낙원(?)이 된다. 그런데 그 섬의 화산이 폭발 조짐을 보인다. 이 소식을 접한 전작의 주인공들이 공룡을 멸종 위기에서 구하기 위해 다시 그 섬으로 달려간다. 그리고 또다시 공룡을 돈벌이 수단으로 이용하려는 거대한 음모에 맞서 싸우게 된다. 2018년에 개봉된 〈쥬라기 월드: 폴른 킹덤〉의 핵심 내용이다.[6-11]

〈쥬라기 월드: 폴른 킹덤〉은 전편들에 비해서 우화적인 성격이 강하다. 최첨단 과학기술을 앞세워 멸종한 공룡조차도 부활시켜 멋대로 사용하려는 인간의 시도가 번번이 실패한다는 설정은 자연을 인간의 전유물로 생각하는 잘못된 '인간 중심주의'에 경종을 울리는 듯하다.

이에 대해 철학자 김동규와 나눈 대화를 소개한다.

"인간의 지식은 절대자의 지식도 아니고 자연 그 자체도 아닙니다. 언제까지나 자연의 그림자일 뿐입니다. 신이 있다면, 신이 생각하거나 말한 것은 곧바로 현실이 됩니다. 신은 사유와 존재가 완벽히 일치한다고 합니다. 절대자이기 때문입니다. 하지만 인간의 사유는 언제나 존재와 일치하지 않습니다. 이 간극이 인간의 유한성을 보여줍니다. 인식의 최대치는 어쩌면 이 간극을 직시하는 데 있을 것 같습니다. 그렇다면 인간 중심의 구심력과 중심 이탈의 원심력이 절묘한 균형을 이루는 지점이 인간의 자리라고 말할 수 있지 않을까요? 아무튼 인간 중심주의에서 완벽히 벗어나는 것은 무척 어려운 일입니다."[1]

돌연변이로 과연 초능력이 생길까?

〈뉴 뮤턴트〉

'돌연변이' 하면 떠오르는 영화로 '엑스맨(X-MEN) 시리즈'가 있다. 2000년에 개봉한 〈엑스맨〉을 시작으로 2006년에 제3편 〈엑스맨: 최후의 전쟁〉으로 일단락을 지었다가, 2011년 〈엑스맨: 퍼스트 클래스〉로 시리즈를 재개해서 2019년 〈다크피닉스〉로 대단원의 막을 내린 영화이다. 흔히 이 영화를 악과 싸우는 히어로물로 생각하기 쉽지만, 영화의 뿌리에는 보통 사람들과는 너무나 다르게 태어난 소수자들이 겪는 정체성 혼란이 자리하고 있다.

'엑스맨 시리즈'에 등장하는 초능력자를 흔히 '돌연변이(mutation)'라고

6-12 〈뉴 뮤턴트〉에 등장하는 5명의 주인공들.

프리퀄 · 리부트
프리퀄(prequel)은 오리지널 영화에 선행하는 사건을 담은 속편을 뜻하고, 리부트(Reboot)는 시리즈의 연속성을 버리고 다시 시작한다는 의미를 담고 있다.

부르는데, 이것은 잘못된 표현이다. 앞에서 언급한 대로 돌연변이는 DNA 복제 과정에서 우연히 발생하는 염기서열의 변화이다. 생물학에서는 돌연변이를 지닌 개체를 '돌연변이체(mutant)'라고 부르는데, 2020년에 '새로운 돌연변이체'를 뜻하는 제목의 영화 〈뉴 뮤턴트(The New Mutants)〉(감독 조시 분)가 등장했다. 〈엑스맨〉의 세계관을 이어가지만 '프리퀄'이나 '리부트' 형태는 아니다. 영화의 새로운 주인공은 저마다 트라우마를 지닌 5명의 10대 청소년 돌연변이체들이다.(6-12) 이 영화는 인간 정체성 혼란의 심연을 들여다보는 실험적 시도라는 평가가 있을 만큼 그 이야기의 결이 전편들과 많이 다르다.

이들의 초능력은 다양하다. 늑대로 변하는 능력 때문에 '울프스베인'이라고 불리는 레인. 포털을 이용한 단체 순간이동 능력자인 '매직' 일리야나. 빠른 속도로 날 수 있는 능력이 있는 '캐논볼' 샘. 태양에너지를 흡

6-13 왼쪽부터 레인, 일리야나, 샘, 로베르토, 대니.

수해 발산할 수 있는 능력을 지닌 '선스팟' 로베르토. 상대가 가장 무서워하는 환영을 만들어내는 인디언 소녀 '미라지' 대니. 〈뉴 뮤턴트〉는 통제할 수 없는 초능력을 지닌 탓에 비밀 시설에 수용될 수밖에 없었던 십대 돌연변이체들이 자신의 능력을 각성하며 끔찍한 공포와 마주하게 되는 이야기를 그리고 있다.(6-13)

사실 돌연변이는 인간을 포함한 모든 생명체의 진화를 이끄는 원동력이다. 우리는 생명체가 생존과 번식에 필요한 적절한 환경이 제공되는 곳에서만 서식한다는 사실을 알고 있다. 그런데 이 환경은 늘 바뀌고 있다. 만약 그 환경에 적응하지 못한다면 살아남기가 어려울 것이다. 바꾸어 말하면, 현존하는 생명체들은 오랜 시간 동안 예측할 수 없는 환경 변화에 잘 적응해왔다고 볼 수 있다. 여기서 중요한 것은, 환경 변화는 예측할 수 없다는 것이다. 그렇기 때문에 환경 변화가 생긴 다음에 그 환경에 맞추어 생명체가 변한다는 것은 사실이 아니다.

돌연변이가 다양성을 만든다

가장 흔한 돌연변이는 DNA 염기쌍 하나가 바뀌는 것이다. 만약 단백질을 만드는 유전정보 부위에서 변이가 일어나면, 제 기능을 못하는 단백질이 만들어질 수 있다. 치환이 아니라 염기쌍 하나가 끼어들거나 빠져버리게 되면 훨씬 더 심각한 결과가 초래된다. 시험을 볼 때, 답안지 OMR 카드에 하나씩 밀려서 표기한 상황을 떠올리면 이해가 쉬울 것이다.

단일 돌연변이 가운데 DNA 염기서열 변화가 유전자 산물의 활성에 아무런 변화를 주지 않는 경우를 '침묵(또는 중립) 돌연변이'라고 한다. 침묵 돌연변이는 전령RNA(mRNA) 코돈의 세 번째 자리에 있는 염기가 다른 것으로 치환될 때 흔히 나타난다. 유전부호의 중복성으로 인해 새로 바뀐 코돈에서도 똑같은 아미노산이 지정될 수 있기 때문이다. 또한 아미노산이 바뀌는 경우라도 해당 아미노산이 그 단백질에서 결정적인 역할을 하지 않거나 화학적으로 원래 아미노산과 매우 비슷한 아미노산으로 바뀌는 경우라면 바뀐 단백질 기능에 별 문제가 없다.

염색체 구조 변화로 생긴 돌연변이는 보통 훨씬 더 큰 표현형 변화를 유발한다. 염색체 일부가 제거되면(결실) 그 부위에 있던 유전자의 종류와 수에 따라 돌연변이에 미치는 영향이 결정된다. 일부 조각이 동일 염색체에 방향을 바꾸어 다시 붙을 수도 있는데(역위), 이 경우 유전자 조절 부위와의 위치가 달라져 유전자 발현에 영향을 미치기 쉽다. 또한 염색체 일부가 복제되어 같은 염색체에 있거나(중복), 다른 염색체에 옮겨 붙을 수도(전좌) 있다.

영화에서는 돌연변이가 초능력을 부여하지만, 현실에서 돌연변이는 주로 질병을 일으키는 것으로 알려져 있다. 예컨대, BRCA1과 BRCA2 유전자에 돌연변이가 생기면 유방암 발병 위험이 커진다. 또한 '고양이울음(묘성) 증후군'은 사람의 5번 염색체 말단 일부가 결실되어 생기고,(6-14, 6-15) '만성 골수성 백혈병'은 9번 염색체와 22번 염색체 사이에 발생한 전좌가 원인이다.

사실 질병을 유발하는 돌연변이의 출현 빈도는 매우 낮다. 하지만 일단 발생하면 당사자에게 큰 피해를 주기 때문에 돌연변이는 두려움의 대상이 되곤 한다. 물론 개체에게 도움이 되는 돌연변이도 일어나지만, 이건 해로운 돌연변이보다도 훨씬 더 드물게 나타난다. 그럼에도 불구하고 돌연변이는 감수분열 과정에서 일어나는 유전자 재조합과 함께 유전적 다양성을 제공한다. 이런 다양성이 진화의 재료이며, 자연선택은 진화의 동력으로 작용한다. 특히 유성생식을 하는 생물의 경

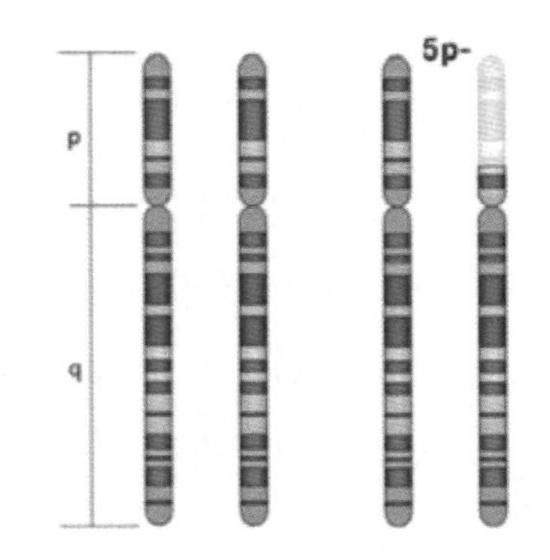

6-14 고양이울음 증후군은 5번 염색체 단완의 부분 결손에 의한 선천성 질환이다. 신생아는 정신박약, 얼굴기형, 지문 · 손금 · 족문의 이상, 심장 기형, 발육부진 및 고양이 울음소리 같은 고음의 울부짖는 소리를 내는 것이 특징이다.

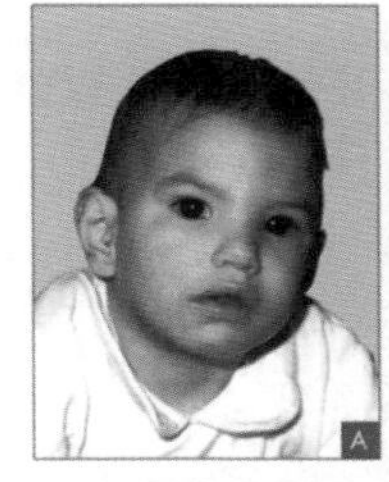

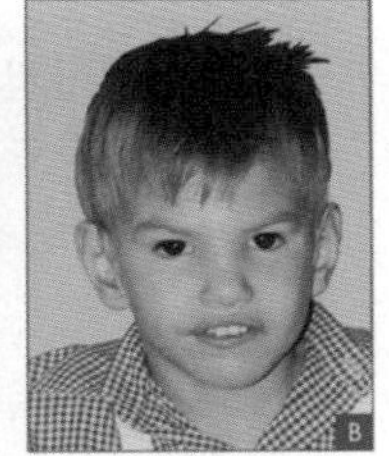

6-15 나이에 따른 묘성 증후군의 특징. 생후 8개월(A), 2년(B), 4년(C), 9년(D).

BRCA1과 BRCA2 유전자
BRCA는 'breast cancer'의 줄임말로 BRCA1과 BRCA2 유전자는 유방암을 억제하는 기능을 갖고 있다. 따라서 이 유전자들 염기에 이상이 생기면 억제기능이 사라져 유방암 발생 확률이 증가한다.

우에는, 생식세포에 생긴 돌연변이만이 후손에게 전달되어 선택 대상이 될 수 있다.

생명체는 항상 무작위로 변하고 있고, 그 결과 모든 생명체 집단 내에는 다양한 돌연변이체들이 존재한다. 이런 상황에서 변화된 환경에 적합한 개체만이 살아남게 된다. 따라서 생명체의 적응이란 생물의 변이가 우연히 환경의 변화와 맞아떨어진 결과라고 볼 수 있다. 이것이 1859년에 출판된 다윈(Charles Darwin, 1809~1882)의 저서 『종의 기원(Origin of Species)』의 핵심 내용이다.

두 가지 유전자 전달 방법, 수직 vs 수평

생물학적으로 생명현상은 '생존과 번식'이라는 두 단어로 함축할 수 있고, 그 바탕에는 '유전자'라는 정보가 자리잡고 있다. 말하자면, 생명체의 고유 특성은 유전정보의 표현이고, 증식(자손 생산)은 지속적인 유전정보 전달의 수단이다. 대부분의 생물은 암수가 있고, 유성생식을 통해 유전자를 전달하며 세대를 이어간다. 부모에게서 자식으로, 즉 위에서 아래로 내려가기에 이를 '수직 유전자 전달'이라고 부른다. 단세포 생물이면서 무성생식을 하는 세균에게는 세포분열 자체가 번식이자 수직 유전자 전달이다.

유성생식과 무성생식은 각각 장단점이 있다. 짝짓기를 통해 유성생식에 성공하려면 굉장히 많은 공을 들여야 한다. 반면 혼자서 분열만 하면 되는 무성생식은 훨씬 더 쉽고 간편하다. 세균 한 마리가 분열하여 둘이 되고, 다시 분열할 때마다 두 배로 늘어난다. 그런데 거듭제곱으로 엄청

6-16 수평 유전자 전달방식.
© wikimedia.org

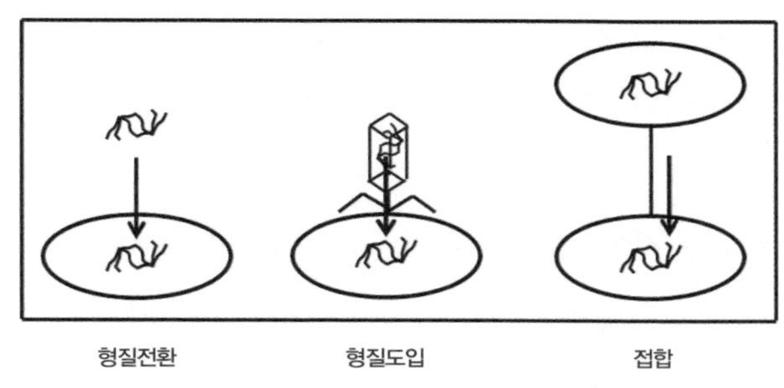

나게 늘어나는 세균 수와는 달리 유전적 다양성은 거의 그대로이다. 이러한 생존 전략만을 가지고 있다면 환경 변화에 대한 적응이 매우 취약해진다.

하지만 세균에게는 그들만의 은밀한 비법이 있다. 다른 세균들과 유전자를 주고받는 '수평 유전자 전달'이 그것인데, 이는 3가지(형질전환, 형질도입, 접합) 형태로 일어난다.[6-16]

세균이 죽어서 그 세포가 파괴되면 DNA가 외부 환경에 노출된다. 감싸고 있던 세포벽과 세포막이 벗겨졌다는 의미에서 이를 '벌거벗은(naked) DNA'라고 부른다. 그런데 DNA라는 물질이 생각보다 견고해서 풍파에 부서지면서도 그 조각들은 상당히 오랫동안 잔존한다. 이렇게 나뒹구는 헐벗은 DNA를 종종 주변에 있는 다른 세균이 받아들여 자기 것으로 만든다. 이것이 바로 '형질전환'이다. 호랑이는 죽어서 가죽을 남긴다고 했는데, 세균은 죽어서 DNA를 남기는 셈이다. 아무리 작은 DNA 조각이라도 산소 같은 기체처럼 단순 확산으로 온전한 세포 속을 무사히 통과할 수는 없다. 외부 DNA를 받아들이려면 해당 세균의 세포벽과 세포막에 모종의 변화가 생겨야 한다. 보통 이런 수용 능력은 환경에서 받은 스트레스 때문에 생기곤 한다. 위기는 기회이며, 어려움 속에 혁신이 이루어지는 게 자연의 섭리인가 보다.

바이러스는 모든 생명체를 감염시킨다. 세균도 피해갈 수 없다. 침입한 바이러스는 숙주 세포의 체계를 강탈하여 증식한다. 바이러스에게 증식이란, 유전물질과 이를 담을 단백질 껍데기를 따로 양산한 다음 조립하는 것이다. 그런데 바이러스가 산산이 부서진 숙주의 DNA 조각을 자기 것으로 착각하고 담아 조립하는 경우가 가끔 생긴다. 이런 불량품도 껍데기 속 DNA 파편을 다음 세균에게 주입까지는 한다. 이 운수 좋은 세균은 바이러스 감염 대신에 다른 세균의 DNA 일부를 얻게 된다. 이것이 바로 '형질도입'이다.

세 번째 전달 방식인 '접합'은, 비유하자면 오지랖 넓은 특정 세균이 주도한다.(6-17) 주변에서 소통할 만한 세균을 발견하면 끌어당겨 밀착시킨다, 그런 다음 마치 우주선이 도킹하듯 통로를 만든다. 말하자면, 서로 붙은 상태에서 자기 것은 물론이고 상대방 세균의 세포막과 세포벽에

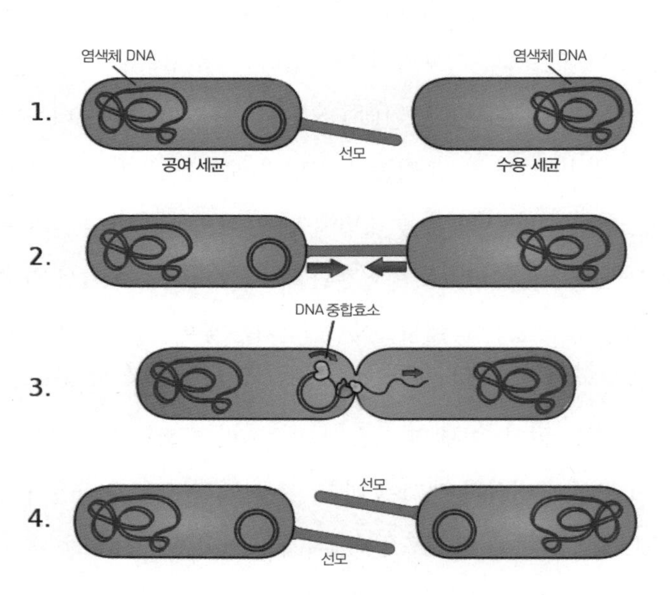

6-17 접합. © wikimedia.org

구멍을 뚫는다. 상당히 복잡한 과정이지만, 전문 효소를 사용하여 놀랍도록 빠르고 정교하게 공사를 마치고 일련의 유전자를 전달한다. 이들 유전자가 모두 다 넘어가면 받은 세균도 그만큼 오지랖이 넓어진다.

우리는 모두 돌연변이체다!

생물학에서 말하는 진화의 핵심 개념은 변이 또는 변화이지, 진보나 발전이 절대로 아니다. 그런데 신문 칼럼을 비롯한 대중적 글에서는 간혹 진화가 주도적 자기 계발과 같은 뜻으로 쓰이기도 한다. 의도한 메시지를 잘 전달하기 위한 수단이니 별 문제는 없다. 그러면서도 한편으로는, 이렇게 확대 수정된 의미가 생물학의 진화 이론을 이야기할 때 논점을 흐리거나, 심지어 이에 대한 오해를 불러일으키지나 않을까 걱정스럽기도 하다.

돌연변이는 우리 의지와는 무관하게 무작위로 일어난다. 따라서 우리는 모두 돌연변이를 지니고 있는 돌연변이체이다. 이전에도 없었고 앞으로도 그러할 유일무이한, 그리고 그 자체로 소중한 존재들이다. 누구나 남다른 특기를 적어도 하나씩은 가지고 있다는 말이다. 그렇다면 저마다 타고난 특기를 제대로 찾아서 계발하면 모두 능력자가 될 수 있지 않을까? 500년 전 스페인 작가 발타사르 그라시안(Baltasar Gracian, 1601~1658)이 남긴 명언을 되새겨본다.

> "천재란 평범한 사람들이 중도에 단념하고 마는 일을 끝까지 포기하지 않고 열중해서 결국에는 완성하는 사람을 말한다."

코로나19 사태를 예견하다

〈컨테이젼〉

"누구와 말하지도, 접촉하지도 말라(Don't talk to anyone. Don't touch anyone)." 영화 〈컨테이젼(contagion)〉(감독 스콧 Z. 번스)의 포스터 문구이다. 2020년, 우리에게 이것은 더 이상 영화 속 대사가 아니라 현실이 되었다. 2011년 국내 개봉 당시에는 20만 명 정도만이 이 영화를 관람했다. 이렇게 흥행에 실패했던 영화가 비대면과 자가격리, 사회적 거리두기 등이 일상이 되어버린 2020년에 화려하게(?) 컴백하여 재조명을 받고 있다.[6-18]

미생물학적으로 보면, 감염병이란 미생물이 숙주의 몸에 들어가 증식

6-18 영화 〈컨테이전〉에서 방호복을 입고 감염자를 이동시키는 장면.

하는 과정에서 그 결과로 숙주에게 나타나는 이상 현상이다. 감염병이 지속되려면, 그 병의 병원체가 계속 공급되어야 한다. 이러한 병원체의 근원을 '감염원'이라고 한다. 감염원은 사람, 동물 또는 비생명체일 수 있다. 인체 감염병의 가장 주요한 감염원은 바로 인체 자체이다.

우리말로 옮기면 '접촉감염'이라는 뜻의 제목이 말하듯, 박쥐에서 유래한 바이러스 'MEV-1'이 사람 간 접촉을 통해 일파만파로 번져나가며 영화가 전개된다. 마치 코로나19를 예견한 것처럼 영화 내용이 현 상황과 매우 비슷하다. 하루 생활을 돌이켜보면, 우리는 여러 사람을 만나고, 각종 손잡이와 버튼 따위를 무수히 만진다. 코로나19 사태 이전에는 악수가 기본이었다. 일상이란 직접이든 간접이든 사람 간 접촉의 연속이다.

첫 감염부터 팬데믹 공포까지

영화 초반, 홍콩 출장에서 돌아온 엄마가 어린 아들

을 반갑게 포옹한다. 얼마 후 엄마가 고열로 쓰러지고 곧이어 아들도 비운을 맞는다. 이처럼 병원체는 우선 접촉을 통해 감염원에서 다른 숙주로 옮아간다. 직접 접촉성 전염은 사람 간 전염이라고도 하는데, 중간 매개물 없이 감염원과 취약한 사람 사이의 신체적 접촉으로 병원체가 직접 전염되는 경우이다. 간접 접촉성 전염에서는 각종 도구와 물건 같은 비생명체 매개물을 통해 병원체가 전파된다. 비말 전염에서는 작은 물방울 안에 미생물이 포함되어 퍼진다. 비말은 기침이나 재채기를 통해, 또는 웃거나 말을 할 때 미생물이 공기로 방출되어, 감염원에서부터 1미터 남짓 퍼져나간다. 더욱이 재채기 한 번에 2만 여 개의 비말이 나올 수 있다고 하니, 2미터 '생활 속 거리두기'의 실효성이 이해된다.

물과 음식물, 공기와 같은 매체도 병원체가 전염되는 주요 경로이다. 수인성 전염은 오염된 물에 의해 병원체가 퍼지는 것이다. 그리고 식품매개성 전염은 제대로 보관하지 않았거나 덜 익은 음식을 통해서 일어난다. 공기전염은 병원체가 감염원에서부터 1미터 이상 퍼져나가 숙주에 도달하는 경우에 해당된다. 비말이 작을수록 공기 중에 오래 떠 있을 수 있어 더 멀리 갈 수 있다. 또한 먼지 입자도 다양한 병원체를 운반한다.

절지동물, 특히 곤충은 감염병의 가장 중요한 '매개체(vector)'이다. 매개체란 한 숙주에서 다른 숙주로 병원체를 옮기는 동물을 지칭한다. 매개체는 보통 두 가지 방법으로 병을 옮긴다. 쉬운 예로 파리와 모기를 생각해보자. 파리는 여기저기 앉으면서 발에 병원체를 묻히고 다니고, 모기는 사람과 동물의 피를 빨고 다니며 병원체를 전파시킨다. 전문용어로 표현하면, 파리와 모기는 각각 기계적 전염과 생물학적 전염을 일으킨다.

직간접 접촉 또는 매개체를 통해 숙주에 도달한 병원체는 숙주에 침입하여 증식하는 과정에서 숙주에 해를 입힌다. 피해 정도는 숙주의 저항 정도, 즉 면역 수준에 따라 다르다. 면역은 유전적 요소가 크지만, 영양 상태와 스트레스, 날씨 따위의 환경 요인도 무시할 수 없다. 예컨대, 온대 지역에서는 겨울철 호흡기 감염 발병률이 크게 증가한다. 사람들이 밀폐되고 밀집된 실내 환경에 오래 머무는 게 주된 이유이다. 병원체 입장에서는 다양한 먹잇감이 즐비한 뷔페에 들어온 격이다.

일단 병원체가 숙주의 방어를 무너뜨리면, 급성이든 만성이든 '잠복기 → 전구기 → 발병기 → 호전기 → 회복기' 순서로 감염병이 진전된다. 보통 환자는 통증 또는 불편함을 주는 몸의 기능 변화, '증상(symptom)'을 느끼게 된다. 이러한 주관적 변화는 겉으로는 뚜렷이 드러나지 않는 경우가 많다. 반면 제삼자가 관찰하고 측정할 수 있는 객관적 변화는 '징후(sign)'라고 한다. 흔히 나타나는 징후로는 병변(그 병으로 인해 조직에 생긴 변화), 부기, 열, 마비 등이 있다.

잠복기는 최초 감염에서부터 징후나 증상이 처음으로 나타날 때까지 걸리는 시간을 말한다. 잠복기는 병원체의 종류와 마리 수, 숙주의 면역 수준에 따라 달라진다. 잠복기를 뒤따르는 전구기는 비교적 짧은 기간으로, 몸이 전체적으로 불편한 경미한 증상을 보이는 때이다. 그리고 발병기는 징후와 증상이 드러나는 시기로, 병이 가장 심한 상태이다. 환자의 면역 반응 및 치료 수단이 병원체를 무너뜨리면 발병기가 끝난다. 반대로 이때 병을 성공적으로 극복하지 못하면(제대로 치료하지 않으면) 최악의 경우 사망에 이르게 된다. 호전기는 징후나 증상이 가라앉는 시기이다. 이 단계는 하루 정도에서 며칠까지 걸린다. 회복기에 접어들면 환자는 기력을 되찾고 몸은 감염 이전의 상태로 회복된다.

감염병의 징후나 증상이 있는 사람은 당연히 그 병을 옮긴다. 예컨대,

발병기 환자는 강력한 감염원이 되어 다른 사람에게 전염을 일으킨다. 또한 잠복기와 회복기에도 전염이 될 수 있다. 이렇게 겉으로 드러나지 않고 병원체를 전파하는 '보균자'는 중요한 감염원이다. 코로나19 팬데믹에서 체험하고 있듯이 이런 무증상 전염이 감염병 방역에 큰 걸림돌이다.

특정 감염병이 어떤 지역에 지속적으로 존재하면 풍토병, 비교적 짧은 기간에 많은 사람들이 걸리면 유행병(epidemic)이라고 한다. 흔한 풍토병과 유행병 사례로 감기와 독감을 각각 들 수 있다. 감염병이 코로나19처럼 세계적으로 번지면 세계적 유행병, '팬데믹(pandemic)'이라고 부른다.

예방접종을 받으면 그 감염병에 대해 장기간 또는 평생 동안 면역을 가질 수 있다. 이렇게 되면 해당 병원체의 보균자가 되지 않으므로 전염을 막는 장벽 역할을 한다. 따라서 집단 내에 면역을 획득한 사람이 많을수록 보균자와 접촉할 가능성이 줄어들기 때문에 면역이 없는 사람들이 그만큼 보호를 받게 된다. 한 지역에 면역이 있는 사람들이 충분히 많아서 감염병의 전파를 효과적으로 억제할 수 있을 때, '집단면역(herd immunity)'이 생겼다고 한다.[6-19]

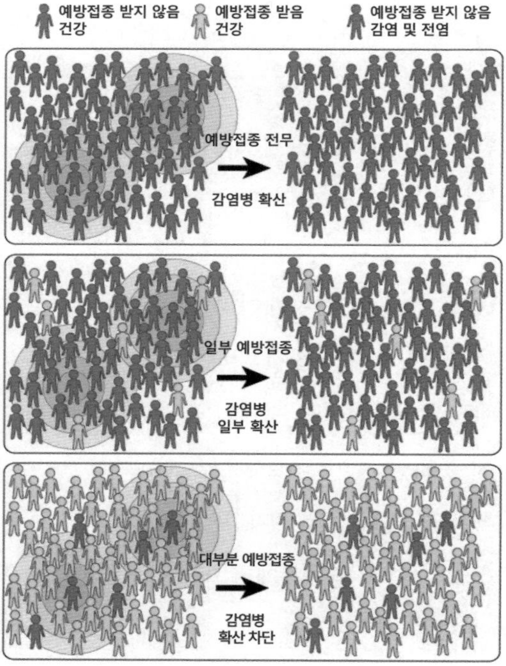

6-19 집단면역 효과. © wikimedia.org

인수공통 감염병,
21세기 인류를 위기에 빠뜨리다

〈컨테이젼(contagion)〉

영화 말미에서는 이 감염병의 감염경로를 한눈에 보여준다. 자연환경 개발로 인해 서식지를 잃은 과일박쥐가 마을로 날아든다. 돼지우리 천장에 매달려 있는 박쥐가 배설을 하고 아무것도 모르는 돼지는 이를 먹는다. 이제 바이러스는 박쥐에서 돼지로 옮겨간 상태이다. 새끼 돼지 한 마리가 도축되어 카지노 식당에 식자재로 공급된다. 요리사가 그 돼지를 손질하고 있는데, 손님이 기념 촬영을 원한다는 전갈을 받고 행주로 손을 훔치고 나간다. 영화 초반에 나왔던 출장 온 그 엄마는 요리사와 손을 잡은 채 사진을 찍는다. 이후 그녀의 손에 묻은 바이러스는 그녀의 손에 닿은 물컵, 휴대폰 등을 타고서 이 사람 저 사람 옮겨 다니면서 전 세계로 퍼지게 된다. 그녀 자체가 움직이는 감염원이 된 것이다.(6-20)

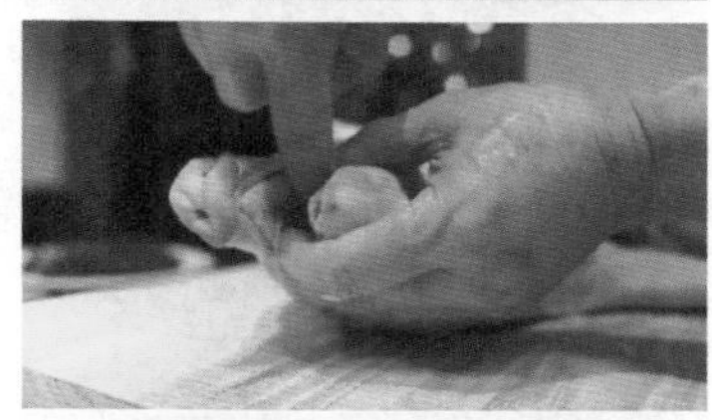

6-20 영화에서 발생한 감염병의 감염 경로. 산림개발 → 서식지에서 이탈한 박쥐가 돼지우리에 분비물 배설 → 돼지, 박쥐 배설물 섭취 → 돼지 식용 출하 → 요리사, 돼지 요리 → 요리사, 베스와 손잡고 사진촬영.

영화에서처럼 21세기 인류를 엄습하는 신종감염병은 야생동물에서 오는 경우가 대부분이다. 오랜 감염병 역사에서도 야생동물은 물론이고 가축과 반려동물 모두가 사람에게 병원체를 전파할 수 있는 감염원이다. 현재 알려진 감염병의 약 3분의 2 정도가 사람과 동물에게 공통으로 감염을 일으키는 병원체에 의해 발생한다. 사람과 동물 사이에서 상호 전파되는 감염병을 '인수공통 감염병'이라고 부른다. 인류 역사를 보면, 이런 병원체는 주로 가축에서 사람으로 넘어왔다. 예컨대, 소와 돼지를 가축화했던 유라시아 민족은 일찌감치 소에게서 홍역과 천연두, 결핵 등의 병원체를 얻었다.

육류 소비는 신종 감염병뿐만 아니라 세균성 이질이나 장티푸스 같은 전통 감염병 확산에도 주된 경로가 된다. 실제로 2020년 여름에는 독한 병원성 대장균이 코로나19 고통으로 가뜩이나 힘든 우리에게 발길질을 했다. '대장균 O-157:H7'과의 첫 공식 조우는 1982년 미국에서 발생한 햄버거 관련 집단 식중독의 원인 규명 과정에서 이루어졌다.[6-21] 당시 환자의 혈변에서 분리된 이 병원균은 그 이후로 자주 햄버거 패티에서 검출되었다.[6-22] 피설사를 동반하는 대장균 감염은 1970년대부터 보고되었지만, 이 새로운 변종의 병원성은 차원이 달랐다. 이렇게 해서 O-157:H7은 햄버거에게 억울한 오명을 뒤집어씌우며 악명을 떨치기 시작했다.

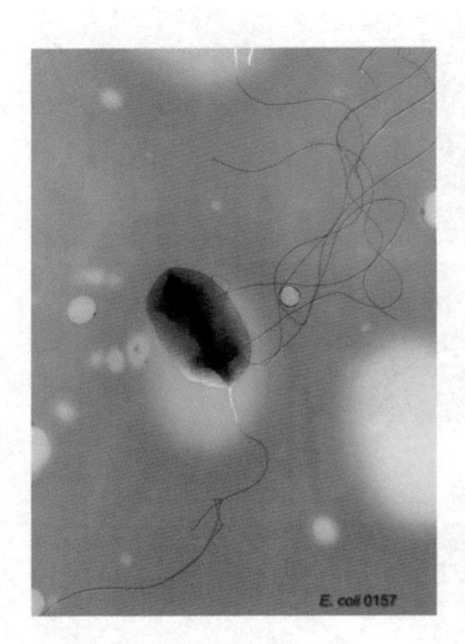

6-21 O-157:H7의 전자현미경 사진. © wikimedia.org

6-22 햄버거 패티. © wikimedia.org

연구 결과, 소고기가 O-157:H7의 주된 감염원으로 지목되고 있다. 사육 소의 2~3% 정도가 이 식중독균을 창자에 지니고 있는 것으로 추정된다. 대다수 병원성 미생물과 마찬가지로 이 대장균도 소에서는 별문제를 일으키지 않는다. 다만 도축과 육류 가공 과정에서 소고기에 대장균 오염이 일어날 수 있다. 게다가 사육 및 도축 시설에서 나오는 하수는 또 다른 오염원이 된다. 오염된 물을 통해 대장균이 잎채소를 비롯한 농작물 또는 식수를 거쳐 인체로 들어올 수 있기 때문이다. 드물지만 심지어 물놀이 중에 감염된 사례도 있다.

O-157:H7은 '베로 독소'라는 내독소를 지니고 있다. 세포 밖으로 분비되는 외독소와 달리 내독소는 세포 표면에 박혀 있다. 떨어져나온 베로 독소는 세포 독성이 매우 강해서 대장 벽을 손상시켜 출혈을 일으킨다. 환자가 혈변을 보게 되는 이유이다. O-157:H7에 감염되고 평균 사나흘이 지나면 복통과 설사, 발열이 생긴다. 다행히 건강한 성인은 별다른 치료 없이도 수분만 제대로 보충하면 열흘 정도면 회복한다. 그러나 미취학 또래 아동과 노년층은 이 대장균에 매우 취약하다.

장출혈성 대장균 감염이 지속되다 이 병원균이 혈액으로 진출하면 사태는 걷잡을 수 없게 된다. 백혈구는 당연히 침입자를 파괴한다. 문제는 O-157:H7 세균 자체는 사멸되지만 독소가 혈액으로 유출된다는 사실이다. 베로 독소는 특히 콩팥에 피해를 입힌다. 이렇게 되면 소변에 피가 섞여 나오고 종종 신장부전까지 나타나는 합병증, '용혈성 요독 증후군'이 발병한다. 안타깝게도 감염된 어린아이의 5~10% 정도가 이런 최악의 상황까지 간다고 한다.

"지피지기백전불태(知彼知己百戰不殆): 상대를 알고 나를 알면 백 번을 싸워도 위태롭지 않다." 「손자병법」에서 가장 유명한 이 경구는 병원체와의 싸움에도 그대로 적용된다. 대장균은 비교적 열에 약하다. 직접 노출된다면 섭씨 70도 정도에서 죽는다. 이런 사실에 병원성 대장균 감염 경로에 대한 지식을 더하면 효과적인 감염 예방책을 세울 수 있다. 핵심은 주방 위생 관리이다.

올바른 손씻기 및 식재료 세척과 함께 조리 도구의 청결을 유지해야 한다. 육류 전용 칼과 도마의 사용도 감염 예방에 큰 도움을 준다. 무엇보다도 육류는 70℃ 이상 온도에서 조리하여 잘 익혀 먹는 게 중요하다. 특히 갈거나 다진 고기를 요리할 때에는 더 각별히 주의해야 한다. 음식을 속까지 완전히 익히지 않으면 안쪽으로 섞여 들어간 대장균이 살아남기 때문이다. 2500여 년 전 손자(孫子)는 '싸우지 않고 이기는 게 최상'이라고 했다. 병원체와의 대결에서 우리가 하기에 따라 달성 가능한 목표이다.

2020년에 다시 본 〈컨테이젼〉은 SF 영화라기보다는 다큐멘터리에 더 가깝다. 사실 영화는 바이러스 자체보다 감염의 확산으로 나타나는 공포와 사회적 혼란에 더 주목한다. 생필품 사재기와 근거 없는 가짜뉴스, 혼란의 기회를 틈타 한몫 챙기려는 탐욕스런 군상들까지 인간의 어두운 본성을 보여주며 경고의 메시지를 전한다. 하지만 안타깝게도 그 경고가 이제는 현실이 되어버렸다.(6-23)

코로나 블루
'코로나19'와 '우울감(blue)'이 합쳐진 신조어. 코로나19 확산으로 일상에 큰 변화가 닥치면서 생긴 우울감 또는 무기력증을 의미한다.

감염병 사태가 장기간 지속되면서 감염에 따른 육체적 고통보다 막연한 불안과 공포로 인한 정신적 고통을 호소하는 사람들이 훨씬 더 많아지고 있다. 소위 '코로나 블루'로 알려진 우울감으로 코로나19가 '정신질환 팬데믹'으로 이어질 수 있다는 우려가 일고 있

6-23 영화에서 사재기와 폭동이 일어난 도시의 모습. 그 와중에 한 블로거는 근거 없는 치료제 개발이라는 가짜뉴스를 퍼뜨리며 한몫 챙기려 한다.

다. 실제로 미국에서 실시한 조사 결과에 따르면, 응답자의 3분의 1 정도가 코로나로 인한 우울증과 불안감을 보였으며, 감염자가 많은 지역일수록 우울증과 불안감이 높은 것으로 나타났다. 우리나라 사정도 별반 다르지 않다. 소통과 공감이 절실한 시절이다.

공감은 다른 사람의 입장을 헤아리고, 다르다는 것을 이해하는 것에서 출발한다. 그런데 우리는 먼저 손을 내미는 것의 가치를 점점 잃어버리고 있다. 우리가 서로 연결되어 있다는 사실을 잊어가고 있는 것이다. '내가 살아가기 위해 다른 사람을 이해해야 하고, 그 사람과 함께해야 내가 살 수 있다'는 걸 이해하지 못하는 사회가 되어가고 있는 것이다. '감염병 시대'를 슬기롭게 살아가려면 '정신적 백신'이 필요하다. 바로 사랑이다. 우리 모두 열띤 사랑의 경쟁을 펼쳤으면 좋겠다. 승자는 내기에 이겨서 행복하고, 패자는 더 큰 사랑을 받아서 행복할 테니 말이다.

인간을 좀비로 만드는 미생물이 있을까?

한국형 좀비 영화

2016년에 개봉한 영화 〈부산행〉(감독 연상호)은 우리나라 영화사상 좀비(zombie)라는 새로운 소재를 성공시킨 작품으로 평가받고 있다. 〈부산행〉은 전대미문의 바이러스로 인한 재난이 한국을 뒤덮은 가운데, 서울역을 출발한 부산행 열차에 몸을 실은 사람들의 생존을 건 치열한 사투를 그린 좀비 영화이다.[6-24] 이 바이러스

6-24 영화 〈부산행〉에서 좀비들의 추격을 피해 열차를 향해 달리는 사람들.

감염자는 좀비가 되어 다른 사람을 물어뜯으러 돌아다니고, 또 이를 피해 도망다니는 사람들 사이의 쫓고 쫓기는 추격이 이어지면서 영화는 팽팽한 긴장감을 유발시킨다.

6-25 드라마 〈킹덤〉의 한 장면.

6-26 영화 〈반도〉의 한 장면.

〈부산행〉이 흥행에 성공한 이후, 이른바 '한국형 좀비'를 내세운 영화와 드라마들이 잇달아 선보이고 있다. 2019년 1월에는 넷플릭스 최초로 한국 오리지널 드라마인 〈킹덤〉 시즌 1이 방영되어 전 세계에 K좀비 열풍을 일으켰다. 〈킹덤〉은 죽은 자들이 살아남으로써 생지옥이 된 위기의 조선, 왕권을 탐하는 조씨 일가의 탐욕과 누구도 믿을 수 없게 되어버린 왕세자의 혈투를 그린 미스터리 좀비 드라마이다(시즌 2는 2020년 3월 방영되었고, 시즌 3도 준비중에 있다).[6-25]

그리고 〈부산행〉의 속편이라 불리는 〈반도〉(감독 연상호)가 2020년에 개봉되었는데, 여기서는 〈부산행〉 4년 후 폐허가 된 땅에 남겨진 자들이 벌이는 최후의 사투를 그리고 있다.[6-26]

이렇듯 영화에서 다양한 형태를 보이는 좀비는 원래 '부두교(VooDoo)'

에서 유래한 것으로 알려져 있다. 부도교는 서인도 제도 원주민들이 믿던 토속 신앙으로, 좀비는 주술사가 마법과 약물로 움직이게 만든 시체를 일컫는다. 영화에서와는 달리 부두교의 좀비는 사람을 해치지 않는다. 이성과 감정이 없는 꼭두각시가 되어 그저 부림을 당할 뿐이다.

보통 영화에서는 정상적인 사람이 바이러스 따위에 감염되어 좀비가 된다. 그러고는 목과 사지를 심하게 꺾으며 사람을 물어뜯으러 돌아다닌다. 좀비에게 물리면 몇 분, 길어야 몇 십 분 내에 좀비가 된다. 바이러스 감염이 전파된 것이다. 하지만 실제로는 감염 후 이렇게 빠르게 발병하는 바이러스는 아직 발견된 바가 없을 뿐더러, 존재할 가능성도 거의 없다. 하지만 과학적 상상력을 동원하여 영화 속 좀비와 비슷한 증세를 유발할 수 있는 미생물을 찾아보자.

막춤을 추게 하는 미생물, 무도병

6-27 시드넘 무도병을 묘사한 삽화. Step on to Paediatrics, Md Abid Hossain Mollah, 3rd Edition, p.139.

좀비의 그칠 줄 모르는 몸동작은 '무도병'을 연상시킨다. 이 신경질환 환자는 몸이 뜻대로 되지 않고 저절로 심하게 움직여, 마치 막춤을 추는 듯한 모습을 보인다. 유전자 돌연변이가 아닌, 후천적 원인으로 발생하는 무도병 가운데 가장 대표적인 사례는 '시드넘 무도병(Sydenham's chorea)'이다.[6-27]

1686년, 영국의 의사 시드넘(Thomas Sydenham, 1624~1689)은 특이한 질환을 보고했다.[6-28] 환자는 거의 10대 아이들이었다. 손을 잠시도 가만히 두지 못했고 절뚝거리며 이상한 몸동작을 계속했다. 누워서 온몸을 비틀다가 침대에서 떨어지기도 했지만, 일단 잠이 들면 경련은 가라앉았다. 증상은 항상 일시적이었고, 거의 한 달 동안 지속되었다. 재발하는 경우도 많았지만, 다행히 사망에 이르는 경우는 거의 없었다.

6-28 토머스 시드넘 초상화, Mary Beale 작, 1688.

시드넘은 이 질환의 임상적 특성은 비교적 정확하게 기록한 반면, 그 원인에 대해서는 정서적 충격과 트라우마 때문이라고 잘못 짚었다. 결국 19세기 중반에 와서야 시드넘 무도병이 급성 류머티즘과 관련이 있음을 알게 되었다. 그리고 20세기에 들어서야 비로소 화농성 연쇄상구균(*Streptococcus pyogenes*) 감염이 시드넘 무도병의 원인임이 밝혀졌다. 그런데 그 발병 과정이 특이하고도 복잡하다.[6-29]

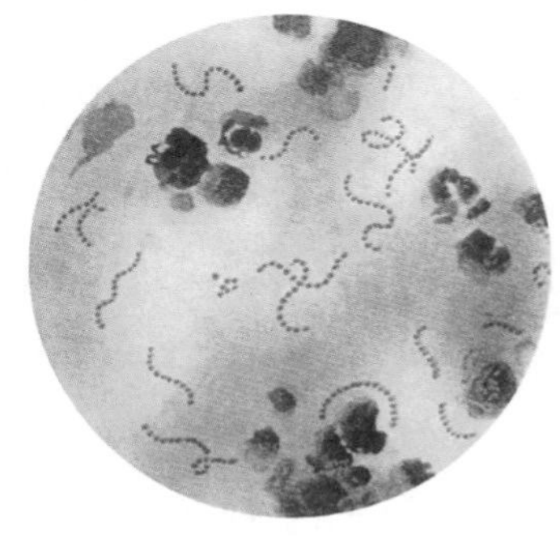

6-29 화농성 연쇄상구균. © wikimedia.org

문제의 세균이 체내로 침투하면 먼저 편도선염이나 성홍열을 일으킨다. 이에 맞서 면역계는 항체를 동원하여 공격을 가한다. 이렇게 2~3주가 지날 즈음, 드물지만 이 항체들이 애꿎게도 심장과 관절, 뇌를 공격해서 문제를 일으키는 어이없는 상황이 발생한다. 이로 인해 수의운동에 관여하는 뇌 부위에 염증이 생기면 시드넘 무도병 증세가 나타난다. 말

수의운동(voluntary movement)
자신이 마음먹은 대로 할 수 있는 운동. 이와 반대가 불수의운동(involuntary movement)으로, 자신의 의지나 의도와는 관계없이 나타나는 몸의 움직임(경련, 하품, 재채기 따위)을 뜻한다.

하자면 발병의 직접 원인이 일종의 자가면역 장애인 셈이다.

사실 서양 중세 역사를 살펴보면 무도병으로 추정되는 기록이 여러 번 나온다. '무도광(댄싱 마니아)'이라고 불렸던 이 질환(?)은 남녀노소 구분 없이 집단적인 발병 양상을 보였다. 이탈리아 타란토(Taranto) 지방에서는 이런 발작이 거미에 물렸기 때문이라고 여겼다. 이런 연유로 이 지역의 전통 춤 '타란텔라(tarantella)'가 미국으로 건너가 독거미 이름 '타란툴라(tarantula)'가 되었다.(6-30, 6-31)

'무도광'들은 광란이라고 할 정도로 여러 사람들이 지쳐 쓰러질 때까지 춤을 추었다. 마치 무언가가 그들의 몸을 완전히 장악하고 조종하는 것 같았다. 그리고 이 춤의 광풍은 전 유럽으로 번져나갔다. 시드넘 무도병과는 분명 다른 모습이었다. 게다가 일부 무도광은 손과 발에 타는 듯한 통증을 호소하기도 했다.

논란의 여지가 있지만, 맥각 중독이 무도광의 유력한 원인으로 지목되고 있다. 맥각을 글자[보리 맥(麥), 뿔 각(角)] 그대로 풀면 '보리 이삭에 돋아

6-31 타란툴라. © wikimedia.org

6-30 베수비오산을 배경으로 타란텔라 춤을 추는 모습, 피에트로 파브리스, 18세기.

난 뿔'이라는 뜻이다.(6-32) 보리와 호밀을 비롯한 볏과식물에 감염하는 곰팡이의 일종인 맥각균이 알곡이 들어설 자리에 '균핵'을 만드는 것이다. 균핵이란 환경이 열악해지면 곰팡이가 생존을 위해 만드는 단단한 덩어리 모양의 휴면체인데, 맥각에는 여러 독성분이 들어 있어서 지각 장애와 환각 증세를 일으킨다. 실제로 맥각은 강력한 환각제(마약)의 일종인 LSD를 만드는 원료이기도 하다. 전근대 시대의 무도광들은 본인의 의지와는 관계없이, 아마도 맥각 때문에 마약에 취해 좀비처럼 움직였을 공산이 크다. 다행히 요즘에는 도정 과정에서 맥각이 제거된다.

6-32 맥각이 돋아난 호밀. © wikimedia.org

신경을 타고 이동하는 바이러스, 광견병

영화 〈부산행〉 속의 좀비와 비슷한 증세를 유발할 수 있는 미생물에는 광견병 바이러스가 있다. 광견병 바이러스는 개의 뇌를 건드려 개의 공격성을 자극한다. 미친개가 닥치는 대로 물 때마다 바이러스는 더 많은 숙주로 퍼져나간다.(6-33)

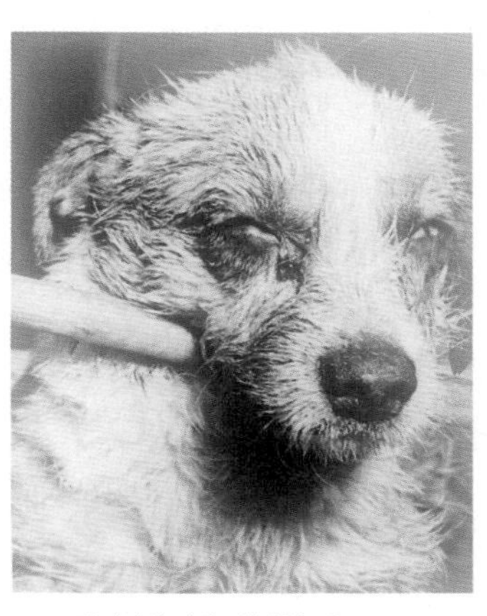

6-33 광견병에 걸린 개(마취). © wikimedia.org

이뿐만이 아니다. 이 간교한 병원체는 침샘

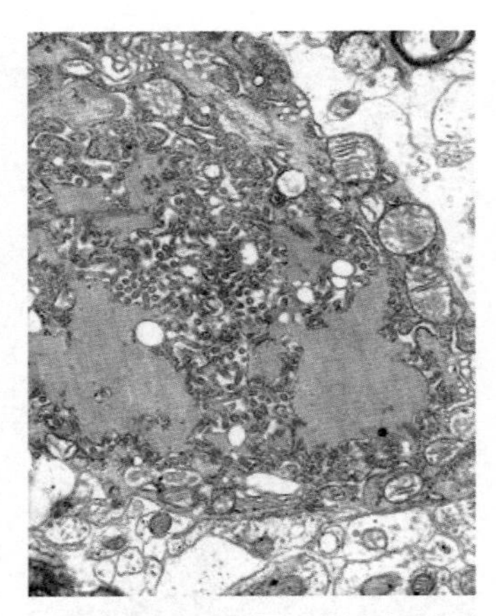

6-34 광견병 바이러스의 전자 현미경 사진. 작고 짙은 회색의 막대모양 입자들이 광견병 바이러스이다. 미국 질병통제센터(CDC), 1975.

까지 장악하여 계속 침을 흘리게 하고 물을 피하게 한다. 그 덕분에 바이러스 입자가 그득한 침이 씻겨나가지 않는다. 영화 속 좀비처럼 사람도 감염되면 이와 유사한 증상을 보이며, 심지어 다른 사람을 물기도 한다. 그러고 보니 병원체가 무작정 숙주를 아프게만 하는 게 아니었다. 전염이 잘 되도록 숙주를 교묘하게 조종·통제하고 있는 것이다.

그런데 여느 감염병에 비해 광견병은 잠복기가 길다. 감염 후 평균 한두 달이 지나야 증상이 나타나기 시작한다. 머리에 가까운 부위를 물릴수록, 상처가 심할수록 잠복기가 짧아진다. 초기 증상은 보통 감염병에서 볼 수 있는 발열·두통·구토·피로감 등이다. 이 시기에 물린 부위가 저리거나 저절로 씰룩거리면 광견병일 가능성이 높다.[6-34]

광견병 바이러스는 혈액이나 림프계를 따라 이동하지 않는데, 이는 면역계의 감시망을 피하려는 술책으로 보인다. 감염 초기에 바이러스는 일단 근육에서 증식한다. 짧게는 며칠, 길게는 몇 달 동안 그대로 머무른다. 그다음 운동신경에 침입하여 말초신경을 따라 천천히(하루 15~100mm 정도) 뇌를 향해 나아간다. 그리고 목적지인 뇌에 도달하면 뇌염을 일으킨다.

감염이 뇌염으로 발전하면, 환자에게 불안기와 안정기가 번갈아 찾아온다. 이때는 얼굴에 바람만 스쳐도 입과 목 주변에 경련이 일어나곤 하는데, 환자 대부분은 물을 보거나 생각만 해도 경련을 일으킨다. 그래서 이 병을 '공수병(hydrophobia, 각각 물과 공포를 뜻하는 라틴어 'hydro'와 'phobia'

를 합친 말)'이라고도 부른다. 마지막 단계에는 뇌와 척수신경 손상이 악화되어 마비가 심해지고, 결국 호흡근육 마비로 사망하게 된다.

광견병은 예방이 최선이다. 반려동물에게 백신 접종은 필수이고, 사람도 광견병에 노출될 위험이 크다면 반드시 예방접종을 받아야 한다. 만약 동물에게 물리면, 즉시 상처를 비누로 철저히 씻어야 한다. 그리고 그 동물이 광견병에 걸렸다면, 백신과 함께 광견병에 면역을 가진 사람에게서 채취한 사람 광견병 면역글로불린(항체)을 주사해야 한다. 광견병은 잠복기가 길기 때문에 감염 후 예방접종만으로도 면역이 생길 수 있다. 다만 일단 광견병 증상이 나타나면 때가 늦으니 절대로 골든타임을 놓쳐서는 안 된다.

숙주 조종 끝판왕,
톡소포자충

영화에서 바이러스에 감염된 좀비는 몸도 정신도 모두 바이러스에 장악당한다. 몸은 기형적으로 변해 흉측해지고, 정신도 정상적인 사고가 불가능한 미친 상태가 된다. 그리고 바이러스에 감염된 좀비는 숙주 역할을 하며, 아주 공격적인 행동으로 다른 사람에게 감염시킨다. 좀비 바이러스가 숙주를 조종하는 것이다. 실제로 아주 뛰어난 숙주 조종 기술을 보여주는 미생물이 있는데, 그것이 바로 톡소포자충(톡소플라스마)이다.

톡소포자충(*Toxoplasma gondii*)은 모든 온혈동물을 감염시키는 세포 내 기생충이다. 기생충이라고 하니 회충처럼 꿈틀거리는 벌레 모양을 떠올리기 쉬운데, 톡소포자충은 보통 직경이 채 1마이크로미터도 안 되는 미생물, 원생동물이다.[6-35] 톡소포자충은 '정단복합체포자충'이라는 집안 출신이고, 말라리아 병원체와는 친척지간이다. 구성원 모두가 기생체인 이 고약한 가문의 학명 아피콤플렉사(*Apicomplexa*)는 각각 '꼭대기'와 '껴안음 또는 휘감음'을 뜻하는 라틴어 '아펙스(apex)'와 '콤플렉서스(complexus)'가 합쳐진 것이다. 세포 말단에 특수하게 분화된 세포소기관 복합체 때문에 붙은 이름이다.

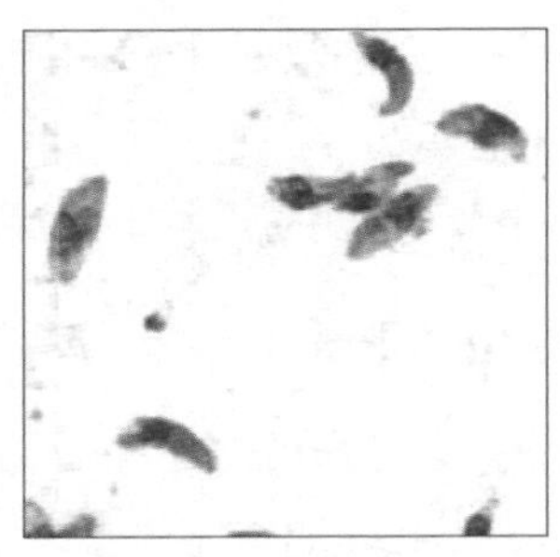

6-35 톡소포자충. © wikimedia.org

톡소포자충의 최종 목적지는 고양잇과(고양이 · 호랑이 · 사자 · 표범 · 살쾡이 따위가 속한 육식동물 무리) 동물이고, 나머지 동물은 모두 체류지에 불과하다. 이들은 고양잇과 동물에서만 성충이 되어 짝짓기를 통해 알을 낳는다. 나머지 동물은 유충을 보관하는 탁아시설에 해당한다. 전자와 후자를 생물학 용어로 각각 '최종숙주'와 '중간숙주'라고 한다.[6-36]

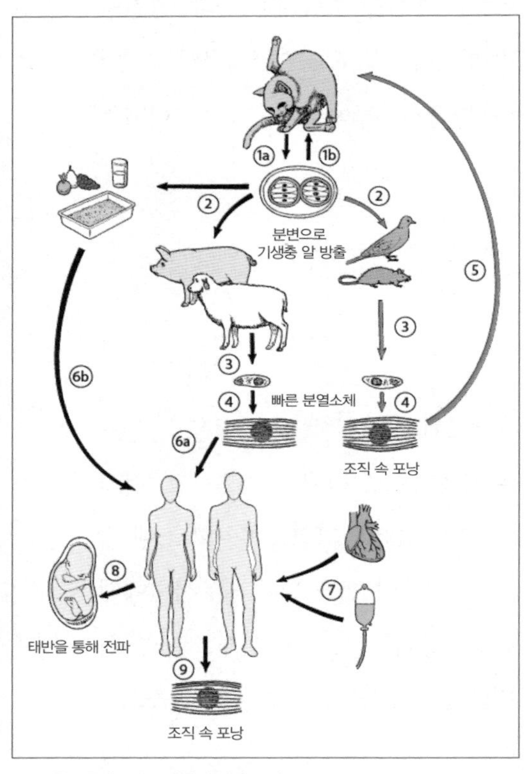

6-36 톡소플라스마 포자충의 생명 주기.

톡소포자충은 놀라운 숙주 조종 기술을 보여준다. 예컨대, 쥐가 톡소포자충에 감염되면 학습력과 기억력이 떨어져 탁 트인 야외에서 보내는 시간이 많아진다. 게다가 고양이 오줌 냄새를 개의치 않는다. 오히려 그 향기에 끌린다. 판단력을 상실한 쥐가 '날 잡아 잡수'라는 식으로 고양이에게 다가가는 것이다. 하지만 그럴수록 톡소포자충의 목적지 도착 시간은 앞당겨진다.

더욱 흥미로운 점은, 톡소포자충에 걸린 설치류가 집고양이보다 호랑이나 표범 같은 야생 고양잇과 동물의 오줌 냄새를 더 좋아한다는 사실이다. 조금만 생각해보면 이내 고개가 끄덕여진다. 톡소포자충에게 집고양이는 가장 최근에 생겨난 최종숙주이기 때문이다.

유전체 분석 결과에 따르면, 현생 고양잇과 동물은 어림잡아 1000만 년 전쯤 살았던 공동조상에서 유래한 것으로 보인다. 반려묘는 인류가 신석기 시대로 접어든 이후에 출현했다. 대략 1만 년 전에 인류가 정착하여 농경을 시작하자 들쥐가 꼬여들었고, 숲에 살던 들고양이는 먹잇감을 쫓아 나왔다.

인간 입장에서는 식량을 축내는 들쥐를 잡아먹는 들고양이를 마다할 이유가 없었다. 우리와 들고양이의 동거는 이렇게 자연스레 시작되었다. 이런 관계 형성에 따른 득실을 따져보면, 가장 큰 수혜자는 톡소포자충이다. 아무것도 안 하고 가만히 있었는데 새로운 최종숙주와 중간숙주가 동시에 생겨났으니 말이다.

톡소포자충이 인간도 미치게 할 수 있을까?

위 질문에 '예/아니요'로 답하라면, 일단 '아니요'라

하겠다. 보통 별 증상이 없기 때문에 톡소포자충증(톡소포자충 감염) 상태에서도 대부분은 이에 걸린 줄 모르고 지낸다. 면역계가 침입자를 처리할 수 있기 때문이다. 그런데 많은 경우, 완전한 박멸이 아니라 제압이다. 항체를 피해 톡소포자충이 근육 같은 조직에 골방을 만들고 그 안에 갇혀 지낸다. 톡소포자충증 환자에게서 가끔 나타나는 대표적 증상으로는 눈 염증이나 발열, 두통, 근육통 따위가 있다. 하지만 만에 하나 이 기생충이 뇌로 전파되면 상황이 달라진다. 이 경우에는 앞선 답변에 대한 부연 설명이 불가피하다.

뇌는 감각 정보를 인지하고 분석해서 명령을 내리는 인체의 컨트롤 타워이다. '혈액-뇌장벽(Blood-brain barrier, BBB)'은 뇌로 진입하는 물질을 철저하게 통제하는 중요한 안전장치이다. 이 장벽은 뇌로 들어오는 혈액에서 병원체를 포함하여 잠재적 위해 물질을 걸러낸다.(6-37, 6-38) 그런데 톡소포자충은 이 보안벽마저 무사통과하는 능력이 있다. 그렇게 해서 이 기생충이 뇌에 들어가 자리를 잡으면 어떤 식으로든 뇌 기능에 영향을 미치게 된다.

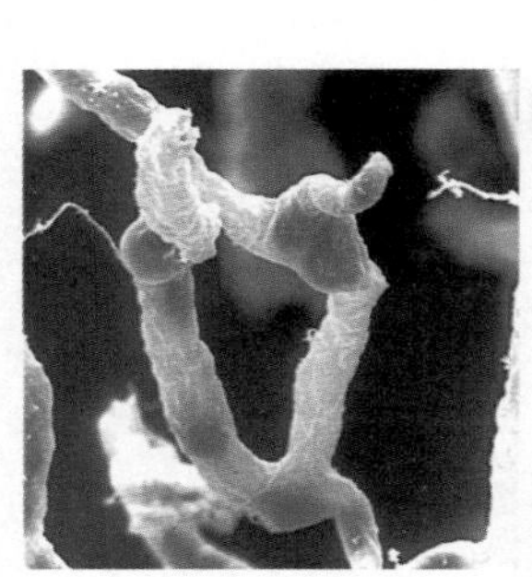

6-37 뇌세포를 이루는 모세혈관 연결망 일부. © wikimedia.org

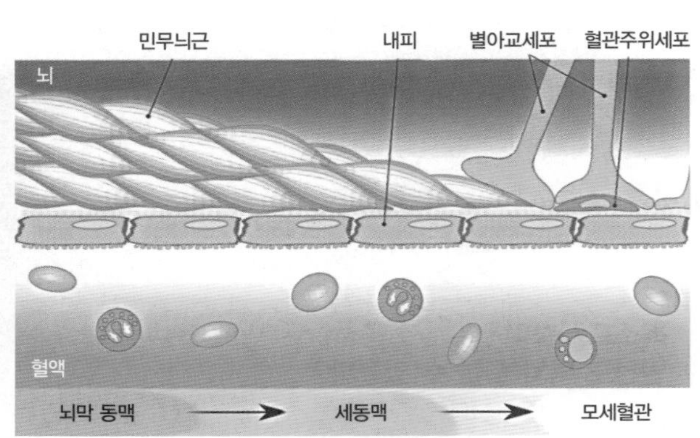

6-38 뇌 속 혈관 구조. © wikipedia.org

2009년, 톡소포자충 유전체에서 신경전달 물질의 하나인 '도파민(dopamine)'의 전구물질을 만드는 효소 유전자가 두 개 발견되었다. 후속 연구에서는 감염된 뇌 조직에서 이 유전자가 실제로 발현되어 해당 조직의 도파민 합성이 늘어남이 확인되었다. 도파민은 운동기능과 동기부여, 뇌하수체 호르몬 조절 등 중요한 기능을 수행하며, 파킨슨병 · 우울증 · 조현병 등 여러 정신질환과 관련되어 있다. 따라서 도파민 양의 증가가 정신건강에 영향을 미칠 가능성은 충분하다. 일반적으로 정신질환은 유전적 성향과 여러 환경적 요인이 복합적으로 작용해 나타난다. 이런 요인 목록에 톡소플라스마 감염이 서서히 한 자리를 차지하는 것 같다.[2]

영화에서처럼 인간을 좀비로 만드는 미생물 따위는 존재하지 않는다. 하지만 감염병이 주는 스트레스에 우리의 정신이 잠식당한다면 상황은 달라질 수 있다. 감염병 사태가 장기화되면서 감염 자체보다 감염에 대한 막연한 불안과 공포로 더 많은 사람들이 정신적 고통을 호소하고 있다는 뉴스가 들려온다. 심지어 이성을 잃고 공공장소에서 난동을 피우는 경우도 적잖다고 한다. 1947년에 카뮈(Albert Camus, 1913~1960)가 발표한 소설 『페스트』의 한 구절이 떠오른다.

> "그 당시 페스트는 실질적으로 모든 것을 뒤덮어버렸다고 말할 수 있을 정도였다. 개인의 운명은 더 이상 있을 수 없었고, 페스트라는 집단적인 사건과 모든 사람의 감정만 존재했다. 가장 두드러진 것은 이별과 유배의 감정으로, 거기에는 두려움과 반항심이 내포되어 있었다."[3]

팬데믹이 전통적 유대감을 파괴하고 우리를 자기밖에 모르는 외톨이로 만들어버릴 수 있다는 의미로 이해된다. 이를 치유하려면 '정신적 백신'이 필요하다. 반복하지만, 아마도 그건 소통과 배려, 나아가 사랑이 아닐까.

화성에서 살아남은 지구인의 생명과학적 생존 비법

〈마션〉

2015년 개봉된 SF 영화 〈마션(The Martian)〉(감독 리들리 스콧)은 감동과 재미를 주는 수작으로 평가받는다. 홀로 화성에 남겨진 절망의 구렁텅이에서도 주인공 마크 와트니(맷 데이먼 분)는 희망의 끈을 놓지 않는 정도가 아니라, 놀라운 긍정의 마인드로 우주 생존 버라이어티쇼의 주인공이 된다. 그를 보면서 많은 이들이 긍정의 힘과

6-39 2001년 6월 26일에 허블 우주 망원경이 촬영한 화성. © wikipedia.org

6-40 영화 〈마션〉에서 주인공이 화성 토양을 이용해 감자를 재배하는 모습.

위로를 받았다고 한다.[6-39]

공상과학 영화인 만큼 또 다른 백미는 과학적 상상력이다. 이 가운데에는 감자를 재배하는 생명과학적 아이디어도 있다. 주인공은 기지 식당에서 감자를 발견하고, 이를 실내에 만든 텃밭에 심어 자신의 인분을 거름으로 주면서 재배에 성공한다. 그러고는 지속적인 소출을 위해서 수확한 감자 일부분을 다시 심는다.[6-40] 언뜻 보면 첨단 과학이라기보다는 오히려 전통 농법에 가깝다. 현실성이 높아 보인다는 뜻이다. 하지만 막상 세부 내용으로 들어가면 얘기가 달라진다.

감자는 땅속에 있는 줄기 일부에 저장된 녹말이 커져 덩이 모양을 이룬 덩이줄기이다. 그런데 이 덩이줄기는 일정 기간 동안 깊은 잠을 잔다. 생명 유지에 필요한 기본 활동만 유지하는 휴면기를 보내는 것이다. 그래서 보통 감자를 수확한 다음 바로 다시 심으면 싹이 나지 않는다. 하지만 영화의 주인공은 이런 휴면을 타파했음이 분명하다. 비록 영화에 그 장면이 나오지는 않았지만 말이다. 아니면 휴면성이 없는 새로운 개량 감자일 수도 있겠다.

영화보다 사반세기 앞선 실험, 바이오스피어2

1991년 미국 애리조나주 사막에 축구장 두 개만 한 넓이에 아파트 2층 높이를 가진 거대한 온실이 제 모습을 드러냈다. '바이오스피어2'로 명명된 이 유리 돔 구조물은 지구의 축소판을 만들겠다는 목적으로 지어졌다. 말하자면, 생명체가 지구처럼 태양 에너지에만 의존해서 유한한 자원을 재활용하며 살 수 있는 환경을 창조하고자 한 것이다.(6-41)[4]

바이오스피어(Biosphere)
생물권으로 번역되며 지구에서 생물이 살고 있는 곳 전체, 즉 지구 생태계를 지칭한다.

이 지구 모형에는 약 3000종에 달하는 동식물이 투입되었고, 7개의 생태 구역(열대우림, 바다, 습지, 사바나 초원, 사막, 농경지, 인간 주거지)이 조성되었다. 여기에 입주한 사람들은 햇빛을 제외하고는 외부와 완전히 격리된 채 2년간 자급자족 생활을 했다. 처음 몇 달간은 모든 것이 정상이었다. 그런데 어느 순간 갑자기 산소량이 감소하고 이산화탄소량이 치솟기 시작했다.

6-41 바이오스피어2 전경(위쪽)과 내부(아래쪽). © DrStarbuck, © Colin Marquardt

예기치 못한 대기 조성의 변화는 결국 기후변화로 이어졌다. 그러자 생물들이 하나씩 사라지기 시작했다. 꽃가루를 옮기는 곤충들도 예외가 아니었다. 수분이 제대로 이루어지지 않으니 식물도 같은 처지에 놓였다. 식물이 하나씩 사라지자 광합성도 줄어들었다. 이산화탄소가 갈수록 증가하는 악순환에 빠져든 것이다. 늘어난 이산화탄소를 감당하기에는 인공 바다도 역부족이었다. 녹아드는 이산화탄소량이 늘어나면서 바닷물의 산성화가 닥쳐왔다. 산호가 먼저 사라져갔고, 곧이어 여러 해양 생물들이 없어지기 시작했다. 가상 지구의 생명부양시스템이 붕괴된 것이다. 입주 대원들이 2년간의 사투를 마치고 유리 온실 밖으로 나올 때, 함께 들어간 동식물의 90퍼센트 이상은 멸종한 상태였다.

바이오스피어2 내부의 산소량 감소 원인을 두고 몇 가지 주장이 제기되었다. 우선 콘크리트 구조물이 산소를 엄청나게 흡수했다는 의견이 나왔다. 곧이어 일조량이 부족해서 식물이 광합성을 원활히 하지 못했고, 그래서 산소생산량도 함께 줄었다는 사실이 밝혀졌다. 하지만 아이러니하게도 가장 큰 원인은 가장 작은 것에 있었다. 바이오스피어2 건설 과정에서 눈에 보이는 동식물군은 골고루 잘 조성했다. 또한 농사를 잘 짓기 위해 유기물 함량이 높은 흙도 넣어주었다. 그런데 바로 이 흙이 문제였다.

흙 속에 있던 미생물들이 먹이(유기물)가 풍부해지자 급격히 증가한 것이다. 다시 말해, 산소로 숨을 쉬며 이산화탄소를 내뿜는 미생물 수가 많아진 것이다. 급기야는 이산화탄소 농도가 식물의 광합성으로 조절할 수 있는 범위를 벗어났다. 애초부터 미생물을 고려 대상에 넣었더라면, 엄청난 노력과 비용이 들어간 야심찬 프로젝트가 이렇게 허무하게 끝나지는 않았을지 모르겠다. 하지만 바이오스피어2가 완전한 실패작은 아니다. 이를 계기로 하나뿐인 지구, 바이오스피어1의 소중함과 미생물의 힘을 실감했기 때문이다. 현재 바이오스피어2는 애리조나주립대학교가 관리하면서 환경 교육의 장이자 생태 관광지로 활용되고 있다.

천연질소비료로 감자를 키우다

다시 영화로 돌아와서 주인공의 대소변을 생각해보자. 거기에 무엇이 있기에 감자를 잘 자라게 했을까? 가장 중요한 성분은 질소화합물이다. 식물은 필요한 모든 아미노산을 스스로 만들 수 있다. 그런데 아미노산을 합성하려면 질소가 많이 필요하다.

질소는 공기의 거의 80퍼센트를 차지할 정도로 풍부하지만, 식물은 물론이고 대부분의 미생물도 이 기체를 직접 이용하지는 못한다. 대신 이들은 보통 토양에서 질산염 같은 질소 화합물을 흡수하여 살아간다. 그렇다면 흙 속에 있는 이런 물질은 도대체 어디서 왔을까? 1885년, 네덜란드의 미생물학자가 그 답의 실마리를 찾아냈다.

6-42 마르티누스 베이제린크.

베이제린크는 공기에서 질소 기체(N_2)를 취해 암모니아(NH_3)를 만드는 세균을 흙에서 분리했다.(6-42) '질소고정' 세균을 데뷔시킨 것이다. 이들이 만든 암모니아는 여러 토양 세균에게 좋은 먹이가 된다. 우리가 밥을 먹고 일을 보듯 이들은 질산염을 내놓는다. 그러면 식물이 뿌리를 통해 이를 흡수하여 질소원을 충당한다. 일부 식물은 아예 질소고정 세균을 안으로 맞아들여 함께 산다. 예컨대, 콩나무 뿌리에 주렁주렁 달린 뿌리혹은 이들 세균 손님이 머무는 사랑방이다.(6-43)

식물은 뿌리 주변으로 특정 화합물을 퍼뜨려 질소고정 세균을 초대하고, 세균 역시 화합물로 화답한다. 수락 신호가 접수되면, 식물은 뿌리

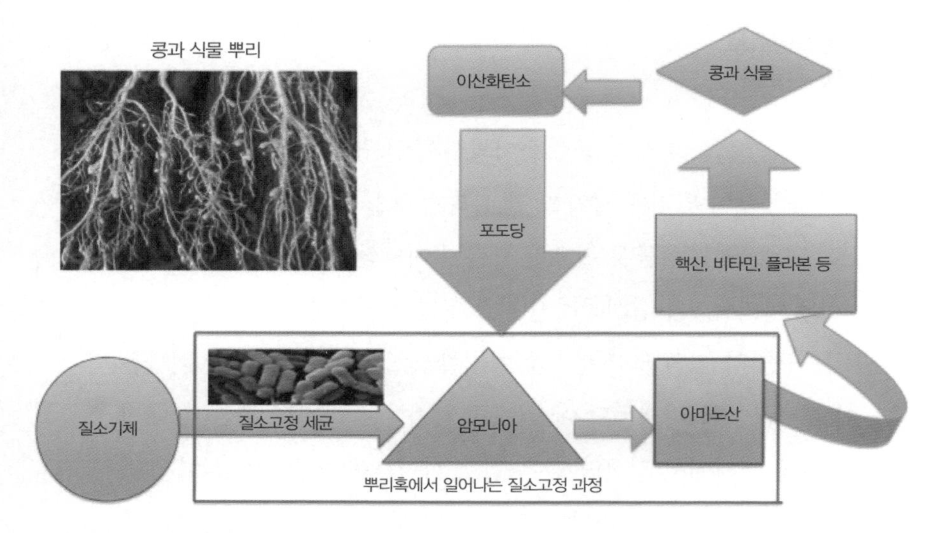

6-43 콩과 식물과 질소고정 세균의 공생. © wikimedia.org

모양을 바꾸어가며 손님 맞을 채비를 한다. 뿌리 안으로 세균이 들어오면 식물은 막으로 이들을 둘러싼다. 그 안에서 세균은 잘 먹고 자라면서 열심히 질소고정을 해서 아미노산을 생산한다. 식물에게 질소 영양분을 꾸준히 공급하는 것으로 보답을 한다는 얘기다. 그런데 만약 사랑방을 차지한 손님이 빈둥빈둥 놀고먹는다면 식물에게는 재앙이 아닐 수 없다.

사실 세균은 간교한 인간처럼 의도적으로 무전숙식을 하지 않는다. 다만 증식 과정에서 우연히 질소고정 능력이 상실된 돌연변이체가 드물게 생겨날 뿐이다. 이렇게 되면 어쩔 수 없이 질소고정 임무에서 면제된다. 그 덕분에 힘들게 일하는 동료 세균들보다 빨리 자란다. 시간이 지나면서 이 사랑방에는 의도치 않게 무위도식하는 세균 무리가 득실거린다. 비록 고의성이 없다고 해도 식물 입장에서는 이런 직무태만을 현실적으로 용납할 수 없다. 식물은 문제가 있는 방을 감지해서 상응하는 조치를 취한다. 질소고정 능력이 떨어진 뿌리혹의 노화를 빠르게 진행시켜 떨어뜨려버리는 것이다.

질소 분자는 질소 원자 두 개가 삼중 결합으로 붙어 있는 매우 안정된 구조이다. 그래서 반응성이 매우 낮아 쉽게 화합물을 만들지 않는다. 비유로 말하면, 둘 사이가 너무나 돈독해서 다른 사람들과의 교제에는 무관심한 단짝과 같다. 질소고정 세균은 이 견고한 결합을 끊고, 수소 원자를 붙여 암모니아를 만들어내야 한다. 이는 깐깐한 솔기를 한 땀씩 끊고 다시 새로운 땀을 떠야 하는 바느질 이상으로 힘든 일이다. 지구의 모든 삶이 여기에 의존하고 있음을 생각하면, 미물(微物)이 미물(美物)로 느껴질 정도이다. 흔히 비와 함께 내려치는 번개도 질소 기체의 결합을 끊어 비옥한 빗물을 뿌리곤 한다. 하지만 질소고정 세균에 비하면 생명에게 주는 도움은 그야말로 조족지혈에 불과하다.

인공질소비료, 인류를 굶주림에서 구하다

일부 미생물을 제외하고 모든 생물은 식물의 광합성에 의존해 살아간다. 식물은 이산화탄소와 물에 빛을 쪼여 포도당을 만들어낸다. 가뭄 때만 제외하면 이 3가지 주원료는 늘 풍족하다. 사실 식물의 광합성 효율은 질소를 비롯한 미네랄 영양소가 결정한다. 주로 흙 속에 들어 있는 식물 영양소 양이 제한적이기 때문이다. 따라서 농작물을 계속 재배하려면 거기에 소요되는 영양분을 꾸준히 공급해주어야 한다. 그렇지 않으면 작물은 제대로 성장하지 못하고 수확량은 급감한다. 우리가 먹을 양식이 그만큼 줄어든다는 얘기다. 이뿐만이 아니다. 식물은 가축 사료가 되어 동물성 단백질을 공급하고, 식물 세포벽

6-44 프리츠 하버, 카를 보슈(왼쪽), 하버-보슈법 실험 기구(오른쪽).

주성분인 섬유질은 종이와 옷감 같은 생필품의 원재료이기도 하다. 결국 식물의 영양 결핍은 인간에게 굶주림과 헐벗음을 안겨주게 된다. 그런데 20세기 초반에 한 유대계 독일 화학자가 이러한 문제를 해결하는 돌파구를 열었다.

1905년, 프리츠 하버(Fritz Haber, 1868~1934)는 질소와 수소를 결합시켜 암모니아를 만드는 인공질소고정법을 발명했다. 곧이어 그는 유명 화학회사 바스프(BASF)의 화학자 카를 보슈(Carl Bosch, 1874~1940)와 손을 잡고 '하버-보슈 공정' 개발에 성공했다.(6-44, 6-45) 인류에게 질소비료 생산법을 선물한 것이다. 이 덕분에 농업 생산량이 획기적으로 늘어나 인류가 기아의 수렁에서 점차 빠져나올 수 있었다. 이 공로로 하버는 1918년에 노벨상 수상의 영예를 안았다. 그런데 이런 사실에도 불구하고 하버는 존경이 아니라 증오의 대상으로 기억되고 있다. 그가 살아생전에 드리운 전쟁광의 그림자가 과학적 업적을 가려버린 탓일 테다.

독일의 패색이 짙어가던 제1차 세계대전 막바지, 하버는 독일의 마지막 희망이었다. 당시 독일은 폭탄 제조의 필수 원료인 질산염을 칠레의 광산에서 들여왔다. 영국의 해상 봉쇄로 보급길이 막히자 독일은 곤경

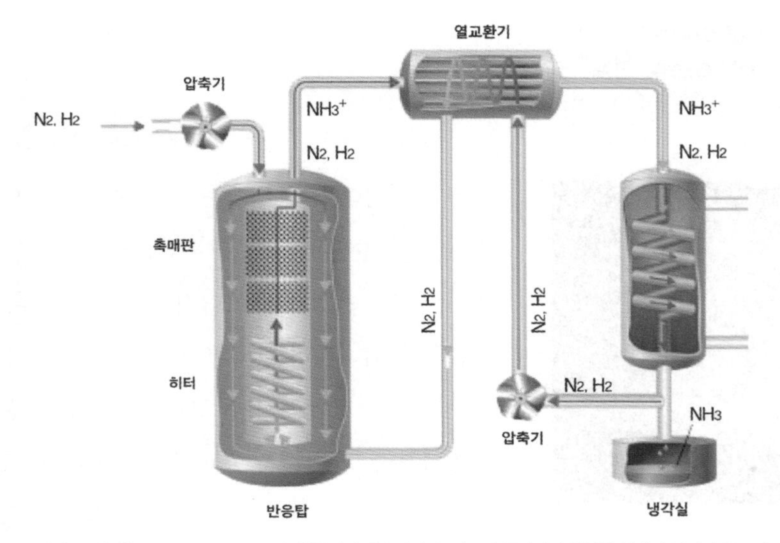

6-45 하버-보슈법(Haber-Bosch process). 왼쪽에서 질소와 수소 가스가 들어가면 반응탑 안에서 압력과 온도와 적절한 촉매에 의해 암모니아 가스가 생성된다. 그 뒤의 오른쪽 공정은 미반응 질소와 수소의 정제와 재활용 공정이다.

에 처했는데, 이때 하버의 화학이 빛을 발했다. 질산염 합성 기술을 개발하여 독일의 숨통을 틔운 것이다. 영웅심에 도취된 그는 인류 최초의 화학무기인 독가스마저 개발하기에 이르렀다. 어찌 보면 인공질소고정법도 무기 개발 노력의 부산물일 수 있다. 기록에 따르면, 1915년 4월 22일 하버는 전쟁 역사상 처음으로 감행된 독가스 공격의 선봉에 서 있었다. 얼마 후 동료 과학자이기도 했던 그의 아내는 남편의 광기에 괴로워하다 권총으로 극단적인 선택을 하기도 했다. 하버 자신도 유대인이라는 이유로 결국에는 나치에게 토사구팽당하고, 1934년 스위스 바젤에서 객사했다. 하지만 그가 개발한 독가스는 나치의 품에 안겨 홀로코스트 만행을 저지르고야 말았다.

질소비료는 파우스트적 선물?

6-46 질소비료.

현재 전 세계 합성질소비료의 생산량은 연간 1억 톤이 넘는다.(6-46) 이것이 없다면 현대인의 절반은 아사를 면치 못한다. 아니, 애당초 태어나지도 못했을 거다. 가슴을 쓸어내리며 안도의 한숨을 쉬고 나니, 그 제조법이 궁금해진다. 그런데 세상을 바꾼 기술치고는 그 원리가 비교적 간단하다. 원료인 질소와 수소 기체를 섞고 금속 촉매를 첨가한 상태에서 고온고압(약 200기압, 200도)을 가하면 된다. 물론 엄청난 양의 에너지가 필요하다. 인류가 쓰는 전체 에너지의 2퍼센트 정도가 하버-보슈 공정을 이용한 질소비료의 양산에 들어간다고 한다. 그렇다면 이 많은 에너지는 어디서 오는가? 다름 아닌 화석연료이다. 온실가스인 이산화탄소의 양산도 함께 온다는 말이다. 여기서 끝이 아니다.

농경지에 뿌려진 질소비료는 작물만의 것이 아니다. 여러 미생물도 뜻밖의 특식을 즐긴다. 그러고는 암모니아를 많이 먹은 만큼 질산염도 많이 배설한다. 공교롭게도 질산염은 물에 잘 녹는다. 그렇다 보니 빗물에 씻겨 지하수와 강물로 들어가면 골칫거리가 되고 만다. 자연환경에서는 부영양화를, 우리 몸 안에서는 청색증을 일으킨다.(6-47) 오염된 물을

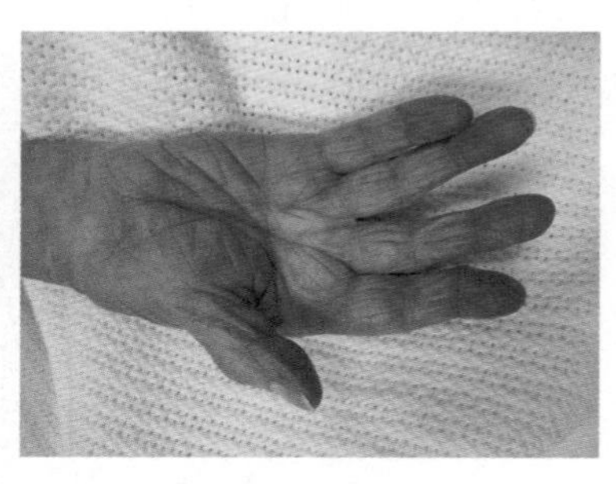
6-47 청색증이 나타나 산소가 부족해진 환자의 손.
© James Heilman, MD

지속적으로 먹으면 피부, 특히 입술과 손끝, 귀가 검푸르러진다. 산소가 부족해지기 때문이다. 질산염이 혈액에 유입되면 헤모글로빈에 결합하여 산소 운반 기능을 방해한다. 게다가 과도하게 투입된 질소비료를 토양 미생물이 분해하는 과정에서 대기를 오염시키는 질소산화물도 다량으로 발생시킨다.

뒤늦게 알게 된 문제의 책임을 기술 자체나 개발자에게 물을 수는 없다. 그건 우리의 무책임함과 무능함을 스스로 인정하는 꼴이다. 그동안 누려온 혜택과 선부른 기술 운용을 부인할 수 없기 때문이다. 그렇다면 용의주도한 전략을 세워야 한다. 현재 콩과 작물은 인간에게 필요한 단백질의 30퍼센트 이상을 공급하고 있다. 지속 가능한 농산물 생산을 이끌 수 있는 영순위 후보라 하겠다. 콩과 작물을 질소고정 능력이 탁월한 세균과 협업하게 한다면 친환경적으로 생산량을 올릴 수 있다. 하지만 오랜 친구 세균과의 정이 깊어서인지, 이들은 인간이 소개한 새 짝을 그다지 탐탁하게 여기지 않는다. 현재 식물의 유전자 변형을 통해 이 낯가림을 줄이려는 연구가 진행되고 있다.

화성 지구화 프로젝트의 주역

화성이 영화의 단골 소재가 된 이유는 오래전부터 생명체의 존재 가능성이 제기되어 공포와 호기심의 대상이 되었기 때문이다.(6-48) 1877년에 이탈리아의 천문학자 스키아파렐리(Giovanni Schiaparelli,

6-48 바이킹 1호 착륙선이 전송한 화성 사진. 1978년 2월 11일 Sol 556에서 촬영. © wikipedia.org

1835~1910)는 화성 지도를 만들면서 이를 'canali(카날리)'라고 표기했다.(6-49, 6-50) 이탈리아어 'canali'는 '해협'이라는 뜻인데, 영어로 번역되는 과정에서 '인공적으로 판 물길'을 뜻하는 '운하(canal)'로 오역되었다. 공교롭게도 '운하'라는 오역이 화성에는 부지런한 화성인 '마션'이 살고 있고, 아마도 그들은 거칠고 사나울 것이라는 상상을 불러일으켰다. 영화 〈마션〉에서는 화성에서 살아가는 지구인을 마션으로 그렸다.[5]

6-49 조반니 스키아파렐리 초상화. William Larkin 작, 1913.

현재 과학자들은 화성을 지구처럼 생명체가 사는 삶의 터전으로 만들려는 시도를 하고 있다. 바이오스피어2 실험도 이런 노력의 일환이었다. 화성을 택한 이유는 상대적으로 가까운 거리와 물의 존재 때문이다. 연평균 섭씨 영하 80도라는 경악스러운 화성의 추위 탓에 현재 화성 전체는 꽁꽁 얼어 있지만, 이 얼음을 녹이면 물을 얻을 수 있다.

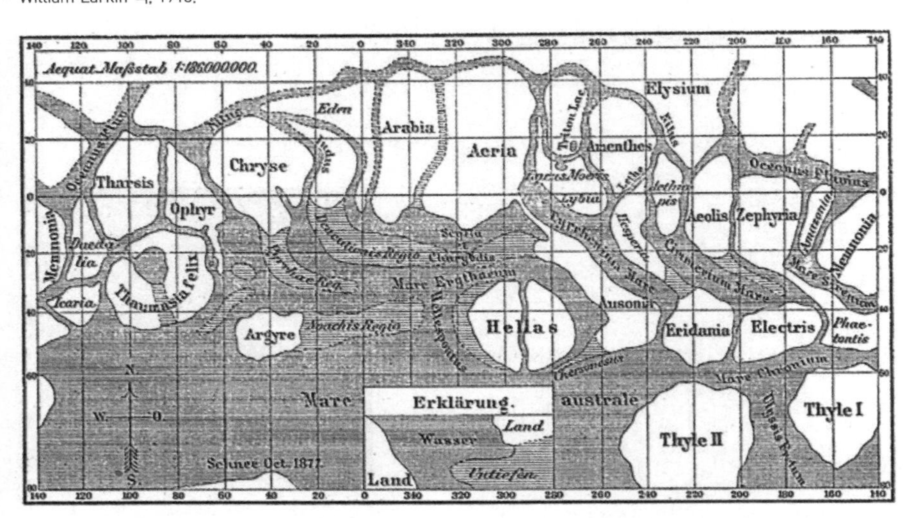

6-50 스키아파렐리의 1877년 화성 표면 지도.

그래서 우선 산소를 만들어 화성의 대기 조성을 바꾸고, 식물이 자랄 수 있게 흙의 조성도 바꿀 계획을 세우고 있다.

화성 개척의 선봉장은 지구에서 가장 오래된 남세균 무리이다. '크루코키디옵시스(*Chroococcidiopsis*)'는 남극의 드라이 밸리(Dry Valleys)를 비롯하여 춥고 건조한 지역에 가장 많은 세균이다.(6-51)[6] 거의 서울의 5배 크기(약 3,000제곱킬로미터)인 드라이 밸리의 기온은 영하 80도에서 영상 15도를 오르내린다. 게다가 적어도 지난 200만 년 동안 비가 오지 않았다. 그나마 겨울에 조금 내리는 눈마저도 거센 바람에 흩날려버린다. 화성의 기후와 상당히 비슷하다.

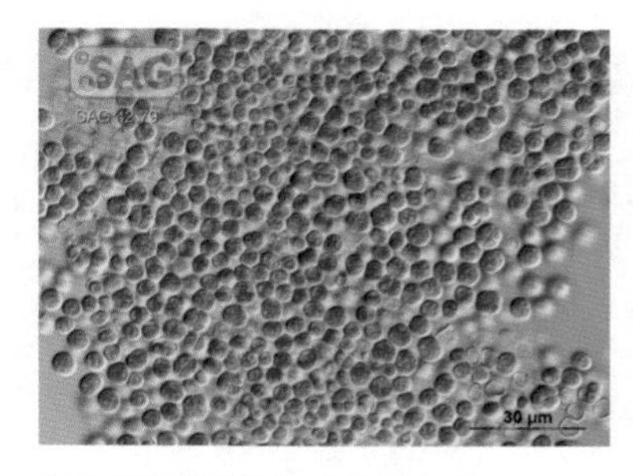

6-51 크루코키디옵시스. © T. Darienko

화성의 흙에는 유기물이 없다. 그래서 영화 〈마션〉의 주인공이 인분을 투여한 것이다. 만약 크루코키디옵시스가 화성에 정착해 광합성을 할 수 있다면, 화성의 대기는 물론이고 토양도 바꾸어놓을 것이다. 이들 조상이 원시 지구에서 그랬던 것처럼 말이다. 게다가 크루코키디옵시스는 주로 암석에 있는 작은 틈 속에서 산다. 화성의 혹독한 환경에서 생존하는 데에 큰 도움이 되는 특성이다. 이런 시나리오가 현실이 된다면, 그 다음은 식물을 키울 수 있고, 마침내 인류가 화성 생활을 즐길 수 있는 날이 올 것이다. 그 성공의 열쇠는 마션이 아니라 미생물이 쥐고 있다.

사람도 광합성을 할 수 있을까?

〈유리정원〉

깊은 숲속 온실 안에서 재연(문근영 분)은 스스로를 고립시킨 채 살아간다. 원래 재연은 사람의 적혈구 세포에 식물 엽록체를 이식해 인공혈액을 개발하려던 전직 생명공학 연구원이다. 연구원 시절에 그녀는 이 합성 세포를 '녹혈구'라 부르며, 개발에 성공하면 사람도 식물처럼 광합성을 할 수 있다고 주장했다. 그렇게 되면 빛을 쪼여 혈액에서 산소를 발생시켜 죽어가는 사람을 살릴 수 있을 거라 믿는다.

그러나 재연은 후배에게 연구 아이템을 도둑맞고 사랑하는 사람마저 빼앗긴다. 절망에 빠진 그녀는 어릴 적 자랐던 숲속의 유리정원으로 들어가, 그곳에서 엽록소를 이용한 인공혈액에 대한 연구를 이어간다. 2017년 개봉한 우리나라 영화 〈유리정원〉(감독 신수원)의 이야기이다.(6-52)

6-52 영화 〈유리정원〉에서 재연은 자신이 만든 녹혈구를 사랑하는 교수에게 주입해 살리려 한다.

순수한 영혼을 지닌 재연은 자신을 이용하는 세력들에게 심한 염증을 느낀다. 깊은 숲속 유리정원 안에 스스로를 유폐시킨 그녀에게 나무는 순수한 생명력을 가진 최상의 존재로 여겨진다.(6-53) 마지막 남긴 대사에 그녀의 심리 상태가 그대로 녹아 있다.

6-53 주인공이 시들어가는 나무에 엽록소 링거를 달아준 장면.

"나무들은 가지를 뻗을 때 서로 상처를 안 주려고 다른 방향으로 뻗어요. 그런데 사람들은 안 그래요. 서로를 죽여요."

급기야 재연은 녹혈구를 자신의 몸에 주입해서 나무가 되고자 한다. 그러자 그녀의 손목에서 나무가 자라고 그녀의 눈은 초록으로 변한다. 그녀는 결국 나무가 되었다.(6-54)

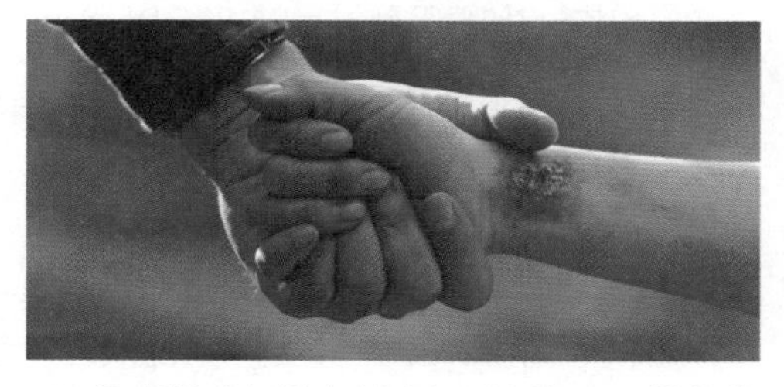

6-54 〈유리정원〉에서 재연이 자신의 손목에 녹혈구를 주사한 흔적을 보이는 장면.

그런데 영화에서처럼 과연 사람도 광합성을 할 수 있을까? 만약 사람 혈액에서 광합성이 일어난다면, 이론적으로는 밥(탄수화물)을 먹지 않아도 살 수 있다. 양지에 앉아만 있으면 자연스레 혈당 공급이 될 테니까 말이다.

그러나 설령 엽록체를 가진다 해도 우리가 광합성을 할 수는 없다. 우선 빛이 피부를 그대로 통과해 혈액에 도달할 수가 없다. 게다가 엽록체가 온전히 기능을 하려면 대략 3,000개의 유전자가 필요한데, 엽록체에 있는 유전자 수는 평균 120개 정도이다. 나머지는 식물세포 핵에 존재한다.

식물은 태양광 발전소 '엽록체'로 살아간다

광합성은 호흡의 역반응이다(〈2-35〉 참조). 광합성 생물(식물과 일부 미생물)은 빛에너지를 이용하여 이산화탄소(CO_2)와 물(H_2O)을 결합시켜 포도당을 만들고 산소를 방출한다. 이들은 빛과 물, 그리고 간단한 무기물만 있으면 스스로 살아갈 수 있는 '독립영양생물'이다. 이에 반해, 인간을 비롯한 모든 동물은 독립영양생물에 생존이 달려 있는 '종속영양생물'이다. 에너지 흐름을 놓고 보면 광합성 덕분에 지구 생태계가 돌아가는 것이다.

흔히 광합성을 $6CO_2 + 6H_2O \rightarrow C_6H_{12}O_6 + 6O_2$로 요약해서 표현하지만, 실제로는 이보다 많은 반응으로 이루어지는 매우 복잡한 과정을 갖는다. 식물에서 광합성은 엽록체에서 일어난다. 보통 렌즈 모양인 엽록체는 직경과 두께가 각각 3~10, 약 1~3μm 정도이다. 엽록체에는 맨 바깥쪽에서부터 외막, 내막, 틸라코이드 막 이렇게 세 종류의 막이 있다. 동전 모양의 틸라코이드는 겹겹이 쌓여 '그라나'를 이루고, 그 주변을

'스트로마'라고 하는 액체가 적시고 있다.(6-55)

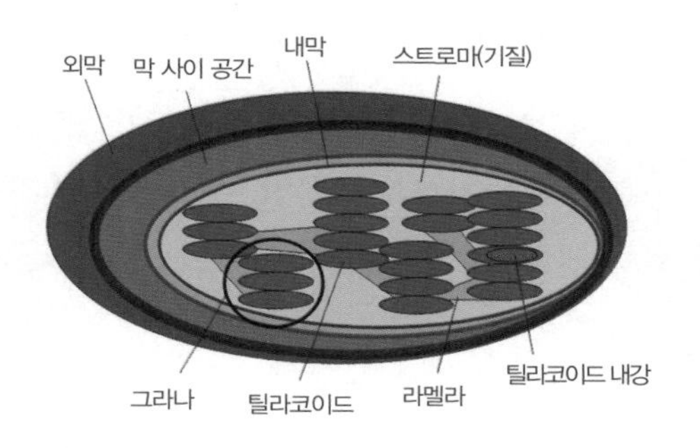

6-55 엽록체 내부구조. © wikimedia.org

광합성에는 우리 눈으로 인식할 수 있는 파장인 가시광선이 사용되는데, 이를 흡수하는 색소는 틸라코이드 막에 존재한다. 식물은 '엽록소'라는 색소를 주로 이용하여 빛에너지를 흡수한다. 카로티노이드 같은 보조 색소는 가시광선 가운데 상대적으로 짧은 파장의 빛을 흡수한다. 강한 에너지를 지닌 짧은 파장 빛을 수용함으로써 식물 세포를 보호하는 것이다. 덕분에 식물은 선크림이 필요 없다. 더욱이 흡수한 에너지 일부를 엽록소로 전달하기까지 한다. 한마디로 요약하면, 틸라코이드 막에서 빛에너지가 ATP와 같은 화학에너지로 전환되는데, 이를 통틀어 '명반응'이라고 부른다.(6-56)

스트로마에는 명반응에서 생산된 에너지를 이용하여 6개의 이산화탄소를 연결시켜 포도당을 만드는 일련의 반응, 즉 '탄소고정'을 수행하는 효소들이 존재한다. 흔히 '암반응'이라고도 부르지만, 사실 이 명칭은 문

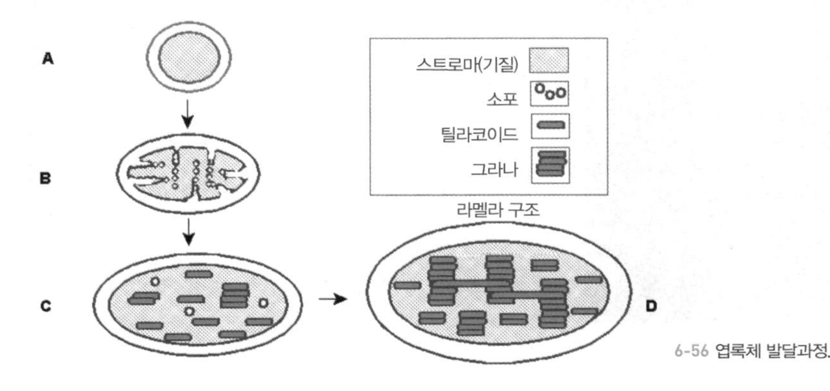

6-56 엽록체 발달과정.

제의 소지가 있다. 명반응은 빛이 있는 상태에서 일어나는 반응으로, 암반응은 빛이 없는 상태에서 일어나는 반응으로 오해할 수 있기 때문이다. 정확히 말하면, 명반응은 빛에너지가 필요한 반응이고, 암반응은 빛이 아닌 화학에너지가 필요한 반응이다.

자연 광합성 그 탐구의 역사는?

식물은 우리 주위에서 자라고 번성하고 있다. 하지만 식물은 먹지도 움직이지도 않고, 딱히 생존 노력을 하지도 않는 것 같다. 그렇다면 그들은 어떻게 살 수 있을까? 17세기 화학자이자 의사였던 헬몬트는 5년 동안 화분에서 나무를 기른 뒤에도 토양의 무게가 거의 변하지 않는다는 사실을 발견하고, 그 나무가 물을 먹고 자랐다고 결론지었다. 완전히 틀린 얘기는 아니지만, 이는 핵심을 비껴간 주장이다. 사실상 식물이 공기에서 대부분의 물질을 얻는다는 사실은 18세기 후반에 와서야 알게 되었다.

6-57 프리스틀리 초상화, 엘렌 샤플즈 작, 1794.

1771년, 영국의 화학자 프리스틀리(Joseph Priestley, 1733~1804)는 촛불을 켜두어 나빠진 공기가 식물이 자라면 다시 좋아진다는 사실을 발견했다.[6-57] 현대적인 관점에서 보면, 프리스틀리는 식물이 산소를 방출한다는 사실을 발견한 것이다. 비록 산소라는 용어는 프랑스의 화학자 앙투안 라부아지에가 몇 년 뒤에 만들었지만 말이다.

광합성 원리에 대한 의미 있는 단서를 처음으로 제공한 사람은 1779년 영국에 살던 네덜란드 출신 의사였다. 잉엔하우스(Jan Ingenhousz, 1730~1799)는 유럽 전역을 돌며 천연두 예방접종을 실시하고 있었다.(6-58) 이 기간 동안 그는 돈도 잘 벌었고, 식물 성장에도 관심을 갖게 되었다. 그러던 차에 친구 프리스틀리의 공기 실험 결과를 접하고, 잉엔하우스는 신중하게 일련의 실험을 수행해서, 1779년 그 결과를 발표했다. 그는 식물이 햇빛을 받으면 산소를 발산하는데, 식물의 녹색 부분에서만 이런 현상이 일어남을 확인했다. 어두운 곳에서는 식물도 동물과 마찬가지로 이산화탄소를 배출한다는 사실도 알아냈다. 이후 그는 식물이 공기에서 이산화탄소를 흡수하여 조직을 만든다고 정확하게 제안했다.

6-58 얀 잉엔하우스.

6-59 테오도르 빌헬름 엥겔만.

잉엔하우스의 성과는 광합성 과정 규명을 향한 온전한 연구의 첫걸음이라고 할 수 있다. 이제 식물이 물과 이산화탄소로 스스로 당을 만든다는 사실은 확립되었다. 산소는 부산물이다. 이후 엽록체가 광합성 장소라는 사실은 1880년에 독일의 식물학자 엥겔만(Theodor Engelmann, 1843~1909)이 밝혀내었다.(6-59)

> **해캄**
> 담수에 서식하는 녹조류의 일종. 머리카락 모양의 사상체로 분열법과 접합에 의하여 번식한다.

엥겔만은 광합성 미생물 해캄(Spirogyra)을 일직선으로 편 후 다른 부위에 서로 다른 파장의 빛이 닿도록 분광시켜 쪼여주었다. 그런 다음 엥겔만은 산소를 좋아하는 세균이 어느 쪽으로 많이 모여드는지를 관찰했다. 다시 말해, 빛의 파장별로 세균의 분포를 기록하여 산소 발생을 측정한 것이다. 그 결과 청자색광과 적색광을 쪼인 해캄 주변에 호기성 세균이 많이 분포한다는 사실을 알아냈다.

이처럼 광합성에는 빛의 종류도 중요하다. 식물은 엽록소를 사용하여 빛을 잡지만 적색광과 청색광 파장만 흡수하고 녹색광은 반사한다. 그래서 식물이 초록색으로 보인다(식물이 햇빛에 있는 모든 빛에너지를 사용할 수 있다면 검은색으로 보일 것이다).(6-60)

1950년, 미국의 화학자 캘빈(Melvin Calvin, 1911~1997)과 생물학자 벤슨(Andrew Benson, 1917~2015)은 탄소 동위원소를 사용하여 암반응의 베일을 벗겨냈다. 보통 탄소 원자는 원자핵에 양성자 6개와 중성자 6개가 있는 '탄소-12(^{12}C)'이다. 그런데 탄소의 동위원소로 원자핵에 양성자 6개와 중성자 8개가 있는 '탄소-14(^{14}C)'도 존재한다. 캘빈과 벤슨은 탄소-14로 된 이산화탄소를 녹조류의 일종인 클로렐라에 공급한 다음, 그 클로렐라에서 시간대별로 유기화합물을 추출하여 탄소-14를 추적했다.

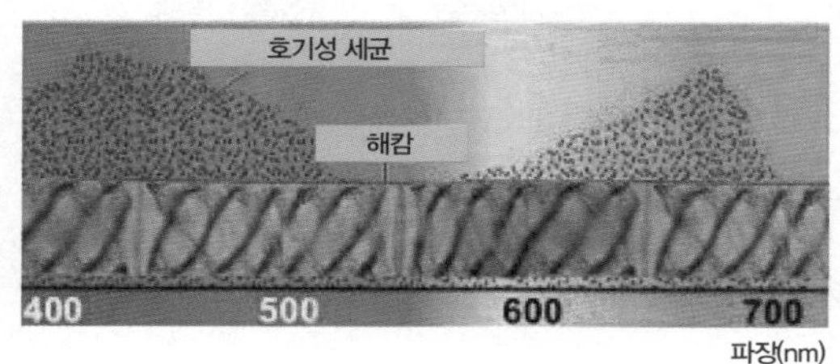

6-60 엥겔만의 실험.

이산화탄소는 먼저 5개의 탄소로 된 분자에 결합하여 6탄소 분자를 만들었다. 이 분자는 이내 두 개의 3탄소 분자로 나누어졌다. 시간이 지나면서

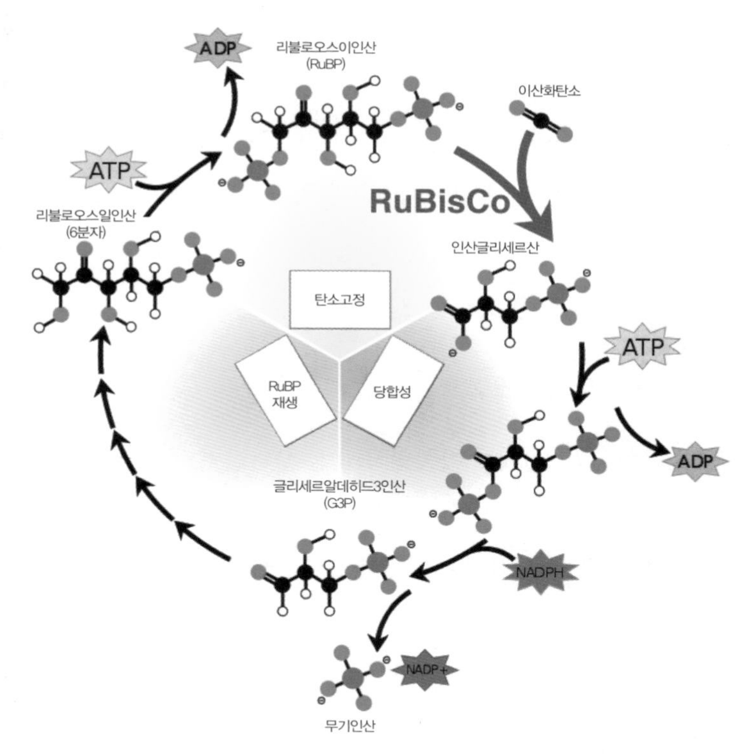

6-61 캘빈 회로와 탄소고정 개요. © wikipedia.org

> **루비스코**
> RuBisCO. Ribulose-1,5-bisphosphate(RuBP) carboxylase/oxygenase의 약자.

5탄소 분자는 재생되어 다시 CO_2와 결합했고, 이 과정이 반복되었다. 이렇게 탄소가 고정되는 과정, 캘빈 회로(Calvin cycle)가 발견됨으로써, 광합성의 전체 과정이 비로소 규명되었다.(6-61)

캘빈 회로 1단계를 촉매하는 효소를 '루비스코'라고 부른다. 루비스코는 반응 속도가 느리기 때문에, 원활한 이산화탄소 고정을 위해서 많은 양의 효소가 필요하다. 어림잡아 식물 잎에 존재하는 전체 수용성 단백질 가운데 30~50% 정도를 루비스코가 차지한다. 아마도 지구에 존재하는 효소 가운데 루비스코가 가장 많을 것이다. 지구에서 일어나는 탄소고정의 90% 이상이 루비스코 때문인 것으로 추정되며, 이렇게 고정되는 이산화탄소량은 연간 약 1,000억 톤 정도로 추정된다.

인공 광합성, 지구를 살리는 꿈의 시스템

인체에 광합성 능력을 부여할 수는 없지만, 인공 광합성 시스템은 개발할 수 있다. 가장 초보 단계의 인공 광합성은 엽록소 대신 '태양전지' 판으로 전기를 생산하는 태양광 발전이다.

정공
절연체나 반도체의 원자 사이를 결합하고 있는 전자가 밖에서 에너지를 받아 더 높은 상태로 이동하면서 결합이 빠져 그 뒤에 남은 빈자리. 마치 양 전하를 가진 자유 입자와 같이 움직인다.

태양전지는 각각 음극(N, negative)과 양극(P, positive)을 띤 반도체 두 개를 접합시킨 구조인데, 그 경계 부분을 'PN접합'이라고 부른다. 전지 표면에 도달한 햇빛이 흡수되면, 빛 에너지에 의해 PN접합 안에서 정공과 전자(e^-)가 발생한다. 각각 양과 음 전하를 띤 정공(+)과 전자(-)는 P형과 N형 반도체 쪽으로 모이게 된다. 이 때문에 앞뒷면에 전극을 만들어 연결하면 전류가 흐르게 된다.[6-62]

엽록체는 빛에서 얻은 에너지로 물을 분해하여 전자와 수소이온을 만든 다음, 이것을 이산화탄소와 결합시켜 포도당을 만든다. 인공 광합성은 광촉매와 나노입자를 이용하여 효율 향상과 함께 생산물 다변화를 꾀한다. 광촉매는 빛을 받으면 표면에서 전자가 튀어나오는 특징이 있고, 나노입자는 반응물과 접촉할 수 있는 표면적이 매우 크다. 따라서 이론적으로 나노입자에 광촉매를 입힌 인공 광합성 시스템은 공기 중 물(수분)을 분해하여 수소와 산소를 만들 수 있다. 다시 말해, 인공 광합성을 활용하면 전기와 수소라는 두 가지 청정에너지를 생산할 수 있다는 말이다. 더욱이 이 시스템은 특정 파장(약 430~700)만을 사용하는 엽록체와 달리 모든 파장을 이용한다는 장점도 있다.

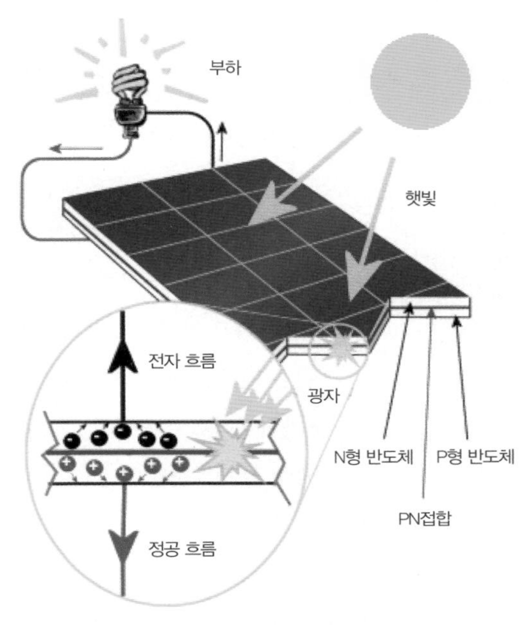

6-62 태양광 발전 원리.

인공 광합성 시스템 개발은 인류의 희망으로서, 현재 활발한 연구가 진행 중이다. 기본적으로 BT와 NT의 융합으로 이루어지는 이 연구의 성패에 따라 인류의 미래가 달라질 것이다. 인공 광합성 기술은 대기 중 이산화탄소 제거는 물론이고, 새로운 에너지와 유용 물질을 생산할 수 있기 때문이다. 결론적으로, 인공 광합성 시스템은 지구온난화와 에너지 위기라는 두 가지 글로벌 난제를 해결하는 데 든든한 도우미 역할을 하게 될 것이다.

TIP

인공 엽록체는 '21세기 아폴로 프로젝트'

엽록체는 지구의 삶을 구동시키는 자연의 엔진이다. 현재 여러 분야의 과학자들이 이 분자 기계 설비를 갖춘 바이오 공장을 건설하고자 연구에 몰두하고 있다. 이른바 '21세기 아폴로 프로젝트'라고도 불리는 이 연구 목표가 실현되면, 청정에너지와 고부가가치 화합물을 저비용에 친환경적으로 생산할 수 있다.

2020년, 독일 막스플랑크연구소와 프랑스 보르도 대학 공동 연구진은 두 가지 첨단 기술, '합성생물학(synthetic biology)'과 '미세유체공학(microfluidics)' 기술을 접목하여 세포 크기의 '인공 엽록체'를 자동 생산할 수 있는 플랫폼 구축에 성공했다.

인공 엽록체가 작동하려면 우선 지속적인 에너지 공급 장치가 있어야 한다. 식물 세포에서는 엽록체의 틸라코이드 막에서 이산화탄소 고정에 필요한 에너지를 생산한다. 이 점에 착안한 독일 연구진은 시

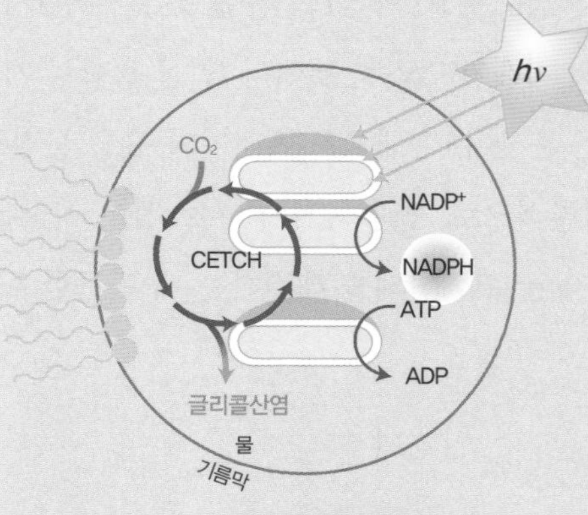

6-63 인공 엽록체 작동 원리.

금치에서 분리한 틸라코이드 막을 기본으로 분자 기계를 제작하기 시작했다. 스트로마에서 일어나는 암반응을 위해서는 18개의 촉매로 구성된 인공 대사 모듈, CETCH 회로를 개발했다. 놀랍게도 이 인공 대사 회로가 식물의 캘빈 회로보다 효율이 훨씬 더 좋다. 연구진은 여러 번의 최적화 실험 끝에 시험관에서 광합성을 수행하는 데 마침내 성공했다.[6-63][7]

그다음 해결 과제는 이 인공 광합성 기구가 안정적으로 유지되면서 기능할 수 있는 본체에 담는 것이다. 향후 대량생산을 염두에 두면, 마이크로 시스템의 조립생산 과정은 자동화가 용이해야만 한다. 때마침 프랑스 연구진이 반합성(semi-synthetic) 막을 세포처럼 작은 방울로 만드는 캡슐화 기술 개발에 성공했다. 두 연구진은 공동 연구를 통해 표준화된 인공 엽록체 방울을 대량으로 생산할 수 있는 '미세유체공학 플랫폼'을 만들어냈다.

이 융합 기술은 살아 있는 생명체를 대상으로 하는 기존 유전공학 기술과는 차원이 다른 것이다. 무엇보다도 표적 기능에 필요한 구성요소만을 조립하는 '미니멀 디자인(minimal design)' 방식을 추구함으로써 전통 생물학의 제약에 얽매이지 않는다. 다시 말해, 진화과정에서 생명체는 갈 수 없었던 새로운 길을 개척한 것이다.

아울러 원하는 대사 능력을 맞춤형으로 탑재할 수 있기 때문에, 인공 엽록체는 생명공학은 물론이고 재료공학과 환경공학 등 실질적으로 모든 분야에 응용될 전망이다. 어떤 경우이든 이산화탄소 저감 효과가 기본으로 장착된 이 신기술은 인류에게 닥친 가장 큰 도전 과제인 환경 문제 해결에 큰 역할을 할 것이다.

주석

Chapter 1 | 바이오 융합, 세계를 이끌다

1 | N. Engl, J. Med, An mRNA Vaccine against SARS-CoV-2-Preliminary Report, 2020 Nov 12;383(20):1920-1931. doi: 10.1056/NEJMoa2022483.

2 | 「KIOSK 국가연구개발사업 정보 길잡이」, 제51호, 2018년 8월.

3 | Tom Jackson, Biology: An Illustrated History of Life Science, Shelter Harbor Press, 2017.

4 | Tortora, Funke, Case, 『토토라 미생물학 포커스』, 강범식 · 김응빈 옮김, 바이오사이언스, 2019.

5 | Tortora, Funke, Case, 『토토라 미생물학 포커스』, 강범식 · 김응빈 옮김, 바이오사이언스, 2019.

6 | https://blogs.cdc.gov, "John Snow: A Legacy of Disease Detectives".

7 | Tortora, Funke, Case, 『토토라 미생물학 포커스』, 강범식 · 김응빈 옮김, 바이오사이언스, 2019.

8 | "Biological Materials: The Next Frontier for Cell-Free Synthetic Biology", Front Bioeng Biotechnol, 2020 May 12;8:399. doi: 10.3389/fbioe.2020.00399.

Chapter 2 | 생명과학의 역사를 바꾼 별별 순간들

1 | 조대호 · 김응빈 · 서홍원, 『위대한 유산』, 아르테, 2017.

2 | 톰 잭슨, 『뇌: 그림과 사진으로 보는 신경과학의 역사』, 김응빈 옮김, 원더북스, 2020.

3 | Robust prediction of individual creative ability from brain functional connectivity. 2018. 30;115(5):1087-1092. doi: 10.1073/pnas.1713532115.

4 | http://www.humanconnectomeproject.org

5 | 'OECD 보건통계 2020', 보건복지부, 2020. 7. 22.

6 | "Potential applications of algae in the cathode of microbial fuel cells for enhanced electricity generation with simultaneous nutrient removal and algae biorefinery: Current status and future perspectives", Bioresour Technol, 2019 Nov;292:122010. doi: 10.1016/j.biortech.2019.122010.

Chapter 3 | 미생물과 인류의 끝없이 치열한 경쟁, 감염병

1 | https://www.history.com/topics, "Pandemics That Changed History".

2 | 김응빈, 『나는 미생물과 산다』, 을유문화사, 2018.

3 | 여인석, 「학질에서 말라리아로: 한국 근대 말라리아의 역사(1876~1945)」, 의사학, 20:53~82, 2011.

4 | Van Valen, L., "A new evolutionary law", Evolutionary Theory, 1: 1~30, 1973.

5 | Keasling, J., "Synthetic biology and the development of tools for metabolic engineering", Metab. Eng. 2012, 14:189-195.

6 | 아노 카렌, 『전염병의 문화사』, 권복규 옮김, 사이언스북스, 2001.

7 | http://contents.history.go.kr(우리역사넷), 「정약용의 종두설」, 국사편찬위원회.

8 | https://commonfund.nih.gov, "Human Microbiome Project".

Chapter 4 | 생명과학과 물질과학, 그 융합의 발자취

1 | 에른스트 페터 피셔, 『슈뢰딩거의 고양이』, 박규호 옮김, 들녘, 2009.

2 | "Martynas Yčas: The 'Archivist' of the RNA Tie Club", Genetics, 2019 Mar;211(3):789-795. doi: 10.1534/genetics.118.301754.

3 | 『Science』, 1967: Vol. 157, Issue 3789, pp. 633.

4 | 「줄기세포의 모든 것」, 한국줄기세포학회, 2015. 3.
5 | https://www.sinogene.org
6 | 김응빈, 「기술은 나아가지만 어디로 가는지 모른다-인공유전체 합성기술의 유래와 미래」, 『지식의 지평』 21호, 2016.
7 | "Search-and-replace genome editing without double-strand breaks or donor DNA", Nature, 2019 Dec;576(7785):149-157. doi: 10.1038/s41586-019-1711-4.

Chapter 5 | 생명과학, 예술적 상상력 속에 꽃피우다

1 | "The 'delivery' of Adam: a medical interpretation of Michelangelo", Mayo Clin Proc, 2015 Apr;90(4):505-8. doi: 10.1016/j.mayocp, 2015.02.07.
2 | http://www.antimicrobe.org, Victor L. Yu, M.D., "Serratia marcescens: Masquerader of Blood".
3 | "Bacteriophage cocktail significantly reduces or eliminates Listeria monocytogenes contamination on lettuce, apples, cheese, smoked salmon and frozen foods", Food Microbiol, 2015 Dec;52:42-8. doi: 10.1016/j.fm.2015.06.06.
4 | Genome analysis of Hibiscus syriacus provides insights of polyploidization and indeterminate flowering in woody plants. DNA Res. 2017 Feb 1;24(1):71-80. doi:10.1093/dnares/dsw049.
5 | "The Famine Ended 70 Years Ago, but Dutch Genes Still Bear Scars", New York Times, 2018. 1. 31.
6 | Laura J Snyder, "Eye of the Beholder: Johannes Vermeer, Antoni van Leeuwenhoek, and the Reinvention of Seeing", W. W. Norton & Company, 2015.

Chapter 6 | 영화 속으로 들어간 생명과학

1 | 김동규 · 김응빈, 『미생물이 플라톤을 만났을 때』, 문학동네, 2019, p.180.
2 | Is *Toxoplasma gondii* a trigger of bipolar disorder? Pathogens. 2017 Jan 10;6(1):3. doi: 10.3390/pathogens6010003.

3 | 알베르 카뮈, 『페스트』, 유호식 옮김, 문학동네, 2015.

4 | Allen, J.P., Nelson, M., and Alling, A., "The legacy of Biosphere 2 for the study of biospherics and closed ecological systems", Adv. Space. 2003, Res. 31, 1629–1639.

5 | 톰 잭슨, 『우주: 그림과 사진으로 보는 천문학의 역사』, 김응빈 옮김, 원더북스, 2015.

6 | "Dried Biofilms of Desert Strains of Chroococcidiopsis Survived Prolonged Exposure to Space and Mars-like Conditions in Low Earth Orbit", Astrobiology, 2019 Aug;19(8):1008-1017. doi: 10.1089/ast.2018.1900.

7 | "Light-powered CO2 fixation in a chloroplast mimic with natural and synthetic parts", Science, 2020 May 8;368(6491):649-654. doi: 10.1126/science.aaz6802.

찾아보기

ㅇ

ㅈ

ㅌ

ㅍ

기타

융합과 통섭의 지식 콘서트 08

생명과학, 바이오테크로 날개 달다

초판 1쇄 발행 | 2021년 2월 19일
초판 3쇄 발행 | 2023년 12월 20일

지은이 | 김응빈
펴낸이 | 홍정완
펴낸곳 | 한국문학사

편집 | 이은영 이상실
영업 | 조명구
관리 | 심우빈
디자인 | 이석운

04151 서울시 마포구 독막로 281 (염리동) 마포한국빌딩 별관 3층

전화 706-8541~3(편집부), 706-8545(영업부), 팩스 706-8544
이메일 hkmh73@hanmail.net
블로그 http://blog.naver.com/hkmh1973
출판등록 1979년 8월 3일
제300-1979-24호

ISBN 978-89-87527-85-7 03470